高职高专机电类专业系列教材

电工与电子技术

主　编　张明金
副主编　范柏超　范爱华
参　编　张江伟　贾伟伟　王成琪
主　审　吉　智

机械工业出版社

本书内容包含直流电路、正弦交流电路、磁路和变压器、交流异步电动机及基本电气控制电路、半导体二极管及其应用、信号放大与运算电路、直流稳压电路、组合逻辑电路和时序逻辑电路。

全书从读者角度出发，内容体系较新颖，内容先进，概念清楚，行文流畅，注重实际。

本书既可作为高职高专院校、成人高校的教材，也可作为工程技术人员的参考用书。

本书配有电子课件，凡使用本书作为教材的教师可登录机械工业出版社教育服务网 www.cmpedu.com 注册后下载。咨询电话：010-88379375。

图书在版编目（CIP）数据

电工与电子技术/张明金主编. —北京：机械工业出版社，2019.6（2022.10 重印）

高职高专机电类专业系列教材

ISBN 978-7-111-62786-9

Ⅰ.①电… Ⅱ.①张… Ⅲ.①电工技术-高等职业教育-教材②电子技术-高等职业教育-教材 Ⅳ.①TM②TN

中国版本图书馆 CIP 数据核字（2019）第 096084 号

机械工业出版社（北京市百万庄大街 22 号 邮政编码 100037）

策划编辑：薛 礼　　责任编辑：薛 礼

责任校对：李 伟 王明欣　　封面设计：鞠 杨

责任印制：张 博

北京建宏印刷有限公司印刷

2022 年 10 月第 1 版第 3 次印刷

184mm×260mm · 15.25 印张 · 373 千字

标准书号：ISBN 978-7-111-62786-9

定价：48.90 元

电话服务　　网络服务

客服电话：010-88361066　　机 工 官 网：www.cmpbook.com

010-88379833　　机 工 官 博：weibo.com/cmp1952

010-68326294　　金 书 网：www.golden-book.com

封底无防伪标均为盗版　　机工教育服务网：www.cmpedu.com

前言 PREFACE

本书根据高职高专院校人才培养的目标和特点，兼顾目前高职高专院校学生的基础，本着“淡化理论，拓展知识，培养技能，重在应用”的原则编写。内容充分体现实用性和技术的先进性，基本概念清楚，分析准确，减少数理论证，以理论够用为度，注重实际应用，特别突出电工、电子元器件的外部特性和使用等内容。

本书在内容叙述上力求做到深入浅出，通俗易懂，突出了理论与实践相结合的特点，将技能训练的内容放在了相应知识点的后面。每节内容后面都设置了针对本节知识点的思考题，每章后面都有习题，书后附有部分习题参考答案，便于学生巩固基本的理论知识，不断提高实践能力、职业技能，以及分析问题和解决问题的能力。本书内容包括直流电路、正弦交流电路、磁路和变压器、交流异步电动机及基本电气控制电路、半导体二极管及其应用、信号放大与运算电路、直流稳压电路、组合逻辑电路和时序逻辑电路。

本书内容凝聚了编者多年来对高职高专教学实践研究和教学改革的经验和体会，理论和实践内容各有侧重又互相联系，将对学生能力的培养贯穿于整个教学过程，可操作性和适用性较强。

本书总学时约为70学时。本书既可作为高职高专院校、成人高校的教材，也可作为工程技术人员的参考用书。

本书由徐州工业职业技术学院张明金担任主编，徐州工业职业技术学院范柏超、扬州工业职业技术学院范爱华担任副主编，徐州工业职业技术学院张江伟、贾伟伟和徐州经贸高等职业学校王成琪参与了编写。其中，第1、3章由范柏超编写，第2章由范爱华编写，第4章由张江伟编写，第6章由贾伟伟编写，第5、7章由王成琪编写，第8~9章由张明金编写，全书由张明金统稿。

本书由徐州工业职业技术学院吉智教授主审，他对全书进行了认真、仔细的审阅，提出了诸多宝贵的修改意见，在此表示衷心的感谢！本书在编写过程中得到了作者所在学校各级领导的支持与帮助，在此表示感谢！同时对书后所列参考文献的各位作者表示深深的感谢！

由于编者水平所限，书中不妥之处在所难免，敬请读者提出宝贵意见。

编　者

目录 CONTENTS

第 5 章 半导体二极管及其应用 111

第 6 章 信号放大与运算电路 128

第1章 CHAPTER 1 直流电路

学习目标

1. 了解电路的组成与作用，电路模型的概念。

2. 正确理解电路中物理量的意义，电流、电压的正方向和参考方向的概念及电位的概念；掌握电路中电位、电功率的计算。

3. 掌握独立电源、电阻的伏安关系及电阻串联、并联及混联电路的等效变换。

4. 掌握基尔霍夫定律及用支路电流法求解电路；掌握电压源与电流源等效变换的方法；理解并会应用叠加原理和戴维南定理求解复杂电路。

5. 初步具有识读电路图及按电路原理图接线的能力。

6. 能够正确使用直流电压表、电流表及万用表进行直流电压、电流测量。能够识别和测试电阻、电感、电容等元件。

7. 会用万用表进行直流电路故障的检测。

1.1 电路模型和电路中的物理量

1.1.1 电路的组成和电路模型

1. 电路的组成

电路是电流通过的路径，是为实现一定的目的将各种元器件（或电气设备）按一定方式连接起来的整体。电路一般主要由电源、负载及中间环节组成。

（1）电源　电源是产生电能和电信号的装置，如各种发电机、蓄电池、传感器、稳压电源和信号源等。

（2）负载　负载是取用电能并将其转换为其他形式能量的装置，如电灯、电动机和扬声器等。

（3）中间环节　中间环节是传输、分配和控制电能或信号的部分，如连接导线、控制电器、保护电器和放大器等。

电路的组成不同，其功能也就不同，电路的其中一种作用是实现电能的产生、传输、分配和转换，各类电力系统就是典型实例。图 1-1a 所示是一种简单的实际电路，它由电池、开关、灯泡和连接导线组成。当开关闭合时，电路中有电流流通，灯泡发光，电池向电路提供电能。灯泡是耗能元器件，它把电能转化为热能和光能；开关和连接导线的作用是把电池和灯泡连接起来，构成电流通路。

电路的另一种作用是实现信号的传递和处理，如电话线路、有线电视电路和网络传递人们需要的信息。收音机、电视机和计算机的内部电路起接收和处理信号的重要作用。如图 1-1b 所示，传声器将语音信号转换为电信号，经放大器进行放大处理传递给扬声器，以驱动扬声器发音。

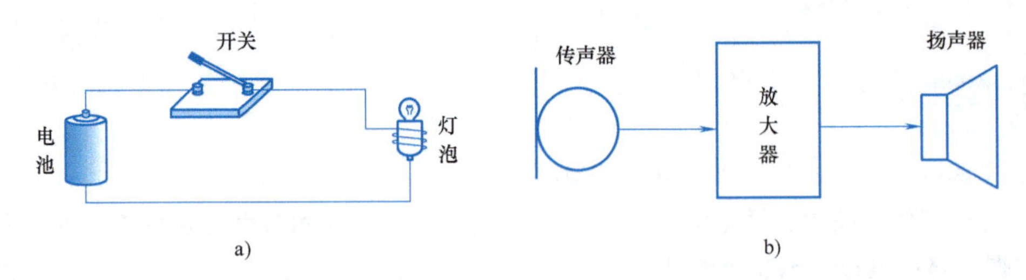

图 1-1　电路的示意图

2. 电路模型

组成实际电路的元器件种类繁多，但实际的电路元器件在电路中所表现的电磁性质可以归纳为几类，而每一个元件所反映的电磁性质又以某一特定项为主，其他性质在一定条件下可以忽略，因此可以把实际的电路元器件理想化，将电路实体中的各种电气设备和元器件用一些能够表征它们主要电磁特性的元器件模型来代替，而对它们的实际结构、材料和形状等非电磁特性不予考虑。即用一个假定的二端元件来代替实际元件，二端元件的电和磁的性质反映了实际电路元件的电和磁的性质，这个假定的二端理想电路元件，简称为电路元件，如电阻、电感、电容和电源等元件。

电阻：表示消耗电能的元件，如电阻器、灯泡和电炉等。可以用理想电阻来反映其在电路中消耗电能的这一主要特征。

电感：表示产生磁场、储存磁场能量的元件，如各种电感线圈。可以用理想电感来反映其储存磁场能量的特征。

电容：表示产生电场、储存电场能量的元件，如各种电容器。可以用理想电容来反映其储存电能的特征。

电源：电源有两种表示方式，即电压源和电流源。电源可以将其他形式的能量转换为电能。

理想电路元件的特征：一是只有两个端子，二是可用电压或电流以数学方式描述，三是不能分解为其他元件。

实际电路是由一些电工设备、器件和电路元件组成的。为了便于分析和计算，把实际元件和器件理想化并用国家统一的标准符号来表示，构成电路模型。即由理想电路元器件组成的电路称为电路模型，也就是人们常说的电路图，如图 1-2 所示。

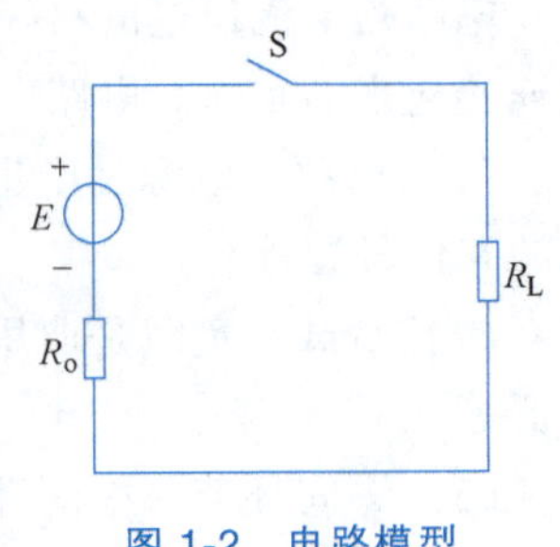

图 1-2　电路模型

将实际的元器件用基本电路符号代替，是一个将事物抽象成理想模型的过程。基本电路元件是抽象的理想元件，如电阻、电容和电感等。但实际的元器件在电路中发生的作用是复杂的，如荧光灯电路，不能简单地把荧光灯整套设备用电阻代替，荧光灯的辅助器件（镇流器）不仅具有电感的性质，还具有电阻和电容的性质。但由于镇流器的电阻很小，所起的电容的作用也很小，所以在一般情况下可以忽略次要因素，突出其主要因素，即将镇流器用理想元件电感来表示，再和表示荧光灯灯丝的电阻串联。但在分析要求较高的情况下，又要将镇流器用电感、电阻和电容 3 种元件组合来代替。

本书所分析的电路是电路模型，各种电路元器件用规定的图形符号表示。

需要注意的是，具有相同的主要电磁性能的实际电路部件，在一定条件下可用同一电路模型表示；同一实际电路部件在不同的应用条件下，其电路模型可以有不同的形式。如灯泡、电炉等在低频电路中都可用理想元件电阻表示。

1.1.2 电路中的物理量

1. 电流

电荷有规律地定向移动形成电流。金属导体中的自由电子带负电荷，在电场力的作用下，自由电子逆着电场方向定向运动就形成电流；同样，电解液中的正离子带正电荷，在电场力的作用下，正离子沿着电场方向定向移动也形成电流。

电流的强弱用电流强度来表示，简称为电流，“电流”一词不仅可以表示电流的概念，也可以表示电流的大小。电流的大小等于单位时间内通过导体横截面的电荷量。

大小和方向都不随时间变化电流称为稳恒直流电流，用大写字母 I 表示。

大小与方向随时间变化的电流称为交流电流，用小写字母 i 表示。

在国际单位制（SI）中，电流的单位是安［培］(A)，电荷的单位是库［仑］(C)，时间的单位是秒（s），即 1A＝1C/s。

在实际应用中，电流还经常用到较小的单位，如毫安（mA）、微安（μA）。

注意：直流电常用字母“DC”表示，交流电常用字母“AC”表示。

习惯上规定正电荷定向移动的方向为电流的正方向。

2. 电压

电压是反映电场能性质的物理量。电压的大小用电场力移动单位正电荷做的功来定义，电场力将单位正电荷从一点移动到另一点所做的功越多，这两点间的电压就越大。

在电路中，电场力将单位正电荷从 a 点移动到 b 点所做的功称为 a、b 两点间的电压，直流电压用大写字母 U 表示，a、b 两点间的电压表示为 U_{ab}。可以证明：$U_{ab}=-U_{ba}$。

在实际应用中，电压的单位除伏［特］(V) 以外，还常用到千伏（kV）、毫伏（mV）和微伏（μV）等单位。

电压的实际方向规定为正电荷所受电场力的方向。

需要强调的是，电压是对电路中的两点而言的，习惯中所说某点或某导体上的电压，实际为该点的电位——该点与零电位参考点之间的电压。

3. 电位

在电气设备的调试和维修中，常要测量各点的电位，在分析电子电路时，通常要用电位的概念来讨论问题。电场中某一点的单位正电荷所具有的电位能，称为该点的电位。电位用

字母 V 表示，如 a 点的电位表示为 V_a。

在电路中选一参考点，则其他点的电位就是由该点到参考点的电压。如果参考点为 O，则 a 点的电位为

$$V_a = U_{aO} \tag{1-1}$$

电位的单位与电压的单位相同，为伏［特］(V)。

参考点的电位规定为 0，所以又叫零电位点。其他各点的电位比参考点电位高的电位为正，比参考点电位低的为负。参考点在电路中通常用符号“⊥”表示。

在工程中，常选大地作为电位参考点；在电子线路中，常选一个特定的公共点或机壳作为电位参考点。

要测量电路中某点的电位，只需用电压表测量某点到零电位点的电压。而计算电路中某点电位的方法是：首先确认电位参考点的位置，然后从被求点开始通过一定的路径绕到电位参考点，则该点的电位等于此路径上所有电压降的代数和。

4. 电动势

电源是将其他形式的能量转化为电能的装置。例如，干电池将化学能转化为电能，具体地说，它是利用化学反应的力量将正电荷移动到电源正极、将负电荷移动到电源负极，使电荷的电势能增加，从而使电源两端产生电压。

电源将其他形式的能量转化为电能的能力越强，移动单位电荷时所做的功就越大，电源提供的电压也就越大。电动势是表征电源提供电能能力大小的物理量，电动势在数值上等于电源未接入电路时两端的电压。

电源把单位正电荷从电源负极搬运到正极，外力（非静电力）克服电场力所做的功，称为电源的电动势，用符号 E 表示。

电动势的单位和电压的单位相同，为伏［特］(V)。电动势的方向规定为从电源的负极经过电源内部指向电源的正极，即与电源两端电压的方向相反。

5. 电功率和电能

电功率是电路分析中常用到的一个物理量。传递转换电能的速率称为电功率，简称功率，用 P 表示直流电功率。

在 SI 中，功率的单位为瓦［特］（W），在实际应用中，还常用到千瓦［特］（kW）、兆瓦［特］（MW）和毫瓦［特］（mW）等单位。

电阻在 t 时间内所消耗的电能 W 为

$$W = Pt \tag{1-2}$$

在 SI 中，电能的单位是焦［耳］(J)，它等于功率为 1W 的用电设备在 1s 内所消耗的电能。在实际生活中还采用千瓦时（kW · h）作为电能的单位，它等于功率为 1kW 的用电设备在 1h（3600s）内所消耗的电能，即通常所说的 1 度电。1 度电 = $1\text{kW}\cdot\text{h} = 10^3 \times 3600\text{J} = 3.6 \times 10^6\text{J}$。

1.1.3 电流和电压的参考方向及关联参考方向

1. 电流、电压的参考方向

在电路的分析计算中，流过某一段电路或某一元器件的电流实际方向或两端电压的实际方向往往很难确定。为了分析和计算电路，需要先引入电压的参考方向以及电流的参考方向

的概念，即先假设电流的方向和电压的方向。

为了便于分析计算电路，人为指定的电压、电流的方向，称为电压、电流的参考方向。

对于电路的某个电流、某两点的电压而言，它们的实际方向只有两种可能。当任意指定了一个参考方向后，实际方向要么与参考方向一致，要么与参考方向相反。实际方向与参考方向一致时，取正值；实际方向与参考方向相反时，取负值，如图 1-3 所示，它反映电流的实际方向与参考方向的关系。

图 1-3 电流实际方向与参考方向的关系

a) $I>0$ b) $I<0$

关于电流和电压的参考方向，要注意以下两点：

1）电流、电压的参考方向可以任意选定，但一经选定，在电路分析计算过程中不能改变。

2）在分析电路时，一般要先标出参考方向再进行计算。在电路中，所有标注的电流、电压方向均可认为是电流、电压的参考方向，而不是指实际方向。实际方向由计算结果确定。若计算结果为正，则实际方向与参考方向一致；若计算结果为负，则实际方向与参考方向相反。

2. 电流、电压的关联参考方向

电流和电压的参考方向可以任意选取，因此电流和电压的参考方向可以选取为一致，也可以选取为相反，如图 1-4 所示。

当电流和电压的参考方向一致时，称为关联参考方向，如图 1-4a 所示。当电压和电流参考方向相反时，称为非关联参考方向，如图 1-4b 所示。

图 1-4 电流和电压参考方向的选择

a) 电压方向与电流方向一致 b) 电压方向与电流方向相反

在直流电阻电路中，当电流和电压选取关联参考方向时，功率为

$$P=UI \tag{1-3}$$

$P=UI>0$，元件吸收功率；$P=UI<0$，元件发出功率。

当电流和电压选取非关联参考方向时，功率为

$$P=-UI \tag{1-4}$$

$P=-UI>0$，元件吸收功率；$P=-UI<0$，元件发出功率。

需要指出的是，一般在分析计算电路时，电流、电压都采取关联参考方向。

例 1-1 电路如图 1-5 所示，已知：$E_1=140\text{V}$，$E_2=90\text{V}$，$R_1=20\Omega$，$R_2=5\Omega$，$R_3=6\Omega$，$I_1=4\text{A}$，$I_2=6\text{A}$，$I_3=10\text{A}$。试求：分别以 A 点、B 点为电位参考点时，各点的电位 V_A、V_B、V_C、V_D及电压 U_{CD}。

解 当以 A 点为电位参考点时，V_A、V_B、V_C、V_D及电压 U_{CD}分别为

$$V_A=0$$
$$V_B=-I_3R_3=-10\times6\text{V}=-60\text{V}$$
$$V_C=I_1R_1=4\times20\text{V}=80\text{V}$$
$$V_D=I_2R_2=6\times5\text{V}=30\text{V}$$
$$U_{CD}=V_C-V_D=(80-30)\text{V}=50\text{V}$$

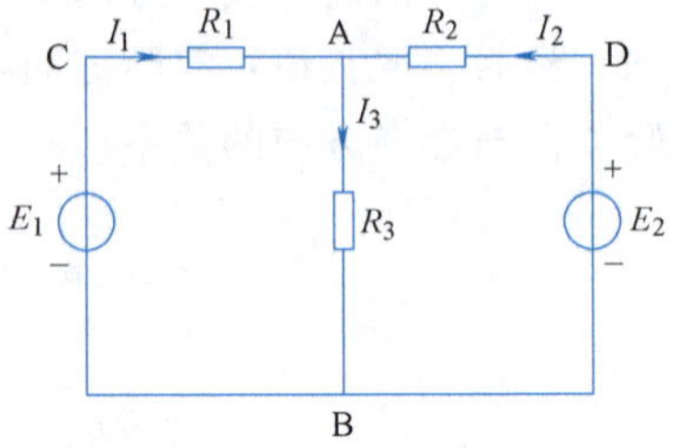

图 1-5 例 1-1 图

当以 B 点为电位参考点时，V_A、V_B、V_C、V_D及电压 U_{CD}分别为

$V_B=0$

$V_A=I_3R_3=10\times6\text{V}=60\text{V}$

$V_C=E_1=140\text{V}$

$V_D=E_2=90\text{V}$

$U_{CD}=V_C-V_D=(140-90)\text{V}=50\text{V}$

由此可见，电路中两点间的电压是绝对的，不随电位参考点的不同而发生变化，即电压值与电位参考点的选择无关；而电路中某一点的电位则是相对的，即电位参考点不同，该点的电位值也不同。

例 1-2 图 1-6 所示为某电路的部分电路，已知：$E=4\text{V}$，$R=1\Omega$。求：(1) 当 $U_{ab}=6\text{V}$ 时，$I=$？(2) 当 $U_{ab}=1\text{V}$ 时，$I=$？

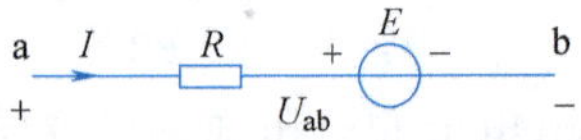

解 设定电路中电压、电流的参考方向如图 1-6 所示，则 $U_{ab}=IR+E$。

图 1-6 例 1-2 图

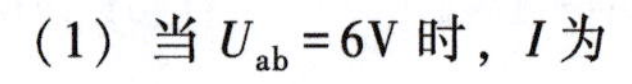

(1) 当 $U_{ab}=6\text{V}$ 时，I 为

$$I=\frac{U_{ab}-E}{R}=\frac{6-4}{1}\text{A}=2\text{A}$$

$I>0$ 表明电流的实际方向与参考方向一致。

(2) 当 $U_{ab}=1\text{V}$ 时，I 为

$$I=\frac{U_{ab}-E}{R}=\frac{1-4}{1}\text{A}=-3\text{A}$$

$I<0$ 表明电流的实际方向与参考方向相反。

必须注意：在计算电路的某一电流或电压时，不事先标明电压和电流的参考方向，所求得的电流和电压的数值的符号是没有意义的。

1.1.4 电路的三种工作状态

电路有三种可能的工作状态：通路、断路和短路。

1. 通路

通路就是电源与负载接成闭合回路，即图 1-7 所示电路中开关 S 闭合时的工作状态。短距离输电导线的电阻很小，常忽略不计，于是负载的电压降 U_L 等于端电压降 U，即

$$U=U_L=\frac{R_L}{R_o+R_L}E \tag{1-5}$$

若输电导线较长，就应当考虑它的电阻。实际上为了简化电路计算，常用等值的集中电阻来代表实际导线的分布电阻，如图 1-7 中用虚线表示的电阻 R_l。

输电导线的横截面面积应根据线路上的容许电压损失（一般规定为额定电压的 5%）和最大工作电流适当选定。若选择的导线过细，则电压损失太大；若选择的导线过粗，则浪费材料。

2. 断路

断路（开路）就是电源与负载没有接通成闭合回路，也就是图 1-7 所示电路中开关 S 断开时的工作状态。开路状态相当于负载电阻等于无穷大，电路的电流等于零，即 $R_L=\infty$，$I=0$。此时电源不向负载供给功率，即 $P_E=0$，$P_L=0$。

这种情况称为电源空载。电源空载时的端电压称为断路电压或开路电压。电源的开路电压 U_{OC} 等于电源电动势 E，即

$$U_{OC}=E \tag{1-6}$$

3. 短路

短路是指电源未经负载而直接由导线接通成闭合回路，如图 1-8 所示。图中折线是指明短路点的符号。电源输出的电流以短路点为回路，而不流过负载。

若忽略输电线的电阻，短路时回路中只存在电源的内阻 R_o。这时的电流为

$$I_{SC}=\frac{E}{R_o} \tag{1-7}$$

I_{SC} 称为短路电流。因为电源内阻 R_o 一般都比负载电阻小得多，所以短路电流 I_{SC} 总是很大。

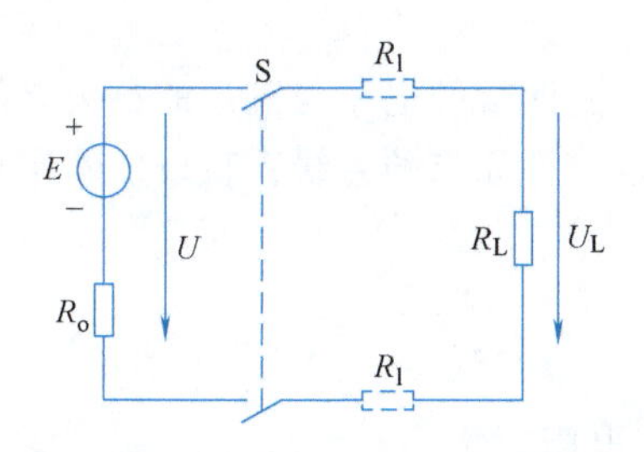

图 1-7　电路通路（断路）示意图

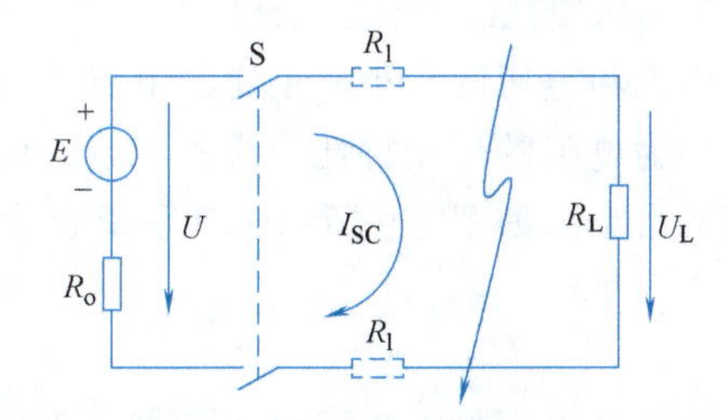

图 1-8　电路短路示意图

实际工作中，若电源短路状态不迅速排除，由于电流的热效应，很大的短路电流将会烧毁电源、导线以及短路回路中所接的电流表、开关等，甚至引起火灾。所以，电源短路是一种严重的事故，应严加防范。

许多短路事故是因绝缘损坏引起的，错误的接线或误操作也常导致电源短路。

为了避免短路事故所引起的严重后果，通常在电路中接入熔断器或自动断路器，以便在发生短路时迅速将故障电路自动切断。

【思考题】

1. 电路一般由哪几部分组成？各部分的作用分别是什么？

2. 电源和负载的本质区别是什么？

3. 电路中若两点电位都很高，是否说明这两点间的电压值一定很大？为什么说电位是相对的，电压是绝对的？

4. 电路开路时，外电路的电阻对电源来说相当于多少？电路中电流为多少？电源两端的电压为多少？负载两端的电压为多少？

1.2 电路的基本元件

1.2.1 电阻

电阻是表示导体对电流起阻碍作用的物理量。任何导体对电流都具有阻碍作用，因此都有电阻。实际的电阻元件是利用某些对电流有阻碍作用的材料做成的，如实验用的电阻器、灯丝和电炉丝等，在使用中必然会表现出其他的电磁特性，如产生磁场等。但人们在研究其将电能转换成热能时，可以忽略其他次要的性质，只考虑其电阻性质，于是便抽象出电阻这一理想元件。

电阻常用的单位是欧［姆］（Ω），在实际使用中，有时还用到千欧（kΩ）、兆欧（MΩ）。

电阻的倒数称为电导，用 G 表示，即 $G=\frac{1}{R}$。电导的单位为西［门子］（S），$1\mathrm{S}=1\Omega^{-1}$。电导也是表征电阻元件的特性参数，它反映的是元件的导电能力。

1. 电阻的伏安特性

电流和电压的大小成正比的电阻称为线性电阻。电阻两端的电压与流过的电流之间的关系，称为电阻的伏安特性。线性电阻的伏安特性为通过坐标原点的直线，直线的斜率反映了阻值的大小。如图 1-9 所示，其欧姆定律的表达式为

$$U=RI \tag{1-8}$$

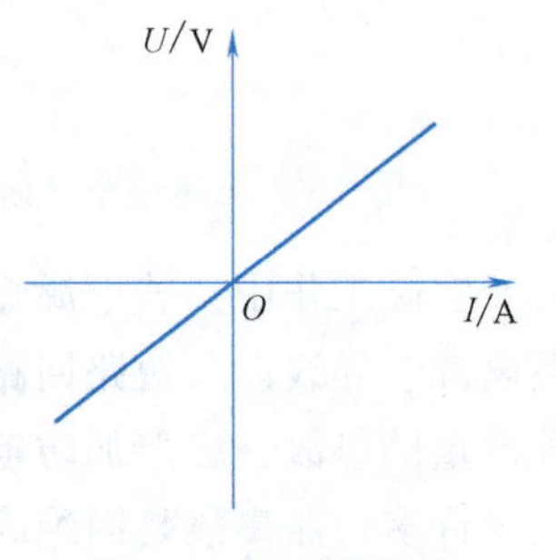

图 1-9 线性电阻的伏安特性

电流和电压的大小不成正比的电阻，称为非线性电阻。本书若不特别加以说明的电阻都是指线性电阻。

电阻是电路中应用最广泛的电路元件之一，在电路中起分压、分流、降压、限流、负载、阻抗匹配及与其他元器件配合完成相应的功能等作用。

2. 电阻的串联、并联和混联

（1）电阻的串联 在电路中，把几个电阻依次首、尾连接起来，中间没有分支，这种连接方式称为电阻的串联。串联电

路中，各元件（电阻）中通过同一电流，其端电压是各元件电压之和。图 1-10a 所示是两个电阻串联的电路。

在图 1-10a 所示的电阻串联电路中，当 $R=R_1+R_2$时，图 1-10b 中所示的 R 便是图 1-10a 所示的 R_1与 R_2串联的等效电阻。

一般有

$$R=\sum_{i=1}^{n}R_i \tag{1-9}$$

式（1-9）说明：n 个线性电阻串联的等效电阻等于各电阻之和。

在图 1-10a 所示的电路中，各电阻上所分配的电压可由下式计算：

$$\left.\begin{aligned}U_1=R_1I=R_1\frac{U}{R}=\frac{R_1}{R}U\\U_2=R_2I=R_2\frac{U}{R}=\frac{R_2}{R}U\end{aligned}\right\}$$

写成一般形式为

$$U_i=\frac{R_i}{R}U \tag{1-10}$$

式（1-10）是电阻串联电路的分压公式，它说明第 i 个电阻上分配到的电压取决于这个电阻与总的等效电阻的比值，这个比值称为分压比。尤其要说明的是，当其中某个电阻较其他电阻小很多时，分压比将很小，这个小电阻两端的电压也较其他电阻上的电压低很多，因此在工程估算时，这个小电阻的分压作用就可以忽略不计。

（2）电阻的并联　在电路中，把几个电阻元件的首端、尾端分别连接在两个公共节点上，这种连接方式称为电阻的并联。在并联电路中，各并联支路（电阻）上受同一电压作用；总电流等于各支路电流之和。图 1-11a 所示为两个电阻并联的电路。

图 1-11a 所示的两个并联电阻可用图 1-11b 所示的一个等效电阻 R 来代替。由 $I=\frac{U}{R_1}+\frac{U}{R_2}=\frac{U}{R}$，有$\frac{1}{R}=\frac{1}{R_1}+\frac{1}{R_2}$，图 1-11b 所示的 R 便是图 1-11a 所示的 R_1与 R_2并联的等效电阻。

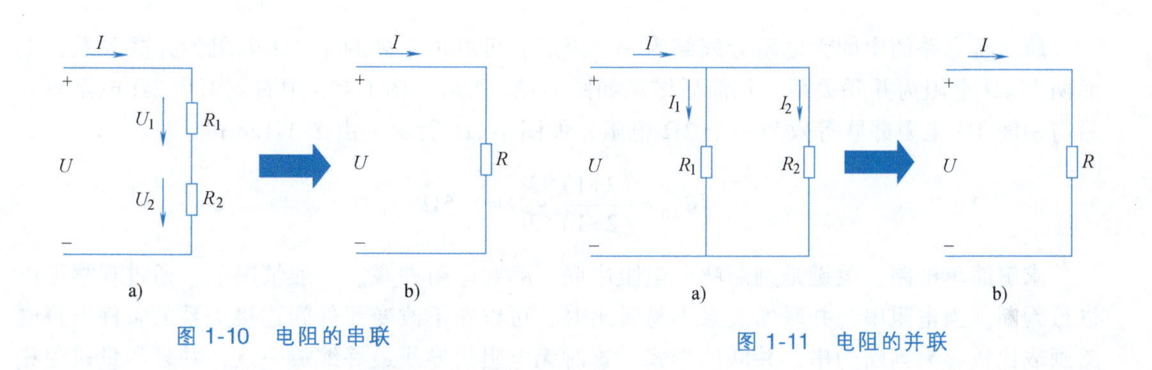

图 1-10　电阻的串联

图 1-11　电阻的并联

一般地，

$$\frac{1}{R}=\sum_{i=1}^{n}\frac{1}{R_i} \tag{1-11}$$

可见，n 个电阻并联时，其等效电导等于各电导之和。由式（1-11）可知，如果 n 个阻值相同的电阻并联，其等效电阻是各支路电阻的 $1/n$。并联电阻的个数越多，等效电阻反而越小。

图 1-11a 所示的电路中，各支路电流分别为

$$\left.\begin{aligned} I_1&=\frac{U}{R_1}=\frac{R}{R_1}I=\frac{R_2}{R_1+R_2}I \\ I_2&=\frac{U}{R_2}=\frac{R}{R_2}I=\frac{R_1}{R_1+R_2}I \end{aligned}\right\} \tag{1-12}$$

式（1-12）是两个电阻并联电路的分流公式。当总电流 I 求出后，利用此式可方便地求得各并联支路的电流。

（3）电阻的混联　电阻的串联和并联相结合的连接方式，称为电阻的混联。只有一个电源作用的电阻串、并联电路，可用电阻串、并联化简的方法，化简成一个等效电阻和电源组成的单一回路，这种电路又称为简单电路。反之，不能用串、并联等效变换化简为单一回路的电路，称为复杂电路。简单电路的计算步骤是：首先将电阻逐步化简成一个总的等效电阻，算出总电流（或总电压），然后用分压、分流的公式逐步计算出化简前原电路中各电阻的电流和电压，再计算出功率。

例 1-3　如图 1-12a 所示的电路，求 A、B 两点间的等效电阻 R_{AB}。

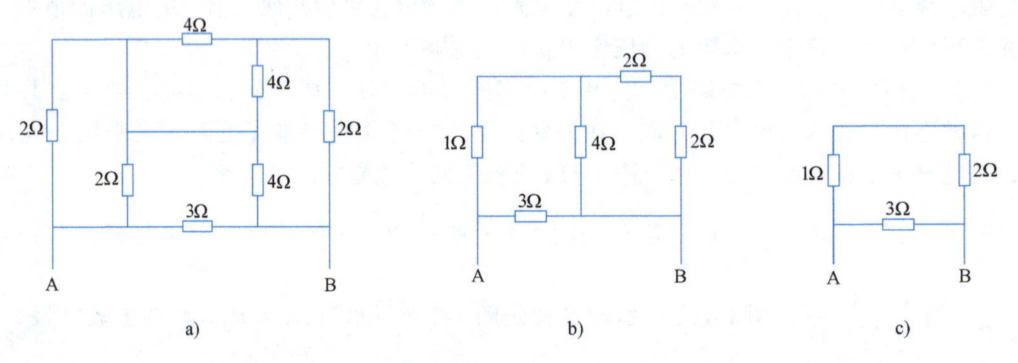

图 1-12　例 1-3 图

解　将电路图中间无电阻导线缩为一个点后，可看出左侧两个 2Ω 电阻为并联关系，上面两个 4Ω 电阻为并联关系，化简后结果如图 1-12b 所示。图 1-12b 中右侧两个 2Ω 电阻串联后与中间 4Ω 电阻并联等效为一个 2Ω 电阻，如图 1-12c 所示。由图 1-12c 得

$$R_{AB}=\frac{(2+1)\times 3}{(2+1)+3}\Omega=1.5\Omega$$

求解简单电路，关键是判断哪些电阻串联，哪些电阻并联。一般情况下，通过观察可以进行判断。当电阻串、并联的关系不易看出时，可以在不改变元件间连接关系的条件下将电路画成比较容易判断的串、并联的形式，这时无电阻的导线最好缩成一点，并且尽量避免相

互交叉。重画时可以先标出各节点代号，再将各元件连在相应的节点间。

1.2.2 电容

由物理知识可知，任何两个彼此靠近而且又相互绝缘的导体都可以构成电容器。这两个导体称为电容器的极板，它们之间的绝缘物质称为介质。

在电容器的两极板间加上电源后，极板上分别积聚起等量的异性电荷，在介质中建立起电场，并且储存电场能量。电源移去后，由于介质绝缘，电荷仍然可以聚集在极板上，电场继续存在。所以，电容器是一种能够储存能量的器件，这就是电容器的基本电磁性能。但在实际应用中，当电容器两端的电压变化时，介质中往往有一定的介质损耗，而且介质也不可能完全绝缘，因而也存在一定的漏电流。如果忽略电容器的这些次要性能，就可以用一个代表其基本性能的理想二端元件作为模型，电容就是实际电容器的理想化模型。

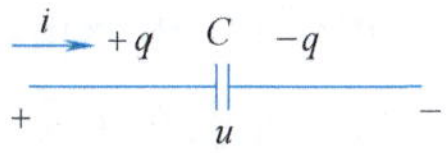

i $+q$ C $-q$

$+$ u $-$

图 1-13 线性电容的图形符号

电容的图形符号如图 1-13 所示，其中$+q$ 和$-q$ 代表该元件正、负极板上的电荷量。若电容上的电压参考方向规定为由正极板指向负极板，则电容的容量与电荷量、电压之间的关系为

$$C=\frac{q}{u} \tag{1-13}$$

式中，C 是用于衡量电容容纳电荷本领大小的一个物理量，称为电容量，简称电容。

电容的 SI 单位为法［拉］，符号为 F，1 F=1C/V。电容器的电容往往比 1F 小得多，因此，常采用微法（μF）和皮法（pF）作为其单位，其换算关系为

$$1\text{F}=10^6\mu\text{F}=10^{12}\text{pF}$$

如果电容为常量，不随它所带电量的变化而变化，这样的电容即为线性电容。本书若不特别加以说明时的电容都是指线性电容。

1. 电容的伏安关系

由式（1-13）可知，当作用于电容的电压变化时，电容极板上的电荷也随之变化，电路中就有电荷转移，于是该电路中出现电流。若电压与电流取关联参考方向时，

$$i=C\frac{\mathrm{d}u}{\mathrm{d}t} \tag{1-14}$$

式（1-14）为电容上电压与电流的伏安关系式。它表明，电容在任一时刻的电流不是取决于该时刻电容的电压值，而是取决于此时电压的变化率，故称电容为动态元件。电压变化越快，电流越大；电压变化越慢，电流越小；当电压不随时间变化时，电容的电流等于零，这时电容相当于开路。故电容有隔断直流的作用。

2. 电容储存的电场能

电容两极板间加上电源后，极板间产生电压，介质中建立起电场，并储存电场能量，因此，电容是一种储能元件。

如果电容从零电压开始充电到 $u(t)$，则在时刻 t 所储存的能量为

$$w_C=\frac{1}{2}Cu^2(t) \tag{1-15}$$

式（1-15）说明，电容是一种储能元件，某一时刻 t 的储能只取决于电容量 C 及这一时

刻电容的电压值，并与其上电压的平方成正比。当电压增大时，电容从外界吸收能量；当电压减小时，电容向外界释放能量，但电容在任何时刻不可能释放出多于它吸收的能量，因此，它是一种无源元件。

电容在电路中主要用于调谐、滤波、隔直、交流旁路和能量转换等。

3. 电容的串、并联

在实际工作中，经常会遇到电容的电容量大小不合适，或电容的额定耐压不够高等情况。为此，就需要将若干个电容适当地加以串联、并联以满足要求。

（1）电容的串联　图 1-14 所示电路为两个电容串联的电路，其等效电容量为

$$\frac{1}{C}=\frac{1}{C_1}+\frac{1}{C_2} \tag{1-16}$$

当有几个电容串联时，其等效电容的倒数等于各串联电容的倒数之和。

（2）电容的并联　图 1-15 所示电路为两个电容并联的电路，其等效电容为

$$C=C_1+C_2 \tag{1-17}$$

当有几个电容并联时，其等效电容等于各并联电容之和。

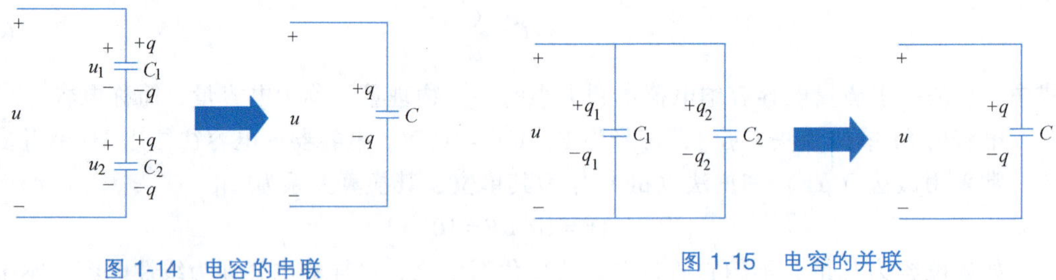

图 1-14　电容的串联　　图 1-15　电容的并联

1.2.3　电感

由物理学知识可知，有电流通过导线时，导线周围就会产生磁场。为了加强磁场，常把导线绕成线圈，如图 1-16 所示，其中磁通 Φ 与电流 i 的方向总是符合右手定则的。

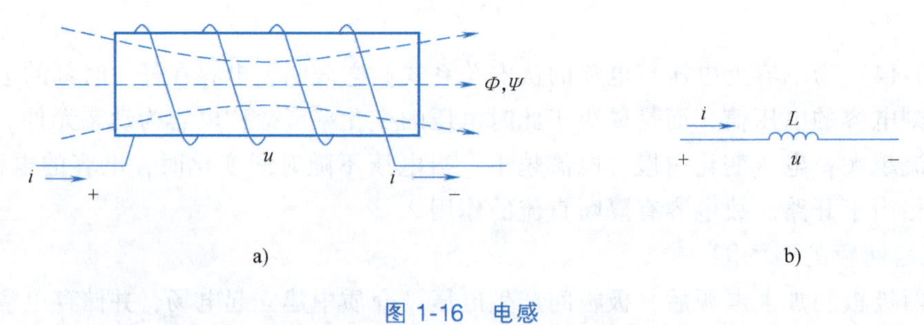

图 1-16　电感

a）线圈的磁通和磁链　b）电感的符号

当线圈中的电流变化时，它周围的磁场也要变化，变化的磁场在线圈中将产生感应电动势。这种感应现象称为自感应，相应的元件称为自感元件，简称自感或电感。

线圈一般是由许多线匝密绕而成的，与整个线圈相交链的磁通总和称为线圈的磁链 Ψ。

磁链通常是由线圈的电流产生的，当线圈中没有铁磁材料时，磁链与电流成正比，即

$$L=\frac{\Psi}{i} \tag{1-18}$$

式中，比例系数 L 称为电感的自感系数或电感系数，简称电感。电感的单位为亨［利］，用 H 表示，另有毫亨［利］(mH) 和微亨［利］(μH)。

如果电感元件的电感为常数，而不随通过它的电流的改变而变化，则称为线性电感。本书若不特别加以说明电感都是指线性电感元件。

电感元件和电感线圈也称为电感。所以，电感一词有时指电感元件，有时则是指电感元件或电感线圈的电感系数。

1. 电感的伏安关系

当流过电感的电流变化时，其磁链也随之变化，它的两端将产生感应电压，如图 1-16b 所示。如选 u 与 i 为关联参考方向，根据电磁感应定律与楞次定律，电感的感应电压为

$$u=\frac{\mathrm{d}\Psi}{\mathrm{d}t}=\frac{\mathrm{d}(Li)}{\mathrm{d}t}=L\frac{\mathrm{d}i}{\mathrm{d}t} \tag{1-19}$$

由式 (1-19) 可知，任何时刻，电感的电压并不取决于这一时刻电流的大小，而是与这一时刻电流的变化率成正比。当电流不随时间变化时，则电感电压为零。所以，在直流电路中，电感相当于短路。

当电感线圈中通入电流时，电流在线圈内及线圈周围建立起磁场，并储存磁场能量，因此，电感也是一种储能元件。

2. 电感储存的磁场能

如果电感从零电流开始充到 $i(t)$，则在时刻 t 所储存的能量为

$$w_{\mathrm{L}}=\frac{1}{2}Li^2(t) \tag{1-20}$$

式 (1-20) 说明，电感也是一种储能元件，某一时刻 t 的储能只取决于电感 L 及这一时刻流过电感的电流值，并与其上电流的平方成正比。当电流增大时，电感从外界吸收能量；当电流减小时，电感向外界释放能量，但电感在任何时刻不可能释放出多于它吸收的能量，因此，它也是一种无源元件。

电感也是构成电路的基本元件，在电路中有阻碍交流电通过的特性。其基本特性是通低频、阻高频，在交流电路中常用于扼流、降压和谐振等。

1.2.4 电源

电源可分为独立电源和受控电源，本节只介绍独立电源。独立电源是指能独立向电路提供电压、电流的器件、设备或装置，如日常生活中常见的干电池、蓄电池和稳压电源等。

实际的独立电源可以用两种电路模型来表示：一种以电压的形式向电路供电，称为电压源；另一种以电流的形式向电路供电，称为电流源。

1. 电压源

(1) 实际电压源　任何一个电源都含有电动势 E（或源电压 U_{S}）和内阻 R_{o}，在分析和计算电路时，用电源电动势 E（或 U_{S}）和内阻 R_{o} 串联的电路模型来表示的电源，称为实际电压源，如图 1-17a 所示，图中 U 是电源端电压，I 是流过负载的电流。由图 1-17a 可得

$$U=E-IR_o \tag{1-21}$$

输出电流取决于负载 R_L，端电压 U 略小于电源电动势 E，其差值为内阻 R_o 所分电压 IR_o。实际电压源的伏安特性如图 1-17b 所示，内阻 R_o 越小，直线越趋于水平。

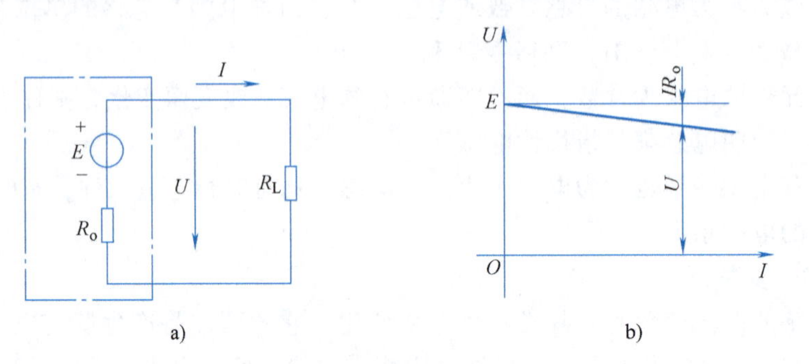

图 1-17　实际电压源

a）电路模型　b）伏安特性

电压源开路时，$I=0$，$U=E$，电路中的电流为零，电源的端电压等于电源的电动势。电压源短路时，由于外电路电阻为零（或被短路），则 $U=0$，$I_{SC}=E/R_o$，电源端电压为零，输出电流为零，I_{SC} 称为短路电流。由于短路电流很大，所以在实际应用中是不允许电压源短路的，否则短路电流很大，会将电源烧坏。

（2）理想电压源　理想电压源就是电源内阻 $R_o=0$ 的电压源，如图 1-18a 所示。电源输出电压 U 恒等于电源电动势 E，是定值，而输出电流 I 随负载电阻 R_L 的变化而变化，所以又称为恒压源。

理想电压源的伏安特性为 $U=E$ 的水平直线，如图 1-18b 所示。如果一个电压源的内阻 $R_o \ll R_L$，可认为是理想电压源。常用的稳压电源可认为是理想电压源。

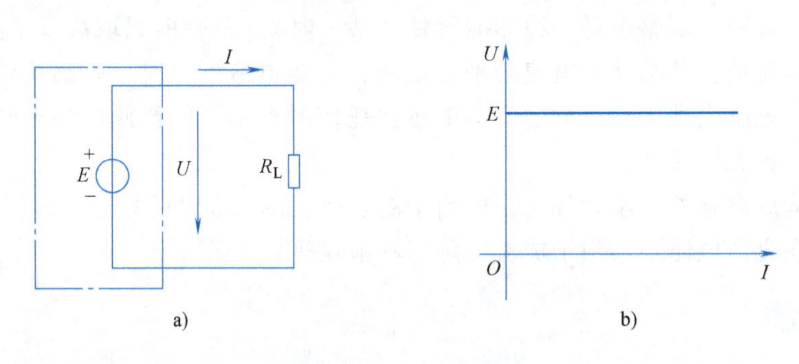

图 1-18　理想电压源

a）电路模型　b）伏安特性

2. 电流源

（1）实际电流源　实际电源除用实际电压源模型表示外，还可以用恒定电流（源电流）I_S 和内阻 R_o 并联的电路模型来表示，称为电流源，如图 1-19a 所示。

由图 1-19a 可得

$$I_S=\frac{U}{R_o}+I \tag{1-22}$$

式中，I 还是流过负载的电流，U 还是负载的端电压，U/R_o是流过 R_o的电流。对于负载 R_L而言，当电源用电流源表示时，其上的电压 U 和流过的电流 I 并未改变。实际电流源的伏安特性如图 1-19b 所示，内阻 R_o越大，特性曲线越趋于水平。

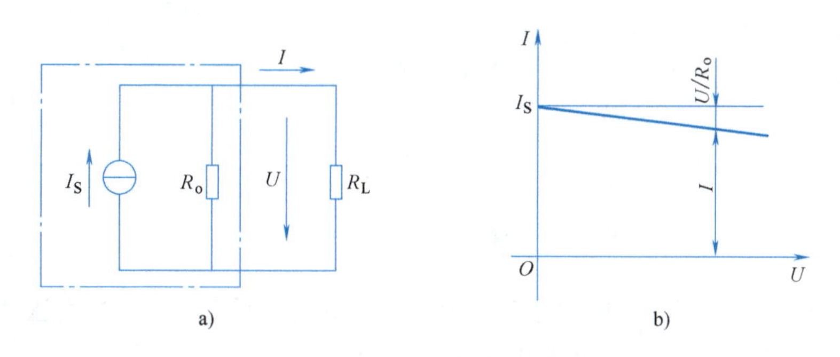

图 1-19 实际电流源

a）电路模型 b）伏安特性

（2）理想电流源 理想电流源就是电源内阻 $R_o\to\infty$ 时的电流源，如图 1-20a 所示。理想电流源输出的电流 I 恒等于电流源电流 I_S，是一个定值，而输出电压 U 随负载电阻 R_L的变化而变化，所以又称为恒流源。

理想电流源的伏安特性为 $I=I_S$的水平线，如图 1-20b 所示。如果一个电流源的内阻$R_o\gg R_L$，可认为是理想电流源。

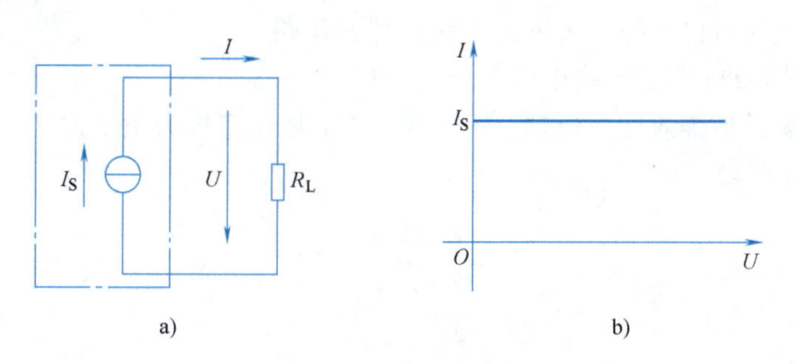

图 1-20 理想电流源

a）电路模型 b）伏安特性

3. 电压源和电流源的等效变换

对照电压源模型的伏安特性曲线和电流源模型的伏安特性曲线可知，两者是相同的，即电压源和电流源在对同一外电路，相互间是等效的，可以等效变换。一个实际的电源可以用电压源模型（E 与 R_o串联）等效，也可用电流源模型（I_S与 R_o并联）等效，如图 1-21 所示。在两种模型的 U、I 保持不变的情况下，等效变换的条件为

$$I_S=\frac{E}{R_o} \quad 或 \quad E=I_SR_o \tag{1-23}$$

等效变换时，R_o保持不变，但接法改变。

电压源与电流源等效变换是分析复杂电路的方法之一。在进行电压源和电流源的等效变换时应注意以下几点：

1）电源互换是电路等效变换的一种方法。这种等效是电源对外电路输出电流 I、端电压 U 的等效，而对电源内部并不等效。

图 1-21 电压源和电流源的等效变换

2）变换时两种电路模型的极性必须一致，电流源流出电流的一端与电压源的正极性端相对应（即电流源电流方向与电压源电动势方向一致）。

3）有内阻 R_o 的实际电源，它的电压源模型与电流源模型可以互换；理想电压源与理想电流源之间不能进行等效变换。因理想电压源的电压恒定不变，电流随外电路而变；理想电流源的电流恒定不变，电压随外电路而变，不满足等效变换条件。

4）电源等效变换方法可以推广使用，如果理想电压源 E 与电阻串联，可看为电压源；理想电流源 I_S 与电阻并联，可视作电流源。

5）与恒压源并联的元件对外电路不起作用，等效变换时可以把它去掉。因为去掉后，不影响外电路对该恒压源的响应，去掉的方法是将其断路。与恒流源串联的元件对外电路毫无影响，等效变换时可以去掉，去掉的方法是将其短路。

例 1-4 求图 1-22a 所示电路中的电流 I_1、I_2、I_3。

解 根据电源模型等效变换原理，可将图 1-22a 依次变换为图 1-22b、c。

根据图 1-22c 可得

$$I=\frac{6+3-3}{3+2+1}\text{A}=1\text{A}$$

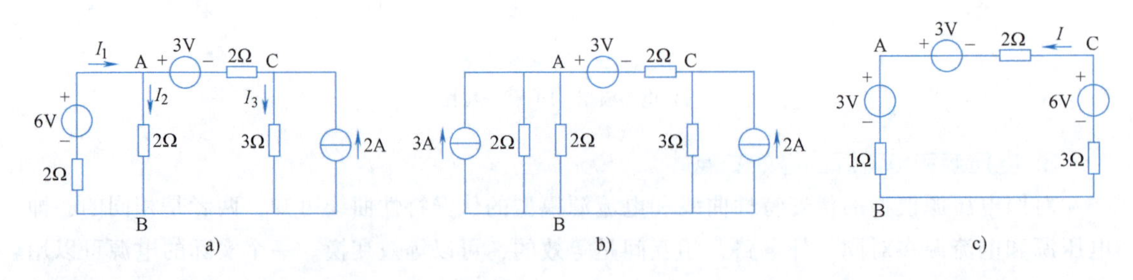

图 1-22 例 1-4 图

从图 1-22a 变换到图 1-22c，只有 AC 支路未经变换，所以在图 1-22a 的 AC 支路中电流大小方向与已求出的 I 完全相同，即为 1 A，则

$$I_3=(2-1)\text{A}=1\text{A}$$

为求 I_1 和 I_2，应先求出 U_{AB}。根据图 1-22c 得

$$U_{AB}=(3+1\times1)\text{V}=4\text{V}$$

再根据图 1-22a 得

$$I_2=\frac{U_{AB}}{2\Omega}=\frac{4}{2}\text{A}=2\text{A},I_1=I_2-I=(2-1)\text{A}=1\text{A}$$

【思考题】

1. 把一段电阻为 10Ω 的导线对折起来使用，其电阻值如何变化？如果把它拉长一倍，其电阻又会如何变化？

2. 电容串联、并联时，其等效电容量分别是增大还是减小？

3. 理想电源和实际电源有什么不同？实际电源在哪种情况下的数值可以用一个理想电源来表示？

1.3 基尔霍夫定律及支路电流法

1.3.1 基尔霍夫定律

基尔霍夫定律由德国物理学家基尔霍夫于 1845 年提出。它概述了电路中电流和电压分别遵循的基本定律，包括基尔霍夫电流定律（KCL）和基尔霍夫电压定律（KVL）。

电路由电路元件相互连接而成，当电路只有一个电源且电路元件仅有串联、并联关系时，电路中的电流、电压的计算可以根据欧姆定律求出。但许多电子或电力线路中含有两个及以上电源组成的多回路电路，它们不能直接运用电阻的串、并联计算方法将电路化简为无分支的单回路电路，这种电路习惯上称为复杂电路。对于复杂电路，常常应用基尔霍夫定律进行求解。基尔霍夫定律从电路连接方面阐明了电路的电流、电压应遵循的约束关系，它是分析复杂电路的基本依据之一。

1. 电路中的常用术语

（1）支路　一段含有电路元件而又无分支的电路称为支路。如图 1-23 所示，该电路中共有 3 条支路，分别为 cabd、cd、cefd 这 3 段电路。

一条支路中可以由一个元件或几个元件串联组成，支路中流过的电流为同一个电流，称为支路电流，图 1-23 中的 cabd、cd、cefd 各支路对应的支路电流分别为 I_1、I_3、I_2。

（2）节点　3 条或 3 条以上的支路连接点称为节点，如图 1-23 所示的 c、d 点。

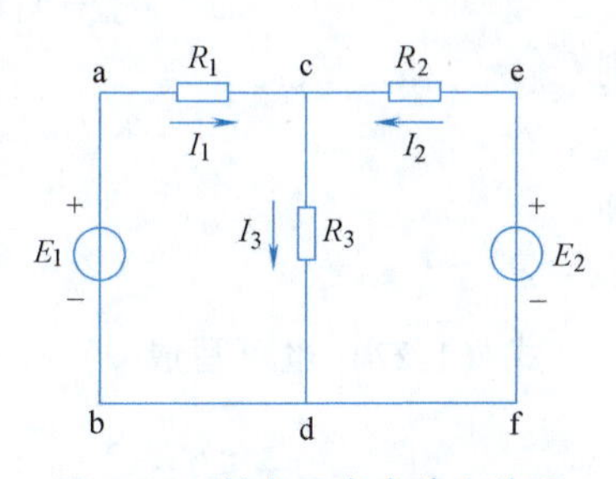

图 1-23　基尔霍夫定律电路图

（3）回路　由支路组成的闭合路径称为回路。如图 1-23所示的 acdba、cefdc、acefdba 都是回路，该电路共有 3 条回路。一条回路由某个节点开始，绕行一周回到该节点，所经过的支路不可重复。

（4）网孔　如果回路内不再包含有支路，这样的回路称为网孔。如图 1-23 所示的 acdba、cefdc 是网孔，而

acefdba 不是网孔。

2. 基尔霍夫第一定律

基尔霍夫第一定律又称为节点电流定律、基尔霍夫电流定律，简称 KCL（Kirchhoff's Current Law），它用来确定连接在同一节点上的各支路电流间的关系。根据电荷的守恒性，电路中任何一点（包括节点在内）均不能堆积电荷。因此任何时刻，流入某一节点的电流之和与流出该节点的电流之和相等，即

$$\sum I_{流入}=\sum I_{流出} \tag{1-24}$$

式（1-24）可以写成：$\sum I_{流入}-\sum I_{流出}=0$，即$\sum I_{流入}+\sum(-I_{流出})=0$，式中的$I_{流入}$、$I_{流出}$皆为电流的大小，如果考虑电流的方向和符号，将流入某一节点的电流取“+”，流出该节点的电流取“-”，则 KCL 可以表述为：在任何时刻，某一节点的电流代数和为零，即

$$\sum I=0 \tag{1-25}$$

例如，在图 1-23 中，对于节点 c 有：$I_1+I_2-I_3=0$，根据 KCL 所列的节点电流关系式称为节点电流方程又称为 KCL 方程。

注意：列 KCL 方程之前，必须先标明各支路的电流参考方向；对于含有 n 个节点的电路，只可以列出 $n-1$ 个独立的电流方程。

KCL 不仅适用于节点，也可以将其推广应用于包围部分电路的任一假设的封闭面，即广义节点。如图 1-24 所示，封闭面（点画线表示）将 3 个节点包围后可以看成一个节点，若已知 I_1 和 I_2，则可以利用 KCL 列出电流方程：$I_1+I_2=I_3$，从而求出 I_3，对于封闭面所包围的内部电路可以不考虑，从而使问题得到了简化。

3. 基尔霍夫第二定律

基尔霍夫第二定律又称为回路电压定律、基尔霍夫电压定律，简称 KVL（Kirchhoff's Voltage Law）。它用于确定回路中各段电压间的关系。在任何时刻，如果从回路任何一点出发，以顺时针方向（或逆时针方向）沿回路绕行一周，回路的路径上各段电压的代数和恒等于零，即

$$\sum U=0 \tag{1-26}$$

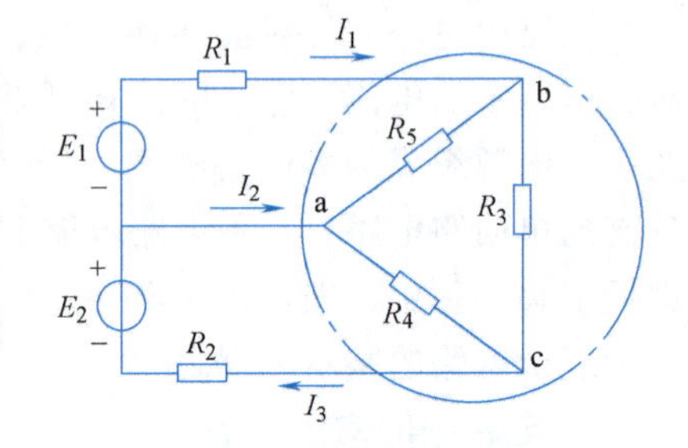

图 1-24　广义节点的示意图

根据$\sum U=0$所列的方程，称为回路电压方程，又称为 KVL 方程。

以图 1-23 所示的电路为例，沿着回路 acefdba 绕行方向，有

$$U_{ac}=R_1I_1,\ U_{ce}=-R_2I_2,\ U_{ef}=E_2,\ U_{ba}=-E_1$$

则

$$U_{ac}+U_{ce}+U_{ef}+U_{ba}=0$$

即

$$R_1I_1-R_2I_2+E_2-E_1=0 \tag{1-27}$$

式（1-27）也可写成

$$R_1I_1-R_2I_2=E_1-E_2 \tag{1-28}$$

所以，任何时刻在任何一条闭合回路的路径上，各电阻上的电压降代数和等于各电源电

动势的代数和，即

$$\sum(RI)=\sum E \tag{1-29}$$

注意：列 KVL 方程之前，必须先标明各段电路电压的参考方向和回路的绕行方向。当电压的参考方向与回路绕行方向一致时，该电压符号前取“+”，否则，电压符号前取“-”；当利用$\sum(RI)=\sum E$时，若电源电动势的方向（注意电动势方向由“-”极指向“+”极）与回路绕行方向一致，该电动势符号前取“+”，否则，电动势符号前取“-”；对于含有 n 个节点、b 条支路的电路，只可以列出 $b-(n-1)$ 个独立的 KVL 方程。

由以上所述可知，KCL 规定了电路中任何一个节点各支路电流必须服从的约束关系，而 KVL 则规定了电路中任何一条回路内各支路电压必须服从的约束关系。这两个定律仅与元件相互连接的方式有关，而与元件的性质无关，所以这种约束称为结构约束或拓扑约束。

1.3.2 支路电流法

以支路电流为未知量，根据基尔霍夫定律和欧姆定律列出所需的方程组，然后解出各未知电流的方法，就是支路电流法，简称为支路法。

以图 1-25 所示的电路为例来说明支路电流法。在这个电路中，支路数 $b=6$，各支路电流的参考方向如图 1-25 所示。根据数学知识，需要列出 6 个彼此独立的方程，才能解出这 6 个未知电流。如何得到所需的方程组呢？

首先，列出电路的 KCL 方程。在图 1-25 中，节点数 $n=4$，电路中的 4 个节点分别标有字母 a、b、c、d，应用 KCL 可以写出 4 个节点的电流方程。

节点 a：$I_1+I_2-I_5=0$

节点 b：$-I_2+I_3+I_6=0$

节点 c：$I_4+I_5-I_6=0$

节点 d：$-I_1-I_3-I_4=0$

将上述 4 个方程相加，得恒等式 0=0，说明这 4 个方程中的任一个方程均可由其余 3 个方程推出。因此，对具有 4 个节点的电路，应用 KCL 只能列出 4-1=3 个独立方程。至于列方程时选哪 3 个节点作为独立节点，则是任意的。

一般地，对具有 n 个节点的电路，运用 KCL 只能得到 $n-1$ 个独立方程。

再列出电路的 KVL 方程。得到 3 个独立的电流方程后，另外 3 个独立方程可由 KVL 得到，通常取网孔列出。如按图 1-25 所标的各网孔的绕行方向，就可列出所需的 3 个电压方程。

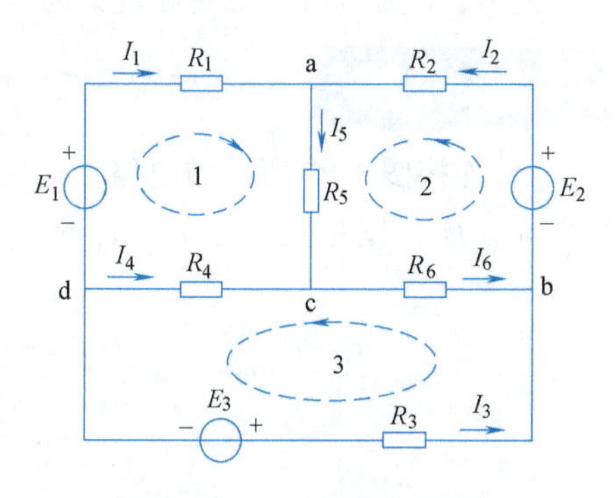

图 1-25 支路电流法举例

设网孔 1 顺时针绕行，则

$R_1I_1+R_5I_5-R_4I_4=E_1$

设网孔 2 逆时针绕行，则

$R_2I_2+R_5I_5+R_6I_6=E_2$

设网孔 3 逆时针绕行，则

$R_3I_3-R_6I_6-R_4I_4=E_3$

可以证明：一个电路的网孔数恰好等于 $b-(n-1)$。

运用基尔霍夫定律和欧姆定律一共可以列出 $(n-1)+[b-(n-1)]=b$ 个独立方程，所以能解出 b 个支路电流。

利用支路电流法，求解电路的一般步骤如下：

1）确定支路数，并标注各支路电流及其参考方向。

2）任取 $n-1$ 个独立节点，列出 $n-1$ 个点的 KCL 方程。

3）选取独立回路（一般选网孔作为独立回路），并确定各独立回路的绕行方向，列出所选独立回路的 KVL 方程。

4）将已知参数代入所列的独立方程，并联立成方程组。

5）求解方程组，可得所需的支路电流。

例 1-5 电路如图 1-26 所示，已知：$E_1=15\text{V}$，$E_2=10\text{V}$，$R_1=2\Omega$，$R_2=4\Omega$，$R_3=12\Omega$。求：电路中的各支路电流。

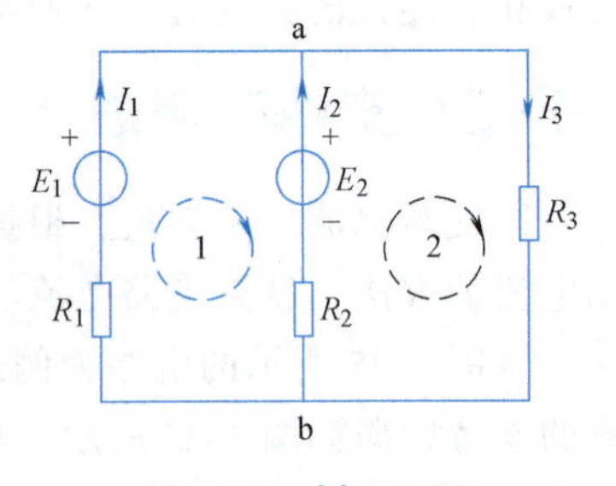

图 1-26 例 1-5 图

解 （1）假定各支路电流方向如图 1-26 所示。

（2）由于该电路只有两个节点，故只能列一个 KCL 独立方程，这里取节点 a 为独立节点，其 KCL 方程为

$$I_1+I_2-I_3=0$$

（3）选定两个网孔作为独立回路，并确定网孔 1、2 均按顺时针方向绕行，列出两个网孔的 KVL 独立方程为

网孔 1：$R_1I_1-R_2I_2=E_1-E_2$

网孔 2：$R_2I_2+R_3I_3=E_2$

（4）将已知参数代入已列方程，联立成方程组为

$$\begin{cases}I_1+I_2-I_3=0\\2I_1-4I_2=15-10\\4I_2+12I_3=10\end{cases}$$

（5）解此方程组得

$$I_1=1.5\text{A}, I_2=-0.5\text{A}, I_3=1\text{A}$$

其中，I_2为负值，说明假定方向与实际方向相反。

技能训练——基尔霍夫定律的验证

1）连接图 1-27 所示的电路。通电前先任意设定 3 条支路电流的正方向和 3 条闭合回路的绕行方向，图中的 I_1、I_2、I_3 的方向已设定，3 条闭合回路的绕行方向可分别设为：

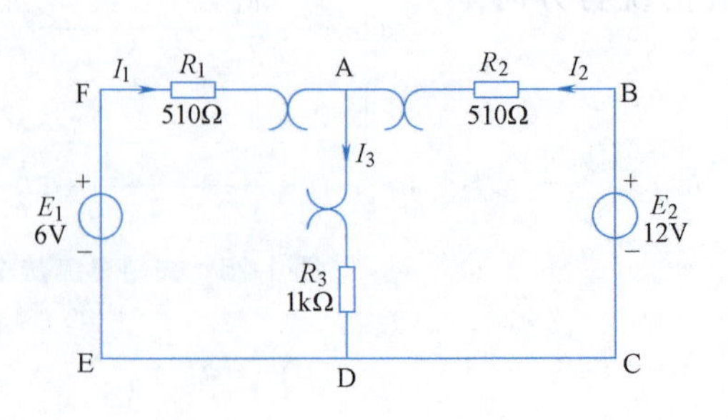

图 1-27 实验电路图

ADEFA、BADCB 和 FABCDEF。

2）分别将两路直流稳压源接入电路，令 $E_1=6\text{V}$，$E_2=12\text{V}$。

3）根据图 1-27 中的电路参数，计算出待测的电流 I_1、I_2、I_3和各电阻上的电压值，填入表 1-1 中，以便实验测量时，可正确地选定电流表和电压表的量程。

4）熟悉电流插头的结构，将电流插头的两端接至数字直流电流表的“+”“-”两端。将电流插头分别插入 3 条支路的 3 个电流插座中，读出电流值并将其填入表 1-1 中。

5）用万用表分别测量两路电源及电阻上的电压值，将测量数据填入表 1-1 中。

6）根据测量的数据，选定实验电路中的任何一条闭合回路，验证 KVL 的正确性，并进行误差分析。

表 1-1 基尔霍夫定律的测量数据

被测量	I_1/mA	I_2/mA	I_3/mA	U_{FA}/V	U_{BA}/V	U_{AD}/V	U_{FE}/V	U_{BC}/V
计算值								
测量值								
相对误差								

【思考题】

1. 电路如图 1-28 所示，解答下列问题：

1）此电路有____条支路、____个节点、______条回路、____个网孔。

2）列出各节点的 KCL 方程。

3）列出各条回路的 KVL 方程。

2. 为什么电流、电压的测量值与计算值之间存在误差？

3. 已知某支路的电流为 3mA 左右，现有量程分别为 5mA 和 10mA 的两只电流表，应使用哪一只电流表进行测量？为什么？

4. 直流电流表在什么情况下可能出现指针反偏？应如何处理？在记录数据时应注意什么？若用数字直流电流表进行测量，会有什么显示？

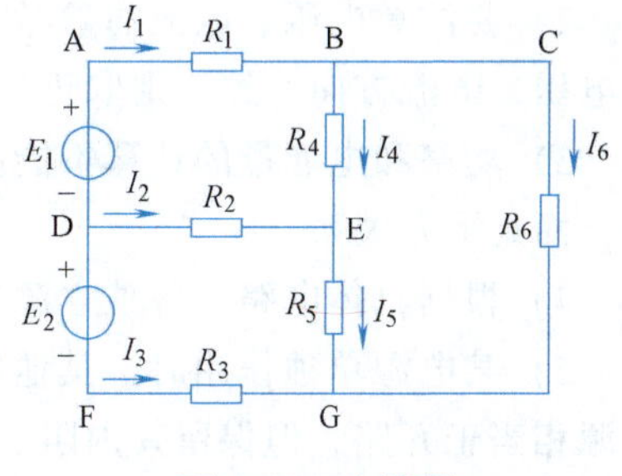

图 1-28 电路图

5. 在测量电流、电压时，电流表、电压表应分别如何连接在被测电路中？电流表、电压表的量程选择对测量结果有影响吗？

1.4 叠加原理及其应用

1.4.1 叠加原理

全部由线性元件组成的电路称为线性电路。在分析线性电路时，经常要用到叠加原理。叠加原理可表述为：在线性电路中，所有独立源共同作用产生的响应（电压或电流），等于各独立源单独作用产生的响应（电压或电流）的代数和。

如图 1-29a 所示的电路，电压源（U_S、R_o）与恒流源 I_S 共同作用在电阻 R 上，产生电流 I。这个电流分别是由电压源（U_S、R_o）单独作用时在 R 上产生的电流 I'（图 1-29b）和由恒流源 I_S 单独作用时在 R 上产生的电流 I''（图 1-29c）的代数和，即 $I=I'-I''$。

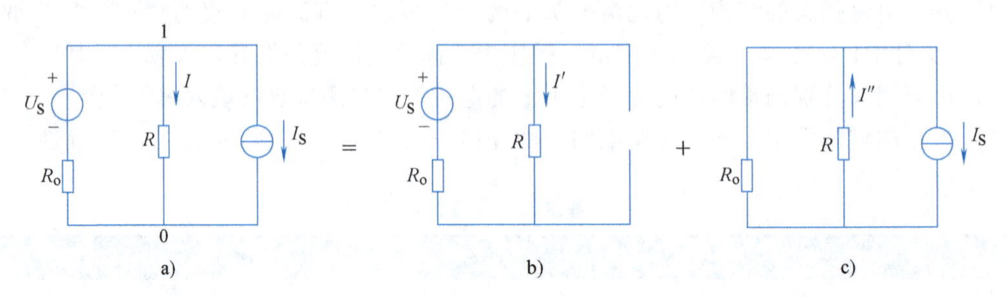

图 1-29　叠加原理举例

对 I' 取正号，是因为它的参考方向与 I 的参考方向一致；对 I'' 取负号，是因为它的参考方向与 I 的参考方向相反。

1.4.2　叠加原理的应用

1. 应用叠加原理分析电路时的注意事项

应用叠加原理分析电路时应注意以下几点：

1）叠加原理适用于多电源的线性电路，分成多个单电源电路，使分析大为简化。

2）要注意电压、电流的参考方向。若各电源单独作用时的电压、电流方向与原电路中的电压、电流方向一致，则取正号；若相反、取负号。

3）功率和电能量的计算不能应用叠加原理，因为它们和电流（电压）之间不是线性关系，而是平方关系。

4）根据具体电路，各独立源也可以分批作用。

5）某电源单独作用时，其他电源均应按零值处理。零值恒压源相当于短路，而零值恒流源相当于开路，但保留其内阻。

2. 运用叠加原理解题和分析电路的步骤

（1）分解电路　将多个独立源共同作用的电路分解成一个（或几个）独立源作用的分电路，每一个分电路中，对不作用的电源进行“零值”处理，并将待求的电压、电流的正方向在原电路、分电路中标出。

（2）求解每一个分电路　分电路往往是比较简单的电路，有时可由电阻的连接及基本定律直接求解。

（3）叠加　原电路中待求的电压、电流等各分电路中对应求出的量的代数和。

例 1-6　在图 1-30a 所示的桥形电路中，已知：$R_1=2\Omega$，$R_2=1\Omega$，$R_3=3\Omega$，$R_4=0.5\Omega$，$U_S=4.5\text{V}$，$I_S=1\text{A}$。试用叠加原理求电压源的电流 I 和电流源的端电压 U。

解　（1）当电压源单独作用时，电流源开路，如图 1-30b 所示，各支路电流分别为

$$I_1'=I_3'=\frac{U_S}{R_1+R_3}=\frac{4.5}{2+3}\text{A}=0.9\text{A}$$

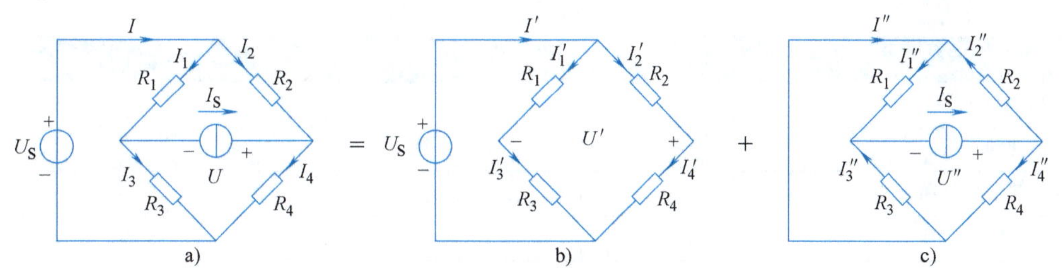

图 1-30　例 1-6 图

$$I_2' = I_4' = \frac{U_S}{R_2+R_4} = \frac{4.5}{1+0.5}\text{A} = 3\text{A}$$

$$I' = I_1' + I_2' = (0.9+3)\text{A} = 3.9\text{A}$$

电流源支路的端电压 U'为

$$U' = R_4 I_4' - R_3 I_3' = (0.5\times3-3\times0.9)\text{V} = -1.2\text{V}$$

（2）当电流源单独作用时，电压源短路，如图 1-30c 所示，则各支路电流为

$$I_1'' = \frac{R_3}{R_1+R_3} I_S = \frac{3}{2+3}\times1\text{A} = 0.6\text{A}$$

$$I_2'' = \frac{R_4}{R_2+R_4} I_S = \frac{0.5}{1+0.5}\times1\text{A} = 0.333\text{A}$$

$$I'' = I_1'' - I_2'' = (0.6-0.333)\text{A} = 0.267\text{A}$$

电流源的端电压 U''为

$$U'' = R_1 I_1'' + R_2 I_2'' = (2\times0.6+1\times0.333)\text{V} = 1.533\text{V}$$

（3）当两个独立源共同作用时，电压源的电流为

$$I = I' + I'' = (3.9+0.267)\text{A} = 4.167\text{A}$$

电流源的端电压为

$$U = U' + U'' = (-1.2+1.5333)\text{V} = 0.333\text{V}$$

技能训练——叠加原理的验证

1）连接图 1-31 所示的电路。令 E_1 电源单独作用，用万用表和毫安表（接电流插头）测量各电阻两端电压及各支路电流，数据填入表 1-2 中。

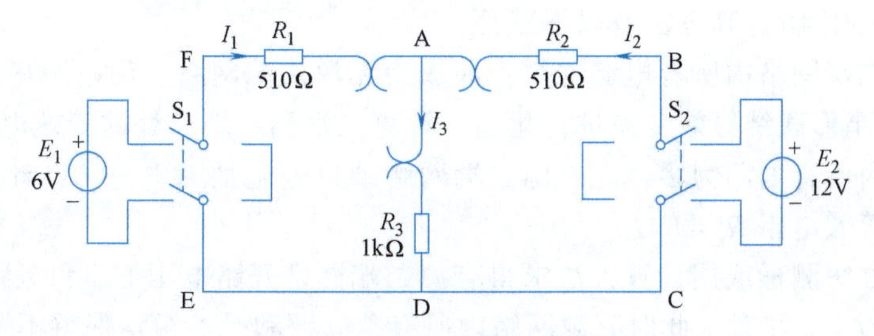

图 1-31　验证叠加原理电路

2）令 E_2 电源单独作用，重复上述的测量，将测量数据填入表 1-2 中。

3）令 E_1 和 E_2 共同作用，重复上述的测量，将测量数据填入表 1-2 中。

表 1-2 叠加原理的测量数据

被测量	I_1/mA	I_2/mA	I_3/mA	U_{FA}/V	U_{BA}/V	U_{AD}/V
E_1单独作用						
E_2单独作用						
所测量的代数和						
E_1、E_2共同作用						

【思考题】

1. 在叠加原理实验中，让各电源分别单独作用，应如何操作？可否直接将不作用的电源置零（短接）？

2. 各电阻器所消耗的功率能否用叠加原理计算得出？为什么？试用上述实验数据，进行计算并得出结论。

1.5 戴维南定理及其应用

1.5.1 戴维南定理

用支路电流法和叠加原理都可以计算出电路的全部响应，但在实际工作中，经常只需计算某一负载中的响应，这时应用戴维南定理具有特殊的优越性。

把一个电路或网络（网络通常指较为复杂的电路）所要计算响应的支路断开，剩余部分是一个含有电源、只有两个端子的网络，即有源二端网络。对所需要计算的这条支路来说，有源二端网络相当于一个电源。戴维南定理给出了有源二端网络等效电路的一般性结论，为确定等效电压源的参数（E'和R_o'）提供了简明的解析方法和实验方法，它是线性电路中的又一重要定理。

戴维南定理可表述为：任何一个线性有源二端网络都可以用一个等效电压源代替。等效电压源的电动势（E'）等于有源二端网络的开路电压U_{OC}，内阻R_o'等于除源网络（有源二端网络中电源均为零，即无源二端网络）的等效电阻R_o。

等效电压源的内阻计算方法有以下三种：

1）设有源二端网络内所有电源为零，即成为无源二端网络，用电阻串联、并联和混联或三角形联结与星形联结等效变换进行化简，计算二端网络端口处的等效电阻。

2）设网络内所有电源为零，在有源二端网络端口处施加一电压U，计算或测量输入端口的电流I，则等效电阻$R_o'=U/I$。

3）用实验方法测量或用计算方法求得有源二端网络开路电压U_{OC}和短路电流I_{SC}，则等效电阻$R_o'=U_{OC}/I_{SC}$（注意：此时有源网络内所有独立源和受控源均保留不变）。

1.5.2 戴维南定理的应用

应用戴维南定理的解题步骤如下：

1）将电路分为待求支路和有源二端网络两部分。

2）将待求支路断开，求有源二端网络的等效电压源，即求 E' 和 R'_o。

3）将待求支路接入由 E' 和 R'_o 构成的等效电压源中，求待求支路的电流。

在应用戴维南定理时应注意：求 E' 和 R'_o 时，均不考虑被断开的待求支路的影响。注意 U_{OC} 的正负以确定 E' 的方向；有源二端网络和所求支路之间不应有受控源或磁耦合等联系，即负载支路的性质和变化不影响 E' 和 R'_o 的值。

例 1-7 如图 1-32a 所示的电路，已知：$E_1=6\text{V}$，$E_2=1.5\text{V}$，$R_1=0.6\Omega$，$R_2=0.3\Omega$，$R_3=9.8\Omega$。求：通过电阻 R_3 的电流。

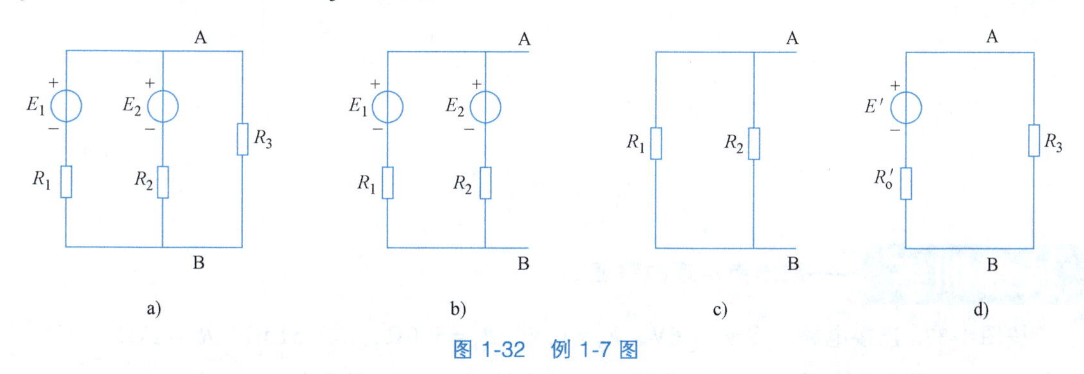

图 1-32 例 1-7 图

解 将电路分成有源二端网络和待求支路两部分，有源二端网络如图 1-32b 所示，由此图可求得

$$U_{OC(AB)}=E_1-\frac{E_1-E_2}{R_1+R_2}R_1=\left(6-\frac{6-1.5}{0.6+0.3}\times 0.6\right)\text{V}=3\text{V}$$

即

$$E'=U_{OC(AB)}=3\text{V}$$

将有源二端网络中的电源按零值处理，得无源二端网络，如图 1-32c 所示，由此图可求得

$$R'_o=R_1/\!/R_2=0.6/\!/0.3\Omega=0.2\Omega$$

将待求支路 R_3 支路接入所求得的等效电压源上，如图 1-32d 所示，则可求得通过 R_3 的电流为

$$I_{R_3}=\frac{E'}{R'_o+R_3}=\frac{3}{0.2+9.8}\text{A}=0.3\text{A}$$

例 1-8 如图 1-33a 所示的电路，已知：$E=48\text{V}$，$R_1=12\Omega$，$R_2=24\Omega$，$R_3=36\Omega$，$R_4=12\Omega$，$R_5=33\Omega$，求：通过 R_5 的电流。

解 将电路分成有源二端网络和待求支路两部分，其有源二端网络如图 1-33b 所示，由此可求得

$$U_{OC(AB)}=-\frac{E}{R_1+R_2}R_1+\frac{E}{R_3+R_4}R_3=\left(-\frac{48}{12+24}\times 12+\frac{48}{36+12}\times 36\right)\text{V}=20\text{V}$$

即

$$E'=U_{OC(AB)}=20\text{V}$$

将有源二端网络中的电源按零值处理，得无源二端网络，如图 1-33c 所示，由此图可求得

$$R'_o=R_1/\!/R_2+R_3/\!/R_4=(12/\!/24+36/\!/12)\Omega=17\Omega$$

将待求支路 R_5 支路接入所求得的等效电压源上，如图 1-33d 所示，则可求得通过 R_5 的电流为

$$I_{R_5}=\frac{E'}{R_o'+R_5}=\frac{20}{17+33}\text{A}=0.4\text{A}$$

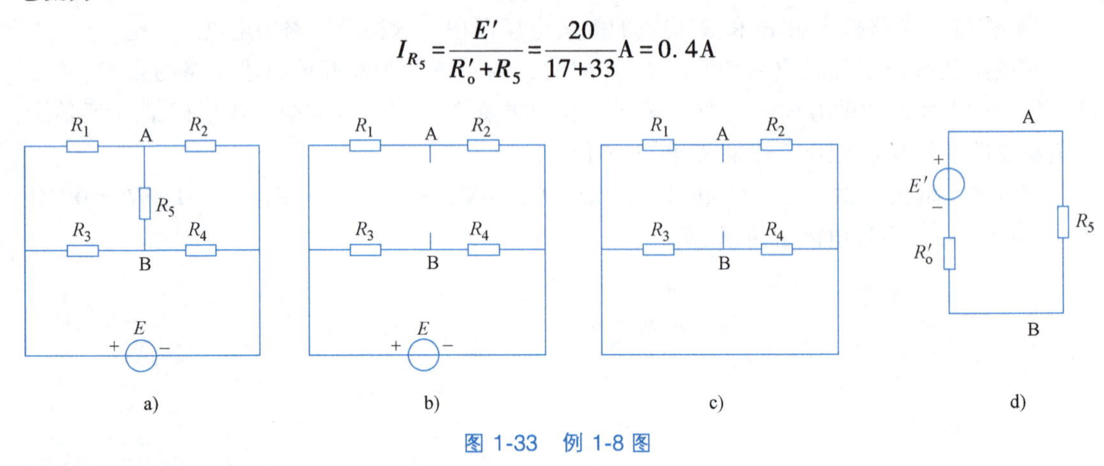

图 1-33　例 1-8 图

技能训练——戴维南定理的验证

按图 1-32a 连接电路，令 $E_1=6\text{V}$，$E_2=12\text{V}$，$R_1=510\Omega$，$R_2=510\Omega$，$R_3=1\text{k}\Omega$。

1）将电流表串接到 R_3 支路，测量通过 R_3 的电流，将数据填入表 1-3 中。

2）选择万用表直流电压档的合适量程，断开 R_3 支路，如图 1-32b 所示，测量 A、B 间的开路电压值，将数据填入表 1-3 中。

3）测量有源二端网络的短路电流，求得等效电阻 R_o'。

4）将待求支路 R_3 支路接到求得的等效电压源上，再用电流表测量 R_3 支路的电流，将数据填入表 1-3 中。

表 1-3　戴维南定理的测量数据

被测量	I_3	$U_{OC(AB)}$	$I_{SC(AB)}$	$R_o'=U_{OC(AB)}/I_{SC(AB)}$	由等效电压源求得的 I_3
测量值					

【思考题】

1. 测量有源二端网络的短路电流的条件是什么？在本实验中可否直接做负载短路实验？
2. 测量有源二端网络开路电压及等效内阻有哪几种方法？各有何优缺点？

习　题

1. 某电池未带负载时，测其电压值为 1.5V，接上一个 5Ω 的小电珠后测得电流为 250mA。试计算电池的电动势和内阻。

2. 某楼内有 100W、220V 的灯泡 100 只，平均每天使用 3h，试计算每月消耗的电能（一个月按 30 天计算）。

3. 计算图 1-34 所示各电路中的未知电压 U 或电阻 R。

4. 两个电阻串联时的等效电阻为 180Ω，并联时的等效电阻为 40Ω。这两个电阻各是多少欧姆？

5. 计算图 1-35 所示电路中的等效电阻 R_{ab}。

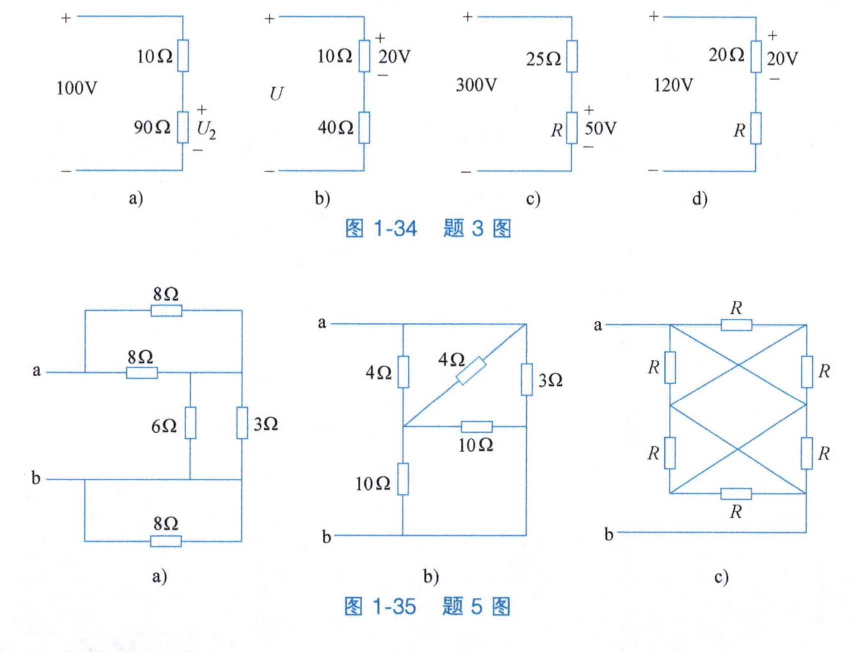

图 1-34　题 3 图

图 1-35　题 5 图

6. 求图 1-36 所示电路中的 U_{ab}。

7. 求图 1-37 所示电路中的 U_{CD}、U_{AB}。

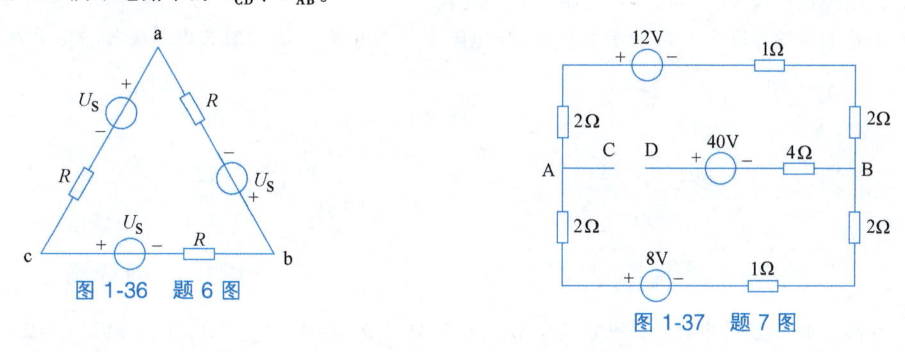

图 1-36　题 6 图

图 1-37　题 7 图

8. 化简图 1-38 所示的各电路。

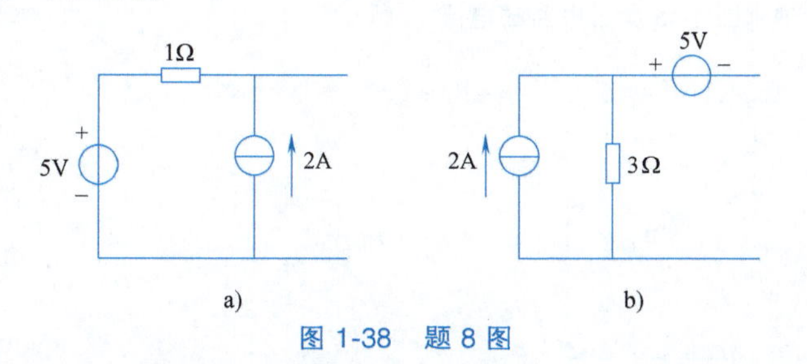

图 1-38　题 8 图

9. 试用电源等效变换方法计算图 1-39a 中的电压 U 及图 1-39b 中的电流 I。

10. 图 1-40 所示的电路中有多少支路？在图上标明支路电流，并选定参考方向，然后列出求解各支路电流所需的全部方程。

11. 在图 1-41 所示的电路中，已知：$E_1 = 15V$，$E_2 = 10V$，$R_1 = 18\Omega$，$R_2 = 4\Omega$，$R_3 = 4\Omega$。求各支路的电流。

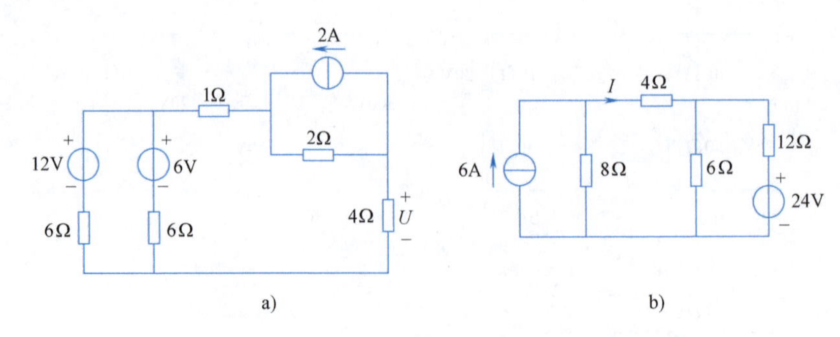

图 1-39　题 9 图

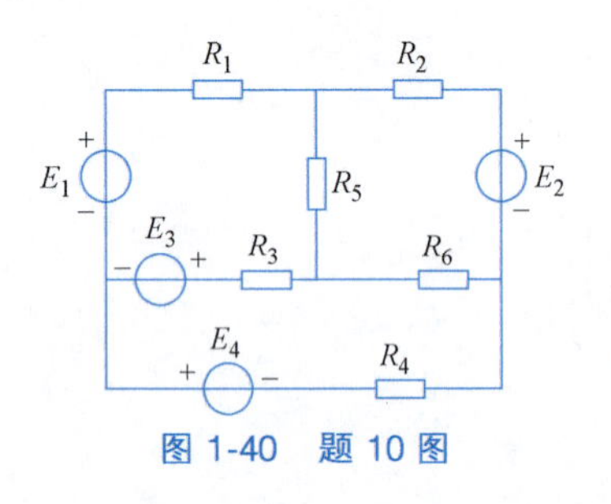

图 1-40　题 10 图

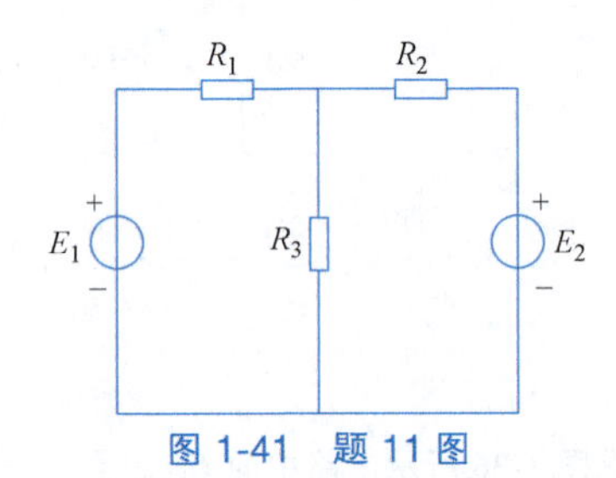

图 1-41　题 11 图

12. 试用叠加原理求图 1-42 所示电路中的电流 I。

13. 用叠加原理计算图 1-43 所示电路中 4Ω 电阻支路的电流 I，并计算该电阻吸收的功率 P。

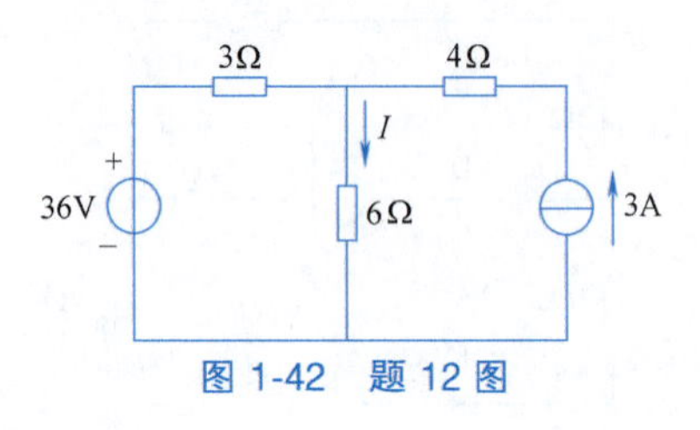

图 1-42　题 12 图

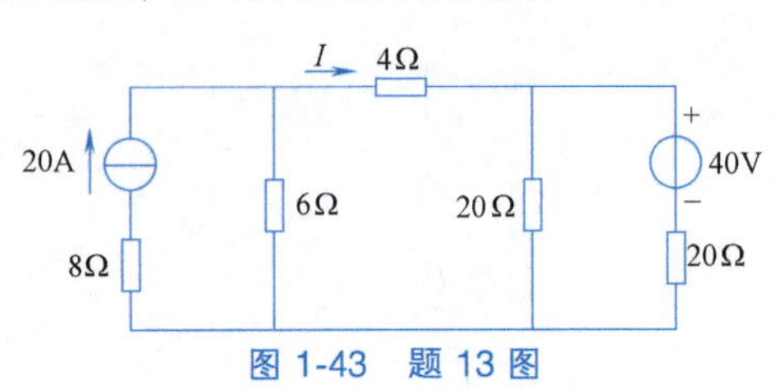

图 1-43　题 13 图

14. 在图 1-44 所示的电路中，已知 $R_1=8\Omega$，$R_2=4\Omega$，$R_3=6\Omega$，$R_4=2\Omega$，$U_S=8V$，$I_S=2A$。试用戴维南定理求通过 R_2的电流。

15. 试用戴维南定理求图 1-45 所示电路的电流 I。

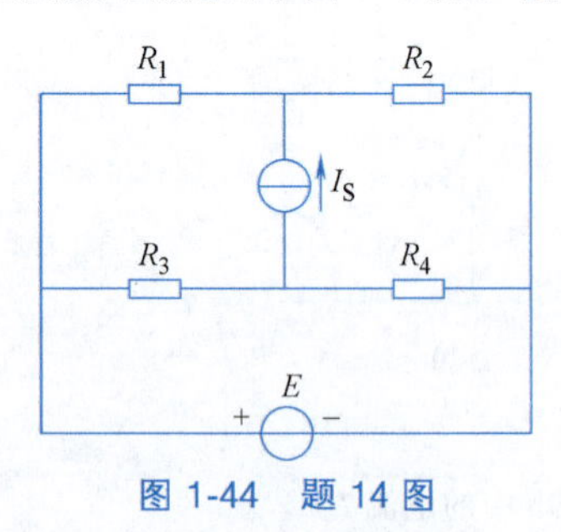

图 1-44　题 14 图

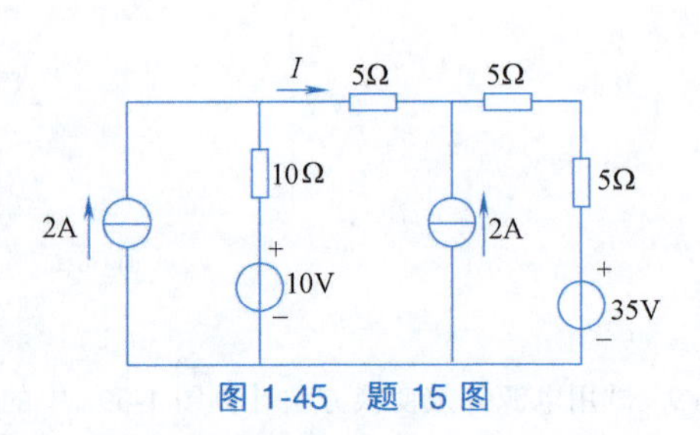

图 1-45　题 15 图

第2章 CHAPTER 2 正弦交流电路

学习目标

1. 理解交流电的基本概念、正弦交流电的三要素，掌握正弦交流电最大值与有效值的关系。

2. 掌握正弦交流电的三角函数、波形图及相量表示法，会用相量图分析正弦交流电路。

3. 掌握单相正弦交流电路中电压与电流的关系和功率计算方法，掌握提高功率因数的方法。了解能量转换和谐振现象。

4. 了解三相对称电动势的产生，掌握三相电源星形联结时的线电压与相电压之间的关系。

5. 掌握三相对称负载星形和三角形联结时，相电压、线电压、相电流、线电流和三相功率的关系及计算。理解三相四线制电路的中线的作用，能正确地把负载接入三相电源。

6. 会使用交流电压表（毫伏表）、万用表测量交流电压，用交流电流表测量交流电流。

7. 会使用示波器测试低频信号发生器产生的典型信号。

8. 会进行电感式镇流器荧光灯电路的安装与测试。

9. 初步学会电工操作的基本技能，养成安全用电的良好习惯。

2.1 正弦交流电路的基本知识

2.1.1 交流电概述

大小和方向都随时间做周期性变化的电压、电流、电动势分别称为交流电压、交流电流、交流电动势，统称为交流电。将大小和方向都随时间按正弦规律变化的交流电称为正弦交流电。与直流电相比，正弦交流电具有发电成本低、便于远距离传输和转换效率高等优点。本书如不加以说明，所说的交流电都是指正弦交流电。

在生产和生活中所用的电路几乎都是正弦交流电路。在线性电路中，若激励为时间的正弦函数，则稳定状态下的响应也为时间的正弦函数，这种电路称为正弦交流稳态电路，简称为正弦交流电路。

2.1.2 正弦交流电的三要素

以正弦交流电流为例，其数学表达式为 $i=I_m\sin(\omega t+\varphi_i)$。式中，$I_m$为电流的最大值，$\omega$为角频率，$\varphi_i$为初相，正弦电量的变化取决于这 3 个量，通常把最大值、角频率和初相称为正弦交流电的三要素。

1. 周期、 频率和角频率

(1) 周期　交流电变化一周所需要的时间称为周期，用 T 表示，周期的单位是秒（s）。图 2-1 中正弦交流电流从 a 点变到 c 点经历了一个周期。

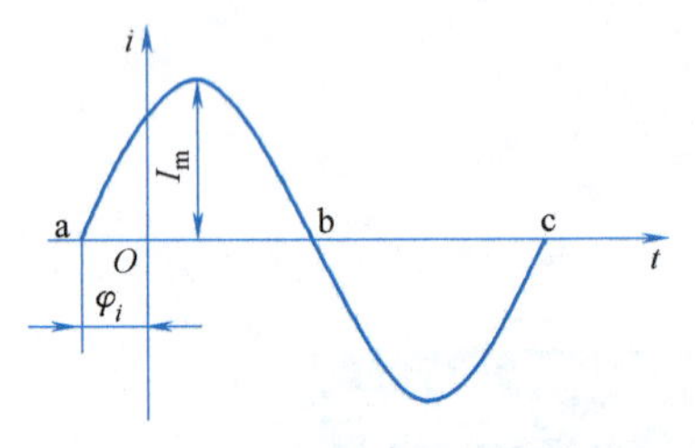

图 2-1　正弦交流电流的波形图

(2) 频率　单位时间内交流电变化循环的次数称为频率，用 f 表示，频率的单位是赫兹（Hz），简称赫。频率与周期互为倒数，即

$$f=\frac{1}{T}\quad 或\quad T=\frac{1}{f} \tag{2-1}$$

我国采用 50Hz 作为工业和民用电频率，又称为工频。世界上有些国家（如美国、日本等）用 60Hz 作为电力标准频率。通常交流动力电路、照明电路都用工频电，在其他不同技术领域会使用不同的频率。例如，高频炉的频率是 200～300kHz，中频炉的频率是 500～800Hz，高速电动机的频率是 150～2000Hz，无线电调频广播载波频率为 88～108MHz，广播电视载波频率为 30～300MHz 等。

(3) 角频率　正弦交流电每秒内变化的电角度称为角频率，用 ω 表示，单位是弧度每秒（rad/s），也表示正弦交流电变化的快慢。因为一个周期经过的角度 $\alpha=2\pi$ rad（即 360°），故角频率与频率、周期的关系为

$$\omega=2\pi f=\frac{2\pi}{T} \tag{2-2}$$

可见，周期、频率和角频率都是用来表示正弦交流电变化快慢的，知道其中一个量，就可确定另外两个量。

2. 瞬时值、最大值（幅值）和有效值

(1) 瞬时值　正弦交流电在变化过程中任一瞬间所对应的值，称为瞬时值。规定用小写字母 i、u、e 分别表示交流电流、电压、电动势的瞬时值。由于交流电的方向是周期性变化的，所以必须在电路中先假定交流电的参考正方向。当电流的瞬时值为正值，即电流的实际方向与参考正方向一致时，曲线就处于横坐标轴的上方；当电流的瞬时值为负值，即电流的实际方向与参考正方向相反时，曲线就处于横坐标轴的下方。

(2) 最大值　瞬时值中最大的值，称为交流电的最大值或振幅（有时也称为幅值或峰值）。交流电的最大值用大写字母加下标 m 来表示，如 E_m、U_m 和 I_m 分别表示电动势、电压和电流的最大值。

(3) 有效值　交流电的瞬时值随时间变化，不便于用它来计量交流电的大小。在工程技术中，规定用有效值来衡量交流电的发热和做功的能力。交流电的有效值定义为：假设交流电流 i 通过一个电阻 R 在一个周期内产生的热量 Q，与一个恒定的直流电流 I 通过相同的

电阻 R 在相同时间内所产生的热量 Q' 相等，就可以说这个直流电流 I 与交流电流 i 在发热方面是等效的，就把这个直流电流的数值 I 定义为该交流电流 i 的有效值。简言之，交流电流的有效值就是热效应与它等同的直流值。用大写字母 I、U 和 E 分别表示交流电流、电压和电动势的有效值。

交流电流 i 一个周期内在 R 上产生的热量为

$$Q=\int_0^T i^2R\mathrm{d}t$$

直流电流 I 同一周期内在 R 上产生的热量为

$$Q'=I^2RT$$

若两者相等，即 $Q=Q'$，则

$$I^2RT=\int_0^T i^2R\mathrm{d}t$$

可得出周期电流的有效值为

$$I=\sqrt{\frac{1}{T}\int_0^T i^2\mathrm{d}t}$$

设 $i=I_\mathrm{m}\sin\omega t$，则

$$I=\sqrt{\frac{1}{T}\int_0^T I_\mathrm{m}^2\sin^2\omega t\mathrm{d}t}=\frac{I_\mathrm{m}}{\sqrt{2}} \tag{2-3}$$

同理，正弦交流电压、电动势相应地有

$$U=\frac{U_\mathrm{m}}{\sqrt{2}},E=\frac{E_\mathrm{m}}{\sqrt{2}} \tag{2-4}$$

一般所说的正弦交流电压或电流的大小都是指它的有效值，交流电压表、电流表的读数都是它们的有效值，交流电动机和电器的额定电压、额定电流也都是有效值。

3. 相位、初相、相位差

（1）相位　在正弦交流电流的数学表达式 $i=I_\mathrm{m}\sin(\omega t+\varphi_i)$ 中，$\omega t+\varphi_i$ 称为正弦交流电的相位角，简称相位。相位是研究正弦交流电时必须掌握的一个重要概念，它表示正弦交流电在某一时刻所处的变化状态，它不仅决定该时刻瞬时值的大小和方向，还决定该时刻的交流电变化的趋势（即增加还是减少）。

（2）初相　$t=0$ 时的相位 φ_i 称为初相位，简称初相。初相表示计时开始时交流电所处的变化状态。初相的取值范围一般规定为：$-\pi\leqslant\varphi_0\leqslant\pi$。

（3）相位差　分析交流电路时，经常会遇到若干个正弦交流电量，不仅要分析它们的数量关系，还必须分析它们的相位关系。通常只需研究几个同频率的正弦电量之间的相位关系。

把两个同频率正弦电量相位之差称为它们的相位差，记作 φ。

设两个同频率的正弦电量 $u=U_\mathrm{m}\sin(\omega t+\varphi_u)$，$i=I_\mathrm{m}\sin(\omega t+\varphi_i)$，则 u 与 i 的相位差为

$$\varphi=(\omega t+\varphi_u)-(\omega t+\varphi_i)=\varphi_u-\varphi_i \tag{2-5}$$

即两个同频率正弦电量的相位差等于它们的初相之差。虽然每个正弦电量的相位随时间而变，但它们在任意时间的相位差是不变的。

若 $\varphi>0°$，表明 $\varphi_u>\varphi_i$，如图 2-2a 所示，称 u 超前 i 的相位为 φ，或者说 i 滞后于 u 一个相位 φ。

若 $\varphi=0°$，表明 $\varphi_u=\varphi_i$，如图 2-2b 所示，称 u 与 i 同相位（简称同相），表示两正弦电量同时达到最大值或同时为零。

若 $\varphi=\pm180°$，如图 2-2c 所示，称 u 与 i 反相位（简称反相），表示当 u 为正的最大值时，i 为负的最大值。

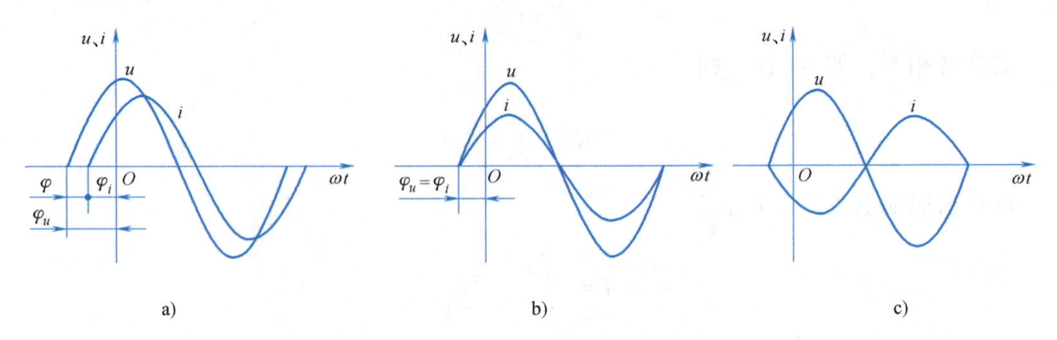

图 2-2　电压 u 与电流 i 的相位差

a) u 超前 i　b) u 与 i 同相　c) u 与 i 反相

综上所述，当两个同频率的正弦电量计时起点（$t=0$）不同时，它们的相位和初相位不同，但它们之间的相位差不变。

例 2-1　已知某电路中的电压 $u=311\sin(314t+30°)\text{V}$，电流 $i=14.14\sin(314t-60°)\text{A}$，求：(1) 角频率、频率、周期；(2) u、i 的最大值和有效值；(3) u、i 的初相；(4) u 与 i 的相位差。

解　(1) 角频率

$$\omega=314\text{rad/s}$$

频率

$$f=\frac{\omega}{2\pi}=\frac{314}{2\pi}\text{Hz}=50\text{Hz}$$

周期

$$T=\frac{1}{f}=\frac{1}{50}\text{s}=0.02\text{s}$$

(2) 电压 u 的最大值 $U_\text{m}=311\text{V}$，有效值 $U=\dfrac{U_\text{m}}{\sqrt{2}}=\dfrac{311}{\sqrt{2}}\text{V}=220\text{V}$。

电流 i 的最大值 $I_\text{m}=14.14\text{A}$，有效值 $I=\dfrac{I_\text{m}}{\sqrt{2}}=\dfrac{14.14}{\sqrt{2}}\text{A}=10\text{A}$。

(3) 电压 u 的初相 $\varphi_u=30°$，电流 i 的初相 $\varphi_i=-60°$。

(4) u 与 i 的相位差为：$\varphi=\varphi_u-\varphi_i=30°-(-60°)=90°$。

【思考题】

1. 某交流供电的频率 $f=400\text{Hz}$，试求其角频率 ω 和周期 T。

2. 对两个不同频率的正弦电量，在某一时刻同时达到正的最大值，能否断定它们是同相的？为什么？

2.2 正弦交流电量的相量表示

用三角函数表达式或波形图表示正弦交流电流、电压和电动势很直观。但是，在进行同频率的正弦交流电流（或电压、电动势）的加、减、乘、除运算时，无论是用三角函数表达式还是用波形图，都非常烦琐，不便于计算，一般不采用。为了便于交流电路的计算，常用相量表示正弦交流电量。这种相量表示法的基础是复数，就是用复数来表示正弦交流电量。

2.2.1 复数及其运算

1. 复数

数学上把数 $A=a+\mathrm{j}b$ 称为复数，其中 $\mathrm{j}=\sqrt{-1}$，称为虚数单位。a 称为复数 A 的实部，b 称为复数 A 的虚部。

用于表示复数的直角坐标平面称为复平面，其中横轴的单位为“1”，称为实轴；纵轴的单位为“j”，称为虚轴。

复数 A 可以用复平面上的一条有向线段 $\boldsymbol{OA}$ 矢量来表示，如图 2-3 所示。a 为 A 在实轴上的投影，b 为 A 在虚轴上的投影。在 r、φ 已知时，由图 2-3 可得 $a=r\cos\varphi$，$b=r\sin\varphi$。$\boldsymbol{OA}$ 矢量的长度 $r=\sqrt{a^2+b^2}$ 称为复数的模；$\boldsymbol{OA}$ 矢量与实轴的夹角 $\varphi=\arctan\dfrac{b}{a}$ 称为复数的辐角。一个复数 A 可以有 4 种表示方法。

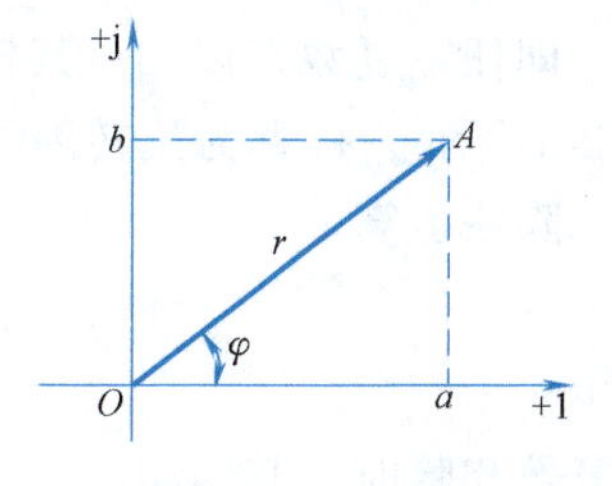

图 2-3 复数的矢量表示

（1）代数式

$$A=a+\mathrm{j}b$$

（2）三角函数式

$$A=r(\cos\varphi+\mathrm{j}\sin\varphi)$$

（3）指数式 将欧拉公式 $\mathrm{e}^{\mathrm{j}\varphi}=\cos\varphi+\mathrm{j}\sin\varphi$ 代入复数的三角函数式，得复数的指数形式为

$$A=r\mathrm{e}^{\mathrm{j}\varphi}$$

（4）极坐标式 为了简便，工程上常把指数形式写成极坐标形式，即

$$A=r\angle\varphi$$

一个复数可用上述 4 种形式来表示，复数的 4 种表示方式可相互转换。

2. 复数的运算

复数的加、减运算可用代数式进行，复数的乘、除运算可采用指数式或极坐标式进行。

（1）加、减运算 进行复数的加、减运算时，一般用复数的代数式。设有复数 $A_1=a_1+$

$jb_1=r_1\angle\varphi_1$，$A_2=a_2+jb_2=r_2\angle\varphi_2$，则

$$A_1\pm A_2=(a_1+jb_1)\pm(a_2+jb_2)=(a_1\pm a_2)+j(b_1\pm b_2)$$

即几个复数相加或相减，实部和虚部分别相加减。

（2）乘、除运算　一般情况下，进行复数的乘、除运算时，用复数的极坐标式或指数式。设有复数 $A_1=r_1\angle\varphi_1$，$A_2=r_2\angle\varphi_2$。

乘法运算：

$$A_1\cdot A_2=r_1\cdot r_2\angle(\varphi_1+\varphi_2)$$

即复数相乘时，其模相乘，辐角相加。

一个复数乘以+j 或−j 是两个复数相乘的特例。

因为 $e^{\pm j90^\circ}=\cos 90^\circ\pm j\sin 90^\circ=0\pm j=\pm j$，所以，±j 是模为 1，辐角为±90°的复数，所以任意复数乘以+j 的计算为

$$jA_1=1\angle 90^\circ\times r_1\angle\varphi_1=r_1\angle(\varphi_1+90^\circ)$$

即任一复数乘以+j，其模不变，辐角增大 90°，相当于把复矢量 $\boldsymbol{A}_1$ 逆时针旋转 90°，如图 2-4 所示。

同理　$-jA_1=1\angle(-90^\circ)\times r_1\angle\varphi_1=r_1\angle(\varphi_1-90^\circ)$

即任一复数乘以−j，其模不变，辐角顺时针转过 90°，如图 2-4 所示。±j 称为旋转因子。

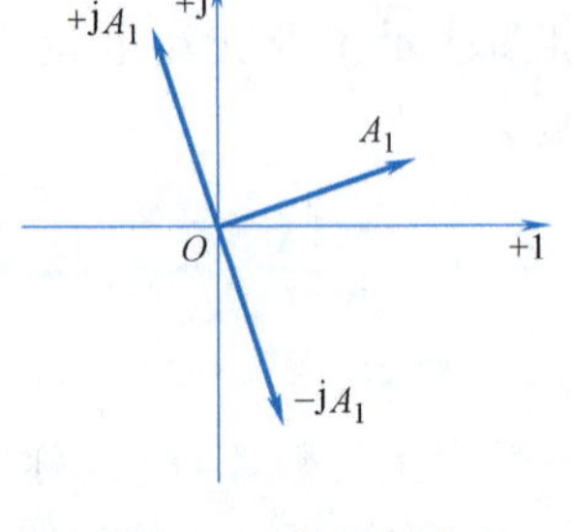

图 2-4　j 的几何意义

除法运算：

$$\frac{A_1}{A_2}=\frac{r_1\angle\varphi_1}{r_2\angle\varphi_2}=\frac{r_1}{r_2}\angle(\varphi_1-\varphi_2)$$

即复数相除时，其模相除，辐角相减。

2.2.2　正弦交流电量的相量表示法

求解一个正弦交流电量必须求得它的三要素，但在分析正弦交流电路时，由于电路中所有的电压、电流都是同一频率的正弦电量，而且它们的频率与正弦交流电源的频率相同，往往是已知的，因此只要分析另外两个要素——最大值（或有效值）及初相位就可以了。正弦交流电量的相量表示法就是用一个复数来表示正弦交流电量。相量用大写字母上方加“·”的方式表示，如电流、电压最大值的相量符号分别为$\dot{I}_m$、$\dot{U}_m$，有效值相量符号分别为$\dot{I}$、$\dot{U}$。

用复数表示正弦交流电量的方法称为正弦交流电量的相量表示法。将复数表示法及四则运算用于正弦交流电路的分析与计算的方法称为正弦交流电的相量法。

例如，正弦交流电流 $i=I_m\sin(\omega t+\varphi_i)$ 可用相量表示为

$$\dot{I}_m=I_m\angle\varphi_i \tag{2-6}$$

或

$$\dot{I}=I\angle\varphi_i \tag{2-7}$$

式（2-6）称为正弦交流电流的最大值相量，式中 I_m 为正弦电流的最大值，φ_i为初相。式（2-7）称为正弦电流的有效值相量，式中 I 为正弦电流的有效值。在电路分析中，有效值相量用得很多。

同理，正弦交流电压的最大值相量和有效值相量分别为$\dot{U}_m=U_m\angle\varphi_u$、$\dot{U}=U\angle\varphi_u$，正弦

交流电动势的最大值相量和有效值相量分别为：$\dot{E}_m = E_m \angle \varphi_e$、$\dot{E} = E\angle\varphi_e$。

在复平面上画出相量的图形称为相量图，有向线段的长度表示正弦电量的最大值（或有效值），有向线段与实轴的夹角表示正弦电量的初相。画相量图时，实轴、虚轴可以省去，在相量图上能够直观地看出各相同频率正弦电量的大小和相位关系。如 $i=10\sqrt{2}\sin(\omega t+30°)$ A，$u=20\sqrt{2}\sin(\omega t-45°)$ V，其有效值相量式分别为 $\dot{I}=10\angle 30°$A，$\dot{U}=20\angle(-45°)$V，其相量图如图 2-5 所示。

应注意：相量只是表示正弦电量，而不是等于正弦电量。用相量表示正弦电量后，就可把烦琐的三角函数运算转换为简单的复数运算。由于在分析线性电路时，正弦电动势、电压、电流均为同频率的正弦电量，频率是已知的或特定的，可以不考虑，只要求出正弦电量的最大值（或有效值）和初相，即可写出正弦电量的函数表达式。

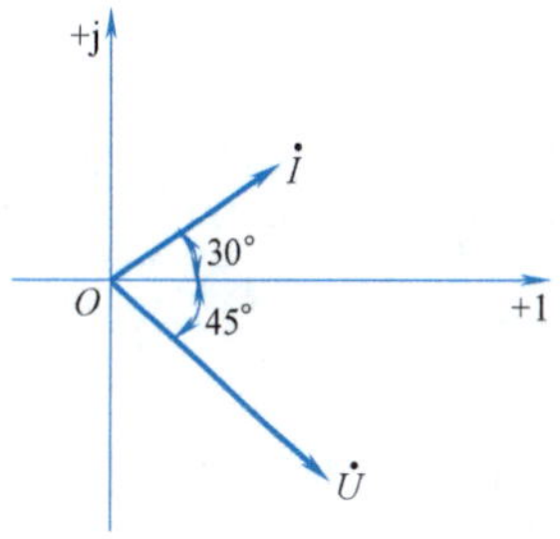

图 2-5　正弦电流、电压的相量图

正弦交流电量用相量表示后，基尔霍夫定律的瞬时值（任一瞬间都成立）形式 $\sum i=0$，$\sum u=0$ 就变换为

$$\sum \dot{I}=0,\quad \sum \dot{U}=0$$

例 2-2　已知一并联电路中的 $i_1=4\sqrt{2}\sin(314t+60°)$ A，$i_2=3\sqrt{2}\sin(314t-30°)$ A，试求总电流 i。

解　（1）借助相量图求解，画出 i_1、i_2 的相量图，如图 2-6 所示。

用平行四边形法画出总电流 i 的相量 $\dot{I}$，由相量图可知，$\dot{I}_1$ 和 $\dot{I}_2$ 的夹角为 90°，所以得

$$I=\sqrt{I_1^2+I_2^2}=\sqrt{4^2+3^2}\ \text{A}=5\text{A}$$

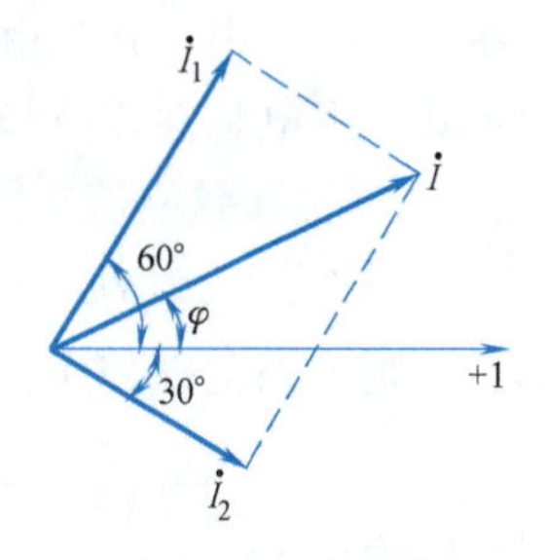

图 2-6　例 2-2 的相量图

相量 $\dot{I}$ 与实轴的夹角 φ 就是总电流 $\dot{I}$ 的初相。

$$\varphi=\arctan\frac{4}{3}-30°=23.1°$$

总电流的三角函数表达式为

$$i=5\sqrt{2}\sin(314t+23.1°)\ \text{A}$$

（2）用相量运算法求解，将 $i=i_1+i_2$ 转化为基尔霍夫电流定律的相量表达式为

$$\dot{I}=\dot{I}_1+\dot{I}_2$$

$$\dot{I}=\dot{I}_1+\dot{I}_2=(4\cos 60°+\text{j}4\sin 60°)+[3\cos(-30°)+\text{j}3\sin(-30°)]$$

$$=(2+\text{j}3.464)\text{A}+(2.6-\text{j}1.5)\text{A}=(4.6+\text{j}1.964)\text{A}=5\angle 23.1°\text{A}$$

总电流的函数表达式为

$$i=5\sqrt{2}\sin(314t+23.1°)\ \text{A}$$

由上例可知，用相量表示正弦电量后，可简化正弦电量的运算，并能同时求出正弦电量的大小和初相。相量法是正弦交流电路的普遍运算方法。常用相量图表示各正弦电量之间的关系，并借助相量图进行相量运算。

【思考题】

1. 对两个频率不相同的正弦交流电量，能否比较它们之间的相位关系？为什么？能否把它们画在同一张相量图中？为什么？

2. 下列各式是否正确？如不正确请指出错误。

（1）$u=220\angle 30°\text{V}$　（2）$I=30\angle 60°\text{A}$　（3）$\dot{I}=20e^{20°}\text{A}$

（4）$U=220\sqrt{2}\sin(\omega t+30°)\text{V}$　（5）$i=10\sin(\omega t-45°)=10e^{-j45°}\text{A}$

2.3 单一参数的正弦交流电路

在直流电路中，由于在恒定电压的作用下，电感相当于短路，电容相当于开路，所以只考虑了电阻这一参数。而在交流电路中，由于电压、电流都随时间按正弦规律变化，因此，分析和计算交流电路时，电阻、电感和电容三个参数都必须同时考虑。为方便起见，先分别讨论只有某一个参数的电路。由电阻、电感、电容单一参数和交流电源组成的正弦交流电路，是最简单的正弦交流电路，它们在交流电路中的特性是分析实际交流电路的基础。

2.3.1 纯电阻电路

在交流电路中，凡是由电阻起主导作用的各种负载（如白炽灯、电烙铁等）都称为电阻性负载，由电阻性负载和交流电源组成的电路，称为纯电阻电路。

1. 纯电阻正弦交流电路中电压与电流的关系

图 2-7a 所示为线性电阻的交流电路，图中标明了电压、电流的参考正方向。设 $i=I_m\sin\omega t$，根据电路的欧姆定律，得

$$u=iR=I_mR\sin\omega t=U_m\sin\omega t$$

其中，$U_m=I_mR$。

由此可得电流与电压有效值之间的关系为

$$I=\frac{U}{R} \tag{2-8}$$

相量关系为

$$\dot{U}=\dot{I}R \tag{2-9}$$

在纯电阻正弦交流电路中，电阻的电压和电流同频率，相位相同，电压与电流有效值（或最大值）之间的关系符合欧姆定律。它们的波形图和相量图如图 2-7b、c 所示。

2. 纯电阻正弦交流电路中功率和能量的转换

电路元件在某一瞬间吸收或释放的功率称为瞬时功率，用小写字母 p 表示，它等于该瞬间的电压 u 和电流 i 的乘积。对于纯电阻电路，当电压 u 和电流 i 采用关联参考方向时，有

$$p=ui=U_m\sin\omega t I_m\sin\omega t=\sqrt{2}U\sqrt{2}I\sin^2\omega t=UI(1-\cos 2\omega t)$$

瞬时功率 p 变化的曲线如图 2-7d 所示。由于 $p\geqslant 0$，电阻总是吸收功率，并不断地将电

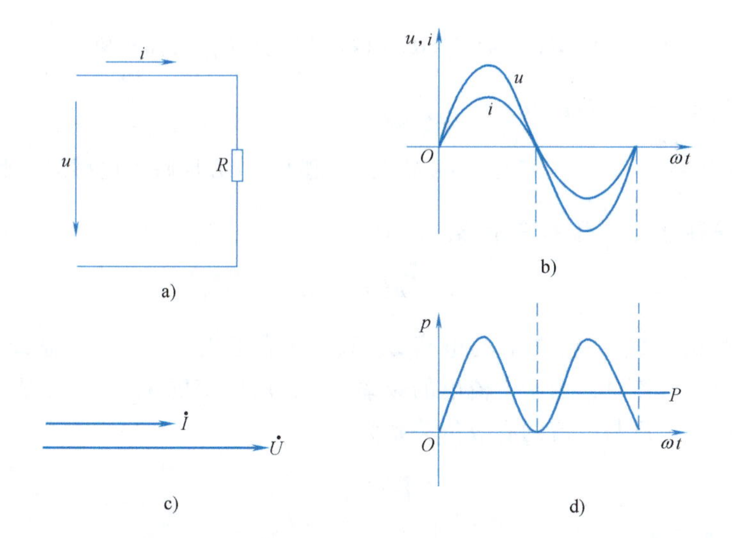

图 2-7 纯电阻的电路图，电压和电流波形图、相量图，功率波形图

a）电路图 b）电流、电压的波形图 c）电流、电压的相量图 d）功率波形图

能转换为热能。

由此可见，瞬时功率是随时间周期变化的。通常取瞬时功率在一个周期内的平均值来表示交流电功率的大小，称为平均功率（又称有功功率，简称功率），用大写字母 P 表示。

纯电阻电路的平均功率为

$$P=\frac{1}{T}\int_0^T p\mathrm{d}t=\frac{1}{T}\int_0^T UI(1-\cos2\omega t)\mathrm{d}t=UI$$

$$P=UI=I^2R=\frac{U^2}{R} \tag{2-10}$$

例 2-3 把 $R=20\Omega$ 的电阻接在电压 $u=200\sin(314t+30°)\mathrm{V}$ 的电源上。试求：（1）流过电阻的电流最大值和有效值，写出瞬时值表达式；（2）计算电阻 1h 所消耗的电能。

解（1）电流最大值、有效值和瞬时值的表达式分别为

$$I_{\mathrm{m}}=\frac{U_{\mathrm{m}}}{R}=\frac{200}{20}\mathrm{A}=10\mathrm{A}$$

$$I=\frac{I_{\mathrm{m}}}{\sqrt{2}}=\frac{10}{\sqrt{2}}\mathrm{A}=7.07\mathrm{A}$$

$$i=10\sin(314t+30°)\mathrm{A}$$

（2）电阻 1h 内所消耗的电能为

$$W=Pt=I^2Rt=(7.07^2\times20)\times10^{-3}\times1\mathrm{kW\cdot h}=1.0\mathrm{kW\cdot h}$$

2.3.2 纯电感电路

1. 纯电感正弦交流电路中电压与电流的关系

如图 2-8a 所示，设电感中的电流 $i=I_{\mathrm{m}}\sin\omega t$，若电压与电流的方向采用关联参考正方

向，则

$$u=L\frac{\mathrm{d}i}{\mathrm{d}t}=I_m\omega L\cos\omega t=I_m\omega L\sin(\omega t+90^\circ)=U_m\sin(\omega t+90^\circ)$$

其中，$U_m=I_m\omega L$ 或 $U=I\omega L$，$\varphi_u=90^\circ$。

由 $U=I\omega L$ 得 $I=\dfrac{U}{\omega L}$，即 U 一定时，ωL 越大，I 越小。ωL 反映了电感对电流的阻碍作用，称为电感电抗，简称感抗。用 X_L表示感抗，即

$$X_L=\omega L=2\pi fL \tag{2-11}$$

X_L的单位为欧姆（Ω）。感抗 X_L与电感 L、频率 f 成正比。可见，电感线圈对高频电流有较大的阻力；对于直流电，由于直流电的频率 $f=0$，所以感抗 $X_L=0$，可视为短路。

纯电感电路中，电压与电流的有效值关系为

$$I=\frac{U}{X_L} \tag{2-12}$$

相量关系为

$$\dot{U}=\mathrm{j}X_L\dot{I} \tag{2-13}$$

在纯电感正弦交流电路中，电感的电压与电流同频率，电压在相位上超前电流 90°（或者说电流滞后于电压 90°），电压、电流有效值（或最大值）之间的关系符合欧姆定律。它们的波形图和相量图如图 2-8b、c 所示。

2. 纯电感正弦交流电路中功率和能量的转换

纯电感电路的瞬时功率为

$$p=ui=U_mI_m\cos\omega t\cdot\sin\omega t=UI\sin2\omega t$$

瞬时功率变化的曲线如图 2-8d 中的粗线所示。在第一个与第三个 1/4 周期内，电感中的电流值在增大，磁场在建立，电感从电源吸收能量并转换为磁场能量，所以 $p>0$（u 与 i

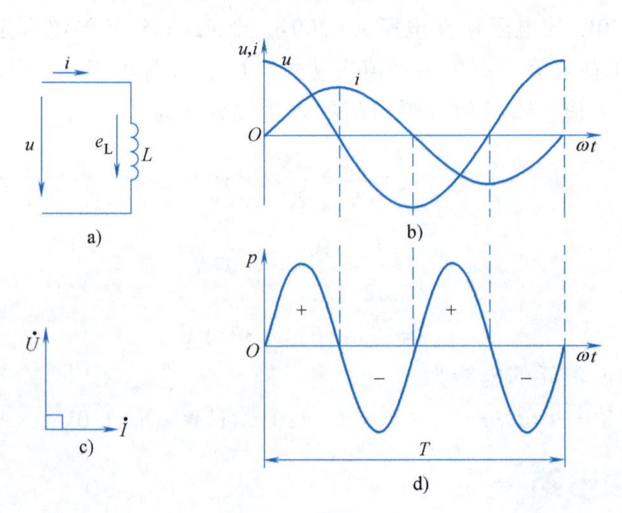

图 2-8　纯电感的电路图，电压和电流波形图、相量图，功率波形图

a）电路图　b）电压和电流的波形图　c）电流、电压的相量图　d）瞬时功率的波形图

方向一致)。在第二个与第四个 1/4 周期内，电感中的电流值在减小，磁场在减小，电感将储存的磁场能量又转换为电能还回电源，即 $p<0$（u 与 i 方向相反）。

电感电路的平均功率为

$$P=\frac{1}{T}\int_0^T p\mathrm{d}t=\frac{1}{T}\int_0^T UI\sin 2\omega t\mathrm{d}t=0$$

平均功率等于零，说明电感只与电源往复不断地交换能量。能量交换的大小用无功功率 Q_L 来衡量，即

$$Q_L=UI=I^2X_L=\frac{U^2}{X_L} \tag{2-14}$$

为了与有功功率相区别，无功功率的单位为乏尔（var）或千乏尔（kvar）。

例 2-4 有一个电感线圈 $L=50\text{mH}$，接在电压 $u=220\sqrt{2}\sin(314t+60°)$ V 的电源上，试求：(1) 流过该电感的电流 i 瞬时值表达式；(2) 画出电流、电压的相量图；(3) 求电路的无功功率。

解 (1) 感抗为 $X_L=\omega L=314\times50\times10^{-3}\Omega=15.7\Omega$

电流有效值为 $I=\frac{U}{X_L}=\frac{220}{15.7}\text{A}=14\text{A}$

由于纯电感电路中电流滞后电压 90°，所以，电流瞬时值表达式为 $i=14\sqrt{2}\sin(314t-30°)$ A

(2) 电压、电流的相量图如图 2-9 所示。

(3) 电路的无功功率为

$$Q_L=UI=220\times14\text{var}=3080\text{var}$$

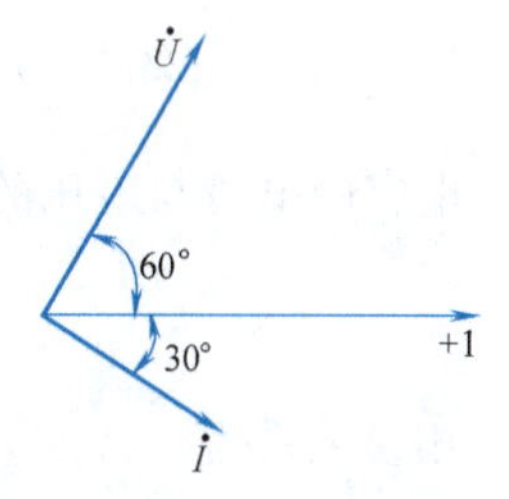

图 2-9 例 2-4 电压、电流相量图

2.3.3 纯电容电路

1. 纯电容正弦交流电路中电压与电流的关系

图 2-10a 所示为一个理想电容的交流电路，图中标明了电压、电流的参考正方向。当电压发生变化时，电容元件极板上的电量也要随之发生变化。

设电容元件上的电压为 $u=U_m\sin\omega t$，则

$$i=C\frac{\mathrm{d}u}{\mathrm{d}t}=U_mC\omega\cos\omega t=U_m\omega C\sin(\omega t+90°)=I_m\sin(\omega t+90°)$$

其中，$I_m=U_m\omega C$，即 $I=\frac{U}{1/(\omega C)}$，$\varphi_i=90°$。

由 $I=\frac{U}{1/(\omega C)}$ 得：当 U 一定时，$1/(\omega C)$ 越大，I 就越小，$1/(\omega C)$ 反映了电容对电流的阻碍作用，称为电容电抗，简称容抗，用 X_C 表示，即

$$X_C=\frac{1}{\omega C}=\frac{1}{2\pi fC} \tag{2-15}$$

容抗的单位为欧姆（Ω）。容抗 X_C 与电容 C、频率 f 成反比。可见，电容对高频电流阻力较小，对低频电流阻力较大；对于直流电，由于其频率 $f=0$，所以容抗 $X_C\to\infty$，可视为开路。电容有隔断直流的作用。

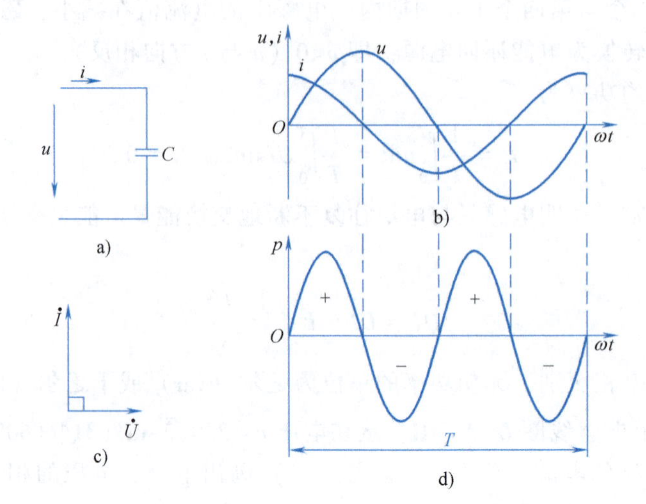

图 2-10　纯电容电路图，电压和电流波形图、相量图，功率波形图

a）电路图　b）电压和电流的波形图　c）电流、电压的相量图　d）瞬时功率的波形图

电容的电流与电压的有效值关系为

$$I=\frac{U}{X_C} \tag{2-16}$$

相量关系为

$$\dot{U}=-jX_C\dot{I} \tag{2-17}$$

在纯电容正弦交流电路中，电压与电流同频率，电流在相位上超前电压 90°（或者说电压滞后于电流 90°），电压、电流有效值（或最大值）之间的关系符合欧姆定律。它们的波形图和相量图如图 2-10b、c 所示。

2. 纯电容正弦交流电路中功率和能量的转换

纯电容电路中瞬时功率的变化曲线如图 2-10d 所示。在纯电容电路中，电压与电流的相位差为 90°，不消耗电能，平均功率等于零。只是电容与电源之间不断地进行能量交换。能量交换的大小用无功功率 Q_C来衡量，即

$$Q_C=UI=I^2X_C=\frac{U^2}{X_C} \tag{2-18}$$

Q_C的单位为乏尔（var）或千乏尔（kvar）。

例 2-5　有一电容 $C=39.5\mu F$，接在频率为 50Hz、电压有效值为 220V 的正弦交流电源上，试求：（1）电容的容抗；（2）电容的无功功率 Q_C。

解　（1）容抗为　$X_C=\frac{1}{2\pi fC}=\frac{1}{2\pi\times50\times39.5\times10^{-6}}\Omega=80.6\Omega$

（2）电流的有效值为　$I=\frac{U}{X_C}=\frac{220}{80.6}A=2.73A$

无功功率为　$Q_C=I^2X_C=2.73^2\times80.6var=600.7var$

【思考题】

1. 将在交流电路中使用的 220V、60W 的白炽灯接在 220V 的直流电源上，发光亮度是否相同？为什么？

2. 在纯电阻交流电路中，下列表达式是否正确？

①$i=\dfrac{u}{R}$　　②$\dot{i}=\dfrac{\dot{u}}{R}$

3. 为什么常把电感线圈称为“低通”元件（意即低频电流容易通过）？

4. 在纯电感交流电路中，下列表达式是否正确？

①$i=\dfrac{u}{X_L}$　　②$\dot{I}=\dfrac{\dot{U}}{X_L}$　　③$I=\dfrac{U}{jX_L}$

5. 为什么常把电容器称为“高通”元件？

6. 在纯电容交流电路中，下列表达式是否正确？

①$i=\dfrac{u}{X_C}$　　②$\dot{I}=\dfrac{\dot{U}}{X_C}$　　③$I=\dfrac{U}{jX_C}$

2.4 多参数组合的正弦交流电路

实际的电路元件不可能是单一参数的“纯”电路元件，如一个线圈既含有电感也含有电阻，一个电容器一般既含有电容又含有电阻等，所以实际的电路元件可以等效为电阻、电感和电容的不同组合。

2.4.1 RLC 串联正弦交流电路

实际电路一般可看成由几种理想电路元件组成。RLC 的串联电路是一种典型电路，由它等效计算得到的一些概念和结论可用于各种复杂的交流电路。而单一参数电路、RC 串联电路、RL 串联电路则可看成是 RLC 串联电路的特例。

1. RLC 串联正弦交流电路中电压与电流的关系

电阻 R、电感 L、电容 C 串联电路如图 2-11a 所示。电路各元件流过同一电流，图中标出了电流与各元件电压的参考正方向。设电流 $i=I_m\sin\omega t$，根据 KVL，$u=u_R+u_L+u_C$。其相量合成图如图 2-11b 所示。

由相量合成图得

$$U=\sqrt{U_R^2+(U_L-U_C)^2} \tag{2-19}$$

由电阻电路、电感电路和电容电路的电压与电流关系及相量合成图得

$$U=\sqrt{U_R^2+(U_L-U_C)^2}=\sqrt{(IR)^2+(IX_L-IX_C)^2}=I\sqrt{R^2+(X_L-X_C)^2}$$

令 $|Z|=\sqrt{R^2+(X_L-X_C)^2}$，称 $|Z|$ 为电路的阻抗，单位也是欧姆（Ω），则

$$I=\frac{U}{|Z|} \tag{2-20}$$

图 2-11b 中所示 $\dot{U}$ 与 $\dot{I}$ 的夹角 φ 即为总电压 u 与电流 i 之间的相位差。由相量图可得

$$\varphi=\arctan\frac{U_L-U_C}{U_R}=\arctan\frac{X_L-X_C}{R} \tag{2-21}$$

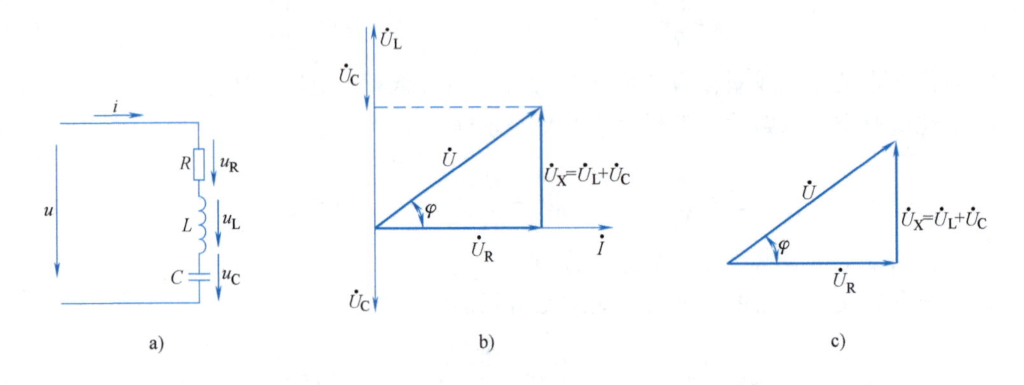

图 2-11 RLC 串联正弦交流电路

a）电路图 b）电压与电流的相量图 c）电压三角形

图 2-11c 表征了总电压与有功电压、无功电压之间的关系，这个三角形称为电压三角形。

如果把电压三角形的各边同除以电流相量，即可得到表征电路阻抗与电阻、电抗之间关系的三角形，称为阻抗三角形，如图 2-12 所示。

复阻抗的阻抗角 φ 即为电压与电流的相位差 φ。求出了复阻抗的阻抗角，就可求得该电路电压与电流的相位差 φ。在电流频率一定时，电压与电流的大小关系、相位关系和电路性质完全由负载的电路参数决定。下面对阻抗角 φ 进行讨论。

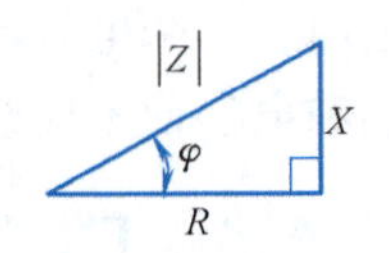

图 2-12 阻抗三角形

1）如果 $X_L>X_C$，即 $U_L>U_C$，则 $\varphi>0°$，电压 u 超前于电流 i 角度 φ，电感的作用大于电容的作用，电路呈电感性，称为感性电路。其电压与电流的相量图，如图 2-11b 所示。

2）如果 $X_L<X_C$，即 $U_L<U_C$，则 $\varphi<0°$，电压 u 滞后于电流 i 角度 φ，电容的作用大于电感的作用，电路呈电容性，称为容性电路。电压与电流的相量图，如图 2-13a 所示。

3）如果 $X_L=X_C$，即 $U_L=U_C$，则 $\varphi=0°$，电压 u 与电流 i 同相位，电感电压 u_L 与电容电压 u_C 正好平衡，互相抵消，电路呈电阻性，如图 2-13b 所示。

注意：在分析与计算交流电路时必须时刻具有交流的概念，首先要有相位的概念。在串联电路中，电源电压相量等于各参数上的电压相量之和，而电源电压的有效值不等于各参数上的电压有效值之和，即 $U\neq U_R+U_L+U_C$。

2. RLC 串联正弦交流电路中功率和能量的转换

在分析单一元件的交流电路时，已介绍电阻消耗电能，电感、电容不消耗电能，仅与电源间进行能量交换。下面以 RLC 串联电路为例，分析正弦交流电路能量转换的情况及能量

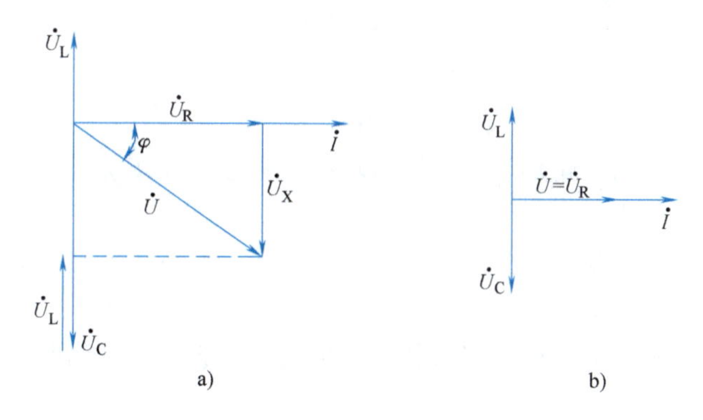

图 2-13 容性电路与电阻性电路的相量图

a）电路呈电容性时的相量图 b）电路呈电阻性时的相量图

计算关系式。

（1）平均功率（也称为有功功率，简称功率） 在 RLC 串联电路中，仍然只有电阻消耗功率，所以电路的平均功率为

$$P=I^2R=I(IR)=IU_R$$

由电压三角形得 $U_R=U\cos\varphi$，则

$$P=IU\cos\varphi \qquad (2\text{-}22)$$

某一电路的平均功率大小表示了这个电路消耗功率的大小，如 60W 灯泡是指灯泡工作时的平均功率为 60W。

式（2-22）中 $\cos\varphi$ 称为功率因数，φ 角又称为功率因数角。因为 $-90°\leqslant\varphi\leqslant 90°$，所以 $0\leqslant\cos\varphi\leqslant 1$，有功功率一般小于电压和电流有效值的乘积 UI。

（2）无功功率 由于电路中有储能元件电感和电容，它们不消耗能量，但与电源进行能量的转换，一般交流电路的无功功率是电路中全部电感和电容无功功率的代数和。注意：无论是串联电路还是并联电路，电感和电容的瞬时功率符号始终相反，所以电路的无功功率为

$$Q=Q_L-Q_C=I^2X_L-I^2X_C=IU_L-IU_C=I(U_L-U_C)$$

由图 2-11c 电压三角形可得 $(U_L-U_C)=U\sin\varphi$，则

$$Q=IU\sin\varphi \qquad (2\text{-}23)$$

无功功率可正可负，对于感性电路，$Q=Q_L-Q_C>0$；对于容性电路，$Q=Q_L-Q_C<0$。为计算方便，取电感的无功功率为正值，电容的无功功率为负值。

（3）视在功率 在 RLC 串联交流电路中，端电压的有效值 U 和电流有效值 I 的乘积称为视在功率，用符号 S 表示，即

$$S=UI \qquad (2\text{-}24)$$

视在功率用于表示发电机、变压器等电气设备的容量，交流电气设备是按照规定的额定电压 U_N 和额定电流 I_N 来设计和使用的，电源向电路提供的容量就是额定电压与额定电流的乘积，称为额定视在功率 S_N，表示为 $S_N=U_NI_N$。视在功率的单位是伏安（V·A）或千伏安（kV·A）。

有功功率 P、无功功率 Q、视在功率 S 各代表不同的意义，各采用不同的单位，三者的关系式为

$$\left.\begin{aligned}P&=UI\cos\varphi=S\cos\varphi\\Q&=UI\sin\varphi=S\sin\varphi\\S&=\sqrt{P^2+Q^2}\end{aligned}\right\}\tag{2-25}$$

三者之间的关系也可用三角形表示，称为功率三角形，如图 2-14 所示。功率不是相量，三角形的 3 条边均不带箭头。

对于同一个交流电路，阻抗三角形、电压三角形和功率三角形是相似直角三角形，把这 3 个三角形画在一起，如图 2-15 所示。

借助这 3 个三角形可帮助分析、记忆和求解角度。计算某一负载电路的功率因数可以用以下公式计算，即

$$\cos\varphi=\frac{P}{S}=\frac{U_R}{U}=\frac{R}{|Z|}\tag{2-26}$$

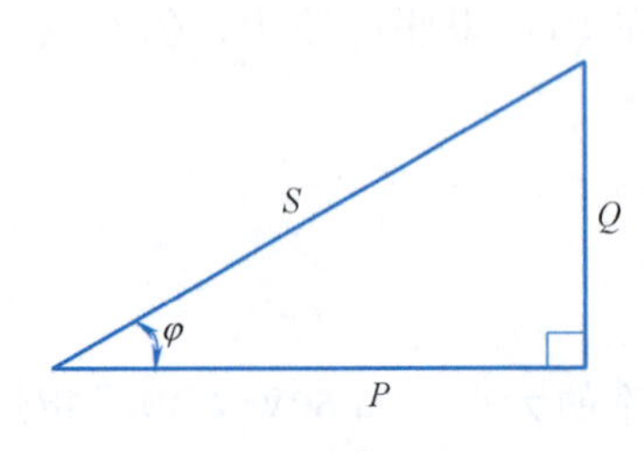

图 2-14　功率三角形

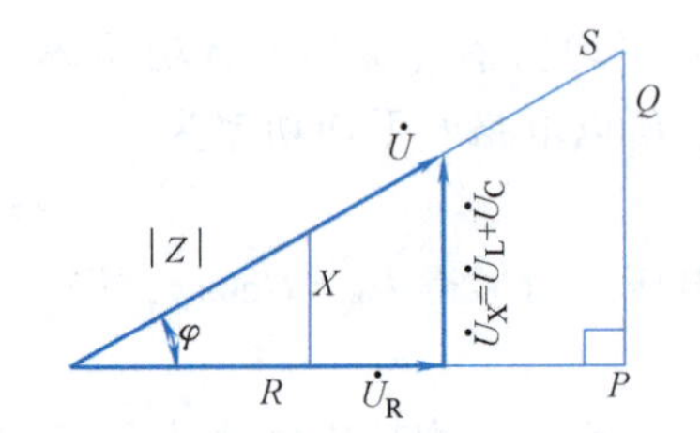

图 2-15　阻抗三角形、电压三角形和功率三角形

注意：根据电路的功率守恒定律，电路中总的有功功率等于各部分有功功率之和，即 $P_{总}=\Sigma P=\Sigma I^2R$。总的无功功率等于各部分无功功率之和，即 $Q_{总}=\Sigma Q=\Sigma I^2X_L-\Sigma I^2X_C$。但是，一般情况下总的视在功率不等于各部分视在功率之和，即 $S\neq S_1+S_2$。

例 2-6　电阻 $R=22\Omega$，电感 $L=0.6\text{H}$ 的线圈与电容 $C=63.7\mu\text{F}$ 串联后，接到 220V、50Hz 的交流电源上，求电路中的电流、电路的功率因数、有功功率、无功功率和视在功率。

解　感抗、容抗、阻抗分别为

$$X_L=2\pi fL=2\times3.14\times50\times0.6\Omega=188.4\Omega$$

$$X_C=\frac{1}{2\pi fC}=\frac{1}{2\times3.14\times50\times63.7\times10^{-6}}\Omega=50\Omega$$

$$|Z|=\sqrt{R^2+(X_L-X_C)^2}=\sqrt{22^2+(188.4-50)^2}\Omega=140.1\Omega$$

电流的有效值为

$$I=\frac{U}{|Z|}=\frac{220}{140.1}\text{A}=1.57\text{A}$$

电路的功率因数为

$$\cos\varphi=\frac{R}{|Z|}=\frac{22}{140.1}=0.157$$

有功功率为

$$P=I^2R=1.57^2\times22\text{W}=54\text{W}$$

无功功率为

$$Q=I^2(X_L-X_C)=1.57^2\times(188.4-50)\text{var}=341.1\text{var}$$

视在功率为

$$S=UI=220\times1.57\text{V}\cdot\text{A}=345.4\text{V}\cdot\text{A}$$

3. 串联谐振

谐振现象是正弦交流电路的一种特定的工作状态，在具有电感和电容的电路中，电路两端的电压与电路中的电流一般是不同相位的。如果调节电路中的电感 L、电容 C 的大小或改变电源的频率，使电路的端电压与流过的电流同相位，此时电路中就发生谐振，电路呈电阻性，这种状态称为谐振。处于谐振状态的电路称为谐振电路。谐振电路在电子技术上有很大的应用价值，但在谐振时有可能破坏系统的正常工作，带来严重的危害，应引起充分重视。谐振电路分为串联谐振电路和并联谐振电路。

（1）串联谐振的条件及谐振频率　在图 2-11a 所示的 RLC 串联电路中，当 $X_L=X_C$时，$X=X_L-X_C=0$，$\varphi=0$，总电压与电流同相位，电路呈电阻性，此时电路发生了谐振。由于电路中电感、电容和电阻串联，所以称为串联谐振。

由于当 $X_L=X_C$，即 $2\pi fL=\dfrac{1}{2\pi fC}$时发生串联谐振，所以谐振频率为

$$f_0=\frac{1}{2\pi\sqrt{LC}}\tag{2-27}$$

f_0称为电路的固有频率，由电路自身参数 L、C 决定。当电源频率 f 与电路固有频率 f_0 相等时，电路发生谐振。可见改变电路参数 L、C 或电源频率 f，都可使电路发生谐振或消除谐振。

（2）串联谐振的特征

1）电路的阻抗最小，电流最大。谐振时 $X_L=X_C$，谐振时电路的阻抗为

$$Z=R+\text{j}(X_L-X_C)=R$$

谐振时的电流值为

$$I=I_0=\frac{U}{|Z_0|}=\frac{U}{R}$$

2）谐振时总电压与电流同相位（$\varphi=0°$），电路呈电阻性。有功功率 $P=UI\cos\varphi=UI$，表示电源功率全部消耗在电阻上，总的无功功率 $Q=UI\sin\varphi=0$，表示电源与电路之间没有能量的转换。但 $Q_L=Q_C$，表明能量的转换是在电感与电容之间进行的，即当电容释放电场能量时，这些能量正好被线圈吸收建立磁场；而当线圈释放磁场能量时，这些能量又正好被电容器吸收建立电场。

3）谐振时，$X_L=X_C$，$U_L=U_C$，u_L 与 u_C 大小相等，相位相反，互相抵消，所以电源电压 $U=U_R$。

4）当 $X_L=X_C\gg R$ 时，$U_L=U_C\gg U_R=U$，电感上电压与电容上电压大小相等，并远远高于电源电压 U，所以串联谐振也称为电压谐振。

串联谐振在电力工程中是有害的，由于 U_L 和 U_C 都高于电源电压 U，会击穿线圈和电容器的绝缘，在电力工程中应避免发生串联谐振。但在无线电工程中，常利用串联谐振在电感或电容上获得高于电源电压几十倍或几百倍的电压，以达到选频的目的。

（3）品质因数　在工程上，常把谐振时的电容电压或电感电压与总电压之比，称为电

路的品质因数，用符号 Q 表示，即

$$Q=\frac{U_L}{U}=\frac{U_C}{U}=\frac{\omega_0 L}{R}=\frac{1}{\omega_0 CR} \tag{2-28}$$

品质因数 Q 是一个无量纲的物理量。它的意义是：在谐振时，电感或电容上的电压是电源电压的 Q 倍。例如，$Q=100$，$U=4\text{V}$，谐振时电容或电感上的电压高达 400V。Q 值越大，电路的选频特性越好。

2.4.2 感性负载与电容器并联正弦交流电路

一个实际线圈与电容器并联也是一种常用的电路。例如，为了提高线路的功率因数，往往将电容器与荧光灯或异步电动机并联运行；在电子线路的晶体管振荡器中，用这种电路作为振荡回路等。

1. 感性负载与电容器并联正弦交流电路中的电压、电流

在图 2-16a 所示线圈与电容器并联电路中，设电源电压 u 为已知，通过线圈的电流有效值为

$$I_1=\frac{U}{|Z_1|}=\frac{U}{\sqrt{R^2+X_L^2}}$$

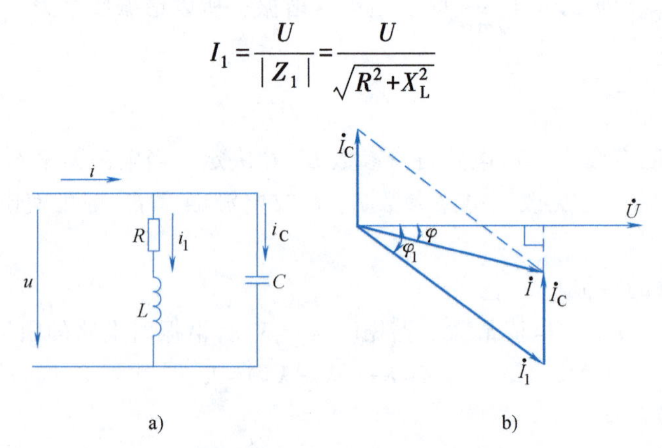

图 2-16 感性负载与电容器并联正弦交流电路

a）电路图 b）相量图

i_1 比 u 滞后 φ_1 角，其值为

$$\varphi_1=\arctan\frac{X_L}{R}$$

通过电容支路的电流有效值为

$$I_C=\frac{U}{X_C}$$

i_C 比 u 超前 $\frac{\pi}{2}$ 角。

由图 2-16a 可得，线路总电流 $i=i_1+i_C$。

在并联电路中，一般选择电压为参考正弦电量比较方便，然后绘出各电流的相量图，如图 2-16b 所示。从相量图上可以求出总电流与支路电流的量值关系，以及总电流与电压之间的相位关系。

把通过线圈的电流 $\dot{I}_1$ 分解为两个分量：与电压同相的电流分量（大小为 $I_1\cos\varphi_1$），称为电流 $\dot{I}_1$ 的有功分量或简称为有功电流；垂直于电压相量的电流分量（大小为 $I_1\sin\varphi_1$），称为电流 $\dot{I}_1$ 的无功分量或简称为无功电流。由 I_1、$I_1\cos\varphi_1$、$I_1\sin\varphi_1$ 组成一个直角三角形，称为 $\dot{I}_1$ 的电流三角形。电流三角形的底角 φ_1 是电流 $\dot{I}_1$ 与电压 $\dot{U}$ 的相位差。

流过电容支路的电流 $\dot{I}_C$ 导前于电压$\frac{\pi}{2}$，所以 $\dot{I}_C$ 的有功分量为零，而无功分量就是 I_C。

由相量图可得

$$I=\sqrt{(I_1\cos\varphi_1)^2+(I_1\sin\varphi_1-I_C)^2} \tag{2-29}$$

总电流滞后于电压的相位差 φ 可由下式求得

$$\varphi=\arctan\frac{I_1\sin\varphi_1-I_C}{I_1\cos\varphi_1} \tag{2-30}$$

由式（2-30）及图 2-16b 相量图可看出，当 $I_1\sin\varphi_1>I_C$时，总电流 $\dot{I}$ 滞后于电压 $\dot{U}$，整个电路为感性负载；当 $I_1\sin\varphi_1<I_C$时，总电流 $\dot{I}$ 超前于电压 $\dot{U}$，整个电路为容性负载；当 $I_1\sin\varphi_1=I_C$时，总电流 $\dot{I}$ 与电压 $\dot{U}$ 同相，整个电路为阻性负载，此时总电流 I 的数值最小，而总的功率因数为最大，$\cos\varphi=1$。

从相量图中比较 $\dot{I}$ 与$\dot{I}_1$的大小可发现，并联电路的总电流 I 比线圈支路的电流 I_1还要小。总电流小于并联负载中的电流，这在直流电路中是不可能的，但在交流电路中却是可能的，而且不难理解：因为线圈支路的电流$\dot{I}_1$的无功分量与电容支路的电流$\dot{I}_C$的无功分量在相位上相差 π 角，即它们是反相的，因而在并联后的总电流中有一部分无功电流互相抵消了。

2. 感性负载与电容器并联电路中的功率

线圈支路的有功功率 $P_1=UI_1\cos\varphi_1$，无功功率 $Q_L=UI_1\sin\varphi_1$；电容器不取有功功率，它的无功功率 $Q_C=UI_C$，故电路的总有功功率就等于线圈支路的有功功率：

$$P=UI\cos\varphi=UI_1\cos\varphi_1 \tag{2-31}$$

由式（2-31）及图 2-16b 相量图可以看出，因为 $I<I_1$，所以 $\cos\varphi>\cos\varphi_1$，表示并联电路总的功率因数大于线圈的功率因数，这从相量图中也可以看出。一般地，电感性负载并联适当的电容，可以提高电路总的功率因数，这在实际应用上有很大的经济意义。

并联电路总的无功功率为

$$Q=Q_L-Q_C=I_1^2X_L-I_C^2X_C=UI\sin\varphi_1 \tag{2-32}$$

由式（2-32）可知，$Q<Q_L$，即总的无功功率比线圈支路的无功功率要小。这是因为线圈支路的电流 i_1的无功电流与电容支路的无功电流 i_C反相，一部分无功电流在线圈与电容器之间流通，也就有一部分无功功率在线圈与电容器之间相互补偿，即在它们之间相互吞吐能量。因此，电路与电源之间能量吞吐的规模只剩下（Q_L-Q_C）了。电路中总的无功功率减小，就意味着电路的功率因数提高。

3. 并联谐振

（1）并联谐振的条件及谐振频率　在电子线路中也广泛应用由实际线圈与电容器组成

的并联谐振电路，如图 2-16a 所示。如上所述，当线路中的无功电流全部为电容电流所补偿（即 $I_1\sin\varphi_1=I_C$）时，总电流与电压同相，整个电路呈纯电阻性，这种状态称为并联谐振。这种并联谐振电路的谐振频率 f_0 可求得

$$f_0=\frac{1}{2\pi}\sqrt{\frac{1}{LC}-\frac{R^2}{L^2}} \tag{2-33}$$

一般线圈的电阻 R 很小，可忽略不计，于是式（2-33）就成为

$$f_0\approx\frac{1}{2\pi\sqrt{LC}} \tag{2-34}$$

（2）并联谐振的特点

1）电路两端电压与总电流同相，电路呈电阻性。

2）总电流最小，阻抗值最大。即并联谐振时呈现高阻抗，故可与高内阻的电源配合使用。

3）在并联谐振时，通过线圈和电容器的电流很大，是总电流的 Q 倍，一般 Q 值为 100 左右。

并联谐振在无线电技术和工业电子技术中也常用到，例如，利用并联谐振高阻抗的特点可制成选频放大器、振荡器和滤波器等。

4. 电路功率因数的提高

在交流供电线路上，负载是多种多样的，负载功率因数的大小取决于负载的性质，实际电器的功率因数都在 0~1 之间。白炽灯和电阻炉是纯电阻负载，只消耗有功功率，其功率因数为 1。荧光灯是感性电路，功率因数为 0.45~0.6。异步电动机可等效看成由电阻和电感组成的感性负载，满载时功率因数达 0.9 左右，空载时会降到 0.2。交流电焊机的功率因数为 0.3~0.4。由于电力系统中接有大量的感性负载，线路的功率因数小于 1。发电厂在发出有功功率的同时，也输出无功功率与负载间进行能量的转换，因此就会产生以下两个问题：

1）电源容量不能得到充分利用。发电设备的容量是由其视在功率 $S_N=U_NI_N$ 决定的，它表示这台发电机能向外电路提供的最大功率。负载能获得多少功率取决于负载的性质，发电设备向外电路输出的有功功率为 $P_N=U_NI_N\cos\varphi=S_N\cos\varphi$，如果所带负载 $\cos\varphi<1$，则发电设备输出有功功率 $P<S_N$。负载功率因数越低，发电设备输出的有功功率越低，发电设备的容量就越不能充分利用。

2）增加线路和发电机绕组的功率损耗，当发电机的电压及对负载输送的有功功率一定时，线路电流 $I=\dfrac{P}{U\cos\varphi}$，功率因数 $\cos\varphi$ 越低，线路电流 I 越高，线路和发电机绕组上的功率损耗越大。

因此，提高供电线路的功率因数，对电力工业的建设和节约电能有重大意义。我国电力部门规定：新建和扩建的电力用户功率因数不应低于 0.9，否则不予供电。

功率因数不高，根本原因就是由于感性负载的存在，而感性负载本身需要一定的无功功率。一般来说，负载（设备）本身的功率因数是不能改变的，提高功率因数是在保证负载正常工作的前提下，提高整个电路的功率因数。提高电路的功率因数的途径很多，其中一个最常用的方法就是在感性负载的两端并联电容量适当的电容器。这种方法不会改变负载原来的工作状态，负载取用的电流、有功功率以及负载本身的功率因数仍和原来一样，但是负载

的一部分无功电流、无功功率从电容支路得到了补偿，从而使线路的功率因数提高了，总电流减小了，电源设备得到了充分利用。因此变电室内常并联有专用的电力电容器，用来提高所供负载线路的功率因数。

用并联电容器提高功率因数，一般提高到0.9左右就可以了，如果补偿到功率因数接近1时，所需的电容量太大，反而不经济。

设需求的 $\cos\varphi$ 为已知，由图2-16b相量图可容易地分析求得应并联的电容为

$$C=\frac{P}{\omega U^2}(\tan\varphi_1-\tan\varphi) \tag{2-35}$$

例2-7 有一台发电机的额定容量 $S_N=10\text{kV}\cdot\text{A}$，额定电压 $U_N=220\text{V}$，角频率 $\omega=314\text{rad/s}$，给一负载供电，该负载的有功功率 $P=5\text{kW}$，功率因数 $\cos\varphi_1=0.5$。试求：(1) 该负载所需的电流值，该负载是否超载？(2) 在负载不变的情况下，将一个电容器与负载并联，使供电系统的功率因数提高到0.85，需要并联多大的电容器？此时线路电流是多少？

解 (1) 负载电流为 $I=\frac{P}{U\cos\varphi_1}=\frac{5\times10^3}{220\times0.5}\text{A}=45.45\text{A}$

发电机的额定电流为 $I_N=\frac{S_N}{U_N}=\frac{10\times10^3}{220}\text{A}=45.45\text{A}$

可见，发电机正好满载。

(2) 由式(2-35)计算并联电容器的电容值。

当 $\cos\varphi_1=0.5$ 时，$\tan\varphi_1=1.732$；当 $\cos\varphi=0.85$ 时，$\tan\varphi=0.62$，则

$$C=\frac{P}{\omega U^2}(\tan\varphi_1-\tan\varphi)=\frac{5\times10^3}{314\times220^2}\times(1.732-0.62)\text{F}=365.8\mu\text{F}$$

并联电容器后线路的电流为 $I=\frac{P}{U\cos\varphi_2}=\frac{5\times10^3}{220\times0.85}\text{A}=26.74\text{A}$

并联电容器后线路的电流由45.45A下降到26.74A，发电设备还可多并联负载。

技能训练——单相交流电路的安装与测试

1. RLC串联正弦交流电路的安装与测试

1) 在实验线路板上按图2-11a所示连接线路，电路中的 $R=100\Omega$，$L=47\text{mH}$，$C=10\mu\text{F}$，交流电源用函数信号发生器代替，$U=5\text{V}$，频率分别为50Hz、1kHz和10kHz。

2) 用双踪示波器的CH1测试电源两端的电压信号，分别用CH2测试电阻、电感和电容两端的电压信号，读出数据并填入表2-1中。

3) 用CH2测试电阻两端的电压信号，选择合适的水平和垂直标度，将触发电平设置到CH1上，即可得到相应的电压与电流的波形。

4) 用交流毫伏表测量频率分别为50Hz、1kHz和10kHz时的电源、电阻、电感及电容两端的电压，读出数据并填入表2-1中。

测量时应注意：如果事先不知道被测电压、电流的大小，应尽量选用较大的量程测一次，然后根据实际情况再选择合适的量程；测试时手一定不能碰到表笔的金属部分，以免引起电击。

表 2-1 RLC 串联电路的电压测试

测试的项目	频率	用示波器测量的最大值	计算的有效值	用交流毫伏表测量的值
电源电压 u	f= 50Hz			
	f= 1kHz			
	f= 10kHz			
电阻电压 u_R	f= 50Hz			
	f= 1kHz			
	f= 10kHz			
电感电压 u_L	f= 50Hz			
	f= 1kHz			
	f= 10kHz			
电容电压 u_C	f= 50Hz			
	f= 1kHz			
	f= 10kHz			

2. 荧光灯电路的安装与测试

(1) 荧光灯电路的结构　荧光灯电路由灯管、镇流器、辉光启动器、灯架和灯座等组成。

1) 灯管。灯管是内壁涂有荧光粉的玻璃管，灯管两端各有一个由钨丝绕成的灯丝，灯丝上涂有易发射电子的氧化物。管内抽成真空并充有一定的氩气和少量水银。氩气具有使灯管易发光、保护电极和延长寿命的作用。

2) 镇流器。镇流器是具有铁心的线圈，在电路中起如下作用：在接通电源的瞬间，使流过灯丝的预热电流受到限制，以防止预热电流过大时烧断灯丝；荧光灯启动时，和辉光启动器配合产生一个瞬时高电压，促使管内水银蒸气发生弧光放电，致使灯管管壁上的荧光粉受激而发光；灯管发光后，保持稳定放电，并将其两端电压和通过的电流限制在规定值内。

3) 辉光启动器。辉光启动器的作用是在灯管发光前接通灯丝电路，使灯丝通电加热后又突然切断电路，类似一个开关。

4) 灯架。灯架有木制和铁制两种，规格应配合灯管长度。

5) 灯座。灯座有开启式和弹簧式两种。大型的适用于 15W 及以上的灯管，小型的适用于 6W、8W 及 12W 灯管。

(2) 荧光灯的工作原理　荧光灯的工作原理如图 2-17 所示。接通电源后，电源电压（交流 220V）全部加在辉光启动器静触片和双金属片的两端，由于两触片间的高电压产生的电场较强，故使氖气游离而放电（红色辉光），放电时产生的热量使双金属片弯曲与静触片连接，电流经镇流器、灯管灯丝及辉光启动器构成通路。电流流过灯丝后，灯丝发热并发射电子，使管内氖气电离，水银

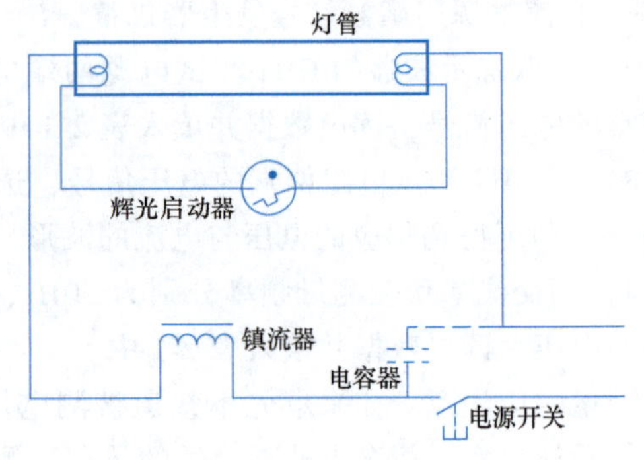

图 2-17　荧光灯电路原理图

蒸发为水银蒸气。因辉光启动器玻璃泡内两触片连接，故电场消失，氖气也随之立即停止放电。随后，玻璃泡内温度下降，两金属片因此冷却而恢复原状，使电路断开，此时镇流器中的电流突变，故在镇流器两端产生一个很高的自感电动势，这个自感电动势和电源电压串联后，全部加到灯管两端，形成一个很强的电场，使管内水银蒸气产生弧光放电，在弧光放电时产生的紫外线激发了灯管壁上的荧光粉，发出近似日光的灯光。灯管点燃后，由于镇流器的存在，灯管两端的电压比电源电压低很多（具体数值与灯管功率有关，一般在50~100V范围内），不足以使辉光启动器放电，其触点不再闭合。

（3）荧光灯电路的连接和观测

1）按图2-18所示接线（电容器先不接）。图中，荧光灯灯管为20W/220V。如所用镇流器有多个线圈或线圈引出线有其他标号时，请参照镇流器上的接线图接线。经教师检查同意后通电，荧光灯应立即发光。

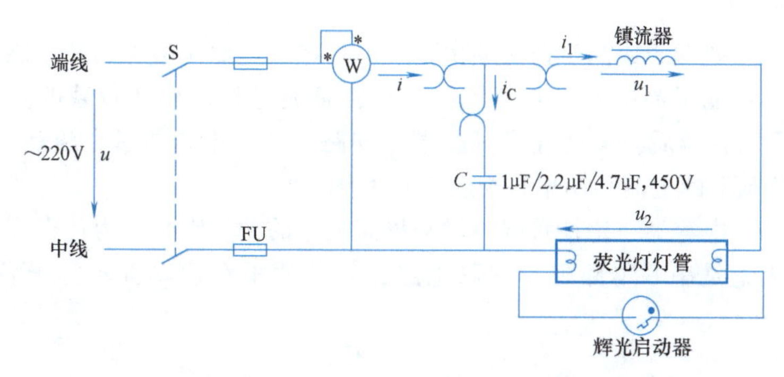

图2-18 荧光灯的安装与测试电路

2）分别测量电路中各部分的电压 U、U_1、U_2 和电流 I、功率 P，将测量数据填入表2-2中。

3）根据测量结果计算出灯管消耗的功率 $P_2=U_2I$，镇流器消耗的功率 $P_1=P-P_2$ 和总功率因数，将数值填入表2-2中。

表2-2 荧光灯电路的观测

测 量 值					计 算 值		
P/W	I/A	U/V	U_1/V	U_2/V	P_2/W	P_1/W	$\cos\varphi$

（4）并联电容器后的测量

1）将实验图2-18中的电容器 C 接上，逐步增加电容量，观察 I_1、I_C、I 及 P 的变化情况，将每次的电容量和相应各量的读数记在表2-3中。

表2-3 并联电容后的测量与计算

序号	电容量 C/μF	测 量 值					计算值
		U/V	I_1/A	I_C/A	I/A	P/W	$\cos\varphi$
1	1						
2	2.2						
3	4.7						

2）分别计算上述情况时的电路功率因数，与并联电容器之前的功率因数相比较。

应注意：安装荧光灯灯管时，应先将灯管管脚对准弹簧管座上的管脚孔，轻轻推压，然后再上好另一头管座；辉光启动器安装时不能有松动或接触不良现象，否则将影响灯管的启动；注意镇流器不要漏接，以免烧坏灯管；在接单相功率表时，应将电压线圈和电流线圈标有“*”或“±”的符号端连在一起，与电源的端线相连，电压线圈的另一端与电源中线相连，电流线圈的另一端与负载相连。

【思考题】

1. 为什么在 RLC 串联电路中，$U \neq U_R + U_L + U_C$？

2. 3 个同样的白炽灯，分别与电阻、电感及电容串联后接到相同的交流电源上，如果 $R = X_L = X_C$，那么 3 个白炽灯亮度是否一样？为什么？如果把它们改接在直流电源上，灯的亮度各有什么变化？

3. 试说明当频率低于或高于谐振频率时，RLC 串联电路是容性的还是感性的？

4. 并联电容器能提高电路的功率因数，是否是通过提高感性负载的功率因数实现的？为什么？若并联电容器后，又增加了一条电流支路，那么电路的总电流是增加了还是减小了？此时感性负载上的电流和功率是否改变？为什么？

5. 能否将一个电容器与感性负载串联来提高电路的功率因数？为什么？

6. 为什么无论是串联电路还是并联电路，其总的视在功率都不等于各元件视在功率之和？

2.5 三相正弦交流电路

三相制供电比单相制供电更有优越性。例如，三相交流发电机比同样尺寸的单相交流发电机输出功率大；在相同条件下输送同样大的功率，三相输电线比单相输电线节省材料，因此，电力系统广泛采用三相制供电。

2.5.1 三相交流电源

在现代电力网中，从电能的产生到输送、分配及应用，大多是采用三相交流电路。所谓三相交流电路是由幅值相等、频率相同、相位互差 120° 的 3 个正弦交流电源同时供电的系统。由于三相交流电在发电、输电、配电和用电等方面都比单相交流电优越，所以在各个领域得到了广泛的应用。日常生活中使用的单相电源实际上是三相电源中的一相。

1. 三相对称电动势的产生

三相对称电动势是由三相交流发电机产生的，三相交流发电机的结构示意图如图 2-19a 所示，它的主要组成部分是电枢和磁极。

电枢是固定的，称为定子。定子铁心由硅钢片叠成，其内圆周表面沿径向冲有嵌线槽，用于放置 3 个结构相同、彼此独立的三相绕组，三相绕组的始端分别标以 U_1、V_1、W_1，末端分别标以 U_2、V_2、W_2，三相绕组在定子内圆周上彼此之间相隔 120°。

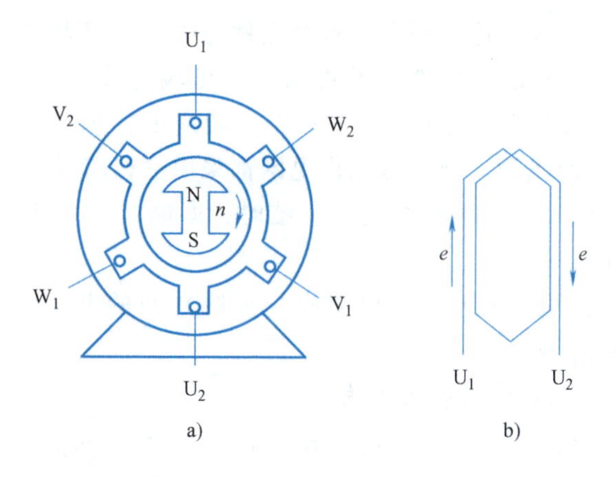

图 2-19 三相交流发电机示意图

a）三相交流发电机的结构示意图 b）正弦电动势的方向

磁极是转动的，称为转子。转子铁心上绕有励磁线圈，通入直流电流励磁，选择合适的极面形状，可使空气隙中的磁场按正弦规律分布。当转子恒速转动时，每相定子绕组依次切割磁力线，产生频率相同、幅值相等、相位互差 120°的三相感应电动势 e_U、e_V、e_W。电动势的正方向选定为由绕组的末端指向始端。如图 2-19b 所示，若以 e_U 为参考量，则三相正弦电动势的瞬时值表达式为

$$\left.\begin{aligned} e_U &= E_m \sin\omega t \\ e_V &= E_m \sin(\omega t - 120°) \\ e_W &= E_m \sin(\omega t - 240°) = E_m \sin(\omega t + 120°) \end{aligned}\right\} \tag{2-36}$$

三相正弦电动势的波形图和相量图如图 2-20a、b 所示。

三相电动势达到最大值（或零值）的先后次序称为三相交流电的相序，由图 2-20a 所示的波形可知，三相电动势的相序是 U→V→W→U。在工程上，通常用黄、绿、红 3 种颜色来分别表示 U 相、V 相和 W 相。按 U→V→W→U 的次序循环下去的称为顺相序，而按 U→W→V→U 的次序循环下去的称为逆相序。

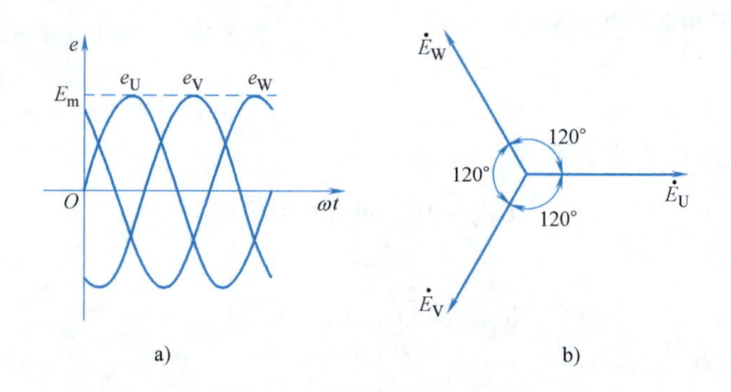

图 2-20 三相对称电动势的波形图和相量图

a）波形图 b）相量图

2. 三相电源的连接

（1）星形（Y形）联结 实际发电机的 3 个绕组总是连接成一个整体对负载供电。如

果把三相发电机绕组的 3 个末端连在一点，这个点称为中点，记为 N，从中点引出的导线称为中性线（简称中线）。而从绕组的 3 个始端引出 3 条输电线，称为相线或端线，俗称火线。这种连接方法称为三相电源的星形（Y）联结，如图 2-21 所示。由 3 根相线、1 根中线构成的供电系统称为三相四线制。通常低压供电网都采用三相四线制。

每相绕组两端的电压（三相电源作星形联结时，即端线与中线间的电压），称为相电压，用 u_U、u_V、u_W 表示，一般用 u_P 表示。

任意两相绕组始端之间的电压或两根端线（火线）间的电压，称为线电压，用 u_{UV}、u_{VW}、u_{WU} 表示，一般用 u_L 表示。

由图 2-21 可得线电压与相电压的关系为

$$u_{UV}=u_U-u_V,\quad u_{VW}=u_V-u_W,\quad u_{WU}=u_W-u_U$$

相量关系式为

$$\left.\begin{aligned}\dot{U}_{UV}&=\dot{U}_U-\dot{U}_V\\\dot{U}_{VW}&=\dot{U}_V-\dot{U}_W\\\dot{U}_{WU}&=\dot{U}_W-\dot{U}_U\end{aligned}\right\}\tag{2-37}$$

相量图如图 2-22 所示。作相量图时，可先作出相电压相量，再根据式（2-37）分别作出线电压的相量图。由相量图 2-22 可知，由于三相电动势对称、相电压对称，则线电压也对称，线电压在相位上超前对应的相电压 30°。

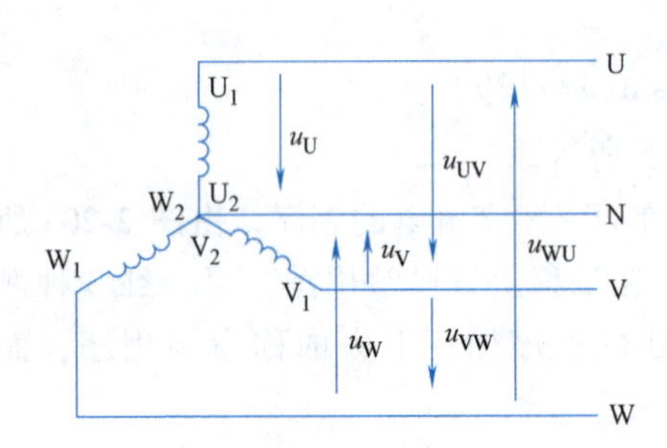

图 2-21　三相电源的星形联结

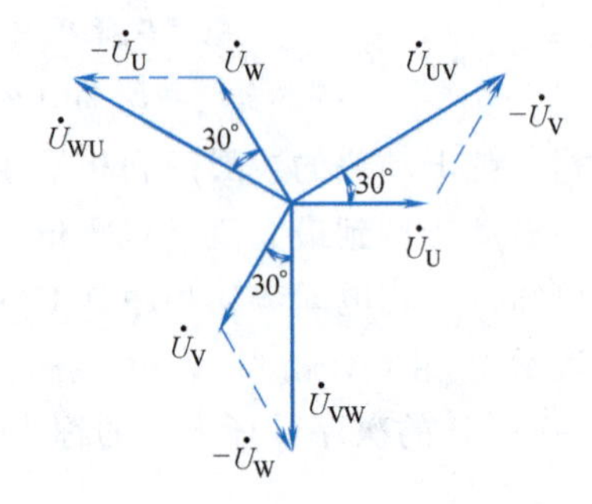

图 2-22　三相电源星形联结时线电压与相电压的相量图

线电压与相电压的大小关系为

$$U_{UV}=2U_U\cos 30°=\sqrt{3}\,U_U$$

同理

$$U_{VW}=\sqrt{3}\,U_V,\ U_{WU}=\sqrt{3}\,U_W$$

写成一般形式为

$$U_L=\sqrt{3}\,U_P\tag{2-38}$$

所以，三相对称电源作星形联结时，各相电压的有效值相等（即 $U_U=U_V=U_W$），各线电压的有效值也相等（即 $U_{UV}=U_{VW}=U_{WU}$），线电压与相电压的关系为：$U_L=\sqrt{3}U_P$，U_L 超前对应的 U_P 30°。

三相电源星形联结时，线电压的大小是相电压大小的$\sqrt{3}$倍，因此，三相发电机绕组星形联结时，可给负载提供两种电压，我国低压供电系统线电压为380V，相电压为220V，标为380V/220V。

（2）三角形（△）联结　如果将三相发电机3个绕组的首、末端依次连接，从3个连接点引出3根端线，这种连接方法称三相电源的三角形（△）联结，如图2-23所示。三相电源接成三角形时，线电压等于对应的相电压，即$u_{UV}=u_U$，$u_{VW}=u_V$，$u_{WU}=u_W$。由于三相电源对称，所以其有效值关系为

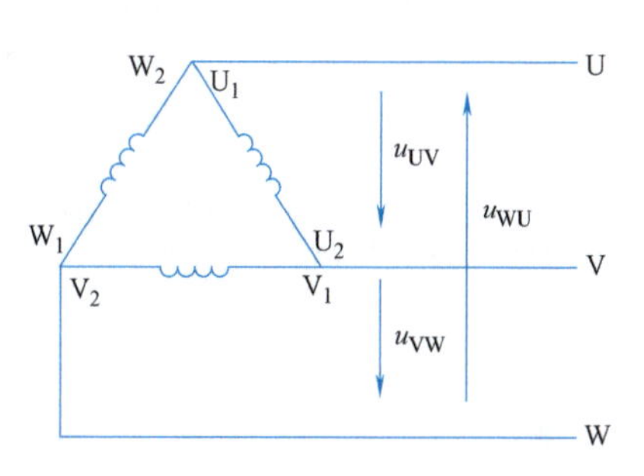

图2-23　三相电源的三角形联结

$$U_L=U_P \tag{2-39}$$

由对称概念可知，在任何时刻，三相对称电压之和等于零，因此，当三相绕组接成闭合回路时，只要连接正确，在电源内部无环流。若接错，将形成很大的环流，造成事故。大容量的三相交流发电机极少采用三角形联结。

2.5.2　三相负载的连接

三相电路的负载由3部分组成，其中每一部分称为一相负载。若三相负载的阻抗相同（即阻抗值相等，且阻抗角相同，或表示为$|Z_U|=|Z_V|=|Z_W|$且$\varphi_U=\varphi_V=\varphi_W$），则称为三相对称负载，否则称为三相不对称负载。三相负载的连接方式有两种：星形（Y）联结和三角形（△）联结。

1. 三相负载的星形（Y）联结

（1）三相对称负载的星形联结　三相负载星形联结的三相四线制电路如图2-24所示，每相负载的阻抗分别为Z_U、Z_V、Z_W。如忽略导线上损失的电压降，则加在各相负载上的电压就等于电源对应的各相电压。

在三相交流电路中，流过各端线（火线）的电流称为线电流，分别用i_U、i_V、i_W表示，一般用i_L表示线电流；流过各相负载的电流称为相电流，用i_P表示；流过中线的电流称为中线电流，用i_N表示。习惯上选定线电流的参考正方向为由电源流向负载，中线电流参考正方向为由负载中性点流向电源中性点。由图2-24可知，负载作星形联结时，由于每根端线只和一相负载连接，相电流等于对应的线电流，即i_L等于相应的i_P。

一般情况下，各相电流可分成3个单相电路分别计算。

因为三相电压对称，三相负载对称，所以三相负载的相电流也是对称的，即

$$I_{UV}=I_{VW}=I_{WU}=I_P=\frac{U_P}{|Z|} \tag{2-40}$$

各相相电压与相电流的相位差相同，即

$$\varphi_U=\varphi_V=\varphi_W=\varphi=\arctan\frac{X}{R} \tag{2-41}$$

对称负载作星形联结时电压和电流的相量图如图2-25所示。

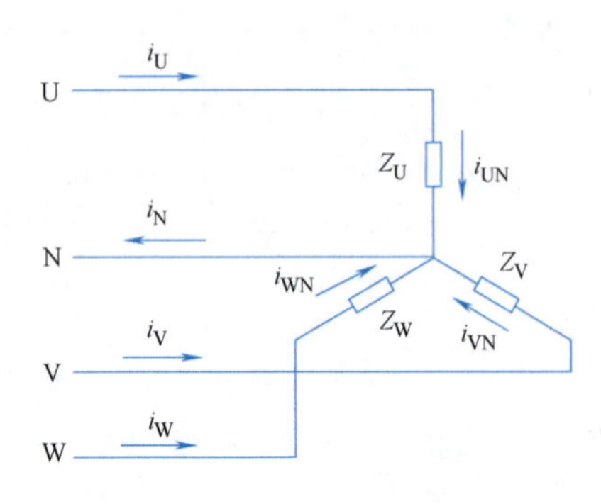

图 2-24　三相星形负载电路

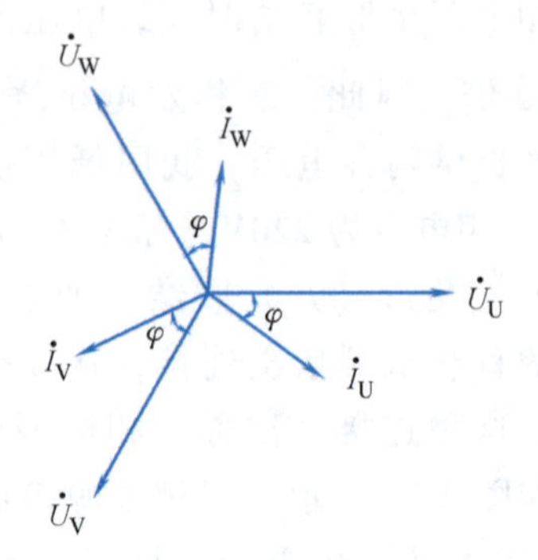

图 2-25　对称负载星形联结时电压、电流的相量图

由图 2-24 得，中线电流为 $i_N=i_{UN}+i_{VN}+i_{WN}$。

在对称负载作星形联结时，由于各相电流是对称的，利用相量合成可得：$i_N=i_{UN}+i_{VN}+i_{WN}=0$。即在对称的三相电路中，中线电流等于零，中线不起作用，可去掉中线，电路可采用三相三线制，如三相电动机接线电路。

在对称电路中，各相阻抗对称，各相相电压、相电流对称，三相电路可归结为一相电路的计算，计算出一相，可推知其他两相。

例 2-8　三相对称负载作星形联结，接在线电压为 380V 的电源上。已知：每相的电阻 $R=3\Omega$，感抗 $X_L=4\Omega$，$u_{UN}=220\sqrt{2}\sin(314t+30°)$ V。试求：各相负载的相电流的表达式。

解　因负载对称，故用“只算一相，推知其他相”的方法计算，现只算 U 相。

各相的阻抗为　$|Z|=\sqrt{R^2+X_L^2}=\sqrt{3^2+4^2}\ \Omega=5\Omega$

各相的阻抗角为　$\varphi=\arctan\dfrac{X_L}{R}=\arctan\dfrac{4}{3}=53.1°$

U 相的相电流的有效值为　$I_{UN}=\dfrac{U_{UN}}{|Z|}=\dfrac{220}{5}\text{A}=44\text{A}$

U 相的相电流 i_U 滞后 U 相的相电压 u_{UN} 的角度为 53.1°，则 U 相的相电流 i_U 的初相为

$$30°-53.1°=-23.1°$$

所以，U 相的相电流表达式为　$i_U=44\sqrt{2}\sin(314t-23.1°)$ A

由于 3 个相电流是对称的，所以 V 相、W 相的相电流表达式分别为

$$i_V=44\sqrt{2}\sin(314t-23.1°-120°)\text{A}=44\sqrt{2}\sin(314t-143.1°)\text{A}$$

$$i_W=44\sqrt{2}\sin(314t-23.1°+120°)\text{A}=44\sqrt{2}\sin(314t+96.9°)\text{A}$$

（2）三相不对称负载的星形联结　在三相电路中，若电源或负载有一部分不对称，此电路称为不对称电路。本节主要讨论三相电源对称、负载不对称的三相不对称电路。

在三相不对称负载采用星形联结接入三相电源时，一定要有中线，即采用三相四线制，如图 2-24 所示。电源电压对称，负载不对称（$Z_U\neq Z_V\neq Z_W$）。但由于中线的存在，所以负载的相电压仍等于电源的相电压，即仍然是对称的，各相负载均可正常工作，这时与对称负载不同之处就是三相电流不再是对称的了。这时各相电流分成 3 个单相电路分别计算，即

$$\dot{I}_U=\frac{\dot{U}_U}{Z_U},\dot{I}_V=\frac{\dot{U}_V}{Z_V},\dot{I}_W=\frac{\dot{U}_W}{Z_W}$$

或分别计算各相电流的有效值和各相相电压与相电流之间的相位差，即

$$\left.\begin{aligned}I_U=\varphi_U=\arctan\frac{X_U}{R_U}\\I_V=\varphi_V=\arctan\frac{X_V}{R_V}\\I_W=\varphi_W=\arctan\frac{X_W}{R_W}\end{aligned}\right\}$$

线电流与相电流的关系为：i_L 等于相应的 i_P。

中线电流为：$i_N=i_{UN}+i_{VN}+i_{WN}\neq0$。

在三相不对称负载作星形联结时，应注意：当三相负载不对称且无中线时，负载的相电压就不对称。通过分析得知：阻抗越小的相电压越低，阻抗越大的相电压越高。若低于或高于额定电压，负载将不能正常工作。中线的作用是使星形联结的不对称负载获得对称的相电压，保证负载正常工作。故三相不对称负载作星形联结时，必须有中线，并且中线不能断开，中线上不能安装开关、熔丝等设备，并且要用机械强度较大的钢线作为中线，以免它自行断开造成事故。

2. 三相负载的三角形（△）联结

如果 3 个单相负载 Z_U、Z_V、Z_W 的额定电压等于电源线电压，则必须把负载分别接在电源的各端线之间，这就构成了负载三角形（△）联结电路，如图 2-26 所示。

（1）三相对称负载的三角形联结　三相负载的三角形联结电路如图 2-26 所示，因为各相负载接在两根端线之间，所以各相负载的相电压就等于对应的电源线电压，即 u_P 等于相应的 u_L，在数值上 $U_P=U_L$。

由图 2-26 可得，$i_U=i_{UV}-i_{WU}$，$i_V=i_{VW}-i_{UV}$，$i_W=i_{WU}-i_{VW}$。由于三相负载是对称的，所负载的相电流是对称的，线电流也是对称的，作出的相量图如图 2-27 所示。

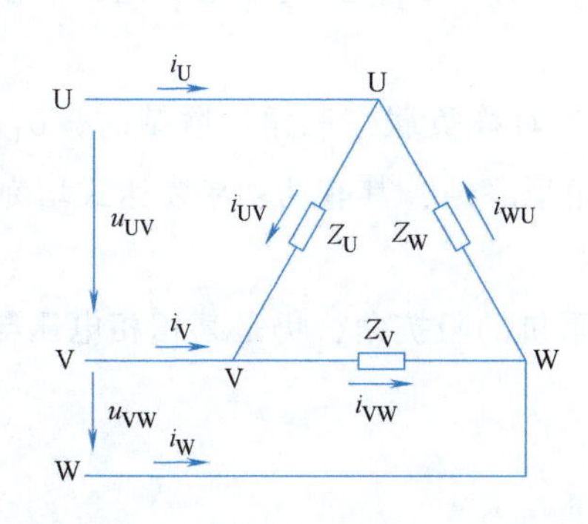

图 2-26　三相对称负载三角形联结

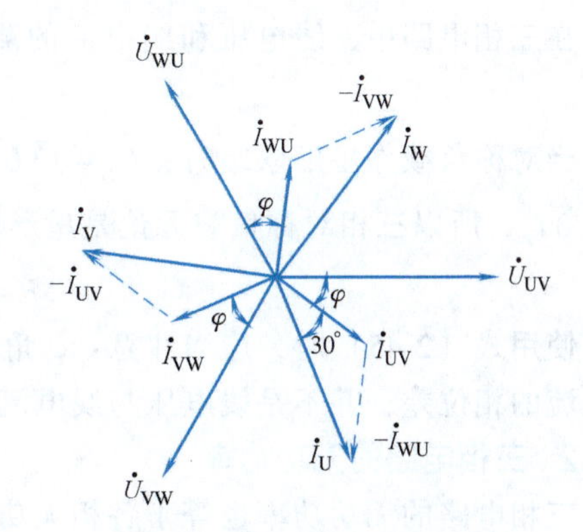

图 2-27　三相对称负载三角形联结时电压、电流的相量图

由相量图 2-27 可知，由于三相相电压对称、相电流对称，所以线电流也对称。线电流在相位上落后对应的相电流 30°，由相量图可求得相电流的有效值 I_P 和线电流有效值 I_L 的关系为

$$I_L=\sqrt{3}I_P \tag{2-42}$$

三相对称负载作三角形联结时，相电压对称。因每相负载都接在两条端线之间，若一相负载断开，并不影响其他两相工作。

（2）三相不对称负载的三角形联结　在三相电路中，电源电压对称，负载不对称，各相相电流可分成三个单相电路分别计算，线电流要根据 KCL 进行相量计算。

三相负载不对称作三角形联结时，相电流不对称，线电流也不对称。

例 2-9　有一台三相交流电动机，每相绕组的等效电阻 $R=6\Omega$，感抗 $X_L=8\Omega$，连成三角形，接在线电压 $U_L=380V$ 的三相电源上，试求电动机的相电流和线电流。

解　因为三相负载是对称的，所以各相的相电流相等，线电流也相等，并且 $U_L=U_P$。

负载相电压为　$$U_P=U_L=380V$$

每相阻抗为　$$|Z|=\sqrt{R^2+X_L^2}=\sqrt{6^2+8^2}\ \Omega=10\Omega$$

相电流有效值为　$$I_P=\frac{U_P}{|Z|}=\frac{380}{10}A=38A$$

线电流有效值为　$$I_L=\sqrt{3}I_P=65.8A$$

2.5.3　三相电路的功率

1. 三相电路的有功功率

无论是星形联结还是三角形联结，也无论是对称负载还是不对称负载，三相电路的有功功率都等于各相有功功率之和，即

$$P=P_U+P_V+P_W=U_UI_U\cos\varphi_U+U_VI_V\cos\varphi_V+U_WI_W\cos\varphi_W \tag{2-43}$$

式中，各电压、电流为各相的相电压、相电流；φ 是各相相电压与相电流的相位差。

对于三相对称负载，各相电压和电流的有效值相等，相位差相同，各相有功功率也相等，则

$$P=3P_P=3U_PI_P\cos\varphi \tag{2-44}$$

在三相电路中，线电压和线电流的测量比较方便，所以功率公式常用线电压、线电流表示。

当对称负载作星形联结时，$U_L=\sqrt{3}U_P$、$I_L=I_P$；当对称负载作三角形联结时，$U_L=U_P$、$I_L=\sqrt{3}I_P$，所以三相对称负载无论是星形联结还是三角形联结，其有功功率表达式均为

$$P=\sqrt{3}U_LI_L\cos\varphi \tag{2-45}$$

使用式（2-45）时，应当注意：φ 角取决于负载阻抗的阻抗角，仍是某相相电压与该相相电流的相位差，并不是线电压与线电流的相位差。

2. 三相电路的无功功率

三相电路的无功功率也等于各相无功功率之和，即

$$Q=Q_U+Q_V+Q_W=U_UI_U\sin\varphi_U+U_VI_V\sin\varphi_V+U_WI_W\sin\varphi_W \tag{2-46}$$

对于三相对称负载，三相电路的无功功率表达式为

$$Q = 3Q_P = 3U_P I_P \sin\varphi = \sqrt{3}\,U_L I_L \sin\varphi \tag{2-47}$$

3. 三相电路的视在功率

三相电路的视在功率为

$$S = \sqrt{P^2 + Q^2} \tag{2-48}$$

在三相对称负载电路中，三相电路的视在功率为

$$S = 3U_P I_P = \sqrt{3}\,U_L I_L \tag{2-49}$$

例 2-10 三相对称负载，每相负载的电阻 $R = 6\Omega$，感抗 $X_L = 8\Omega$，接入 380V 的三相三线制电源。试比较星形和三角形两种联结时消耗的三相功率。

解 各相负载的阻抗为 $|Z| = \sqrt{R^2 + X_L^2} = \sqrt{6^2 + 8^2}\,\Omega = 10\Omega$

负载的功率因数为 $\cos\varphi = \dfrac{R}{|Z|} = \dfrac{6}{10} = 0.6$

星形联结时，负载的相电压为 $U_P = \dfrac{U_L}{\sqrt{3}} = \dfrac{380}{\sqrt{3}}\text{V} = 220\text{V}$

线电流等于相电流，为 $I_L = I_P = \dfrac{U_P}{|Z|} = \dfrac{220}{10}\text{A} = 22\text{A}$

故星形联结时，三相总有功功率为

$$P_Y = \sqrt{3}\,U_L I_L \cos\varphi = \sqrt{3} \times 380 \times 22 \times 0.6\text{W} \approx 8.7\text{kW}$$

三角形联结时，负载的相电压等于电源的线电压，即 $U_P = U_L = 380\text{V}$。

负载的相电流为 $I_P = \dfrac{U_P}{|Z|} = \dfrac{380}{10}\text{A} = 38\text{A}$

则线电流为 $I_L = \sqrt{3}\,I_P = \sqrt{3} \times 38\text{A} \approx 66\text{A}$

故三角形联结时，三相总有功功率为

$$P_\triangle = \sqrt{3}\,U_L I_L \cos\varphi = \sqrt{3} \times 380 \times 66 \times 0.6\text{W} \approx 26.1\text{kW}$$

可见，$P_\triangle \neq P_Y$，且 $P_\triangle = 3P_Y$

上述结果表明，在三相电源线电压一定的条件下，对称负载三角形联结消耗的功率是星形接法的 3 倍。这是因为，三角形联结时负载相电压是星形联结时的$\sqrt{3}$倍，因而相电流也增为$\sqrt{3}$倍；且三角形联结时线电流又是相电流的$\sqrt{3}$倍，所以，三角形联结时的线电流是星形联结的 3 倍。因此，$P_\triangle$是 P_Y的 3 倍。无功功率和视在功率也都是如此。

负载消耗的功率与连接方式有关，要使负载正常运行，必须采用正确的接法。例如，在同一电源条件下，负载应接成星形的就不能接成三角形，否则负载会因 3 倍的过载而烧毁；反之，在同一电源条件下，负载应接成三角形的就不能接成星形，否则负载也不能正常工作。

技能训练——三相交流电路的安装与测试

1. 三相负载作星形联结电路的安装与测试

1）按图 2-28 所示连接线路。图中，白炽灯为 220V，25W。将电流表接在各相线及中线上。电源线电压 $U_L=380V$。经教师检查后，接通电源进行实验。

2）将开关 S_1 断开，S_2 闭合，形成三相四线制对称负载。然后合上电源开关 QS 测量各线电压、相电压、线电流、中点间电压和中线电流，将测试数据填入表 2-4 中。

3）断开开关 QS、S_2，形成三相三线制对称负载。再合上 QS 重复测量上述各量，将数据填入表 2-4 中，并与有中线时的测量结果相比较，比较相应各量有无变化。

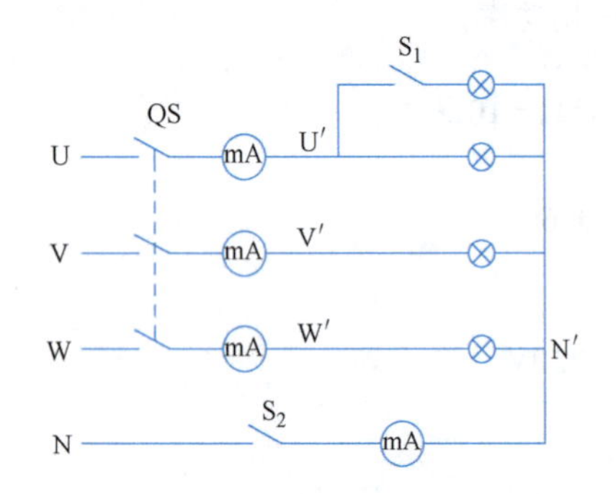

图 2-28　三相负载作星形联结的实验电路

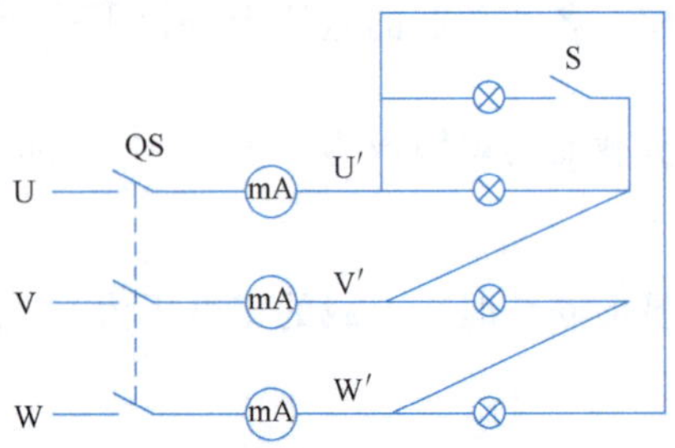

图 2-29　三相负载作三角形联结的实验电路

4）断开 QS，闭合 S_1、S_2，形成三相四线制不对称负载。合上 QS 再测量各量，将测量数据填入表 2-4 中。

5）断开 QS、S_2，形成三相三线制不对称负载，再合上 QS 重复测量上述各量，将测量数据填入表 2-4 中，并与有中线时的测量结果相比较，比较相应各量有无变化。

表 2-4　三相负载星形联结时测量数据

负载情况 \ 测量项目		线电压/V			负载相电压/V			线电流/mA			中点间电压/V	中线电流/mA
		U_{UV}	U_{VW}	U_{WU}	$U_{U'N'}$	$U_{V'N'}$	$U_{W'N'}$	I_U	I_V	I_W	$U_{NN'}$	I_N
负载对称	有中线											
	无中线											
负载不对称	有中线											
	无中线											

2. 三相负载三角形联结电路的安装与测试

1）将三相电源的线电压调至 220V。

2）按图 2-29 接线，在相应位置接入电流表。请教师检查后，接通电源继续实验操作。

3）断开开关 S，形成对称负载。合上 QS，测量相电压、线电流和相电流，将测量数据填入表 2-5 中。

4）闭合开关 S，形成不对称负载，合上 QS，再测量上述各量，观察相应各量有无变化，将测量数据填入表 2-5 中。

表 2-5　三相负载三角形联结时测量数据

测量项目 / 负载情况	负载相电压/V			线电流/mA			相电流/mA		
	$U_{U'V'}$	$U_{V'W'}$	$U_{W'U'}$	I_U	I_V	I_W	$I_{U'V'}$	$I_{V'W'}$	$I_{W'U'}$
负载对称									
负载不对称									

操作时应注意以下几点：

1）由于三相电源电压较高，实验中线路必须经教师检查同意后方可通电实验。

2）接线要仔细、牢靠，使用多股线时要防止裸线带毛刺，导线连接处要用绝缘胶带包好，以确保绝缘。

3）测量电流和电压时，一定要注意仪表在线路中的正确连线和量程的选择。特别是用万用表测量时，操作一定要细心、谨慎，防止烧坏仪表或发生触电事故等。

4）由于三相三线制不对称负载星形联结时各相所承受的相电压不等，在实验中，有些灯泡承受的电压已超过其额定值。因此测量、读数要迅速，读数完毕马上断电，以免损坏设备。

5）更换实验内容时，必须先切断电源，严禁带电操作。

【思考题】

1. 某设备采用三相三线制供电，当因故断掉一相时，能否认为设备成两相供电了？

2. 三相负载在什么情况下应接成星形联结？在什么情况下应接成三角形联结？在什么情况下应接成有中线的星形联结？

3. 三相对称负载作三线制星形联结时，有一相断开或短路，对其他两相各有何影响？

4. 三相总的视在功率为什么不等于各相视在功率之和？

习　题

1. 在高频电炉的感应圈中，通入电流 $i=85\sin\left(1.256\times10^6t+\dfrac{\pi}{3}\right)$A。求此电流的角频率、频率、最大值、有效值和初相。

2. 已知：$i=100\sin\left(\omega t-\dfrac{\pi}{4}\right)$A。求：（1）$I_m$和$\varphi_0$；（2）$I$；（3）当$f=1000$Hz，$t=0.375$ms 时电流的瞬时值。

3. 已知：$e_1=E_m\sin\left(\omega t+\dfrac{\pi}{2}\right)$，$e_2=E_m\sin\left(\omega t-\dfrac{\pi}{4}\right)$，$f=50$Hz。求：（1）$e_1$与$e_2$的相位差，并指出它们超前、滞后的关系；（2）当$t=0.005$s 时，$e_1$与$e_2$各处于什么相位？

4. 已知：正弦电流 $i=I_m\sin\left(\omega t+\dfrac{2\pi}{3}\right)$，在$t=0$时，$i_0=4.9$A。求该电流的有效值。

5. 某正弦电压在$t=0$时为 220V，其初相为$\dfrac{\pi}{4}$。求它的有效值。

6. 某正弦电压的频率$f=50$Hz，有效值$U=5\sqrt{2}$V，在$t=0$时电压的瞬时值为 5V，此刻电压在增加，求该电压瞬时值的表达式。

7. 两个正弦电流 i_1 与 i_2 的最大值都是 5A，当它们之间的相位差为 0°、90°、180°时，分别求它们的合成电流 i_1+i_2 的最大值。

8. 有一额定电压 220V、额定功率 200W 的灯泡，接在 $u=220\sqrt{2}\sin314t\text{V}$ 的电源上，求：(1) 流过灯泡的电流 I；(2) 灯泡电阻 R；(3) 若把该灯错接在 120V 的交流电源上，灯泡的电流和功率各为多少？

9. 有一个灯泡接在 $u=311\sin\left(314t+\dfrac{\pi}{2}\right)\text{V}$ 的交流电源上，灯丝炽热时电阻为 484Ω，试求流过灯丝的电流瞬时值表达式以及灯泡消耗的功率。

10. 一个纯电感线圈的电感量 $L=414\text{mH}$，接在 $u=275.8\sin\left(314t+\dfrac{\pi}{2}\right)\text{V}$ 的交流电源上。求：(1) 电路的电压和电流的有效值；(2) 平均功率和无功功率。

11. 已知：一个电感线圈 $L=35\text{mH}$，接在电压为 110V、频率为 50Hz 的电源上。求：(1) 感抗 X_L；(2) 电流 i；(3) 有功功率 P、无功功率 Q。

12. 已知：电容 $C=10\mu\text{F}$，流过它的电流 $i=0.1\sqrt{2}\sin(100t+60°)\text{A}$。求：(1) 容抗 X_C；(2) 电压 u_C；(3) 有功功率 P、无功功率 Q。

13. 已知：负载上的电压 $u=220\sqrt{2}\sin(314t+36.9°)\text{V}$，负载电阻 $R=4\Omega$，$X_L=3\Omega$。求：通过负载的电流 i。

14. 在 RLC 串联正弦交流电路中，已知：$u=220\sqrt{2}\sin314t\text{V}$，$R=40\Omega$，$L=197\text{mH}$，$C=100\mu\text{F}$。求：$i$、$u_R$、$u_L$、$u_C$ 和 P、Q、S。

15. 在 RLC 串联正弦交流电路中，已知：$R=16\Omega$，$X_L=16\Omega$，$X_C=4\Omega$，电源电压 $u=220\sqrt{2}\sin314t\text{V}$。求：(1) 电流相量 $\dot{I}$；(2) 各元件上的电压相量（$\dot{U}_R$、$\dot{U}_L$、$\dot{U}_C$）；(3) 画出电压、电流相量图；(4) P、Q、S 和 $\cos\varphi$。

16. 在图 2-30 所示电路中，已知：$U=220\text{V}$，$R=6\Omega$，$X_L=8\Omega$，$X_C=19\Omega$。求：(1) 电路的总电流 I，支路的电流 I_1、I_C；(2) 线圈支路的功率因数和电路的总功率因数；(3) 电路的有功功率 P、无功功率 Q 及功率因数 $\cos\varphi$。

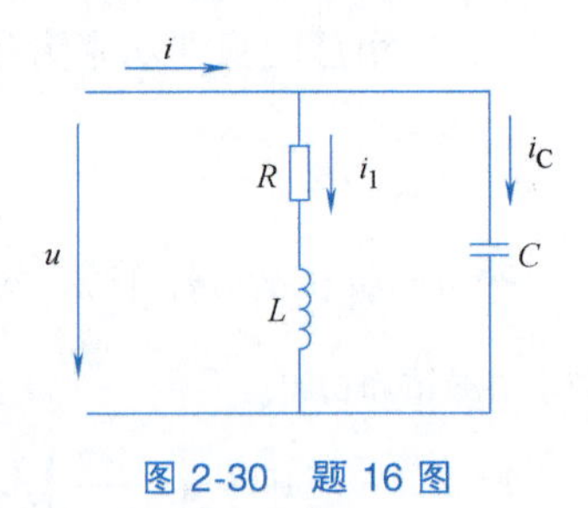

图 2-30　题 16 图

17. 将功率为 40W、电压为 220V、电流为 0.65A 的负载接入 220V/50Hz 的交流电源上，要使电路的功率因数提高到 0.92，则应在该负载两端并联多大电容的电容器？这时电路的总电流是多少？

18. 功率为 40W、功率因数为 0.5 的荧光灯，接到 $U=220\text{V}$ 的工频交流电源上。求：(1) 荧光灯的工作电流；(2) 要使电路的功率因数提高到 0.8，则应并联多大电容的电容器？

19. 已知星形联结的三相电源的 $u_{UV}=380\sqrt{2}\sin(\omega t-30°)\text{V}$。试分别写出 u_{VW}、u_{WU}、u_U、u_V、u_W 的表达式。

20. 现有 220V、60W 的白炽灯 99 个，应如何将它们接入三相四线制电路？求负载在对称情况下的线电流及中线电流。

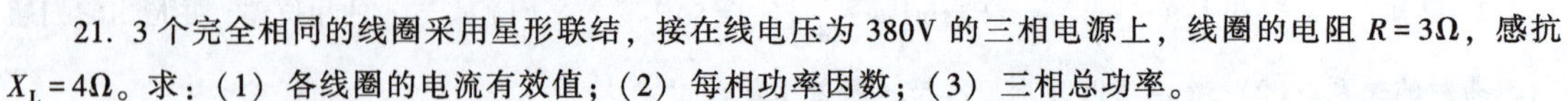

21. 3 个完全相同的线圈采用星形联结，接在线电压为 380V 的三相电源上，线圈的电阻 $R=3\Omega$，感抗 $X_L=4\Omega$。求：(1) 各线圈的电流有效值；(2) 每相功率因数；(3) 三相总功率。

22. 已知：三相对称负载的每相电阻 $R=80\Omega$，感抗 $X_L=60\Omega$。采用三角形联结接在线电压 $U_L=380\text{V}$ 的三相电源上。求：(1) 相电压、相电流及线电流的有效值；(2) 每相功率因数；(3) 三相总功率。

第3章 CHAPTER 3 磁路和变压器

学习目标

1. 理解磁场中物理量的物理意义。
2. 了解铁磁物质的磁化特性和磁路的基本知识。
3. 熟悉变压器的结构，理解变压器铭牌中数据的含义和变压器的基本工作原理；掌握变压器变压、变流和阻抗变换的原理。
4. 掌握工程上常用的几种变压器的使用方法及注意事项。
5. 能正确地使用各种变压器和进行小型变压器的测试。

3.1 磁路的基本知识

3.1.1 磁路中的物理量

电和磁是密不可分的。电气设备和电工仪表中存在着电与磁的相互关系、相互作用，这中间不仅有电路的联系，还有磁路的耦合。

把能够吸引金属铁等物质的性质，称为磁性；具有磁性的物体称为磁体，如扬声器背面的磁钢就是磁体。电子设备中的许多元器件都采用了磁性材料，各种变压器、电感器中的铁心、磁芯的组成材料均为磁性材料。

1. 磁通

磁通是指垂直于磁场某一面积 S 上所穿过的磁力线的数目。磁通用 Φ 表示，单位是 Wb（韦［伯］）。实际应用中还用麦克斯韦（Mx）作为磁通的单位，它们之间的关系为

$$1\text{Mx} = 10^{8}\text{Wb}$$

2. 磁感应强度 B

磁感应强度是表示磁场内某点的磁场强弱和方向的物理量，它是一个矢量。它的大小可用位于该点的通电导体所受的磁场作用力来衡量。磁感应强度 B 的单位为 T（特［斯拉］）。工程中常用一个较小的单位 Gs（高斯）来表示磁感应强度，它们之间的关系为

$$1\text{Gs}=10^{-4}\text{T}$$

磁感应强度 B 有时也可用与磁场垂直的单位面积的磁通来表示，即

$$B=\frac{\Phi}{S} \tag{3-1}$$

所以，磁感应强度 B 又称为磁通密度（简称磁密），式（3-1）中 Φ 的单位为 Wb，S 的单位为 m^2，则 $1\text{T}=1\text{Wb}/\text{m}^2$。

3. 磁导率

磁导率 μ 是用来衡量物质导磁性能的物理量，单位为 H/m（亨［利］每米）。自然界的物质根据其导磁性能的不同可分为铁磁物质（铁、镍、硅钢、坡莫合金等）和非铁磁物质（空气、木材、铜、铝等）两大类。

为了便于比较各类物质的导磁能力，通常以真空的磁导率作为衡量的标准。实验测得真空的磁导率 $\mu_0=4\pi\times10^{-7}\text{H/m}$。

其他介质的磁导率与真空磁导率比，称为相对磁导率，用 μ_r 表示，即

$$\mu_r=\frac{\mu}{\mu_0} \tag{3-2}$$

非铁磁物质的 μ_r 约等于 1。而铁磁物质的 $\mu_r \gg 1$，且各种铁磁物质的相对磁导率差别也很大。例如，铸铁的 μ_r 为 200~400，硅钢的 μ_r 通常达 7000~10000，坡莫合金的 μ_r 可高达 20000~200000。可见，在电流和其他条件不变的情况下，铁心线圈的磁场要比空心线圈的磁场强得多。

注意：铁磁物质的 μ_r 不是常数，它随励磁电流的大小和温度的变化而变化。

4. 磁场强度

为了方便计算，引入磁场强度的概念，并把它定义为磁感应强度 B 与该处物质的磁导率 μ 之比，即

$$H=\frac{B}{\mu} \tag{3-3}$$

磁场强度 H 仅描述了磁场的强弱和方向，与磁场中的介质无关。磁场强度 H 的单位为 A/m（安［培］每米）。

3.1.2 磁路的欧姆定律

1. 磁路

诸如变压器、电机、磁电式仪表等电工设备，为了获得较强的磁场，常常将线圈缠绕在具有一定形状的铁心上，如图 3-1 所示。铁心是一种铁磁物质，它具有良好的导磁性能，能使绝大部分的磁通从铁心中通过，同时铁心被线圈磁场磁化后能产生较强的附加磁场，它叠加在线圈磁场上，使磁场大为加强，或者说，线圈通以较小的电流便可产生较强的磁场。铁心可使磁通集中地通过一定的闭合路径。所谓磁路，主要是由铁磁材料构成而为磁通集中通过的闭合回路。集中在一定路径上的磁通称为主磁通，如图 3-1 所示的 ϕ，主磁通经过的磁路通常由铁心（铁磁物质）及空气隙组成。不通过铁心、仅与本线圈交链的磁通称为漏磁通，如图 3-1a 所示的 ϕ_l。在实际应用中，由于漏磁通很少，有时可忽略不计。

主磁通磁路有纯铁心磁路，如图 3-1a、c 所示；也有包含气隙的磁路，如图 3-1b 所示；

磁路有不分支磁路，如图 3-1a、b 所示；也有分支磁路，如图 3-1c 所示。

磁路中的磁通可由线圈通过的电流产生，如图 3-1 所示。用来产生磁通的电流称为励磁电流，流过励磁电流的线圈称为励磁线圈。由直流电流励磁的磁路称为直流磁路，由交流电流励磁的磁路称为交流磁路。变压器和异步电动机等均为交流磁路。

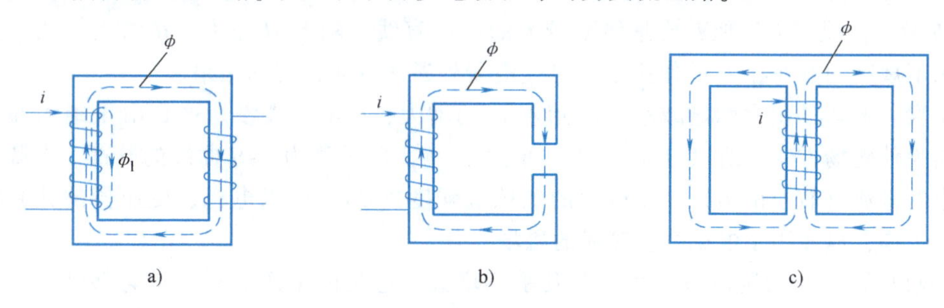

图 3-1　磁路的几种形式

a）纯铁心无分支磁路　b）有气隙无分支磁路　c）纯铁心有分支磁路

2. 欧姆定律

励磁线圈通过励磁电流就会产生磁通（即电生磁）。通过实验发现，励磁电流 I 越大，产生的磁通越多；线圈匝数越多，产生的磁通越多。把励磁电流 I 和线圈匝数 N 的乘积 IN 看成是磁路中产生磁通的源泉，称为磁动势 F，它犹如电路中的电动势是产生电流的源泉一样。

磁通 Φ 由磁动势 F 产生，它的大小除与磁动势有关外，还与铁心材质的磁导率、铁心磁路的截面面积、磁路长度有关。当磁动势一定时，铁心材质的磁导率 μ 越高，磁通就越多；铁心磁路截面面积 S 越大，磁通也越多；铁心磁路 l 越长，磁通却越少。它们之间的关系为

$$\Phi = F\frac{\mu S}{l} = \frac{F}{\dfrac{l}{\mu S}} = \frac{F}{R_{\mathrm{m}}} \tag{3-4}$$

式（3-4）中，$R_{\mathrm{m}} = \dfrac{l}{\mu S}$，称为磁阻，是表示磁路对磁通起阻碍作用的物理量，它仅与磁路的材质及几何尺寸有关，单位为 H^{-1}（每亨［利］）。式（3-4）表示的磁路欧姆定律的形式与电路欧姆定律相似。但由于 μ 不是常数，它随励磁电流而变，所以不能直接应用磁路的欧姆定律进行计算，只能用于定性分析。

3.1.3　铁磁物质的磁性能

1. 铁磁物质的磁化曲线

实验表明：将铁磁物质（如铁、镍、钴等）置于某磁场中，会大大加强原磁场。这是由于铁磁物质在外加磁场的作用下，能产生一个与外磁场同方向的附加磁场，正是这个附加磁场促使了总磁场的加强，这种现象称为磁化。

不同种类的铁磁物质，其磁化性能是不同的。工程上常用磁化曲线（或表格）表示各种铁磁物质的磁化特性。磁化曲线是铁磁物质的磁感应强度 B 与外磁场的磁场强度 H 之间的关系曲线，所以又称为 B-H 曲线。

图 3-2 所示的 B-H 曲线是在铁心原来没有被磁化，即 B 和 H 均从零开始增加时所测得的。这种情况下作出的 B-H 曲线称为起始磁化曲线，起始磁化曲线大体上可以分为 4 段，即

Oa、ab、bc 和 c 点以后。

Oa 段：此段斜率较小，当 H 增大时，B 增大缓慢。这反映了磁畴（磁畴是由分子电流形成的磁性小区域，每个磁畴就像一个很小的永久磁体）有“惯性”，较小的外磁场不能使它转向为有序排列。

ab 段：此段可以近似看成是斜率较大的一段直线。随着 H 增大，B 增大较快。这是由于原来不规则的磁畴在 H 的作用下，迅速沿着外磁场方向排列的结果。

bc 段：此段的斜率明显减小，即随着 H 的增大，B 增大缓慢。这是由于绝大部分磁畴已转向为外磁场方向，所以 B 增大的空间不大。b 点附近称为 B-H 曲线的膝部。在膝部可以用较小的电流（较小的 H）获得较大的磁感应强度（B）。所以电机、变压器的铁心常设计在膝部工作，以便用小电流产生较强的磁场。

c 点以后：c 点后随着 H 增大，B 几乎不增大。这是由于几乎所有磁畴都已转向为外磁场方向，即使 H 加大，附加磁场也不可能再增大。这个现象称为铁磁物质的磁饱和，c 点以后的区域称为饱和区。

2. 磁滞回线

起始磁化曲线只反映了铁磁物质在外磁场（H）由零逐渐增加的磁化过程。在很多实际应用中，外磁场（H）的大小和方向是不断改变的，即铁磁物质受到交变磁化（反复磁化）。实验表明，交变磁化的曲线如图 3-3 所示，这是一个回线。当铁磁物质沿起始磁化曲线磁化到 a 点后，若减小电流（H 减小），B 也随之减小，但 B 不是沿原来起始磁化曲线减小，而是沿另一路径 ab 减小。特别是当 $I=0$（即 $H=0$）时，B 并不为零。$B=B_r$（Ob 段），Br 称为剩磁，这种现象称为磁滞。磁滞现象是铁磁物质所特有的。要消除剩磁（常称为去磁或退磁），需要反方向加大 H，也就是 bc 段，当 $H=-H_c$（Oc 段）时，$B=0$，剩磁才被消除，此时的 H_c 称为材料的矫顽磁力，它表示铁磁物质反抗退磁的能力。

如果继续反向加大 H，使 $H=-H_m$，$B=-B_m$，再让 H 减小到零（de 段），增大 H，使$H=H_m$，$B=B_m$（efa 段），如此反复，便可得到对称于坐标原点的闭合曲线，称为铁磁物质的磁滞回线（$abcdefa$），如图 3-3 所示。

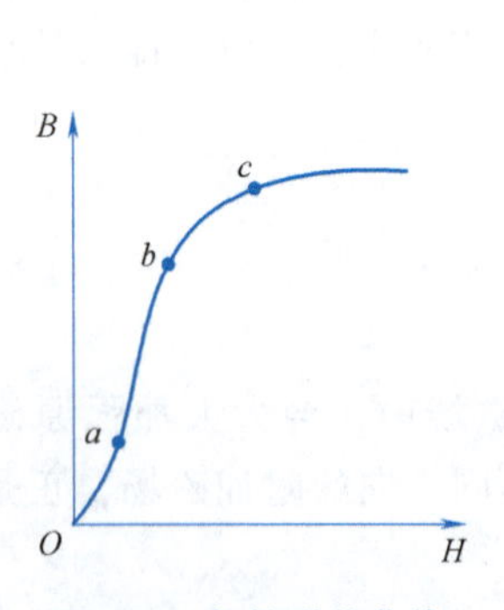

图 3-2　起始磁化曲线

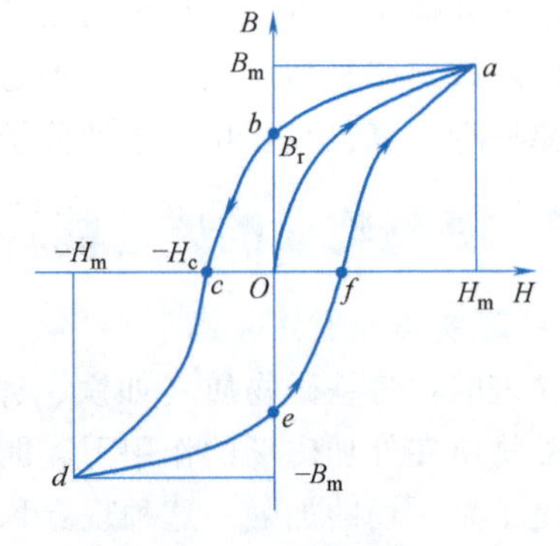

图 3-3　磁滞回线

从图 3-3 中可看出，铁磁物质在反复磁化过程中，B 的变化始终落后于 H 的变化，这种现象称为磁滞现象。磁滞现象可以用磁畴来解释。在无外磁场作用时，这些磁畴排列杂乱无章，它们的磁性相互抵消，对外不显磁性。在外磁场的作用下，磁畴趋向外磁场的方向，产生一个很大的附加磁场和外磁场相加。所以，Oa 起始段磁感应强度 B 上升很快；随着 H 增大，大部分磁畴已趋向外磁场方向排列，B 增大很慢，出现了饱和现象。

根据以上分析可知，铁磁物质具有高导磁性、磁饱和性和磁滞性。剩磁现象就是铁磁物质磁滞性的表现。

磁滞损耗是指铁磁物质在反复磁化过程中，磁畴来回翻转，必然克服阻力做功，铁心发热。这种在反复磁化过程中的能量损失称为磁滞损耗。

3. 铁磁物质的分类

铁磁物质根据磁滞回线的形状及其在工程上的用途可以分为如下 3 类：

（1）硬磁材料　硬磁材料的特点是磁滞回线较宽，剩磁和矫顽力都较大。这类材料在磁化后能保持很强的剩磁，适宜制作永久磁铁。常用的硬磁材料有铁镍钴合金、镍钢、钴钢、镍铁氧体和锶铁氧体等。在磁电式仪表、电声器材、永磁发电机等设备中所用的磁铁就是用硬磁材料制作的。硬磁材料的磁滞回线如图 3-4a 所示。

（2）软磁材料　软磁材料的特点是磁导率高，磁滞回线狭长，磁滞损耗小。软磁材料又分为低频和高频两种。用于高频的软磁材料要求具有较大的电阻率，以减小高频涡流损失。常用的高频软磁材料有铁氧体等，如收音机中的磁棒、无线电设备中中频变压器的磁芯都是用铁氧体制成的。

用于低频的有铸钢、硅钢、坡莫合金等。电机、变压器等设备中的铁心多为硅钢片，录音机中的磁头铁心多用坡莫合金。软磁材料的磁滞回线如图 3-4b 所示。

（3）矩磁材料　矩磁材料的磁滞回线近似于一个矩形，磁滞回线如图 3-4c 所示。它的特点是受较小的外磁场作用就能达到磁饱和，去掉外磁场后，仍保持磁饱和状态。实际生产中，广泛采用锰-镁或锂-镁矩磁铁氧体制成记忆磁芯，它是电子计算机和远程控制设备中的重要元件。

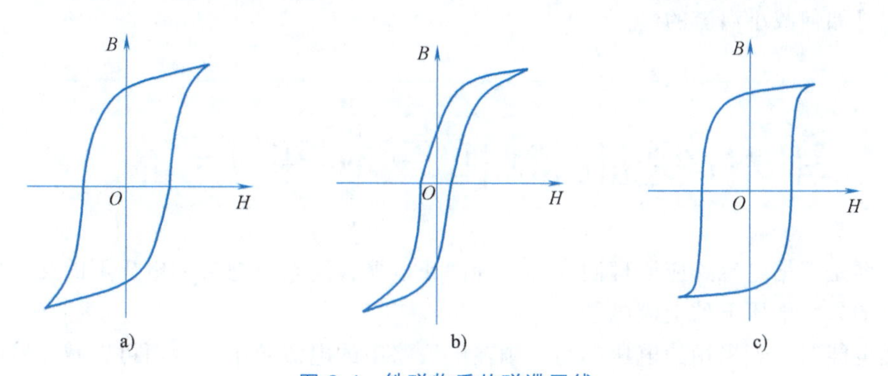

图 3-4　铁磁物质的磁滞回线

a）硬磁物质　b）软磁物质　c）矩磁材料

4. 涡流

当线圈中通过变化的电流 i 时，在铁心中穿过的磁通也是变化的。由于构成磁路的铁心是导体，所以在铁心中将产生感应电流，如图 3-5a 中的虚线所示。由于这种感应电流是一种自成闭合回路的环流，故称为涡流。

在交流电气设备中，交变电流产生的交变磁通在铁心中产生涡流，会使铁心发热而消耗功率，称为涡流损耗，它与磁滞损耗合称为铁损。在磁饱和状态下，铁损的大小与铁心中磁感应强度的平方（B_{m}^2）成正比。

为了减小铁心中的涡流，铁心通常采用 0.35～0.5mm 的硅钢片叠压而成，如图 3-5b 所示。硅钢片间有绝缘层（涂绝缘漆）。由于硅钢片具有较大的电阻率和较小的剩磁，所以它的涡流损耗与磁滞损耗都比较小。

在电机和电器铁心中的涡流是有害的。因为它不仅消耗电能，使电气设备效率降低，而且涡流损耗将转变为热量，使设备温度升高，严重时将影响设备的正常运行。在这种情况下，要尽量减小涡流。

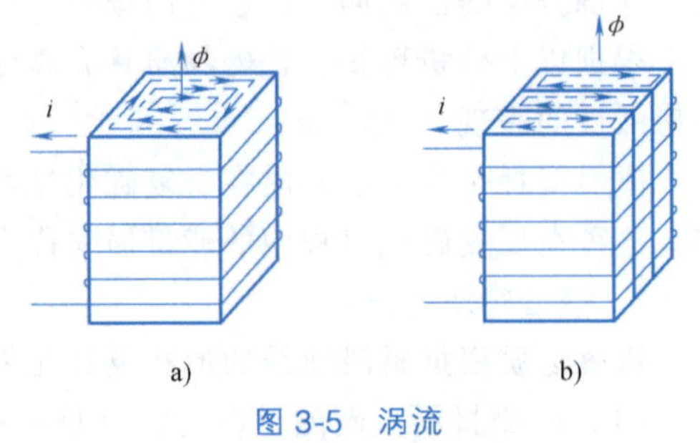

图 3-5 涡流

a）涡流 b）减小涡流

涡流虽然在很多电器中会引起不良后果，但在另一些场合下，人们却利用涡流为生产、生活服务。例如，工业上利用涡流产生的热量来熔化金属，日常生活中的电磁灶也是利用涡流的原理制成的，它给人们的生活带来很大的便利。

【思考题】

1. 物质的磁导率与哪些因素有关？

2. 磁路与电路有什么区别？有什么相似之处？

3. 铁磁物质有哪些磁性能？你能解释磁化现象吗？铜和铝能被磁化吗？为什么？

4. 两个形状、大小和匝数完全相同的环形线圈，其中一个用木芯，另一个用铁心，当两线圈通以等值的电流时，木芯和铁心中的 Φ、B 值是否相等？为什么？

5. 涡流是如何产生的？什么情况下可以利用涡流？什么情况下应减小涡流？在变压器和电机中是如何减小涡流的？

3.2 单相变压器和三相变压器

变压器是根据电磁感应原理制成的一种静止电器，用它可把某一电压下的交流电能变换为同频率的另一电压下的交流电能。

输送电能时，若采用的电压越高，则输电线路中的电流越小，因而可以减少输电线路上的损耗，节约导电材料。所以远距离输电采用高电压是最为经济的。

目前，我国交流输电的电压最高已达 500kV。如此高的电压，无论从发电机的安全运行方面或是从制造成本方面考虑，都不允许由发电机直接生产。

发电机的输出电压一般有 3.15kV、6.3kV、10.5kV 和 15.75kV 等几种，因此必须用升压变压器将电压升高才能远距离输送。电能输送到用电区域后，为了适应用电设备的电压要求，还需通过各级变电所（站）利用变压器将电压降低为各类电器所需要的电压值。

在用电方面，多数用电器所需的电压是 380V、220V 或 36V，少数电机也采用 3kV、6kV 等。所以升压、降压都需要用变压器。

变压器的种类很多，按其用途不同，有电源变压器、控制变压器、电焊变压器、自耦变压器及仪用互感器等。变压器种类虽多，但基本原理都是一样的。

变压器除用来变换电压外，在各种仪器、设备上还广泛应用变压器的工作原理来完成某些特殊任务。例如，冶炼金属用的电炉变压器，整流装置用的整流变压器，输出电压可以调节的自耦变压器等，它们的结构形状虽然各有特点，但其工作原理基本上是一样的。

3.2.1 单相变压器

1. 单相变压器的结构

变压器的基本结构由铁心和绕组两部分构成。另外还有油箱、绝缘套管、防爆管、储油柜和调压开关等附属部件。

（1）铁心　铁心是变压器的主磁路，它又是绕组的支撑骨架。变压器的铁心大多用0.35~0.5mm厚的硅钢片交错叠装而成。叠装之前，硅钢片上还需涂一层绝缘漆。交错叠装即将每层硅钢片的接缝错开，以减少铁心的磁滞损耗和涡流损耗。

（2）绕组　绕组构成变压的电路部分。绕组一般用绝缘漆包铜线或铝线（大型变压器）绕制而成。通常把接于电源的绕组称为一次绕组（或称为原绕组、初级绕组），接于负载的绕组称为二次绕组（或称为副绕组、次级绕组）；或者把电压高的线圈称为高压绕组，电压低的线圈称为低压绕组。

根据绕组与铁心安装位置的不同，变压器可分为心式和壳式两种。心式变压器的绕组套在各铁心柱上，如图3-6a所示；壳式变压器的绕组只套在中间的铁心柱上，绕组两侧被外侧铁心柱包围，如图3-6b所示。电力变压器多采用心式，小型变压器多采用壳式。

图3-6　变压器的结构外形

a）心式变压器　b）壳式变压器

单相变压器的符号如图3-7所示。

2. 单相变压器的工作原理

（1）变压器的空载运行　变压器空载运行就是一次绕组加额定电压、二次绕组开路（不接负载）时的工作情况。例如，某用户的全部用电设备停止工作时，专给此用户供电的变压器就处于空载运行状态。

图3-8所示为单相变压器空载运行。为了便于分析，将匝数为N_1的一次绕组和匝数为N_2的二次绕组分别画在闭合铁心的两个柱上。

一次绕组两端加上交流电压u_1时，便有交变电流i_0通过一次绕组，i_0称为空载电流。大、中型变压器的空载电流约为一次额定电流的3%~8%。此时一次绕组的交变磁动势为i_0N_1，它产生交变磁通，因为铁心的磁导率比空气（或油）大得多，绝大部分磁通通过铁心磁路交链一、二次绕组，故称为主磁通或工作磁通，记为ϕ；还有少量磁通穿出铁心沿一次绕组外侧通过空气或油而闭合，这些磁通只与一次绕组交链，称为漏磁通，记作ϕ_1。漏磁通一般都很小，为了使问题简化，可以略去不计。

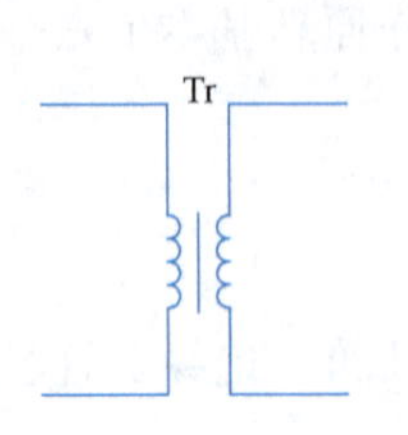

图 3-7　单相变压器的符号

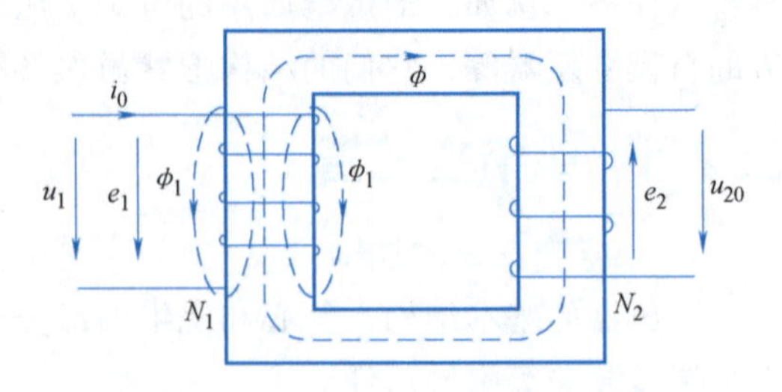

图 3-8　单相变压器的空载运行原理图

根据电磁感应定律，交变的主磁通 ϕ 在一、二次绕组中分别感应出电动势 e_1 与 e_2，有

$$\left.\begin{aligned} e_1 &= -N_1\frac{\mathrm{d}\phi}{\mathrm{d}t} \\ e_2 &= -N_2\frac{\mathrm{d}\phi}{\mathrm{d}t} \end{aligned}\right\} \tag{3-5}$$

若外加电压 u_1 按正弦规律变化，则 i_0 与 ϕ 也都按正弦规律变化。设 ϕ 的初相为零，即 $\phi=\Phi_{\mathrm{m}}\sin\omega t$，式中的 Φ_{m} 为主磁通的幅值。将 ϕ 代入式（3-5）中，得

$$\left.\begin{aligned} e_1 &= -N_1\frac{\mathrm{d}\phi}{\mathrm{d}t} = -N_1\frac{\mathrm{d}\Phi_{\mathrm{m}}\sin\omega t}{\mathrm{d}t} = -N_1\Phi_{\mathrm{m}}\omega\cos\omega t = E_{1\mathrm{m}}\sin\left(\omega t-\frac{\pi}{2}\right) \\ e_2 &= -N_2\frac{\mathrm{d}\phi}{\mathrm{d}t} = -N_2\frac{\mathrm{d}\Phi_{\mathrm{m}}\sin\omega t}{\mathrm{d}t} = -N_2\Phi_{\mathrm{m}}\omega\cos\omega t = E_{2\mathrm{m}}\sin\left(\omega t-\frac{\pi}{2}\right) \end{aligned}\right\} \tag{3-6}$$

由式（3-6）求得 e_1 与 e_2 的有效值分别为

$$\left.\begin{aligned} E_1 &= \frac{1}{\sqrt{2}}E_{1\mathrm{m}} = \frac{1}{\sqrt{2}}N_1\Phi_{\mathrm{m}}\omega = 4.44fN_1\Phi_{\mathrm{m}} \\ E_2 &= \frac{1}{\sqrt{2}}E_{2\mathrm{m}} = \frac{1}{\sqrt{2}}N_2\Phi_{\mathrm{m}}\omega = 4.44fN_2\Phi_{\mathrm{m}} \end{aligned}\right\} \tag{3-7}$$

式（3-7）中，$N_1\Phi_{\mathrm{m}}\omega=2\pi f N_1\Phi_{\mathrm{m}}=E_{1\mathrm{m}}$，$N_2\Phi_{\mathrm{m}}\omega=2\pi f N_2\Phi_{\mathrm{m}}=E_{2\mathrm{m}}$。

由此可得

$$\frac{E_1}{E_2}=\frac{4.44fN_1\Phi_{\mathrm{m}}}{4.44fN_2\Phi_{\mathrm{m}}}=\frac{N_1}{N_2} \tag{3-8}$$

即一、二次绕组中的感应电动势之比等于一、二次绕组匝数之比。

由于变压器的空载电流很小，一次绕组中的电压降可略去不计，故一次绕组的感应电动势 E_1 近似地与外加电压 U_1 相平衡，即 $U_1\approx E_1$。而二次绕组是开路的，其端电压 U_{20} 就等于感应电动势 E_2，即 $U_{20}=E_2$。于是有

$$\frac{U_1}{U_{20}}\approx\frac{E_1}{E_2}=\frac{N_1}{N_2}=k \tag{3-9}$$

式（3-9）说明，变压器空载时，一、二次绕组端电压之比近似等于电动势之比（即匝数之比），这个比值 k 称为电压比。当 $k>1$ 时，则 $U_{20}<U_1$，是降压变压器；当 $k<1$ 时，则 $U_{20}>U_1$，是升压变压器。

一般地，变压器的高压绕组总有几个抽头，以便在运行中随着负载的变动或外加电压U_1稍有变动时，用来改变高压绕组匝数，从而调整低压绕组的输出电压。通常调整范围为额定电压的±5%。

例 3-1 有一台单相降压变压器，一次绕组接到 6600V 的交流电源上，二次绕组的电压为 220V，求其电压比。若一次绕组的匝数 $N_1=3300$ 匝，试求二次绕组的匝数 N_2。若电源电压减小到 6000V，为使二次绕组的电压保持不变，一次绕组的匝数应调整到多少？

解 电压比 $k=\dfrac{N_1}{N_2}\approx\dfrac{U_1}{U_{20}}=\dfrac{6600}{220}=30$

二次绕组的匝数 $$N_2=\frac{N_1}{k}=\frac{3300}{30}\text{匝}=110\text{ 匝}$$

若 $U_1'=6000\text{V}$，U_{20}不变，则一次绕组的匝数应调整为

$$N_1'=N_2\frac{U_1'}{U_{20}}=110\times\frac{6000}{220}\text{匝}=3000\text{匝}$$

（2）变压器的负载运行 变压器的负载运行是指一次绕组加额定电压，二次绕组与负载接通时的运行状态，如图 3-9 所示。这时二次电路中有了电流 i_2，它的大小由二次绕组电动势 E_2和二次电路的总阻抗决定。

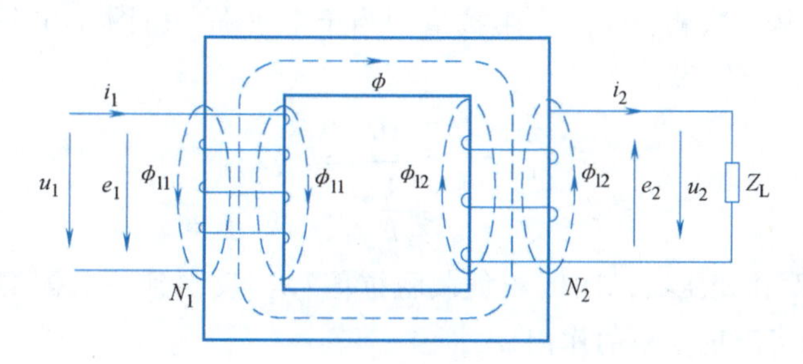

图 3-9 单相变压器的负载运行原理图

因为变压器一次绕组的电阻很小，它的电阻电压降可忽略不计；实际上，即使变压器满载，一次绕组的电压降也只有额定电压 U_{1N} 的 2%左右，所以变压器负载时仍可近似地认为U_1等于 E_1，即 $U_1\approx E_1=4.44fN_1\Phi_m$。此式说明，不论是空载还是负载运行，只要加在变压器一次绕组的电压 U_1及其频率 f 都保持一定，铁心中工作磁通的幅值 Φ_m就基本上保持不变，根据磁路欧姆定律，铁心磁路中的磁动势也应基本不变。

空载时，铁心磁路中的磁通是由一次磁动势 i_0N_1产生和决定的。设负载时一、二次电流分别为 i_1与 i_2，则此时铁心中的磁通是由一、二次的磁动势共同产生和决定的。它们都是正弦量，可用相量表示。铁心磁路中的磁动势基本不变，所以负载时的合成磁动势应近似等于空载时的磁动势，即

$$i_1N_1+i_2N_2=i_0N_1 \tag{3-10}$$

式（3-10）称为变压器负载运行时的磁动势平衡方程，此式也可写成

$$i_1N_1=i_0N_1+(-i_2N_2)$$

上式表明，负载时一次绕组的电流建立的磁动势 i_1N_1可分为两部分：其一是 i_0N_1，用于产生主磁通 Φ_m；其二是$-i_2N_2$，用于抵偿二次绕组电流所建立的磁动势 i_2N_2，从而保持

Φ_m基本不变。

当变压器接近满载时，i_0很小，可以略去，即有$i_1N_1 \approx -i_2N_2$，式中负号说明i_1N_1与i_2N_2反相。若只考虑量值关系，则

$$I_1N_1 \approx I_2N_2 \tag{3-11}$$

由式（3-11）可知，当I_2增大时，I_1必增大，以维持Φ_m不变。从能量守恒的观点也很容易理解：I_2增大，变压器输出给负载的功率增大，电源输入给变压器的功率也要增大，故I_1增大。可见，变压器的输出功率是一次绕组从电源取得，经磁场介质与二次绕组传递给负载的。

由式（3-11）可知

$$\frac{I_1}{I_2}=\frac{N_2}{N_1}=\frac{1}{k} \tag{3-12}$$

式（3-12）表明，变压器接近满载时，一、二次绕组的电流近似地与绕组匝数成反比，即变压器有变流作用。

注意：式（3-12）只适用于满载或重载的运行状态，而不适用于轻载的运行状态。

由以上分析可知，变压器负载加大（即I_2增加）时，一次电流I_1必然相应增加，电流能量经过铁心中磁通的介质作用，从一次电路传递到二次电路。

变压器除有变压作用和变流作用之外，还可用来实现阻抗的变换。设在变压器的二次侧接入阻抗Z_L，那么从一次侧看，这个阻抗值相当于多少呢？由图3-10可知，从一次绕组输入端看，输入阻抗值$|Z_L'|$为

$$|Z_L'|=\frac{U_1}{I_1}=\frac{kU_2}{\frac{1}{k}I_2}=k^2|Z_L| \tag{3-13}$$

式（3-13）说明，变压器二次侧的负载阻抗值$|Z_L|$反映到一次侧的阻抗值$|Z_L'|$近似为$|Z_L|$的k^2倍，起到了阻抗变换的作用。

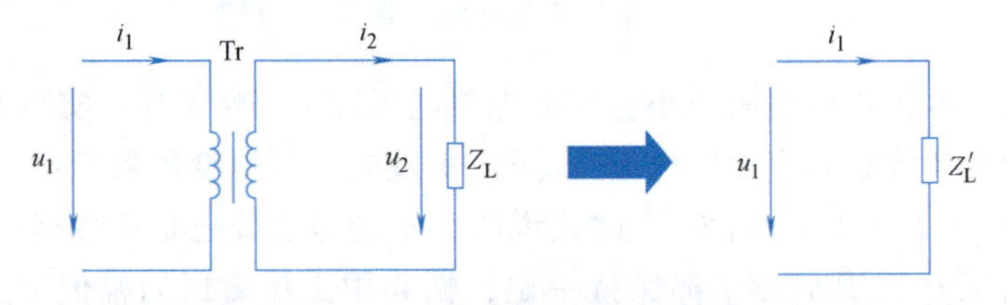

图3-10 变压器阻抗变换等效电路

例如，把一个8Ω的负载电阻接到$k=3$的变压器二次侧，折算到一次侧就是$R' \approx 3^2 \times 8\Omega = 72\Omega$。可见，选用不同的电压比，就可把负载阻抗变换成为等效二端网络所需要的阻抗值，使负载获得最大功率，这种做法称为阻抗匹配，在广播设备中常用到，该变压器称为输出变压器。

例3-2 有一台降压变压器，一次绕组电压为220V，二次绕组电压为110V，一次绕组为2200匝，若二次绕组接入阻抗为10Ω的阻抗，求变压器的电压比，二次绕组匝数以及一、二次绕组中的电流。

解 变压器电压比为

$$k=\frac{U_1}{U_2}=\frac{220}{110}=2$$

二次绕组匝数为 $N_2=\frac{N_1U_2}{U_1}=\frac{2200\times110}{220}匝=1100匝$

二次绕组电流为 $I_2=\frac{U_2}{|Z_L|}=\frac{110}{10}A=11A$

一次绕组电流为 $I_1=\frac{N_2}{N_1}I_2=\frac{1100}{2200}\times11A=5.5A$

3. 变压器的运行特性

(1) 变压器的外特性　对于用户来说，变压器的二次绕组相当于电源，在一次绕组外加电压不变的条件下，变压器的负载电流 I_2增大时，二次绕组的内部电压降也增大，二次绕组的端电压 U_2将随负载电流的变化而变化，这种特性称为变压器的外特性。对于感性负载，可用图 3-11 所示的曲线表示。现代电力变压器从空载到满载，二次绕组的电压变化约为额定电压的 4%~6%（称为电压调整率）。

(2) 变压器的效率　为了合理、经济地使用变压器，还需考虑它的效率问题。变压器在传输电能的过程中，其内部损耗包括铜损 ΔP_{Cu}（可变损耗）和铁损 ΔP_{Fe}（固定损耗），所以输出功率 P_2略小于输入功率 P_1。变压器的效率是指输出功率 P_2与对应输入功率 P_1的比值，记为 η，即

$$\eta=\frac{P_2}{P_1}\times100\%=\frac{P_2}{P_2+\Delta P_{Cu}+\Delta P_{Fe}}\times100\% \qquad (3\text{-}14)$$

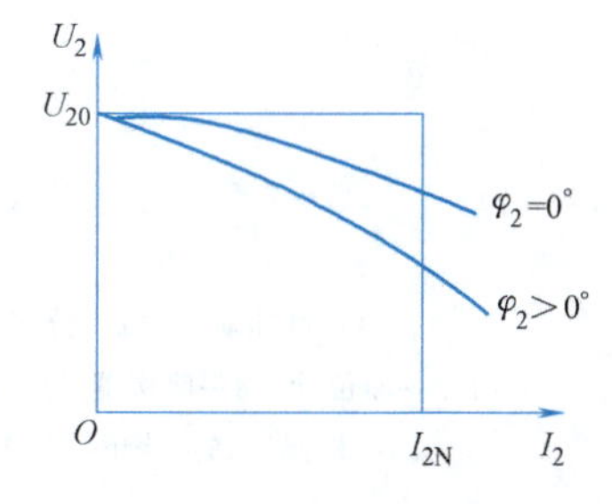

图 3-11　变压器的外特性曲线

变压器的效率与负载有关。没有转动部分，也就没有机械摩擦损耗，因此它的效率很高，小型变压器的效率为 60%~90%，大型电力变压器的效率可达 96%~99%。但变压器在轻载时效率很低，因此应合理选用电力变压器的容量，避免长期轻载或空载运行。

3.2.2　三相变压器

1. 三相变压器的结构和工作原理

三相变压器在结构上可由三台单相变压器组成，称为三相变压器组或三相组式变压器。而多数三相变压器是把三相铁心连成一个整体，做成三相心式变压器。

图 3-12 所示为三相心式变压器的外形和结构示意图。三相心式变压器的铁心有 3 个铁心柱，每个铁心柱上装有属于同一相的两个绕组，如图 3-13 所示。就每一相来说，其工作情况和单相变压器完全相同。

三相变压器常用的接法有“Y，y（Y/Y）”“Y，yn（Y/Y_0）”“Y，d（Y/D）”联结，逗号前（或分子）表示高压线圈连接，逗号后（或分母）表示低压线圈连接，yn（Y_0）表示 Y 联结有中线引出。

2. 三相变压器的铭牌和额定值

使用变压器时，必须掌握其铭牌上的技术数据。变压器铭牌上一般注明下列内容：

(1) 型号　变压器的型号表示变压器的结构、容量、冷却方式和电压等级等。如 S9-1000/10 中，S 表示基本型号（三相），9 表示产品设计序号，1000 表示额定容量（kV · A），10 表示高压绕组电压等级（kV）。

a)

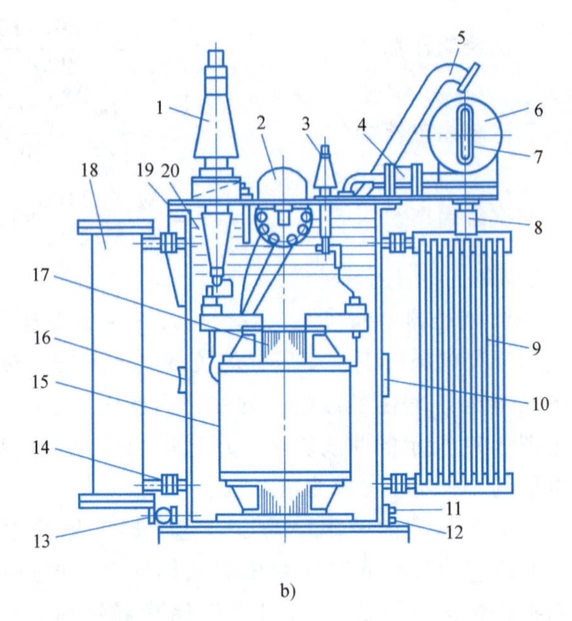

b)

图 3-12　三相变压器的外形和结构示意图

a）外形图　b）结构示意图

1—高压套管　2—分接开关　3—低压套管　4—气体继电器　5—防爆管　6—储油柜
7—油位计　8—吸湿器　9—散热器　10—铭牌　11—接地螺栓　12—油样阀门　13—放油阀门
14—蝶阀　15—绕组　16—信号温度计　17—铁心　18—净油器　19—油箱　20—变压器油

（2）额定电压 U_{1N}、U_{2N}　U_{1N} 为一次绕组的额定电压，它是根据变压器的绝缘强度和允许发热条件而规定的正常工作电压值。U_{2N} 为二次绕组的额定电压，它是当一次绕组加上额定电压、变压器分接开关置于额定分接头处时，二次绕组的空载电压值，单位为 V 或 kV。三相变压器的额定电压指线电压。

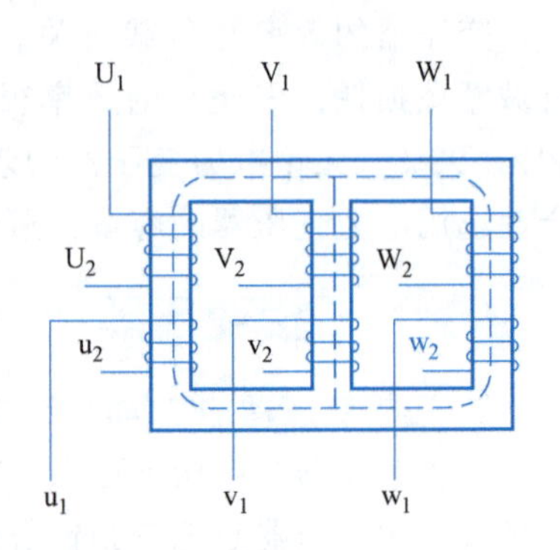

图 3-13　三相变压器

（3）额定电流 I_{1N}、I_{2N}　额定电流是根据变压器允许发热条件所规定的绕组长期允许通过的最大电流值，单位为 A 或 kA。I_{1N} 是一次绕组的额定电流，I_{2N} 是二次绕组的额定电流。三相变压器的额定电流指线电流。

（4）额定容量 S_N　S_N 是制造厂家规定的在额定使用条件下变压器输出视在功率的保证值，单位为 V · A 或 kV · A。

单相变压器的额定容量为 $S_N = U_{2N}I_{2N} \approx U_{1N}I_{1N}$。

三相变压器的额定容量为 $S_N = \sqrt{3}\,U_{2N}I_{2N} \approx \sqrt{3}\,U_{1N}I_{1N}$。

（5）额定频率 f_N　我国工业标准频率规定为 50Hz。

此外还有效率、温升、阻抗电压和联结组标号等参数，1000kV · A 以上的变压器铭牌上还标有空载电流、空载损耗及负载损耗等，这里不再一一介绍，读者可参阅有关资料。

【思考题】

1. 已知一台 220V/110V 的单相变压器，一次绕组 400 匝，二次绕组 200 匝，可否一次绕组只绕两匝，二次绕组只绕一匝？为什么？

2. 变压器空载运行且一次绕组加额定电压时，为什么空载电流并不因为一次绕组电阻很小而很大？

3. 变压器的铭牌上标明220V/36V、300V·A，下列哪一种规格的电灯能接在此变压器的二次侧中使用？为什么？

电灯规格：36V、500W，36V、60W，12V、60W，220V、25W。

4. 三相变压器的额定电压是指什么电压（相电压、线电压）？利用电压比、电流比计算时又是指什么电压？

3.3 其他常用变压器

随着工业的不断发展，除了单相普通双绕组变压器外，相应地出现了适用于各种用途的特殊变压器，虽然种类和规格很多，但是其基本原理与普通双绕组变压器相同或相似。

3.3.1 自耦变压器

1. 自耦变压器的结构

普通双绕组变压器的一、二次绕组之间是彼此绝缘的，仅有磁的耦合，并无电的直接联系。而单相自耦变压器只有一个绕组，如图3-14所示，即一、二次绕组共用一部分绕组，所以自耦变压器一、二次绕组之间除有磁的耦合外，又有电的直接联系。实质上，自耦变压器就是利用一个绕组抽头的办法来实现改变电压的一种变压器。

2. 自耦变压器的工作原理及应用

以图3-14所示的自耦变压器为例，将匝数为N_1的一次绕组与电源相接，其电压为u_1；将匝数为N_2的二次绕组（一次绕组的一部分）接通负载，其电压为u_2。自耦变压器的绕组也套在闭合铁心的心柱上，工作原理与普通变压器一样，一、二次电压、电流与匝数的关系仍为

$$\frac{U_1}{U_2}\approx\frac{N_1}{N_2}=k,\quad \frac{I_1}{I_2}=\frac{N_2}{N_1}=\frac{1}{k}$$

可见，适当选用匝数N_2，二次侧就可得到所需的电压。

同样也有三相自耦变压器，三相自耦变压器通常是接成星形的，如图3-15所示。

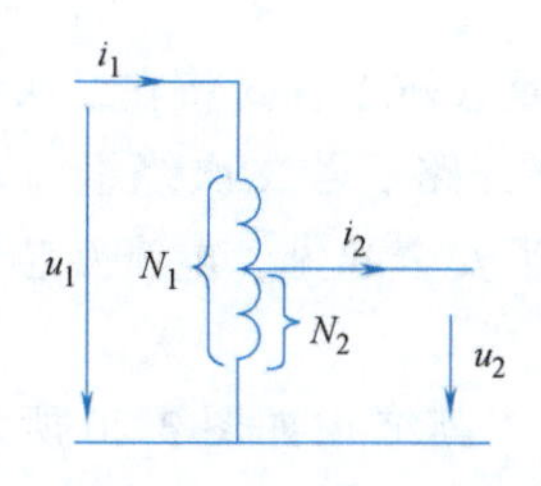

图3-14 单相自耦变压器

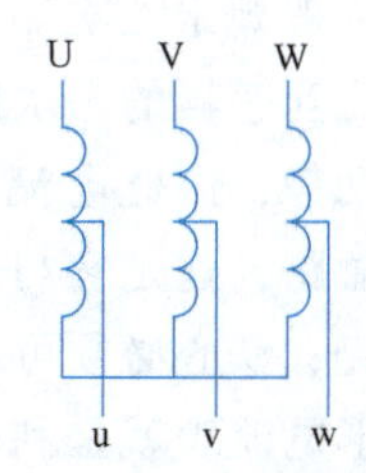

图3-15 三相自耦变压器

如果自耦变压器的中间出线端做成能沿着整个线圈滑动的活动触点，如图 3-16 所示，这种自耦变压器称为自耦调压器，其二次电压 U_2可在 0 到稍大于 U_1的范围内变动。图 3-17 所示为单相自耦调压器的外形。

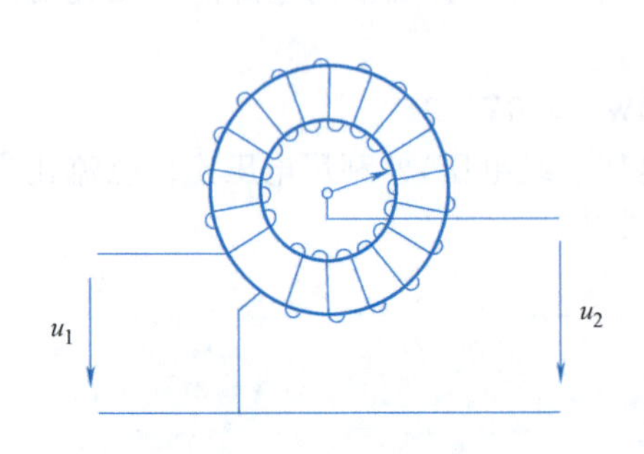

图 3-16　单相自耦调压器的原理

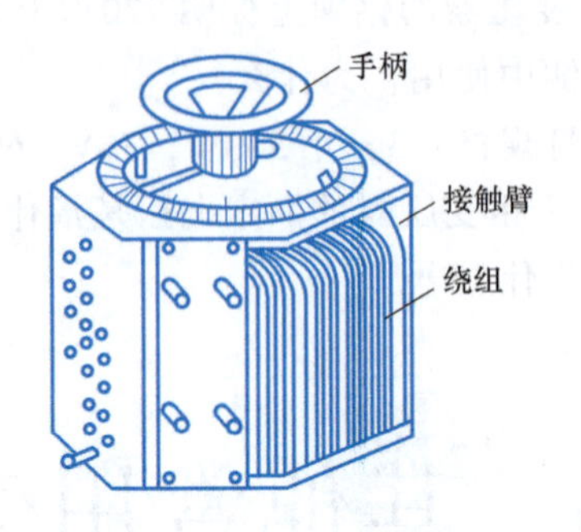

图 3-17　单相自耦调压器的外形

3.3.2　仪用互感器

专供测量仪表、控制和保护设备用的变压器称为仪用互感器。仪用互感器有两种：电压互感器和电流互感器。利用互感器将待测的电压或电流按一定比率减小以便于测量，且将高压电路与测量仪表电路隔离，以保证安全。互感器实质上就是损耗低、电压比精确的小型变压器。

1. 电压互感器

电压互感器的接线图如图 3-18 所示。高压电路与测量仪表电路只有磁的耦合，而无电的直接连通。为防止互感器一、二次绕组之间绝缘损坏时造成危险，铁心以及二次绕组的一端应当接地。电压互感器的原理是根据式$\frac{U_1}{U_2}=\frac{N_1}{N_2}$。为降低电压，要求 $N_1>N_2$，一般规定二次侧的额定电压为 100V。

注意：电压互感器在运行时，二次绕组电流很大，因此绝不允许短路。为了防止短路造成的不良后果，二次侧应连接熔断器做短路保护；另外，为防止高压侧绝缘损坏导致二次侧出现高压，应将二次绕组的一端及铁心、外壳可靠接地。

2. 电流互感器

电流互感器的接线图如图 3-19 所示。电流互感器的原理是根据$\frac{I_1}{I_2}=\frac{N_2}{N_1}$。为减小电流，要求 $N_1<N_2$，一般规定二次侧的额定电流为 5A。

注意：电流互感器的一次绕组匝数很少，而二次绕组匝数较多，这将在二次绕组中产生很高的感应电动势，因此电流互感器的二次绕组绝不允许开路。若二次绕组尚未接入电流表，则应将其短路，这是它与普通变压器的不同之处。为了安全起见，电流互感器二次绕组的一端以及外壳、铁心必须可靠接地。

便携式钳形电流表就是利用电流互感器的原理制成的，其结构如图 3-20 所示，其二次绕组端接有电流表，铁心由两块 U 形元件组成，用手柄能将铁心张开与闭合。

测量电流时，不需断开待测电路，只需张开铁心将待测的载流导线嵌入（即图 3-20 中的 A、B 端)，这根导线就成为互感器的一次绕组，于是可从电流表直接读出待测电流值。

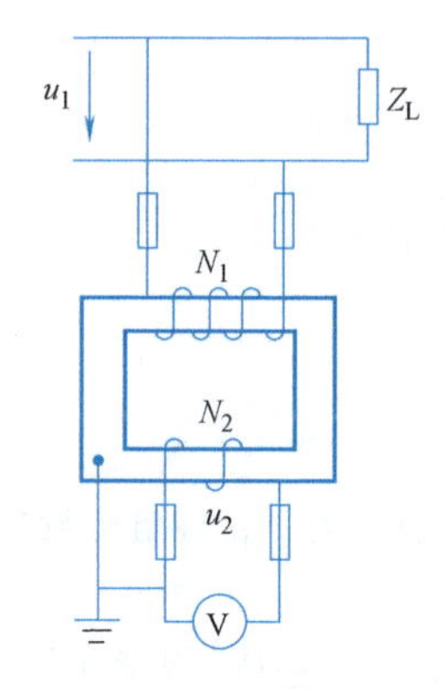

图 3-18 电压互感器的接线图

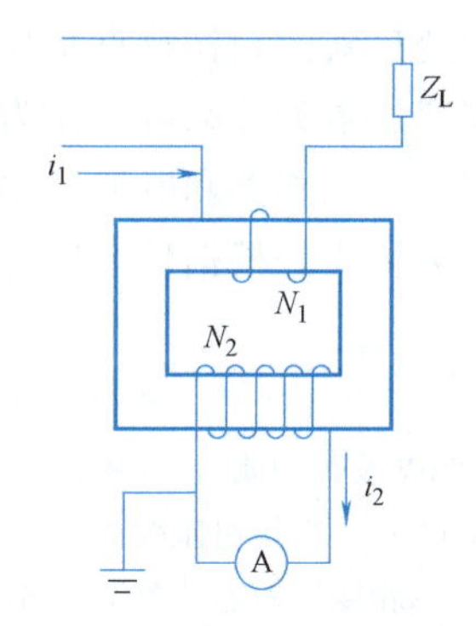

图 3-19 电流互感器的接线图

技能训练——单相变压器的测试

小型变压器变换电压、电流和阻抗的实验电路如图 3-21 所示。调节调压器使单相变压器空载时的输出电压为 220V，然后分别在变压器的二次侧接入 1 只、2 只、3 只 220V/25W 的灯泡，测量单相变压器的输入电压和输出电压、输入电流和输出电流，将测量数据填入表 3-1 中。根据表中的数据计算 $|Z_L|$、$|Z'_L|$值，分析变压器的阻抗变换作用。

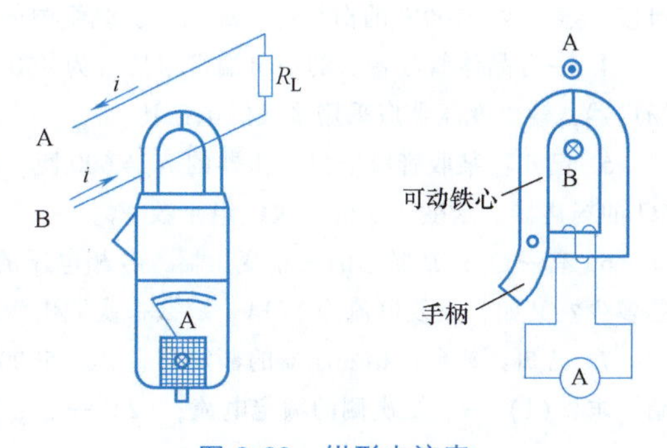

图 3-20 钳形电流表

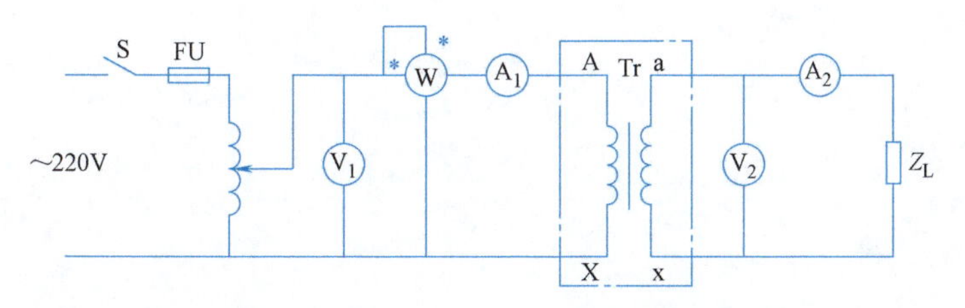

图 3-21 小型变压器变换电压、电流和阻抗的实验电路

表 3-1 变压器电压变换、电流变换和阻抗变换的作用

灯泡数	一次侧			二次侧		
	电压 U_1/V	电流 I_1/A	阻抗 $\|Z'_L\|$/Ω	电压 U_2/V	电流 I_2/A	阻抗 $\|Z_L\|$/Ω
0						
1						
2						
3						

【思考题】

1. 自耦变压器的结构特点是什么？使用时应注意什么？
2. 自耦变压器为什么可以作为调压器使用？
3. 使用电压互感器和电流互感器时应注意什么问题？为什么？
4. 钳形电流表是根据什么原理工作的？

习　题

1. 接在 220V 交流电源上的单相变压器，其二次绕组电压为 110V，若二次绕组匝数为 350 匝。求：(1) 电压比；(2) 一次绕组匝数 N_1。

2. 已知：单相变压器的容量为 1.5kV · A，电压为 220V/110V。求一、二次绕组的额定电流。如果二次绕组电流是 13A，则一次绕组中的电流约为多少？

3. 一台 220V/36V 的行灯变压器，已知：一次绕组的匝数 $N_1 = 1100$ 匝，求二次绕组匝数。若在二次绕组接一盏 36V、100W 的白炽灯，那么一次绕组中的电流为多少（忽略空载电流和漏阻抗电压降）？

4. 一台晶体管收音机的输出端带阻抗值为 450Ω 负载时，可输出最大功率。现负载改为阻抗为 8Ω 的扬声器，输出变压器应采用多大的电压比？

5. 已知：某收音机输出变压器的 $N_1 = 600$ 匝，$N_2 = 300$ 匝，原来接阻抗为 20Ω 的扬声器，现要改接成 5Ω 的扬声器。求变压器的二次绕组匝数 N_2。

6. 有一台 Y/D 联结的三相变压器，各相电压的电压比 $k = 2$，如一次线电压为 380V，那么二次线电压是多少？又如二次线电流为 173A，那么一次线电流是多少？

7. 已知：某台三相变压器的额定容量 $S_N = 5000\text{kV} \cdot \text{A}$，额定电压 $U_{1N}/U_{2N} = 10\text{kV}/6.3\text{kV}$，采用 Y/D 联结。求：(1) 一、二次侧的额定电流；(2) 一、二次侧的额定相电压和相电流。

第4章 CHAPTER 4 交流异步电动机及基本电气控制电路

学习目标

1. 熟悉三相异步电动机的结构，明确其铭牌数据的意义。

2. 理解三相异步电动机的工作原理、机械特性曲线，并能正确使用几个重要的转矩公式进行计算。

3. 掌握三相异步电动机的起动、调速及制动的方法，理解其原理。

4. 熟悉单相异步电动机的工作原理。

5. 了解常用低压电器的结构、用途，熟悉常用低压电器的动作过程。

6. 能正确地把三相异步电动机、单相异步电动机接入电源，并进行测试。

7. 能够分析三相笼型电动机直接起动、正反转、Y-△换接减压起动等控制电路。

8. 能识读、绘制电动机基本电气控制原理图。

9. 能根据电气控制电路图规范、合理地布局低压电器，并能规范安装、调试、测试以及检修电气控制电路。

4.1 三相异步电动机的结构和工作原理

4.1.1 三相异步电动机的结构及主要技术数据

1. 三相异步电动机的结构

三相异步电动机由定子和转子两个基本部分组成，转子装在定子内腔里，借助轴承支承在两个端盖上。为了保证转子能在定子内自由转动，定子和转子之间必须有一定的间隙，这个间隙称为气隙。图4-1所示为三相异步电动机的结构示意图。

（1）定子（静止部分） 三相异步电动机的定子是安装在铸铁或铸钢制成的机座内、由0.5mm厚的硅钢片叠成的筒形铁心，硅钢片之间绝缘，以减少涡流损耗。铁心内表面上分布与轴平行的槽，如图4-2和图4-3所示，槽内嵌有三相对称绕组。绕组是根据电动机的磁极对数和槽数按照一定规则排列与连接的。

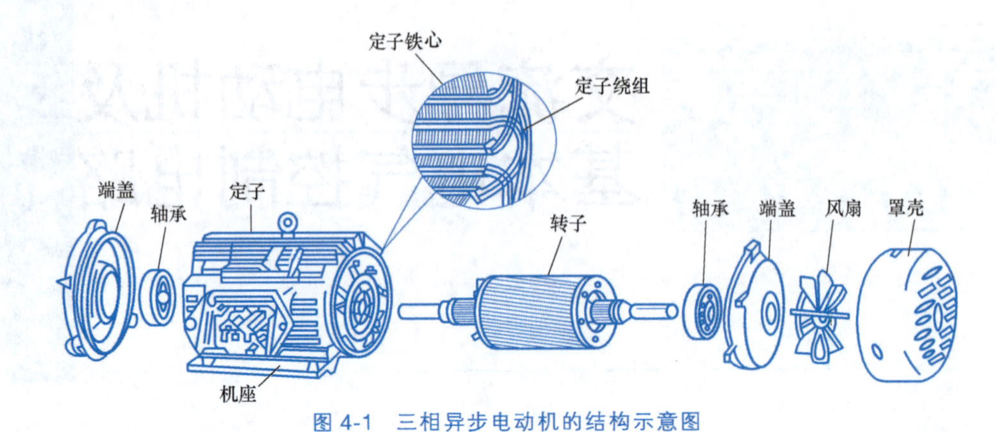

图 4-1　三相异步电动机的结构示意图

三相定子绕组可以接成星形或三角形。为了便于改变接法，三相定子绕组的 6 个出线端都接到定子接线盒的接线柱上。盒中接线柱的布置如图 4-4 所示，图 4-4a 所示为定子绕组的星形（Y）联结，图 4-4b 所示为定子绕组的三角形（△）联结。

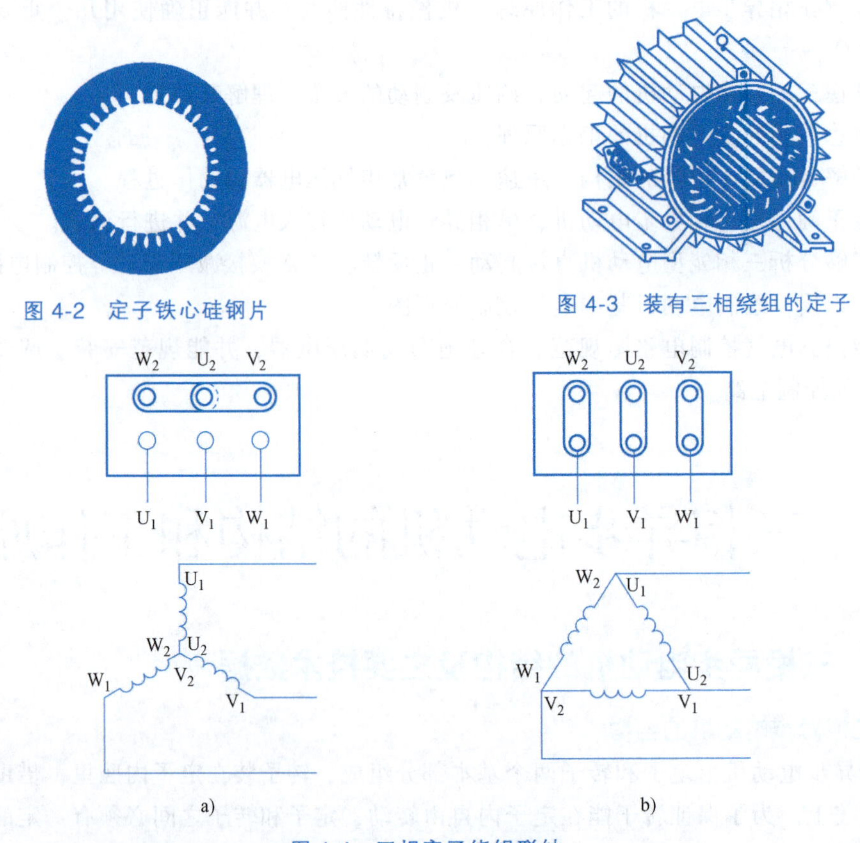

图 4-2　定子铁心硅钢片

图 4-3　装有三相绕组的定子

图 4-4　三相定子绕组联结

a) 星形联结　b) 三角形联结

目前我国生产的三相异步电动机，功率在 4kW 以下的定子绕组一般采用星形联结；4kW 以上的定子绕组一般采用三角形联结，以便于应用Y-△减压起动。

（2）转子（旋转部分）　三相异步电动机的转子是由 0.5mm 厚的硅钢片叠成的圆柱体，

并固定在转子轴上。在硅钢片的外圆冲有均匀分布的槽，用来嵌入转子绕组，如图 4-5 所示。

异步电动机的转子绕组有笼型绕组和绕线型绕组两种。笼型转子绕组由安放在槽内的裸导体构成，这些导体的两端分别焊接在两个端环上，它的形状像鼠笼，如图 4-6 所示。具有笼型转子绕组的转子称为笼型转子。

目前 100kW 以下的异步电动机，转子槽内的导体、转子的两个端环以及风扇叶一起用铝铸成一个整体，如图 4-7 所示。具有笼型转子的异步电动机称为笼型异步电动机。

绕线型转子的绕组与定子绕组相似，也有三相绕组，通常接成星形，3 根端线分别与 3 个铜制滑环连接，环与环以及环与轴之间都彼此绝缘，如图 4-8 所示。具有这种转子的异步电动机称为绕线转子异步电动机。

转轴由中碳钢制成，其两端由轴承支承，它用来输出转矩。

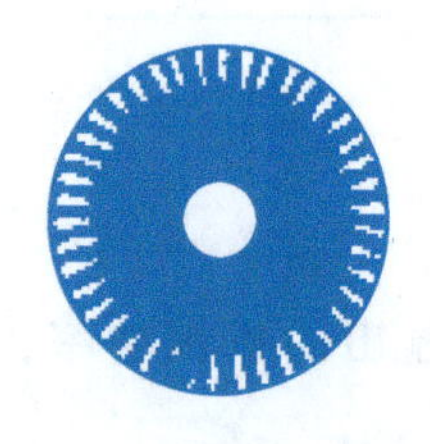
图 4-5 转子铁心硅钢片

图 4-6 笼型转子绕组

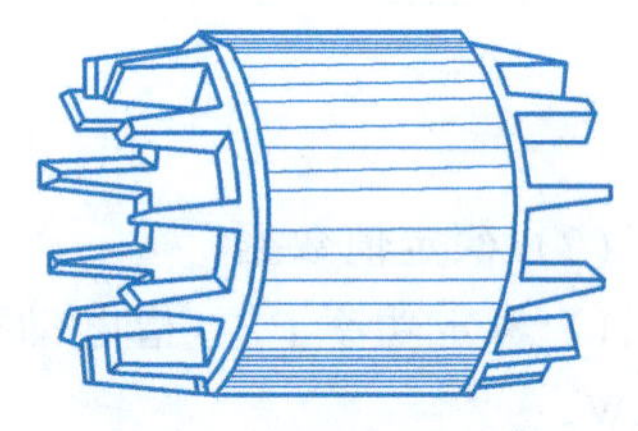
图 4-7 铸铝笼型转子

（3）气隙 气隙是指异步电动机的定子铁心内圆表面与转子铁心外圆表面之间的间隙。异步电动机的气隙是均匀的。气隙大小对电动机的运行性能和参数影响较大，由于励磁电流由电网供给，气隙越大，磁路磁阻越大，励磁电流越大，而励磁电流属于无功电流，电动机的功率因数越低，效率越低。因此，异步电动机的气隙大小往往为机械条件所能允许达到的最小气隙，气隙过小，装配困难，容易出现扫膛。中、小型异步电动机的气隙一般为 0.2~1.5mm。

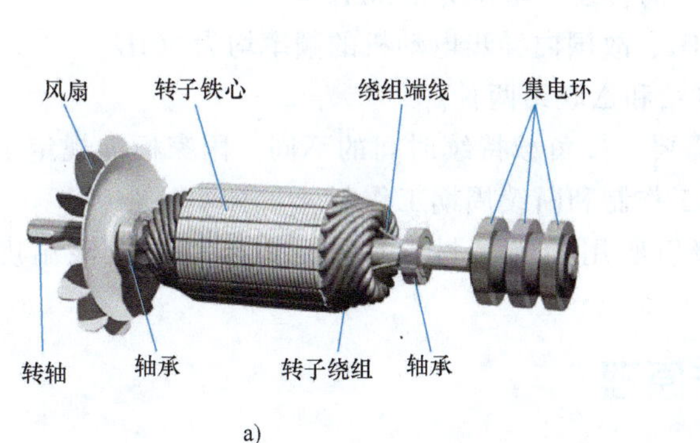

a)

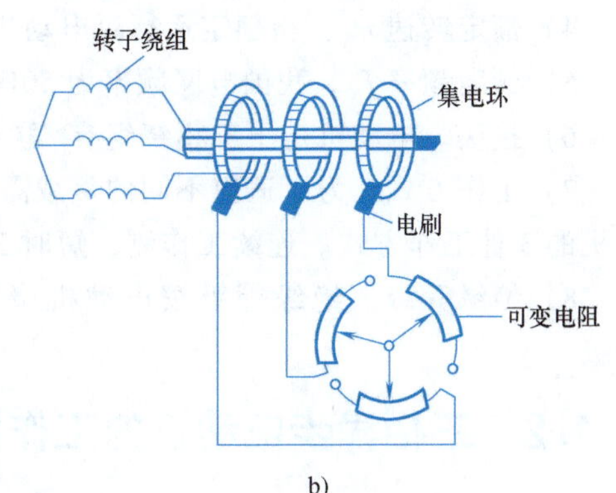

b)

图 4-8 绕线型转子

a）外形图 b）串接电阻接线图

2. 三相异步电动机的铭牌和技术数据

铭牌的作用是向使用者简要说明这台设备的一些额定数据和使用方法，因此看懂铭牌、按照铭牌的规定使用设备，是正确使用这台设备的先决条件。某台三相异步电动机的铭牌如图 4-9 所示。

（1）型号　型号是为了便于各部门业务联系和简化技术文件对产品名称、规格、型式的叙述等而引用的一种代号，由汉语拼音字母、国际通用符号和阿拉伯数字 3 部分组成。如Y160M-6*，其中，Y为产品代号，三相异步电动机；160M-6 为规格代号：160 代表中心高160mm，M 代表中机座（短机座用 S 表示，长机座用 L 表示），6 代表 6 极；* 表明本型号为中、小型三相异步电动机，与表示大型异步电动机的规格代号略有不同。

三相异步电动机		
型号 Y160M-6*	功率 7.5kW	频率 50Hz
电压 380V	电流 17A	接法 △
转速 970r/min	绝缘等级 B	工作方式 连续
年　月　日	编号	××电机厂

图 4-9　三相异步电动机的铭牌

（2）额定值数据

1）额定功率 P_N：指电动机在额定状态下运行时，转子轴上输出的机械功率，单位为 kW。

2）额定电压 U_N：指电动机在额定运行的情况下，三相定子绕组应接的线电压值，单位为 V。

3）额定电流 I_N：指电动机在额定运行的情况下，三相定子绕组的线电流值，单位为 A。

三相异步电动机额定功率、电压、电流之间的关系为

$$P_N = \sqrt{3}\,U_N I_N \cos\varphi_N \eta_N \tag{4-1}$$

4）额定转速 n_N：指额定运行时电动机的转速，单位为 r/min。

5）额定频率 f_N。我国电网频率为 50Hz，故国内异步电动机的频率均为 50Hz。

6）接法。电动机定子三相绕组有Y联结和△联结两种。

7）工作方式。为了适应不同的负载需要，按负载持续时间的不同，国家标准规定了电动机的 3 种工作方式。连续工作制、短时工作制和断续周期工作制。

8）绝缘等级。绝缘等级按电动机绕组所用的绝缘材料在使用时容许的极限温度来分级。

4.1.2　三相异步电动机的工作原理

1. 旋转磁场的产生

如图 4-10 所示，设有 3 只同样的线圈放置在定子槽内，彼此相隔 120°，组成了简单的定子三相对称绕组，以 U_1、V_1、W_1 表示绕组的始端，U_2、V_2、W_2 表示绕组的末端。当绕组为Y联结时，其末端 U_2、V_2、W_2 连成一个中性点，始端 U_1、V_1、W_1 与电源相接。图 4-10a所示为对称三相绕组，图 4-10b 所示为三相定子绕组进行Y联结。三相定子绕组中通入三相对称电流，假设定子绕组中电流的正方向由绕组的始端流向末端，流过三相绕组的电流为三相对称电流 i_U、i_V、i_W，如图 4-11 所示。

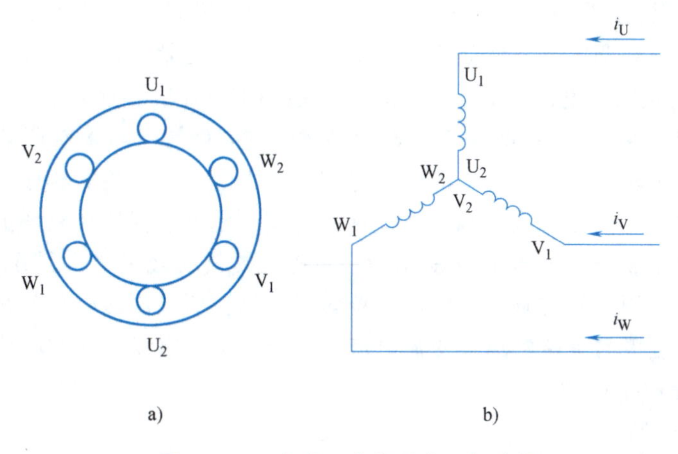

图 4-10 三相定子绕组的布置与连接

a）三相对称定子绕组 b）三相对称定子绕组的星形联结

由于电流随时间而变化，所以电流流过绕组产生的磁场分布情况也随时间而变化，几个瞬间的磁场如图 4-12 所示。

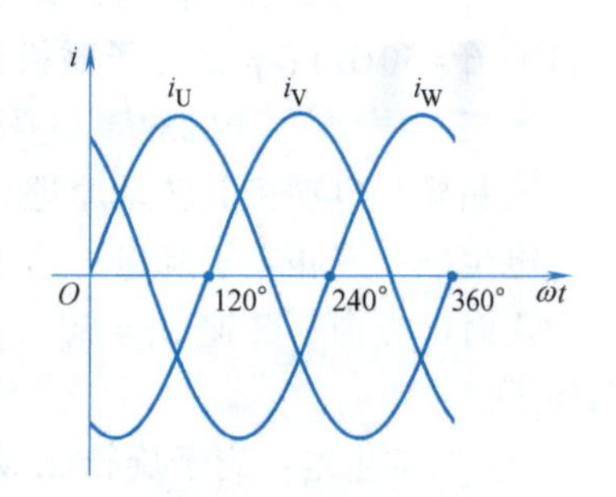

图 4-11 三相对称电流波形

在 $\omega t=0°$瞬间，由图 4-11 三相对称电流的波形可以看出，此时 $i_U=0$，U 相没有电流流过，i_V为负，表示电流由末端流向首端（即 V_2端为⊗，V_1端为⊙）；i_W为正，表示电流由首端流向末端（即 W_1端为⊗，W_2为⊙）。这时三相电流所产生的合成磁场方向，如图 4-12a 所示。

在 $\omega t=120°$瞬间，i_U为正，$i_V=0$，i_W为负，用同样方式可判得三相合成磁场顺时针旋转了 120°，如图 4-12b 所示。

在 $\omega t=240°$瞬间，i_U为负，i_V为正，$i_W=0$，合成磁场又顺时针旋转了 120°，如图 4-12c 所示。

在 $\omega t=360°$瞬间，又旋转到 $\omega t=0°$瞬间的情况，如图 4-12d 所示。

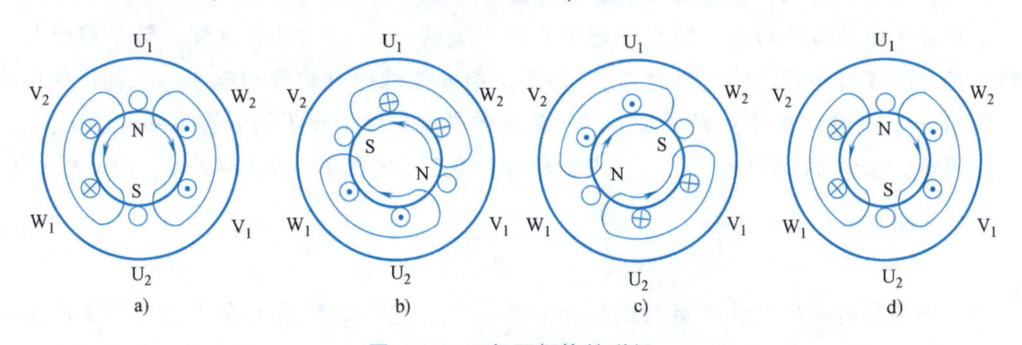

图 4-12 三相两极旋转磁场

a）$\omega t=0°$ b）$\omega t=120°$ c）$\omega t=240°$ d）$\omega t=360°$

由此可见，三相绕组通入三相交流电流时，产生了旋转磁场。若满足两个对称（即绕组对称、电流对称），则旋转磁场的大小是恒定的（称为圆形旋转磁场），否则旋转磁场的大小不恒定（即椭圆形旋转磁场）。

由图 4-12 可看出，旋转磁场是沿顺时针方向旋转的，与 U→V→W 的顺序一致（这

时 i_U 通入 U_1-U_2 线圈，i_V 通入 V_1-V_2 线圈，i_W 通入 W_1-W_2 线圈)。如果将定子绕组接到电源 3 根端线中的任意两根对调一下，例如将 V、W 两根对调，也就是说通入 V_1-V_2 线圈的电流是 i_W，而通入 W_1-W_2 线圈的电流是 i_V，则此时 3 个线圈中电流的相序是 U → W → V，因而旋转磁场的旋转方向就变为 U → W → V，即沿逆时针方向旋转，与未对调端线时的旋转方向相反。由此可知，旋转磁场的旋转方向总是与定子绕组中三相电流的相序一致。所以，只要将三相电源线中的任意两相与绕组端的连接顺序对调，就可改变旋转磁场的旋转方向。

定子磁极对数用 p 表示。图 4-12 所示为一对磁极旋转磁场的转动情况。在 $p=1$ 时，显然交流电流每变化一周，旋转磁场在空间也旋转了一周，所以旋转磁场的每秒转数等于电流的频率。对于 p 对磁极的旋转磁场，交流电流每交变一次，磁场就在空间旋转 $1/p$ 圈，旋转磁场的转速单位为 r/min，则

$$n_1=\frac{60f_1}{p} \tag{4-2}$$

式中，n_1 为旋转磁场的转速，又称为电动机的同步转速；f_1 为定子绕组电流的频率（国产电动机的 $f_1=50\text{Hz}$）；p 是定子磁极对数。

2. 三相异步电动机的转动原理

三相异步电动机的转动原理如图 4-13 所示。

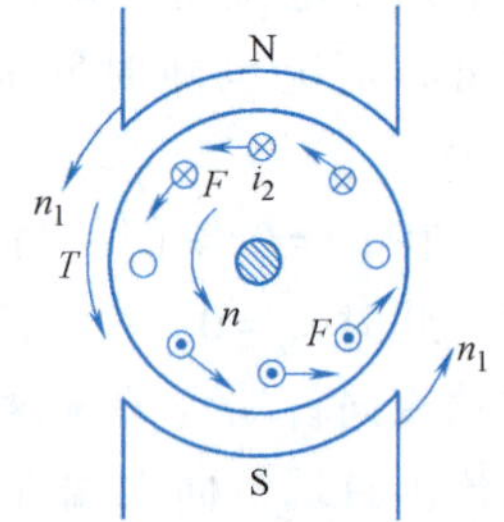

图 4-13　三相异步电动机的转动原理

电生磁：三相定子绕组，通入三相交流电产生旋转磁场，其转向为逆时针方向，转速 $n_1=60f_1/p$，假定该瞬间定子旋转磁场的方向向下。

（动）磁生电：定子旋转磁场旋转切割转子绕组，在转子绕组中产生感应电动势和感应电流，其方向由“右手螺旋定则”判断，如图 4-13 所示。这时转子绕组感应电流在定子旋转磁场的作用下产生电磁力，其方向由“左手定则”判断，如图 4-13 所示。该力对转轴形成转矩（称为电磁转矩），它的方向与定子旋转磁场（即电流相序）一致，于是电动机在电磁转矩的驱动下，以速度 n 顺着旋转磁场的方向旋转。

三相异步电动机的转速 n 恒小于定子旋转磁场的转速 n_1，只有这样，转子绕组与定子旋转磁场之间才有相对运动（转速差），转子绕组才能感应电动势和电流，从而产生电磁转矩。因而 $n<n_1$（有转速差）是异步电动机旋转的必要条件，异步的名称也由此而来。

三相异步电动机的转速差（n_1-n）与旋转磁场转速 n_1 的比率，称为转差率，用 s 表示为

$$s=\frac{n_1-n}{n_1} \tag{4-3}$$

转差率是分析异步电动机运行的一个重要参数，它与负载情况有关。当转子尚未转动（如起动瞬间）时，$n=0$，$s=1$；当转子转速接近于同步转速（空载运行）时，$n\approx n_1$，$s\approx 0$。因此对于异步电动机来说，s 在 0~1 范围内变化。异步电动机负载越大，转速越慢，转差率越大；负载越小，转速越快，转差率就越小。

由式（4-3）得

$$n=(1-s)n_1=\frac{60f_1}{p}(1-s) \tag{4-4}$$

当电动机的转速等于额定转速，即 $n=n_N$ 时，$s_N=\frac{n_1-n_N}{n_1}$。异步电动机带额定负载时，$s_N=2\%\sim7\%$；空载时，$s_0=0.05\%\sim0.5\%$，可见异步电动机的转速很接近旋转磁场转速。

【思考题】

1. 三相异步电动机主要由哪些部分构成？各部分的作用是什么？

2. 有的三相异步电动机有 380V/220V 两种额定电压，定子绕组可以接成星形或者三角形，何时采用星形联结？何时采用三角形联结？

3. 在电源电压不变的情况下，如果将三角形联结的电动机误接成星形联结，或者将星形联结的电动机误接成三角形联结，分别会发生什么现象？

4. 试说明三相笼型异步电动机名称由来。为什么异步电动机也经常被人们称为感应电动机？

5. 什么是异步电动机的转差速度和转差率？异步电动机处于何种状态时转差率最大？最大转差率等于多少？何种状态下转差率最小？最小转差率又为多少？

4.2 三相异步电动机的电磁转矩和机械特性

4.2.1 三相异步电动机的电磁转矩

由三相异步电动机的工作原理可知，异步电动机的电磁转矩是由与转子电动势同相的转子电流（即转子电流的有功分量）和定子旋转磁场相互作用产生的，可见电磁转矩与转子电流有功分量（I_{2a}）及定子旋转磁场的每极磁通（Φ）成正比，即

$$T=c_T\Phi I_2\cos\varphi_2 \tag{4-5}$$

式中，c_T为计算转矩的结构常数；$\cos\varphi_2$为转子回路的功率因数。

需要说明的是，当磁通一定时，电磁转矩与转子电流有功分量 I_{2a}成正比，而并非与转子电流 I_2成正比。当转子电流大时，若大的是转子电流无功分量，则此时的电磁转矩并不大，以上为起动瞬间的情况。

经推导还可以求出电磁转矩与电动机参数之间的关系为

$$T=c'_T U_1^2\frac{sR_2}{R_2^2+(sX_{20})^2} \tag{4-6}$$

式中，c'_T为电动机的结构常数；R_2为转子绕组电阻；X_{20}为转子静止时转子绕组的感抗。

由式（4-6）可知，$T\propto U_1^2$。可见电磁转矩对电源电压特别敏感，当电源电压波动时，电磁转矩按 U_1^2 的关系发生变化。

当式（4-6）中的 U_1、R_2和 X_{20}为定值时，$T=f(s)$ 之间的关系称为电动机的转矩特性，其曲线如图 4-14 所示。当电动机空载时，$n\approx n_1$，$s\approx0$，故 $T=0$；当 s 较小时，$(sX_{20})^2$

很小，可略去不计，此时，T 与 s 近似地成正比，故当 s 增大时，T 也随之增大；当 s 大到一定值后，$(sX_{20})^2 \gg R_2$，R_2可略去不计，此时，T 与 s 近似地成反比，故 T 随 s 增大反而减小，在 T-s 曲线从上升至下降的过程中，必出现一个最大值，即为最大转矩 T_{max}。

4.2.2 三相异步电动机的机械特性

1. 三相异步电动机的机械特性曲线

由 $n=(1-s)n_1$关系式，可将 T 与 s 的关系改为 $n=f(T)$ 的关系，此即为异步电动机的机械特性，机械特性曲线如图 4-15 所示。

2. 稳定区和不稳定区

理论上异步电动机的转差率 s 在 0~1 范围内，即转速 n 在 n_1~0 范围内，但实际上并非在此范围内电动机均能稳定运行。在机械特性曲线的 DB 段（图 4-15），$n_1>n>n_c$（n_c为最大转矩时对应的转速）。当作用在电动机轴上的负载转矩发生变化时，电动机能适应负载的变化而自动调节达到稳定运行，故为稳定区。该区域的曲线较为平坦，当负载到满载时，其转速 n 变化（下降）很小，故具有较硬的机械特性，这种特性很适用于金属切削机床等工作机械。

机械特性曲线的 BA 段（$n_c>n>0$）为不稳定区，当电动机工作在该段时，其电磁转矩不能自动适应负载转矩的变化。

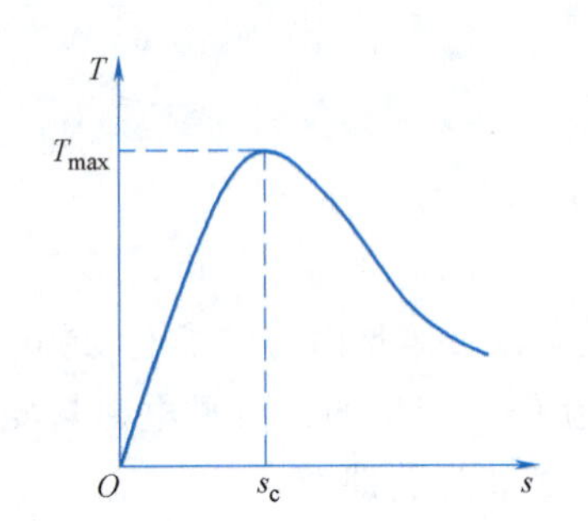

图 4-14　三相异步电动机的转矩特性曲线

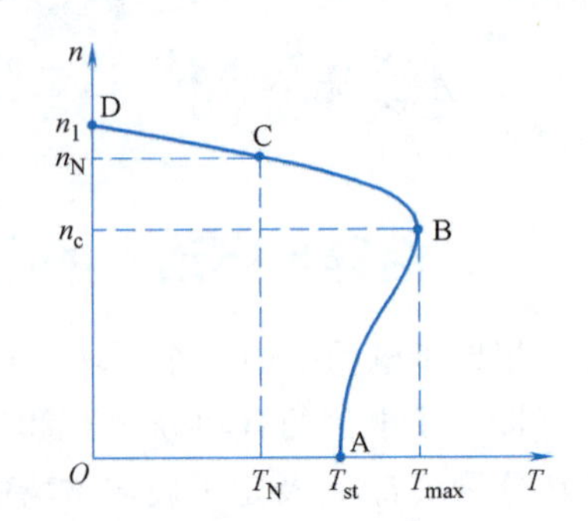

图 4-15　三相异步电动机的机械特性曲线

3. 三个重要的转矩

为了正确使用异步电动机，除需注意机械特性曲线上的两个区域外，还要关注 3 个重要的转矩。

（1）额定转矩 T_N　它是电动机额定运行时产生的电磁转矩，可由铭牌上的 P_N和 n_N求得

$$T_N = 9550\frac{P_N}{n_N} \tag{4-7}$$

式中，T_N的单位为 N · m；P_N的单位为 kW；n_N的单位为 r/min。

由式（4-7）可知，当输出功率 P_N一定时，额定转矩与转速成反比，也近似与磁极对数成正比（因为 $n \approx n_1 = 60f_1/p$，故频率一定时，转速近似与磁极对数成反比）。可见，相同功率的异步电动机，磁极对数越多，其转速越低，额定转矩越大。

图 4-15 所示 $n=f(T)$ 曲线中的 C 点是额定转矩 T_N和额定转速 n_N所对应的点，称为额定工作点。异步电动机若运行于此点附近，其效率及功率因数均较高。

（2）最大转矩 T_{max}　由图 4-14 所示的转矩特性曲线可知，电动机有一个最大转矩 T_{max}，令$\frac{dT}{ds}=0$，可求得产生最大转矩的转差率（称为临界转差率，记为 s_c）为

$$s_c=\frac{R_2}{X_{20}} \tag{4-8}$$

将式（4-8）代入式（4-6）得最大电磁转矩为

$$T_{max}=c'_T\frac{U_1^2}{2X_{20}} \tag{4-9}$$

由式（4-8）和式（4-9）可知：$s_c \propto R_2$，而与 U_1 无关；$T_{max} \propto U_1^2$，而与 R_2 无关。由此可以得到改变电源电压 U_1 和转子电路电阻 R_2 的机械特性曲线，如图 4-16 所示。

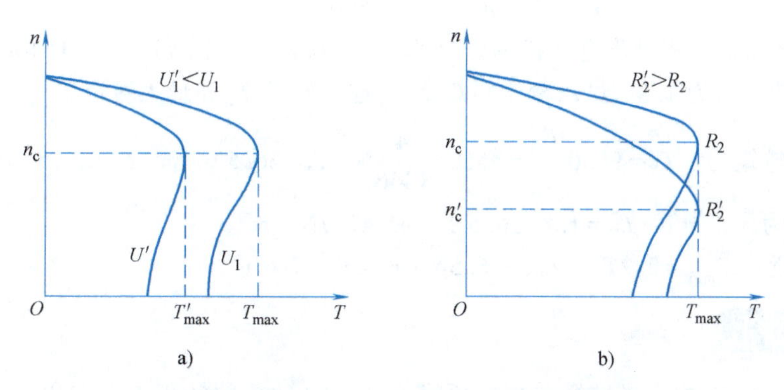

图 4-16　对应于不同 U_1 和 R_2 的机械特性曲线

a）改变电压的机械特性曲线　b）改变转子电路电阻的机械特性曲线

当电动机负载转矩大于最大转矩，即 $T_L>T_{max}$ 时，电动机就要停转，此时电动机电流即刻能升至（5~7）I_N，致使绕组过热而烧毁。

最大转矩对电动机的稳定运行有重要意义。当电动机负载突然增加，短时过载，接近于最大转矩时，电动机仍能稳定运行，由于时间短，也不至于过热。为了保证电动机稳定运行，不因短时过载而停转，要求电动机有一定的过载能力。把最大转矩与额定转矩之比称为过载能力，用 λ 表示为

$$\lambda=\frac{T_{max}}{T_N} \tag{4-10}$$

一般三相异步电动机的 λ 在 1.8~2.2 范围内。

（3）起动转矩 T_{st}　电动机刚起动瞬间，即 $n=0$，$s=1$ 时的转矩叫起动转矩。将 $s=1$ 代入式（4-6），得

$$T_{st}=c'_T U_1^2\frac{R_2}{R_2^2+X_{20}^2} \tag{4-11}$$

只有当起动转矩大于负载转矩时，电动机才能起动。起动转矩越大，起动就越迅速，由此引出电动机的另一个重要性能指标——起动能力，用 k_{st} 表示为

$$k_{st}=\frac{T_{st}}{T_N} \tag{4-12}$$

k_{st}反映了电动机起动负载的能力。一般三相异步电动机的 $k_{st}=1.0\sim2.2$。

例 4-1 一台额定转速 $n_N=1450r/min$ 的三相异步电动机，试求它额定负载运行时的转差率 s_N。

解 由 $n_N\approx n_1=\frac{60f_1}{p}$，得

$$p\approx\frac{60f_1}{n_N}=\frac{60\times50}{1450}=2.07$$

取 $p=2$，则

$$n_1=\frac{60f_1}{p}=\frac{60\times50}{2}r/min=1500r/min$$

$$s_N=\frac{n_1-n_N}{n_1}=\frac{1500-1450}{1500}=0.033$$

例 4-2 已知某三相异步电动机额定功率 $P_N=4kW$，额定转速 $n_N=1440r/min$，过载能力为2.2，起动能力为1.8。试求额定转矩 T_N、起动转矩 T_{st}和最大转矩 T_{max}。

解 额定转矩为 $T_N=9550\frac{P_N}{n_N}=9550\times\frac{4}{1440}N\cdot m=26.5N\cdot m$

起动转矩为 $T_{st}=1.8T_N=1.8\times26.5N\cdot m=47.7N\cdot m$

最大转矩为 $T_{max}=2.2T_N=2.2\times26.5N\cdot m=58.3N\cdot m$

【思考题】

1. 三相异步电动机电磁转矩与哪些因素有关？电动机的转矩与电源电压之间的关系如何？若在运行过程中，电源电压降为额定值的60%，且负载不变，电动机的转矩及转速有何变化？

2. 为什么增加三相异步电动机的负载时，定子电流会随之增加？

3. 在检修三相异步电动机时，常发现烧毁的仅是三相绕组中的某一相或某两相绕组，这是由哪些原因造成的？可采取什么措施防止此类事故的发生？

4.3 三相异步电动机的控制

工程机械的工作过程中运动的变化离不开对电动机的控制。电动机的工作过程分为3个阶段：起动、运行和停止。起动阶段有全压起动控制和减压起动控制，运行阶段有正、反转控制和调速控制，停止阶段有自然停止控制和制动控制。本节介绍三相异步电动机的起动、调速、反转与制动等控制方法。

4.3.1 三相异步电动机的起动和反转

电动机接上电源，转速由零开始直至达到稳定运转状态的过程称为起动。对电动机起动的要求是：起动电流小，起动转矩大，起动时间短。

当异步电动机刚接上电源时，转子尚未旋转瞬间（$n=0$），定子旋转磁场对静止转子的

相对速度最大，于是转子绕组的感应电动势和电流也最大，则定子的感应电流也最大，它往往可达额定电流的 5~7 倍。理论分析指出，起动瞬间转子电流虽大，但转子的功率因数 $\cos\varphi_2$很低，故此时转子电流的有功分量却不大（而无功分量大），因此起动转矩不大，它只有额定转矩的 1.0~2.2 倍，所以笼型异步电动机的起动性能较差。

1. 三相笼型异步电动机的起动

三相笼型异步电动机的起动方法有直接起动（全压起动）和减压起动。

（1）直接起动　把电动机三相定子绕组直接加上额定电压的起动称为直接起动，如图 4-17 所示。此方法起动最简单，投资少，起动时间短，起动可靠，但起动电流大。是否可采用直接起动取决于电动机的容量及起动频繁的程度。

直接起动一般只用于小功率的电动机（如 7.5kW 以下的电动机），对于较大功率的电动机，若电动机起动电流倍数、功率和电源容量满足以下经验公式：

$$\frac{I_{st}}{I_N} \leqslant \frac{1}{4}\left[3+\frac{\text{电源容量(kV·A)}}{\text{起动电动机的功率(kW)}}\right] \tag{4-13}$$

则电动机可采用直接起动方法，否则应采用减压起动。

（2）减压起动　减压起动的主要目的是限制起动电流，但问题是在限制起动电流的同时起动转矩也受到限制，因此它只适用于在轻载或空载情况下起动。最常用的减压起动方法有Y-△换接减压起动和自耦变压器起动。

1）Y-△换接减压起动。Y-△换接减压起动只适用于定子绕组△联结，且每相绕组都有两个引出端子的三相笼式异步电动机，其接线图如图 4-18 所示。

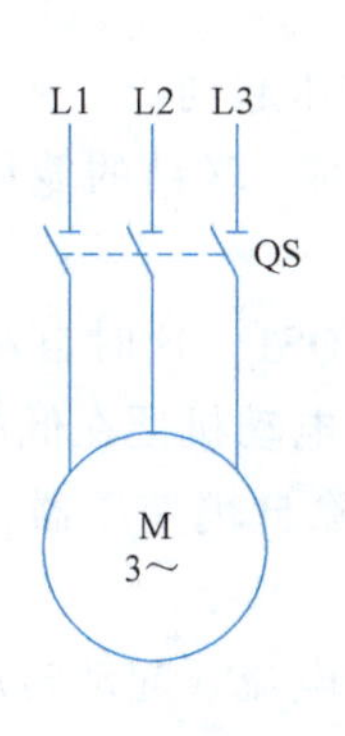

图 4-17　直接起动接线图

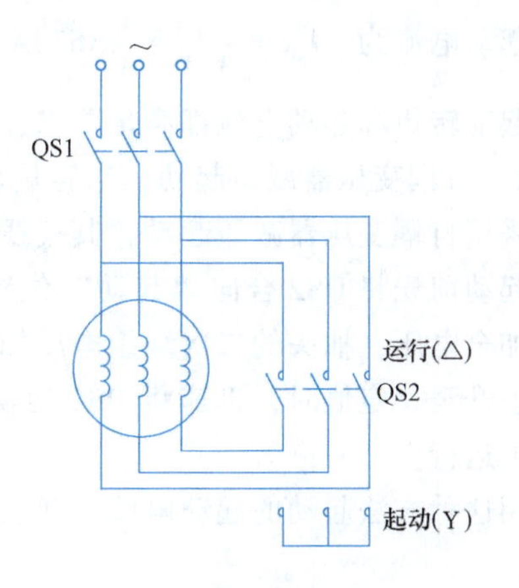

图 4-18　Y-△换接减压起动接线图

起动前先将 QS2 合向“起动”位置，定子绕组接成Y联结，然后合上电源开关 QS1 进行起动，此时定子每相绕组所加电压为额定电压的 $1/\sqrt{3}$，从而实现了减压起动。待转速上升至一定值后，迅速将 QS2 扳至“运行”位置，恢复定子绕组为△联结，使电动机每相绕组在全压下运行。

经推导可得：Y联结时的起动电流、起动转矩与△联结时的起动电流、起动转矩关系为

$$\left.\begin{aligned} I_{st\curlyvee}&=\frac{1}{3}I_{st\triangle} \\ T_{st\curlyvee}&=\frac{1}{3}T_{st\triangle} \end{aligned}\right\} \tag{4-14}$$

Y-△换接减压起动设备简单，成本低，操作方便，动作可靠，使用寿命长。目前，4～100kW 异步电动机均设计成 380V 的△联结，Y-△换接减压起动方法得到了广泛应用。

例 4-3 已知：三相笼型异步电动机的 $P_N=75\text{kW}$，△联结运行，$U_N=380\text{V}$，$I_N=126\text{A}$，$n_N=1480\text{r/min}$，$I_{st}/I_N=5$，$T_{st}/T_N=1.9$，负载转矩 $T_L=100\text{N}\cdot\text{m}$，现要求电动机起动时，$T_{st}\geqslant 1.1T_L$，$I_{st}<240\text{A}$。问：(1) 电动机能否直接起动？(2) 电动机能否采用Y-△换接减压起动？

解 (1) 一般来说，7.5kW 以上的电动机不能采用直接起动法，但可以进行如下计算：

电动机的额定转矩为 $T_N=9550\dfrac{P_N}{n_N}=9550\times\dfrac{75}{1480}\text{N}\cdot\text{m}=483.95\text{N}\cdot\text{m}$

直接起动时的起动转矩为

$$T_{st}=1.9T_N=1.9\times483.95\text{N}\cdot\text{m}=919.5\text{ N}\cdot\text{m}>1.1T_L=1.1\times100\text{N}\cdot\text{m}=110\text{N}\cdot\text{m}$$

直接起动的电流为 $I_{st}=5I_N=5\times126\text{A}=630\text{A}>240\text{A}$

若采用直接起动，由于起动电流远大于本题要求的 240A，因此，本题的起动转矩虽然满足要求，但起动电流却大于供电系统要求的最大电流，所以不能采用直接起动。

(2) 若采用Y-△换接减压起动方式。

起动转矩为 $T_{st\curlyvee}=\dfrac{1}{3}T_{st}=\dfrac{1}{3}\times919.5\text{N}\cdot\text{m}=306.5\text{N}\cdot\text{m}>1.1T_L=110\text{ N}\cdot\text{m}$

起动电流为 $I_{st\curlyvee}=\dfrac{1}{3}I_{st}=\dfrac{1}{3}\times630\text{A}=210\text{A}<240\text{A}$

起动转矩和起动电流都满足要求，故可以采用Y-△换接减压起动。

2) 自耦变压器减压起动。当容量较大或正常运行时，接成Y联结的笼型三相异步电动机常采用自耦变压器减压起动，其接线图如图 4-19 所示。

起动前先将 QS2 合向“起动”位置，然后合上电源开关 QS1，这时自耦变压器的一次绕组加全电压，抽头的二次绕组电压加在电动机定子绕组上，电动机便在低电压下起动。待转速上升至一定值时，迅速将 QS2 切换到“运行”位置，切除自耦变压器，电动机就在全电压下运行。

用这种方法起动的起动电流、起动转矩与直接起动的起动电流、起动转矩的关系为

$$\left.\begin{aligned} I'_{st}&=\frac{1}{k^2}I_{st} \\ T'_{st}&=\frac{1}{k^2}T_{st} \end{aligned}\right\} \tag{4-15}$$

自耦变压器通常有 3 个抽头，可得到 3 种不同的电压，以便根据起动转矩的要求灵活选用。

2. 三相绕线型异步电动机的起动

三相笼型异步电动机转子由于结构原因，无法串联电阻起动，只能在定子中降低电源电

压起动，但通过以上分析不论采用哪种减压起动方法，在降低起动电流的同时也使起动转矩减少得更多，所以三相笼型异步电动机只能用于空载或轻载起动。在实际生产中，对于一些重载下起动的生产机械（如起重机、带式运输机及球磨机等），或需要频繁起动的电力拖动系统，三相笼型异步电动机就无能为力了。

若三相绕线型异步电动机转子回路中通过电刷和集电环串入适当的电阻起动，既能减小起动电流，又能增大起动转矩，克服了笼型异步电动机起动电流大、起动转矩小的缺点。这种起动方法适用于大、中功率异步电动机的重载起动。

三相绕线型异步电动机转子串接可变电阻的起动接线图如图 4-20 所示。为了在整个起动过程中得到较大的起动转矩，并使起动过程比较平滑，应在转子回路中串入多级对称电阻。起动时，随着转速的升高逐级切除起动电阻。

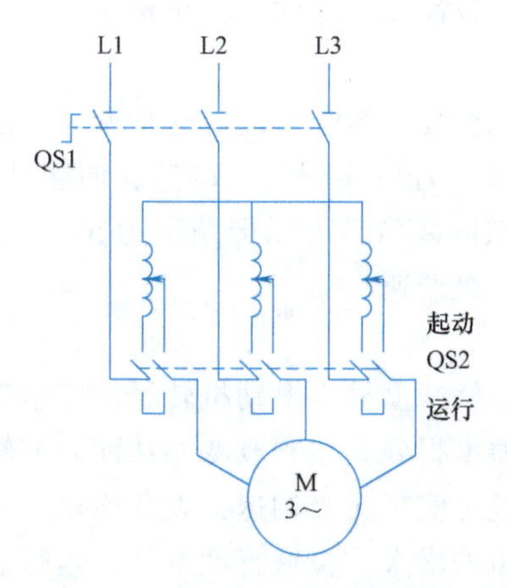

图 4-19 自耦变压器减压起动接线图

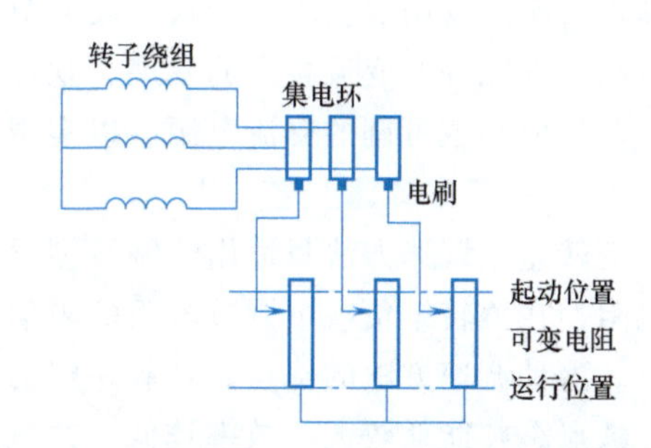

图 4-20 绕线型转子串接可变电阻的起动接线图

另外也有一些场合使用频敏变阻器进行起动。频敏变阻器是一种无触点电磁元件，它是利用铁磁材料对交流电频率极为敏感的特性制成的，具有起动性能好、控制系统设备少、结构简单、制造容易、运行可靠和维修方便等显著特点。但频敏变阻器是一种感性元件，因而功率因数低（$\cos\varphi_2=0.5\sim0.75$），与转子串接电阻起动相比起动转矩小。由于频敏变阻器的存在，最大转矩比转子串接电阻时小，故它适用于要求频繁起动的生产机械。

3. 三相异步电动机的反转

由上述知识可知，只要把从电源接到定子的三根端线任意对调两根，磁场的旋转方向就会改变，电动机的旋转方向就随之改变。

改变电动机的旋转方向一般应在停车之后换接。如果电动机正在高速旋转时突然将电源反接，不但冲击强烈，而且电流较大，如无防范措施，很容易发生事故。

4.3.2 三相异步电动机的调速

为了提高生产率或满足生产工艺的要求，在负载不变的情况下，用人为的方法使电动机的转速从某一数值改变到另一数值的过程称为调速。由 $n=\dfrac{60f_1}{p}(1-s)$ 可知，三相异步电动机的调速方法有：变极（p）调速、变频（f_1）调速和变转差率（s）调速。

1. 变极调速

变极调速是指通过改变异步电动机定子绕组的接线以改变电动机的磁极对数，从而实现调速的方法。由转速表达式可知，当电源频率f_1一定时，转速n近似与磁极对数成反比。磁极对数增加一倍，转速近似地减小一半，所以变极调速不能实现无级调速。

变极调速方法只适用于笼型异步电动机，因为笼型电动机的转子磁极数能随着定子磁极数的改变而改变，而绕线型异步电动机的转子绕组在转子嵌线时应当已确定磁极数，一般情况下很难改变。

采用变极调速的电动机一般每相定子绕组由两个相同的部分组成，这两部分可以串联，也可以并联，通过改变定子绕组的接法可制作出双速、三速和四速等品种。变极调速时需要一个较为复杂的转换开关，但整个设备较简单，常用于需要调速又要求不高的场合。变极调速比较经济、简便，目前广泛应用于机床各拖动系统，以简化机床的传动机构。

2. 变频调速

改变电源的频率可以改变旋转磁场的转速，同时也改变了转子转速。这种调速方法，由于频率f_1能连续调节，所以可获得较大范围的平滑调速，且可实现无级调速，调速性能好。随着晶闸管元件及变流技术的发展，现在的晶闸管变频电源已经可以把频率为50Hz的交流电源转换成频率可调的交流电源，以实现范围较宽的无级调速。

3. 变转差率调速

变转差率调速方法只适用于绕线型异步电动机。在绕线型异步电动机转子回路里串接可调电阻，在恒转矩负载下调节电阻的阻值大小，使转差率得到调整和改变，从而调节转速的大小。这种调速方法的优点是：有一定的调速范围，且可实现无级调速，设备简单，操作方便；缺点是：能耗较大，效率较低，并且随着调速电阻的增大，机械特性变软，运行稳定性较差。一般应用于短时工作制且对效率要求不高的起重设备中。

除此之外，利用电磁滑差离合器来实现无级调速的一种新型交流调速电动机——电磁调速三相异步电动机现已应用较广了。

4.3.3 三相异步电动机的制动

许多生产机械工作时，为提高生产力和安全起见，往往需要快速停转或由高速运行迅速转为低速运行，这就需要对电动机进行制动。所谓制动，就是要使电动机产生一个与旋转方向相反的电磁转矩（即制动转矩），可见电动机制动状态的特点是电磁转矩方向与转动方向相反。三相异步电动机常用的电气制动方法有能耗制动、反接制动和回馈发电制动。

1. 能耗制动

三相异步电动机能耗制动接线如图4-21a所示。制动方法是在切断电源开关QS1的同时闭合开关QS2，在定子两相绕组间通入直流电流，于是定子绕组产生一个恒定磁场，转子因惯性而旋转切割该恒定磁场，在转子绕组中产生感应电动势和电流。由图4-21b可判定，转子的载流导体与恒定磁场相互作用产生电磁转矩，其方向与转子转向相反，起制动作用，因此转速迅速下降。当转速下降至零时，转子感应电动势和电流也降为零，制动过程结束。制动期间，运转部分所储存的动能转变为电能消耗在转子回路的电阻上，故称为能耗制动。

对于笼型异步电动机，可调节直流电流的大小来控制制动转矩的大小；对于绕线型异步

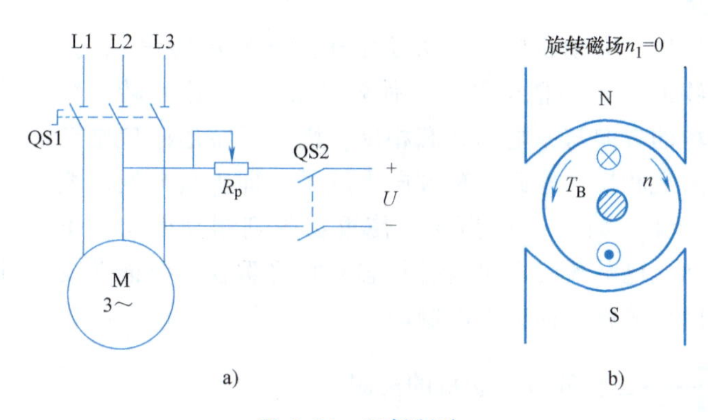

图 4-21 能耗制动

a）接线图 b）制动原理

电动机，还可采用转子串接电阻的方法来增大初始制动转矩。

能耗制动能量消耗小，制动平稳，广泛应用于要求平稳准确停车的场合，也可用于起重机一类的机械上，用来限制重物的下降速度，使重物匀速下降。

2. 反接制动

异步电动机反接制动接线如图 4-22a 所示。制动时将电源开关 QS 由“运转”位置切换到“制动”位置，把它的任意两相电源接线对调。由于电压相序相反，所以定子旋转磁场方向也相反，而转子由于惯性仍继续按原方向旋转，这时转矩方向与电动机的旋转方向相反，如图 4-22b 所示，成为制动转矩。

若制动的目的仅为停车，则在转速接近于零时，可利用某种控制电器将电源自动切断，否则电动机将会反转。

反接制动时，由于转子的转速相对于反转旋转磁场的转速较大（$n+n_1$），因此电流较大。为了限制起动电流，较大容量的电动机通常在定子电路（笼型）或转子电路（绕线型）串接限流电阻。这种方法制动比较简单，制动效果好，在某些中型机床主轴的制动中常采用，但能耗较大。

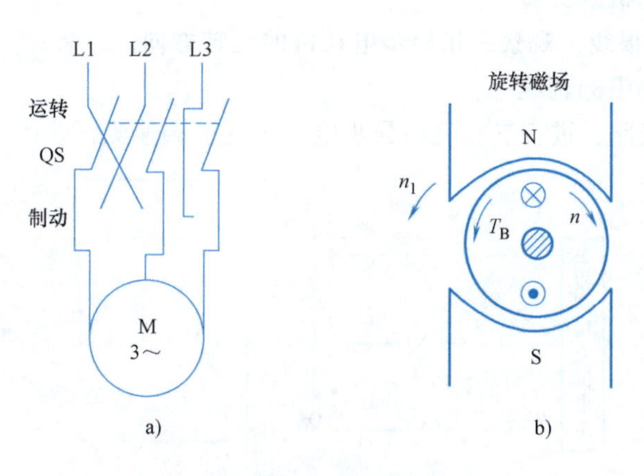

图 4-22 三相异步电动机的反接制动

a）接线图 b）制动原理图

3. 回馈发电制动

回馈发电制动发生在电动机转速 n 大于定子旋转磁场转速 n_1 时，如当起重机下放重物时，重物拖动转子，使转速 $n>n_1$，这时转子绕组切割定子旋转磁场的方向与原电动状态相反，则转子绕组感应电动势和电流的方向也随之相反，电磁转矩方向也反了，即由转向同向变为反向，成为制动转矩，如图 4-23 所示，使重物受到制动而均匀下降。实际上这台电动机已转入发电机运行状态，它将重物的势能转变为电能而回馈到电网，故称为回馈发电制动。

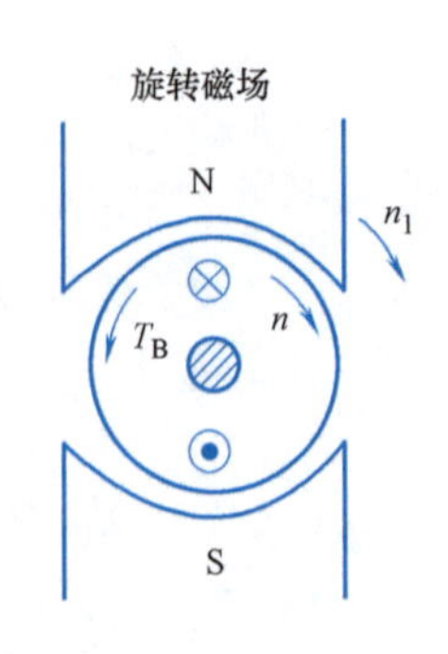

图 4-23　回馈发电制动

技能训练——三相异步电动机的控制

1. 三相异步电动机的起动

三相异步电动机的Y-Δ减压起动，按图 4-24 连接好线路，然后将调压器退到零位。三刀双掷开关合向右边（Y联结）。合上电源开关，逐渐调节调压器，使电压升至电动机额定电压 220V，打开电源开关，待电动机停转。合上电源开关，观察起动瞬间电流，然后把开关 QS 合向左边，使电动机（Δ联结）正常运行，整个起动过程结束。观察起动瞬间电流表的显示值，并与其他起动方法进行比较。

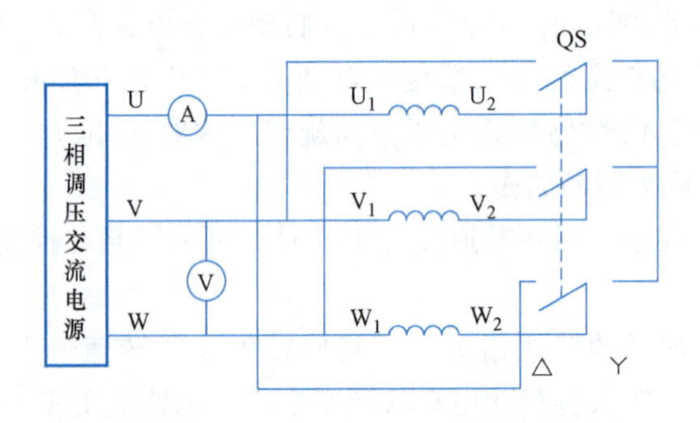

图 4-24　三相异步电动机Y-Δ减压起动接线图

2. 三相异步电动机的反转

换接三相电源两根线，观察三相异步电动机的旋转方向。

3. 三相异步电动机的调速

按图 4-25 连接线路，进行三相笼型异步电动机变极调速测试。

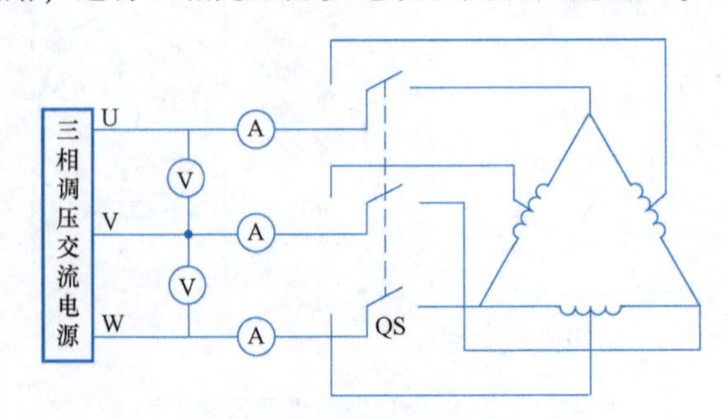

图 4-25　双速异步电动机（2/4 极）

把开关 QS 合向右边，使电动机为△联结（四极电动机）。接通交流电源（合上控制屏起动按钮），调节调压器，使输出电压为电动机额定电压 220V，并保持恒定，读出各相电流、电压及转速。

把开关 QS 合向左边（YY接法），并把右边 3 个端点用导线短接。电动机空载起动，保持输入电压为额定电压，读出各相电流、电压及转速，将数据填入表 4-1 中。

表 4-1 三相笼型异步电动机变极调速数据

测试项目	电流/A			电压/V		n/(r/min)
	I_U	I_V	I_W	U_{UV}	U_{VW}	
四极						
二极						

4. 三相异步电动机的制动

自拟三相异步电动机的反接制动实验线路图，并进行制动实验。

【思考题】

1. 什么是三相异步电动机的起动？直接起动应满足什么条件？
2. 根据什么来选择三相异步电动机的起动方法？
3. 试推导三相异步电动机Y-△换接减压起动时起动电流、起动转矩与直接起动时的关系。
4. 绕线型异步电动机转子电路串接起动电阻时，为什么能使起动电流减小，而起动转矩增大？
5. 如何使三相异步电动机反转？
6. 什么是三相异步电动机的调速？三相异步电动机的调速方法有哪些？
7. 三相异步电动机的制动方法有哪些？各有什么特点？各适用于什么场合？

4.4 三相异步电动机基本电气控制电路

生产机械的运动部件大多数是由电动机来拖动的，要使生产机械的各部件按设定的顺序进行运动，保证生产过程和加工工艺合乎预定要求，就必须对电动机进行自动控制，即控制电动机的起动、停止、正/反转、调速和制动等。继电器-接触器电气控制系统由继电器、接触器和按钮等低压电器构成。

4.4.1 常用低压电器

低压电器通常是指工作在交流电压 1200V、直流电压 1500V 以下的电路中，起控制、调节、转换和保护作用的电气器件，它是构成电气控制电路的基本元件。低压电器的品种繁多，随着科学技术的进步，低压电器产品的型号也在不断更新。本节仅介绍一些典型的常用低压电器。

1. 开启式负荷开关

开启式负荷开关是一种手动电器，其主要部件是刀片（动触点）和刀座（静触点）。按刀片数量不同，开启式负荷开关可分为单刀、双刀和三刀3种。图4-26所示为胶木盖瓷座三刀开启式负荷开关的结构和符号。

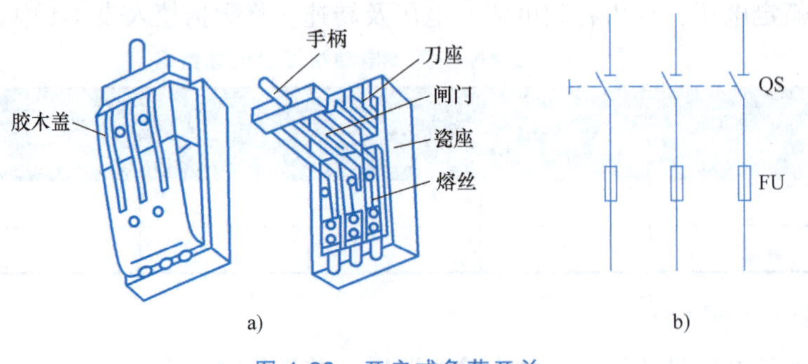

图4-26 开启式负荷开关

a）结构图 b）符号

开启式负荷开关主要作为电源的隔离开关，也就是说，在不带负载（用电设备无电流通过）的情况下切断和接通电源，以便对作为负载的设备进行维修、更换熔丝或对长期不工作的设备切断电源。在这种场合下使用时，开启式负荷开关的额定电流只需等于或略大于负载的额定电流。

开启式负荷开关也可以在手动控制电路中作为电源开关使用，直接用它来控制电动机起、停操作，但电动机的容量不能过大，一般限定在小于7.5kW以下。作为电源开关的闸刀，其额定电流应大于电动机额定电流的3倍。

2. 组合开关

组合开关的结构主要由静触点、动触点和绝缘手柄组成，静触点一端固定在绝缘板上，另一端伸出盒外，并附有接线柱，以便和电源线及其他用电设备的导线相连。其动触点装在另外的绝缘垫板上，垫板套装在附有绝缘手柄的绝缘杆上，手柄能沿顺时针或逆时针方向转动，带动动触点分别与静触点接通或断开。图4-27所示为组合开关的结构、接线和符号。

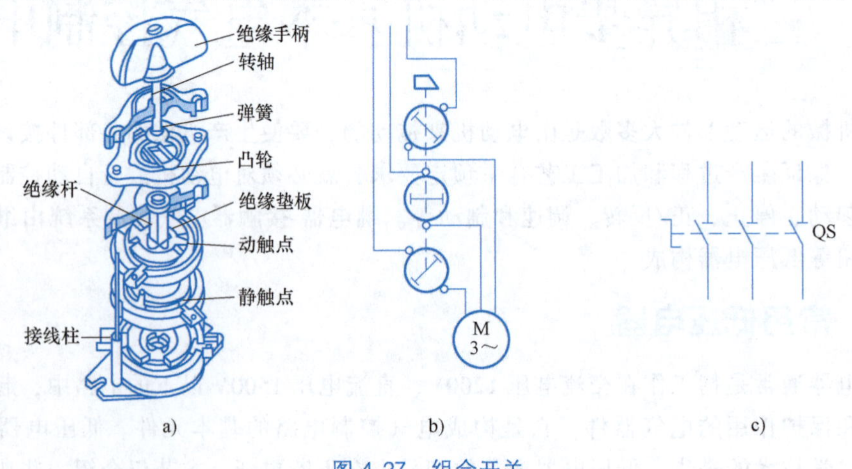

图4-27 组合开关

a）结构图 b）接线图 c）符号

组合开关一般作为电源引入开关用于电气设备中，用来非频繁地接通和分断电路，换接电源或作为5.5kW以下电动机直接起动、停止、反转和调速等之用。其优点是体积小、寿命长、结构简单、操作方便、灭弧性能好，多用于机床控制电路。其额定电压为380V，额定电流有10A、25A、60A和100A等多种。

3. 按钮

按钮是一种简单的手动电器。按钮主要由桥式双断点的动触点和静触点及按钮帽和复位弹簧组成。按钮的结构及符号如图4-28所示。

当用手按下按钮帽时，动触点向下移动，上面的动断（常闭）触点先断开，下面的动合（常开）触点后闭合。当松开按钮帽时，在复位弹簧的作用下，动触点自动复位，使动合触点先断开，动断触点后闭合。这种在一个按钮内分别安装有动断和动合触点的按钮称为复合按钮。

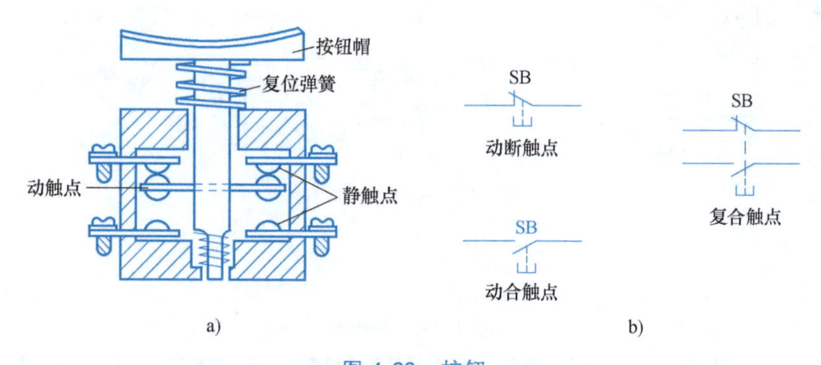

图4-28　按钮

a）结构图　b）图形符号

4. 低压熔断器

熔断器是一种保护电器，主要用于短路保护。熔断器主要由熔体和外壳组成。由于熔断器串联在被保护的电路中，所以当过大的短路电流流过易熔合金制成的熔体（熔丝或熔片）时，熔体因过热而迅速熔断，从而达到保护电路及电气设备的目的。根据外壳的不同，有多种形式的熔断器可供选用。几种常见熔断器的外形及符号如图4-29所示。

由于熔体熔断所需要的时间与通过熔体电流的大小有关，为了达到既能有效实现短路保护，又能维持设备正常工作的目的，一般情况下，要求通过熔体的电流等于或小于额定电流的1.25倍时，熔体可以长期不熔断；超过其额定电流的倍数越大，熔体熔断时间越短。

5. 交流接触器

接触器是一种电磁式自动控制电器，它通过电磁机构动作，实现远距离频繁地接通和分断电路。接触器按触点通过电流种类的不同，分为交流接触器和直流接触器两类，其中直流接触器用于直流电路中，它与交流接触器相比具有噪声低、寿命长和冲击小等优点，其组成、工作原理基本与交流接触器相同。

接触器的优点是动作迅速、操作方便和便于远距离控制，所以广泛地应用在电动机、电热设备、小型发电机、电焊机和机床电路中。由于它只能接通和分断负载电流，不具备短路和过载保护作用，故必须与熔断器、热继电器等保护电器配合使用。

（1）交流接触器的结构　交流接触器主要由电磁系统、触点系统和灭弧装置等部分组

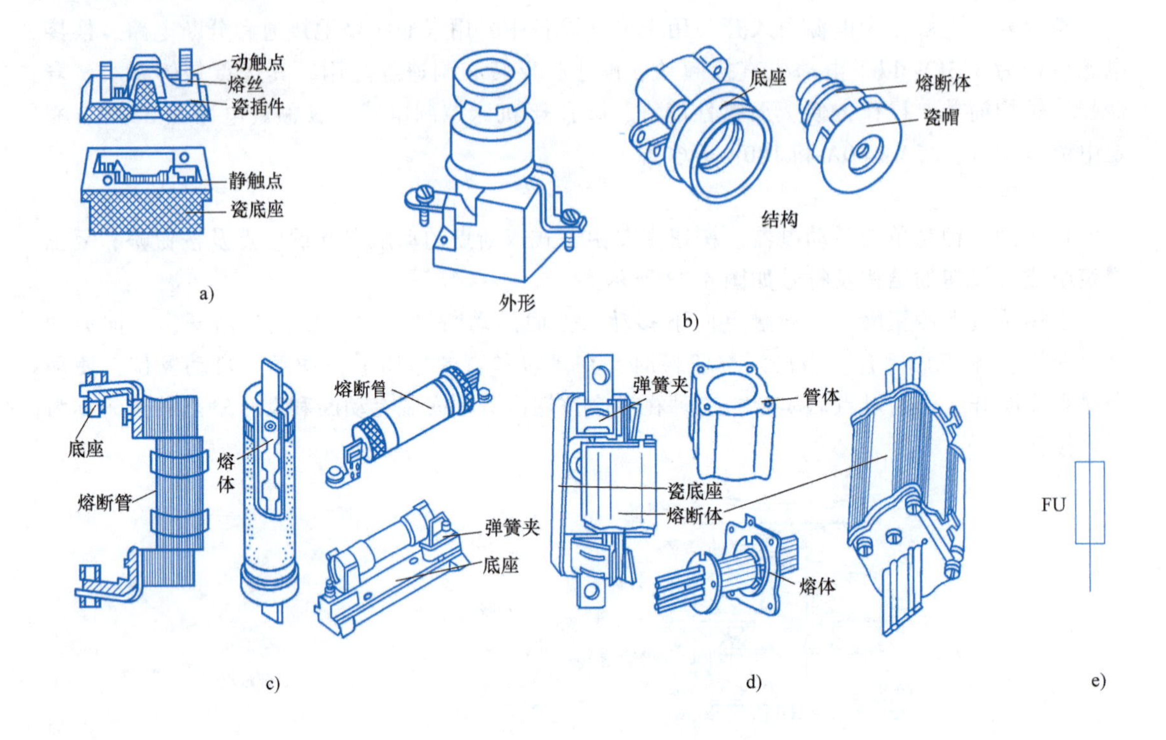

图 4-29　熔断器

a）插入式熔断器　b）螺旋式熔断器　c）无填料管式熔断器　d）填料管式熔断器　e）符号

成，其结构图、原理图及符号如图 4-30 所示。

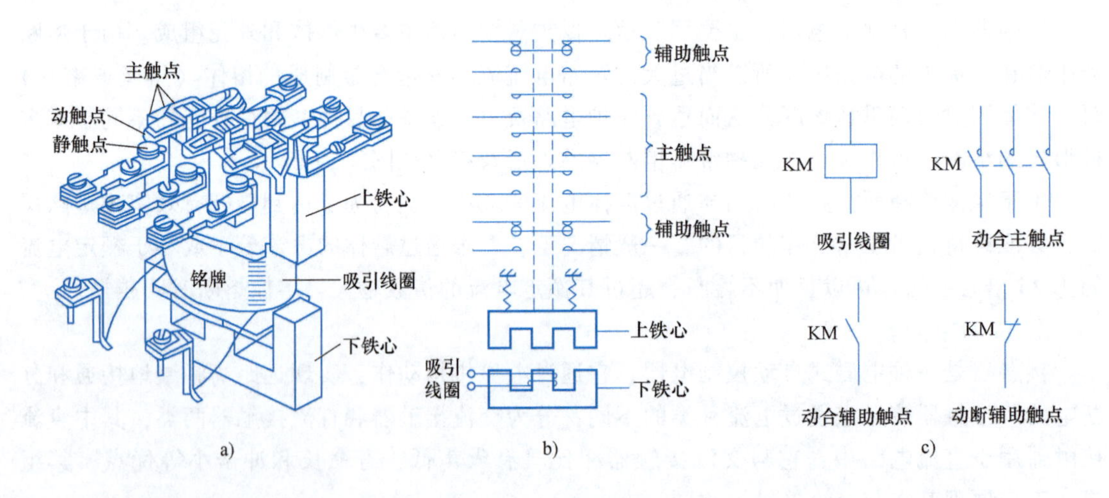

图 4-30　交流接触器

a）结构图　b）原理图　c）符号

1）电磁系统。交流接触器的电磁系统由线圈、静铁心和动铁心（衔铁）等组成，其作用是操纵触点的闭合与分断。

交流接触器的铁心一般用硅钢片叠压铆成，以减少交变磁场在铁心中产生的涡流及磁滞损耗，避免铁心过热。为了减少接触器吸合时产生的振动和噪声，在铁心上装有一个短路铜环（又称减振环）。

2）触点系统。接触器的触点按功能不同分为主触点和辅助触点两类。主触点用于接通和分断电流较大的主电路，体积较大，一般由3对常开触点组成；辅助触点用于接通和分断小电流的控制电路，体积较小，有常开和常闭两种触点。如CJ0-20系列交流接触器有3对常开主触点、两对常开辅助触点和两对常闭辅助触点。为使触点导电性能良好，通常触点用纯铜制成。由于铜的表面容易氧化，生成不良导体氧化铜，故一般都在触点的接触点部分镶上银块，使之接触电阻小，导电性能好，使用寿命长。

3）灭弧装置。交流接触器在分断大电流或高电压电路时，其动、静触点间气体在强电场作用下产生放电，形成电弧，电弧发光、发热，灼伤触点，并使电路切断时间延长，引发事故。因此，必须采取措施，使电弧迅速熄灭。

4）其他部件。交流接触器除上述3个主要部分外，还包括反作用弹簧、复位弹簧、缓冲弹簧、触点压力弹簧、传动机构、接线柱和外壳等部件。

（2）交流接触器的工作原理　当交流接触器的电磁线圈接通电源时，线圈电流产生磁场，使静铁心产生足以克服弹簧反作用力的吸力，将动铁心向下吸合，使常开主触点和常开辅助触点闭合，常闭辅助触点断开。主触点将主电路接通，辅助触点则接通或分断与之相连的控制电路。

当接触器线圈断电时，静铁心吸力消失，动铁心在反作用弹簧力的作用下复位，各触点也随之复位，将有关的主电路和控制电路分断。

6. 热继电器

热继电器是一种过载保护电器，它利用电流热效应原理工作，其结构主要由发热元件、双金属片和触点组成。热继电器的发热元件绕制在双金属片（两层膨胀系数不同的金属辗压而成）上，导板等传动机构设置在双金属片和触点之间，热继电器有动合、动断触点各一对。图4-31a、b、c所示分别为热继电器的外形、原理示意图和符号。

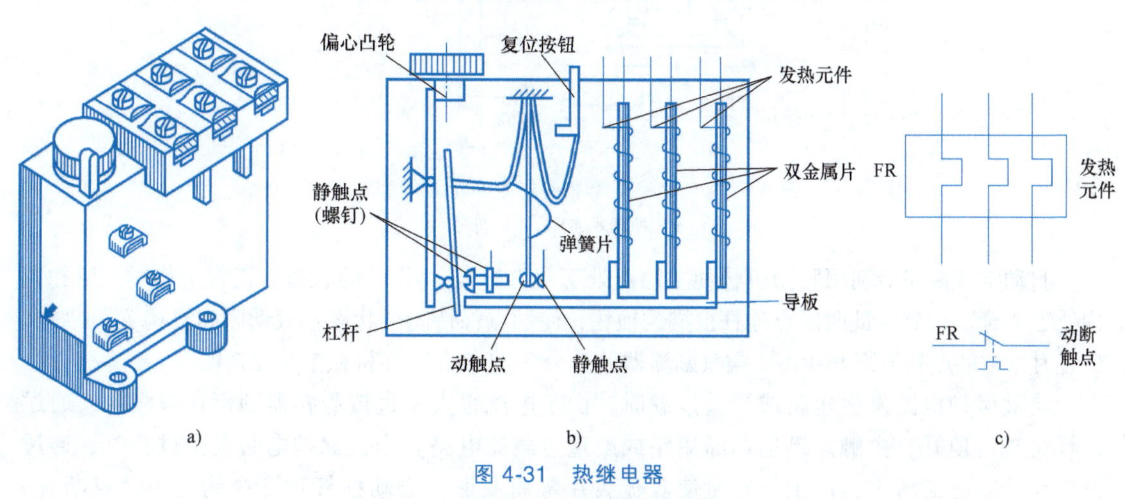

图4-31　热继电器

a）外形　b）原理示意图　c）符号

热继电器的发热元件串联在被保护设备的电路中，当电路正常工作时，对应的负载电流流过发热元件产生的热量不足以使双金属片产生明显的弯曲变形；当设备过载时，负载电流增大，与它串联的发热元件产生的热量使双金属片产生弯曲变形，经过一段时间后，当弯曲程度达到一定幅度时，由导板推动杠杆，使热继电器的触点动作，其动断触点断开，动合触点闭合。

热继电器触点动作后，有两种复位方式：调节螺钉旋入时，双金属片冷却后动触点自动复位；调节螺钉旋出时，双金属片冷却后，动触点不能自动复位，必须按下复位按钮，才能使动触点实现手动复位。

热继电器的整定电流（发热元件长期允许通过而不致引起触点动作的电流最大值）可以通过调节偏心凸轮在小范围内调整。

由于热惯性，双金属片从它通过大电流到温度升高，再到双金属片弯曲变形，需要一定的时间，所以热继电器不适用于对电气设备（如电动机）实现短路保护。

7. 自动空气断路器

自动空气断路器又称为自动开关或自动空气开关，是低压电路中重要的开关电器。它不但具有开关的作用，还具有短路、过载和欠电压保护等功能，动作后不需要更换元件。一般容量的自动开关采用手动操作，较大容量的采用电动操作。

自动空气断路器在动作上相当于刀开关、熔断器和欠电压继电器的组合作用。它的结构型式很多，其原理示意图及符号如图 4-32 所示，它主要由触点、脱扣机构组成。主触点通常是由手动的操作机构来闭合的，开关的脱扣机构是一套连杆装置，当主触点闭合后就被锁钩扣住。

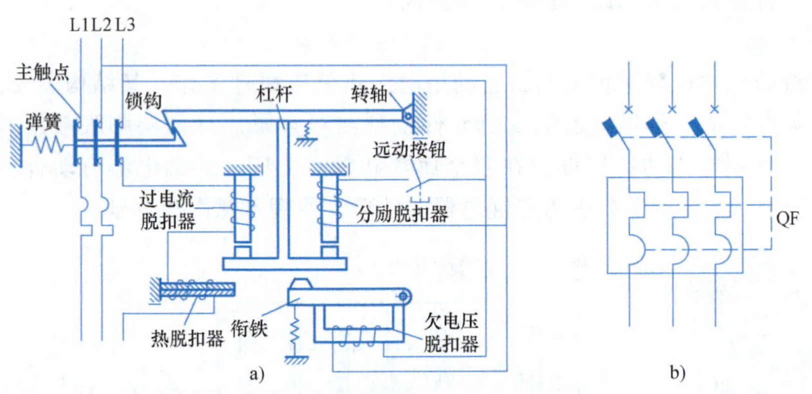

图 4-32　自动空气断路器的原理示意图和符号

a）原理示意图　b）符号

自动空气断路器利用脱扣机构使主触点处于“合”与“分”的状态。正常工作时，脱扣机构处于“合”位置，此时触点连杆被搭钩锁住，使触点保持闭合状态；扳动脱扣机构置于“分”位置时，主触点处于断开状态，空气断路器的“分”与“合”在机械上是互锁的。

当被保护电路发生短路或严重过载时，由于电流很大，过流脱扣器的衔铁被吸合，通过杠杆将搭钩顶开，主触点迅速切断短路或严重过载的电路。当被保护电路发生过载时，通过发热元件的电流增大，产生的热量使双金属片弯曲变形，推动杠杆顶开搭钩，主触点断开，切断过载电路。过载越严重，主触点断开越快，但由于热惯性，主触点不可能瞬时动作。

当被保护电路失压或电压过低时，欠电压脱扣器中衔铁因吸力不足而将被释放，经过杠杆将搭钩顶开，主触点被断开；当电源恢复正常时，必须重新合闸后才能工作，实现了欠电压和失电压保护。

8. 时间继电器

时间继电器是一种利用电磁原理或机械原理来延迟触点闭合或分断的自动控制电器。它的种类很多，按其工作原理可分为电磁式、空气阻尼式、电子式和电动式；按延时方式可分为通电延时和断电延时两种。

图 4-33 所示为时间继电器的图形符号和文字符号。通常时间继电器上有若干组辅助触点，分为瞬动触点、延时触点。延时触点又分为通电延时触点和断电延时触点。所谓瞬动触点，是指当时间继电器的感测机构接收到外界动作信号后，该触点立即动作（与接触器一样），而通电延时触点则是指当接收输入信号（例如线圈通电）时，要经过一定时间（延时时间）后，该触点才动作。断电延时触点则在线圈断电经过一定时间后，该触点才恢复。

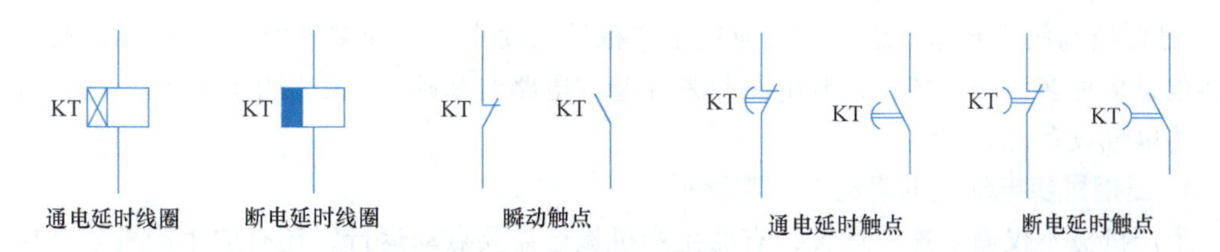

图 4-33 时间继电器的符号

本节只对电子式时间继电器进行介绍。电子式时间继电器具有体积小、延时范围大、精度高、寿命长以及调节方便等特点，目前在自动控制系统中使用十分广泛。

以 JSZ3 系列电子式时间继电器为例。JSZ3 系列电子式时间继电器是采用集成电路和专业制造技术生产的新型时间继电器，具有体积小、自重轻、延时范围广、抗干扰能力强、工作稳定可靠、精度高、延时范围宽、功耗低、外形美观以及安装方便等特点，广泛应用于自动化控制中的延时控制。JSZ3 系列电子式时间继电器采用插座式结构，所有元件装在印制电路板上，用螺钉使之与插座紧固，再装上塑料罩壳组成本体部分，在罩壳顶部装有铭牌和整定电位器旋钮，并有动作指示灯。

其型号的含义如下：

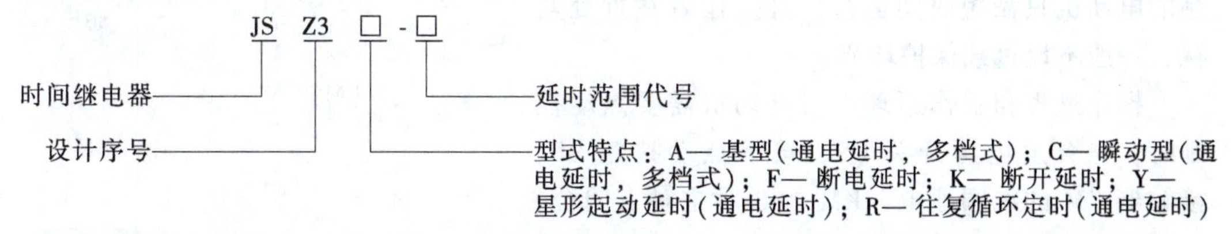

JSZ3A 型延时范围：0.5s、5s、30s 和 3min。

JSZ3 系列电子式时间继电器的性能指标如下：

1）电源电压：AC50Hz，12V、24V、36V、110V、220V、380V，DC12V、24V 等。

2）电寿命：$\geqslant 10\times10^4$次。

3）机械寿命：$\geqslant 100\times10^4$次。

4）触点容量：AC220V/5A，DC220V/0.5A。

5）重复误差：小于 2.5%。

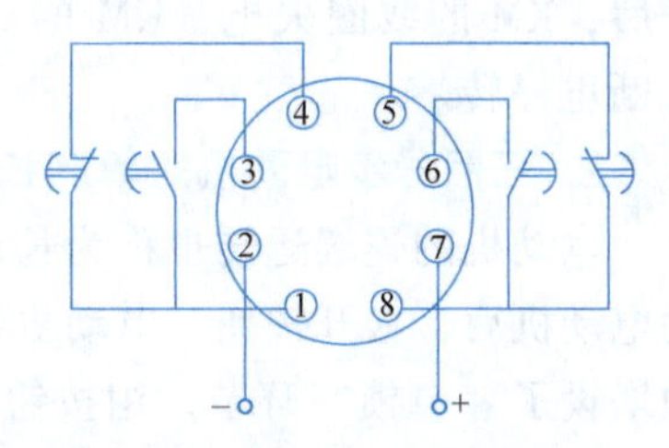

图 4-34 JSZ3 系列电子式时间继电器的接线

6）功耗：≤1W。

7）使用环境：-15～+40℃。

JSZ3 系列电子式时间继电器的接线如图 4-34 所示。

电子式时间继电器在使用时，先预置所需延时时间，然后接通电源，此时红色发光管闪烁，表示计时开始。当达到所预置的时间时，延时触点实行转换，红色发光管停止闪烁，表示所设定的延时时间已到，从而实现定时控制。

4.4.2 三相异步电动机单向直接起动控制电路

继电器-接触器控制系统是由继电器、接触器、电动机及其他电气元件按一定的要求和方式连接起来而实现电气自动控制的系统。

用接触器和按钮来控制电动机的起、停，用热继电器作为电动机过载保护，这就是继电器-接触器控制的最基本电路。但工业用生产机械的动作是多种多样的，继电器-接触器控制电路也是多种多样的，各种控制电路都是在基本电路的基础上，根据生产机械要求，适当增加一些电气设备。

1. 三相异步电动机的点动控制电路

生产机械不仅需要连续运转，有的生产机械还需要点动运行，还有的生产机械要求用点动运行来完成调整工作。所谓点动控制，就是按下按钮，电动机通电运转，松开按钮，电动机断电停转的控制方式。

用按钮和接触器组成的三相异步电动机单向点动控制原理图如图 4-35 所示。

原理图分为主电路和控制电路两部分。主电路是从电源 L1、L2、L3 经电源开关 QS、熔断器 FU1、接触器 KM 的主触点到电动机 M 的电路，它流过的电流较大。熔断器 FU2、按钮 SB 和接触器 KM 的线圈组成控制电路，并接在两根相线之间（或一根相线、一根中性线，视低压电器的额定电压而定），流过的电流较小。

主电路中刀开关 QS 起隔离作用，熔断器 FU1 对主电路进行短路保护；接触器 KM 的主触点控制电动机 M 的起动、运行和停车。由于线路所控制的电动机只做短时间运行，且操作者在近处监视，一般不设过载保护环节。

操作过程和工作原理：当电动机需要点动控制时，先合上电源开关 QS，按下点动按钮 SB，接触器 KM 的线圈通电，KM 的 3 对主触点闭合，电动机 M 接通三相电源起动运转。当 SB 按钮放开后，KM 的线圈失电，KM 的 3 对主触点断开，M 断电停转。

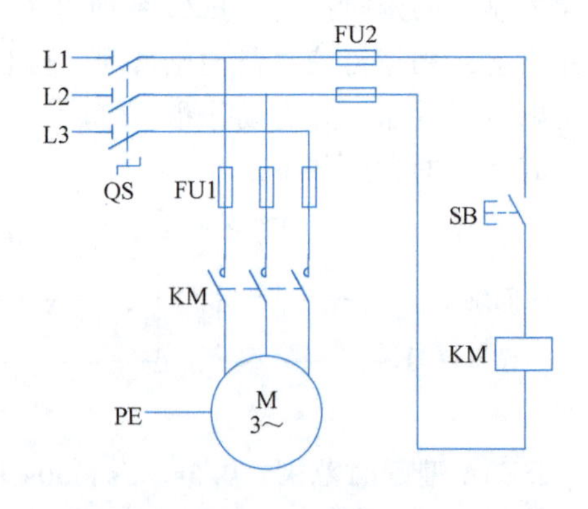

图 4-35 三相异步电动机单向点动控制原理图

2. 三相异步电动机的单向长动控制电路

电动机的连续运转也称为长动控制，是相对点动控制而言的，它是指在按下起动按钮起动电动机后，松开按钮，电动机仍然能够通电连续运转。实现长动控制的关键是在起动电路中增设了“自锁”环节。用按钮和接触器构成的三相异步电动机单向长动控制电路原理图如图 4-36 所示。

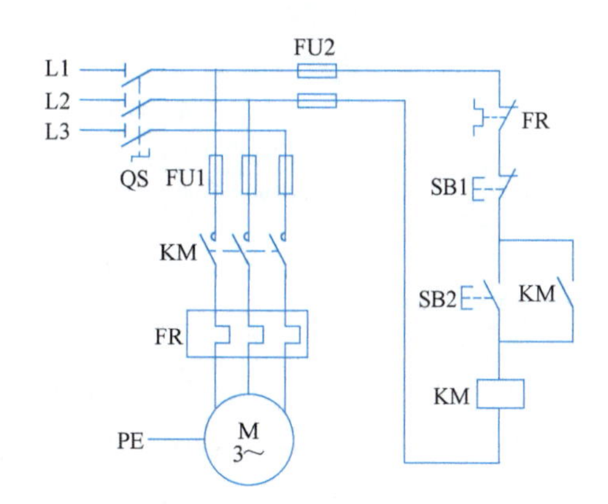

图 4-36 三相异步电动机单向长动控制线路原理图

操作过程和工作原理：合上电源开关 QS，按下起动按钮 SB2，交流接触器 KM 的线圈得电，KM 的 3 对主触点闭合，主电路接通，电动机起动运转；同时与 SB2 并联的常开辅助触点 KM 闭合，松开 SB2，KM 的线圈仍可通过自己的辅助触点（称为“自保”或“自锁”触点）继续得电。这种依靠接触器自身辅助触点而使线圈保持通电的现象称为自保（或自锁）。

在带自锁的控制电路中，因起动后 SB2 即失去控制作用，所以在控制回路中串接了常闭按钮 SB1 作为停止按钮。另外，因为该电路中电动机是长时间运行的，所以增设了热继电器 FR 进行过载保护，FR 的常闭触点串接在 KM 的电磁线圈回路上。

自锁（自保）控制的另一个作用是实现欠电压和失压保护。例如，当电网电压消失（如停电）后又重新恢复供电时，若不重新按起动按钮，电动机就不能起动，这就构成了失电压保护。它可防止在电源电压恢复时，电动机突然起动而造成设备和人身事故。另外，当电网电压较低时，达到接触器的释放电压，接触器的衔铁就会释放，主触点和辅助触点都断开。它可防止电动机在低压下运行，实现欠电压保护。

4.4.3 三相异步电动机正、反转控制电路

在生产过程中，很多生产机械的运行部件都需要正、反两个方向运动，如水闸的开、闭，机床工作台的前进、后退等。要使三相异步电动机正、反转，只要改变引入到电动机的三相电源相序即可。

接触器按钮双重联锁的电动机正、反转控制线路如图 4-37 所示，它可以克服上述两种正、反转控制电路的缺点，图中，SB1 与 SB2 是两只复合按钮，它们各具有一对动合触点和一对动断触点，该电路具有按钮和接触双重互锁的作用。

操作过程和工作原理：合上电源开关 QS，正转时，按正转按钮 SB1，SB1 的动断触点断开，动合触点闭合，正转接触器 KM1 线圈通电，KM1 的 3 对主触点闭合，电动机 M 得电正转；与此同时，KM1 的动断触点断开。由于 SB1 的动断触点和 KM1 的互锁动断触点都断开，双双保证反转接触器 KM2 线圈不会同时获电。

反转时只需直接按下反转按钮 SB2，其动断触点先断开，使正转接触器 KM1 线圈断电，

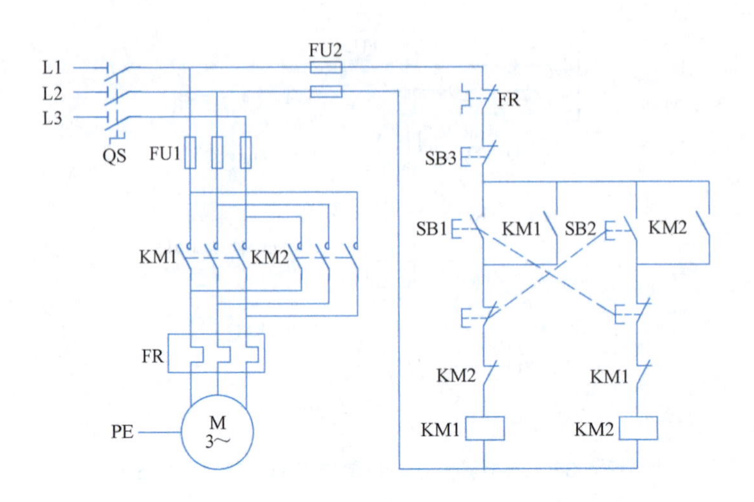

图 4-37 接触器按钮双重联锁的电动机正、反转控制电路

KM1 的主、辅触点复位，电动机停止正转。与此同时，SB2 动合触点闭合，使反转接触器 KM2 线圈通电，KM2 主触点闭合，电动机反转，串接在正转接触器 KM1 线圈电路中的 KM2 动断辅助触点断开，起互锁作用。

4.4.4 三相异步电动机Y-△换接减压起动控制电路

图 4-38 所示为用 3 个交流接触器和 1 个时间继电器按时间原则控制的电动机Y-△减压起动控制电路。图中时间继电器控制的Y-△减压起动控制电路中，KM1 为电源接触器，KM2 为定子绕组三角形联结接触器，KM3 为定子绕组星形联结接触器。

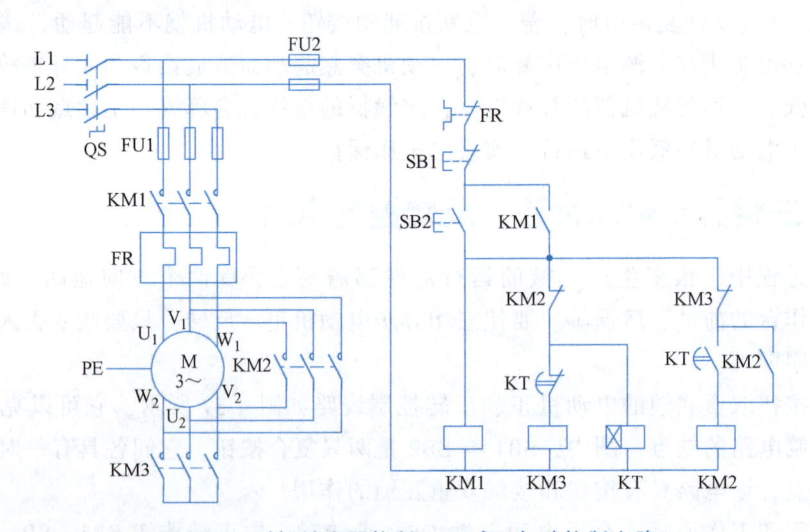

图 4-38 时间继电器控制Y-△减压起动控制电路

操作过程和工作原理：电动机起动时，合上电源开关 QS，再按下起动按钮 SB2，接触器 KM1、KM3 和时间继电器 KT 的线圈同时通电，KM1 的辅助触点闭合自锁，KM1 的主触点闭合，接通三相交流电源；KM3 的主触点闭合，将电动机三相定子绕组尾端短接，电动

机在Y联结下起动；KM3的常闭辅助触点（联锁触点）断开，对KM2的线圈联锁，使KM2的线圈不能通电；KT按设定的Y形减压起动时间工作，电动机转速上升至一定值（接近额定转速）时，KT的延时时间结束，KT的延时断开常闭触点断开，KM3的线圈断电，KM3的主触点断开，电动机断开Y联结；KM3的常闭辅助触点（联锁触点）恢复闭合，为KM2的线圈通电做好准备，KT的延时闭合常开触点闭合，KM2的线圈通电自锁，KM2的主触点将电动机三相定子绕组首、尾端顺次连接成三角形，电动机接成三角形全压运行。同时KM2的常闭辅助触点（联锁触点）断开，使KM3和KT的线圈都断电。

停止时，按下停止按钮SB1，KM1、KM2的线圈断电，KM1的主触点断开，切断电动机的三相交流电源，KM1的自锁触点恢复断开解除自锁，电动机断电停转；KM2的常开主触点恢复断开，解除电动机三相定子绕组的△联结，为电动机下次星形起动做准备，KM2的自锁触点恢复断开解除自锁，KM2的常闭辅助触点（联锁触点）恢复闭合，为下次星形起动KM3、KT的线圈通电做准备。

时间继电器的延时时间可根据电动机起动时间的长短进行调整，解决了切换时间不易把握的问题，且此减压起动控制电路投资少，接线简单。起动时间的长短与负载大小有关，负载越大，起动时间越长。对负载经常变化的电动机，若对起动时间控制要求较高，需要经常调整时间继电器的整定值，就显得很不方便。

技能训练——三相异步电动机基本电气控制电路的安装与调试

1. 三相异步电动机单向点动控制电路的安装与调试

按图4-35所示线路接线。接线应按照主电路、控制电路分步来接，接线次序应按自上而下、从左向右来接。接线要整齐、清晰，接点牢固可靠。电动机采用Y联结。接线完毕需经指导教师检查线路后才能通电运行。按下起动按钮SB，观察电动机转动情况；松开按钮SB，观察电动机的转动情况。

2. 三相异步电动机单向长动控制电路的安装与调试

按图4-36所示线路接线。电动机采用Y联结。接线完毕需经指导教师检查线路后才能通电运行。按下起动按钮SB2，观察电动机的转动情况；松开按钮SB2，观察电动机的转动情况；按下停止按钮SB1，观察电动机是否停止。

3. 三相异步电动机的正、反转控制电路的安装与调试

按图4-37所示线路接线。接线完毕需经指导教师检查线路后通电运行。按下起动按钮SB1，观察电动机的转动情况，按下SB3让电动机停转。按下起动按钮SB2，观察电动机的转动情况，按下SB3让电动机停转。观察按下起动按钮SB1，再按下起动按钮SB2，与按下SB2，再按下SB1时电动机的转动情况，是否实现了正、反转控制。

4. 三相异步电动机的Y-△减压起动控制电路的安装与调试

按图4-38所示线路接线，时间继电器的整定时间设置为5s。接线完毕需经指导教师检查线路后才能通电运行。合上QS，按下起动按钮SB2，观察各交流接触器、时间继电器的吸合情况和三相电动机的转动情况。5s后观察各交流接触器、时间继电器的吸合情况和三相电动机的转动情况。按下起动按钮SB1，观察电动机的转动情况和交流接触器、时间继电器的吸合情况。

注意：接线时避免将导线的金属部分裸露在外，也不能将绝缘部分压在接线片内；线路

接好后，必须仔细认真地检查并经指导教师检查后，才能通电运行。

1. 简述常用低压电器（如开启式负荷开关、按钮、交流接触器、热继电器、自动开关等）的基本结构和工作原理。

2. 熔断器和热继电器能否相互替代？

3. 什么叫“自锁”？自锁线路由什么部件组成？如何连接？如果用接触器的常闭触点作为自锁触点，将会出现什么现象？

4. 为什么凡是用接触器和按钮控制电动机运行的线路都具有失压保护作用？根据是什么？

5. 在双重互锁的正、反转控制电路中，KM2、KM3 常闭辅助触点的作用是什么？它们的位置能否互换？

4.5 单相异步电动机的工作原理与控制

单相异步电动机用于只有单相交流电源或负载所需功率较小的场合。它是一种重要的微型电动机，其容量从几瓦到几百瓦。

4.5.1 单相异步电动机的工作原理

单相异步电动机的结构与三相笼型异步电动机的结构相似，它的转子也是笼型的，但其定子绕组是单相的。

当定子绕组通入单相交流电时，便产生一个交变的脉动磁场，但这个磁场不旋转，其轴线在空间是固定的。可以将交变脉动磁场的磁通分解为两个等量、等速而反向的旋转磁通。当转子不动时，这两个旋转磁通与转子间的转差相等，分别产生两个等值而反向的电磁转矩，净转矩为零。也就是说，单相异步电动机的起动转矩为零，这是它的主要缺点之一。

如果用某种方法使转子旋转一下，譬如说，使它沿顺时针方向转一下，那么这两个旋转磁通与转子间的转差不相等，转子将会受到一个顺时针方向的净转矩而持续地旋转起来。

由于反向转矩的制动作用，合成转矩减小，最大转矩也随之减小，所以单相异步电动机的过载能力、效率和功率因数等均低于同容量的三相异步电动机，且机械特性变软，转速变化较大。

4.5.2 单相异步电动机的起动、反转和调速

1. 单相异步电动机的主要类型及起动方法

由于单相异步电动机的起动转矩等于零，为了使其能产生起动转矩，在起动时必须在电动机内部建立一个旋转磁场。根据产生旋转磁场的方式不同，单相异步电动机可分为分相式单相异步电动机和罩极式单相异步电动机。

（1）分相式单相异步电动机　分相式单相异步电动机又分为电容分相式单相异步电动机和电阻分相式单相异步电动机，本节仅介绍电容分相式单相异步电动机。对于电阻分相式

单相异步电动机，请读者参考其他资料。

电容分相式单相异步电动机在定子上安装了两套绕组：一套是主绕组，另一套是起动绕组。这两套绕组在空间相隔 90°，起动绕组与电容器串联后再与主绕组并联，其接线图如图 4-39 所示。电容器的作用是使起动绕组回路的阻抗呈容性，如果电容器选择得当，可以做到起动绕组的电流基本超前于主绕组的电流 90°。相当于电动机内部有两相在空间和相位上都相差 90°的交流电在工作，从而形成旋转磁场，产生起动转矩，带动转子旋转。

（2）罩极式单相异步电动机　容量很小的单相异步电动机常利用罩极法来产生起动转矩，这种单相异步电动机称为罩极式单相异步电动机。其转子为笼型结构，按照磁极的型式不同，分为凸极式和隐极式两种，其中凸极式最为常见，其结构如图 4-40 所示。单相绕组套在凸极铁心上，磁极铁心的一边开有小凹槽，凹槽将每个磁极分成大、小两部分，较小的部分（约 1/3）套有铜环，称为被罩部分；较大的部分未套铜环，称为未罩部分。

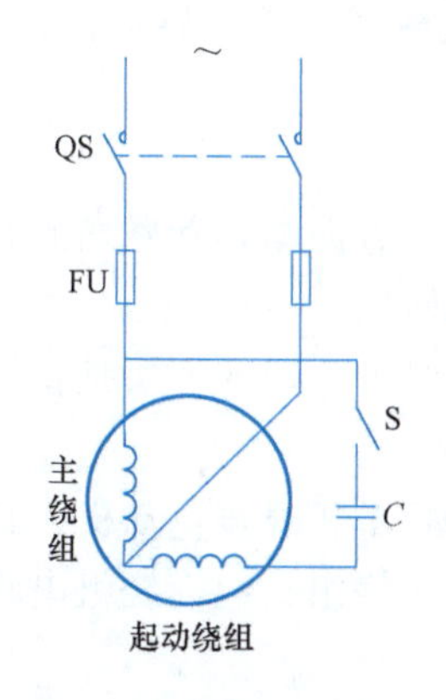

图 4-39　电容分相式单相异步电动机接线图

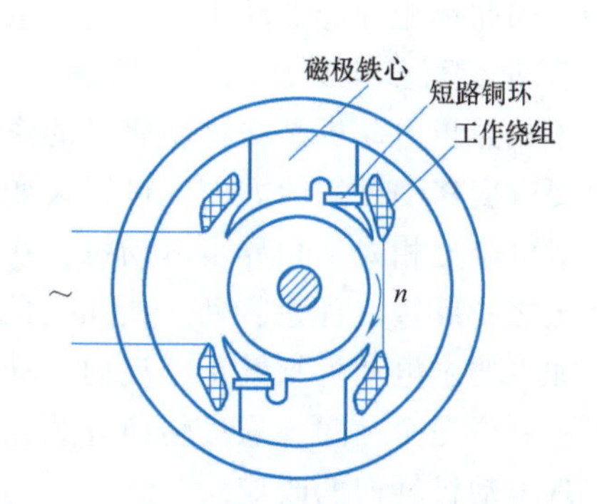

图 4-40　罩极式单相异步电动机的结构图

当单相定子绕组（工作绕组）的电流和磁通由零值增大时，在铜环内产生感应电流，它的磁通方向应与磁极的磁通方向相反，致使磁极磁通穿过被罩部分的较疏，穿过未罩部分的较密，如图 4-41a 所示。

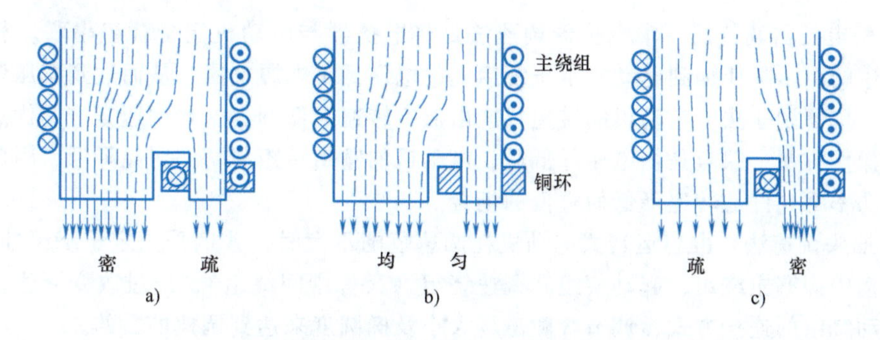

图 4-41　罩极式电动机的磁场移动原理

a）电流增加　b）电流不变　c）电流减小

当工作绕组的电流升到最大值附近时，电流及磁通的变化率近似为零，这时铜环内不再有感应电流，也不再有反抗的磁通，铜环失去作用，此时磁极的磁通均匀分布于被罩和未罩两部分，如图 4-41b 所示。

当主绕组电流从最大值下降时，铜环内又产生了感应电流，此时它的磁通应与磁极磁通方向相同，因而被罩部分磁通较密，未罩部分磁通较疏，如图 4-41c 所示。

由图 4-41 看出，罩极式磁极的磁通具有在空间移动的性质，由未罩部分移向被罩部分。当工作绕组中的电流为负值时，磁通的方向相反，但移动的方向不变，所以不论单相绕组中的电流方向如何变化，磁通总是从未罩部分移向被罩部分，于是在电动机内部就产生了一个移动的磁场。在励磁绕组与短路环的共同作用下，磁极之间形成一个连续移动的磁场。这种持续移动磁场的作用与旋转磁场相似，也可以使转子获得起动转矩。

要改变罩极式单相异步电动机的旋转方向，只能改变罩极的方向，这一般难以实现，所以单相罩极式异步电动机通常用于不需改变转向的电气设备中。

单相异步电动机的优点是：结构简单，制造方便，成本低，运行噪声小，维护方便；缺点是：起动转矩小，起能性能较差，效率、功率因数和过载能力都比较低，且不能实现正、反转。因此单相异步电动机的容量一般在 1kW 以下。

2. 单相异步电动机的反转方法

单相异步电动机是在移动磁场的作用下运转的，其运行方向与移动磁场的方向相同，所以只要改变移动磁场的方向就可以改变单相异步电动机的转向。

对电容分相式单相异步电动机，在要求改变旋转方向时，一般的方法是：将主绕组或起动绕组之一反接（注意：两个绕组不能同时反接）。

如果要求电动机频繁正、反向转动，一般用电容运转式单相异步电动机，其主绕组、起动绕组做得完全一样，通过转换开关，将电容器分别与工作绕组、起动绕组串联，即可方便地实现电动机转向的改变。

3. 单相异步电动机的调速

单相异步电动机的调速方法主要有变极调速和变压调速两种。变极调速是指通过电动机定子绕组的磁极对数来调节转速；变压调速是指改变定子绕组两端电压来调节转速。其中变压调速最为常用，具体可分为串电抗器调速、串联电容器调速、自耦变压器调速、串联晶闸管调压调速和抽头调速等。目前，电风扇中单相异步电动机的调速方法常用串电抗器法和抽头调速法。

（1）串电抗器调速法　串电抗器调速法是将电抗器与电动机定子绕组串联。利用在电抗器上产生的电压降使加到电动机定子绕组上的电压低于电源电压，从而达到减压调速的目的。用串电抗器调速法，电动机的转速只能由额定转速向低调。这种调速方法的优点是：线路简单，操作方便；缺点是：电压降低后，电动机的输出转矩和功率明显降低，因此只适用于转矩及功率都允许随转速降低而降低的场合。

（2）抽头调速法　电容运转式电动机在调速范围不大时，普遍采用定子绕组抽头调速。此时定子槽中嵌有主绕组、起动绕组和调速绕组（又称中间绕组），通过改变调速绕组与主绕组、起动绕组的连接方式，调节气隙磁场大小及椭圆度来达到调速的目的。

【思考题】

1. 单相异步电动机在结构上与三相异步电动机有何异同点？
2. 单相单绕组异步电动机不能自起动？而用外力使其转子转动后，撤去外力，转子就可顺着该方向旋转下去？

3. 单相异步电动机的起动方法有哪些？

4. 怎样改变单相电容运转式异步电动机的旋转方向？

5. 单相异步电动机的调速方法有哪些？各自的调速原理是什么？

习　题

1. 一台三相六极异步电动机，所接电源频率为50Hz。求：（1）它的旋转磁场在定子电流的一个周期内转过多少空间角度？（2）同步转速是多少？（3）若满载时转子转速为950r/min，空载时转子转速为997r/min，额定转差率 s_N 和空载转差率 s_0 分别是多少？

2. 三相异步电动机的额定转速为1410r/min，电源频率为50Hz。求额定转差率和磁极对数。

3. 电源频率为50Hz，当三相四极笼型异步电动机的负载由零值增加到额定值时，转差率由0.5%变到4%。求其转速变动范围。

4. 一台异步电动机定子绕组的额定电压为380V，电源电压为380V。问：（1）能否采用Y-△换接减压起动？为什么？（2）若能采用Y-△换接减压起动，起动电流和起动转矩与直接（全压）起动时相比有何改变？（3）当负载为额定值的1/2或1/3时，可否在Y联结下起动（假设 $T_{st}/T_N=1.4$）？

5. Y-200L-4异步电动机的起动转矩与额定转矩比值为 $T_{st}/T_N=1.9$。试问在电压降低30%（即电压为额定电压的70%）、负载阻转矩为额定值的80%的重载情况下，能否起动？为什么？满载时能否起动？为什么？

6. 某台三相异步电动机的数据见表4-2。

表4-2　题6表

额定功率/kW	额定电压/V	满载时			起动电流/额定电流	起动转矩/额定转矩	最大转矩/额定转矩
		转速/(r/min)	效率(%)	功率因数			
11	380	970	87	0.78	6.5	2.0	2.0

求三相异步电动机的同步转速、额定转差率、额定电流、额定转矩、额定输入功率、最大转矩、起动转矩和起动电流。

7. 接上题，求：（1）用Y-△换接起动时的起动电流和起动转矩；（2）当负载为额定转矩的50%和70%时，电动机能否起动？

8. 图4-42所示各控制电路能否实现点动控制？哪些不能？为什么？对不能实现点动控制的电路进行改正。

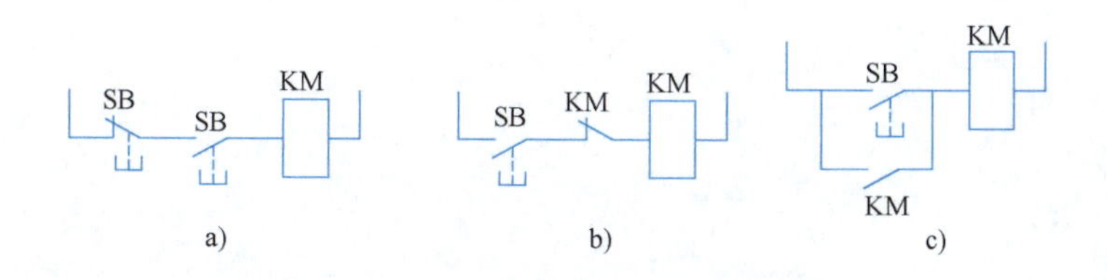

图4-42　题8图

9. 判断图4-43所示各控制电路是否正确？为什么？对不正确的进行改正。

10. 指出图4-44所示的正、反转控制电路的错误之处，并予以改正。

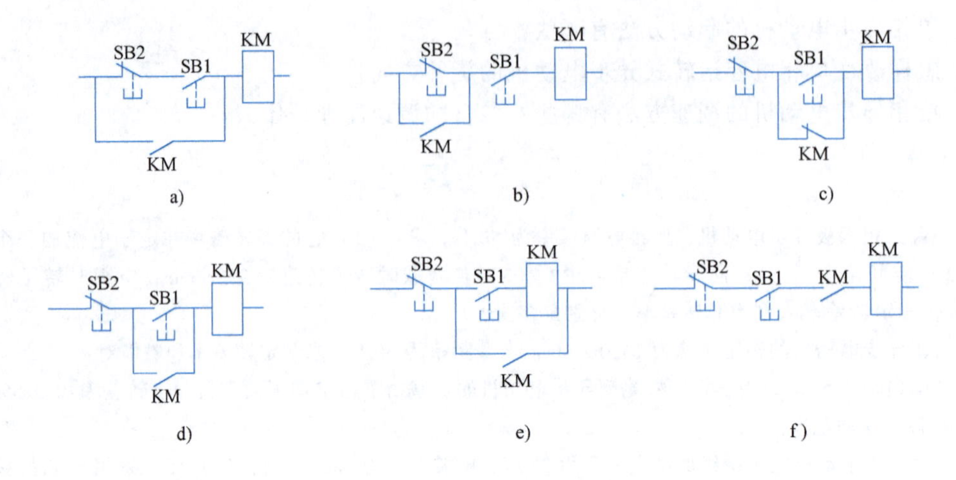

图 4-43　题 9 图

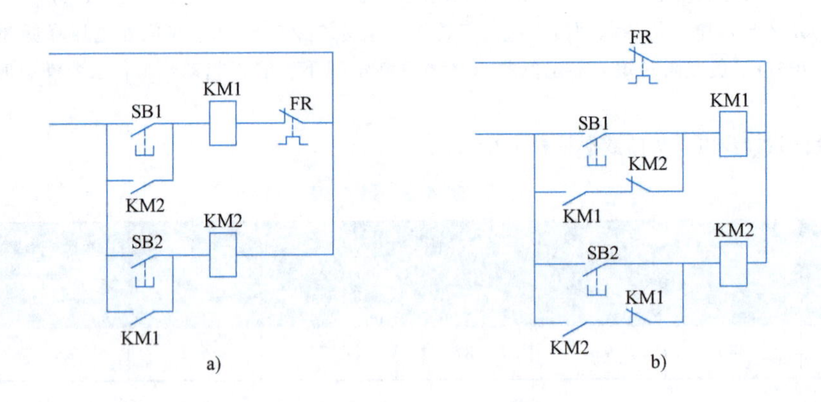

图 4-44　题 10 图

第5章 CHAPTER 5 半导体二极管及其应用

学习目标

1. 了解半导体及其导电特性、PN结的形成过程，掌握PN结的单向导电特性。

2. 了解普通二极管的结构，理解二极管的伏安特性，掌握二极管的符号、单向导电特性和主要参数。

3. 了解特殊二极管的特点及应用，掌握稳压二极管的符号和工作原理。

4. 熟悉整流电路和滤波电路的结构，理解整流电路和滤波电路的工作原理，掌握整流电路和滤波电路的计算方法，会选用整流二极管和滤波元件。

5. 能利用万用表识别与检测二极管。

6. 能正确地使用示波器等常用电子仪器仪表，测试整流电路和滤波电路的特性。

5.1 半导体的基础知识

5.1.1 半导体的导电特性

自然界的物质根据导电能力的强弱，可以分为导体、绝缘体和半导体。半导体的导电能力介于导体和绝缘体之间，如硅、锗、硒、一些氧化物和硫化物等。半导体具有热敏特性、光敏特性和掺杂特性。利用半导体的光敏特性可制成光电二极管、光电晶体管及光敏电阻；利用半导体的热敏特性可制成各种热敏电阻；利用半导体的掺杂特性可制成各种性能、不同用途的半导体器件，如二极管、晶体管和场效应管等。在电子器件中，用得最多的材料是硅（Si）和锗（Ge）。硅和锗都是4价元素，最外层原子轨道上具有4个电子，称为价电子。

1. 本征半导体

本征半导体是指完全纯净的、结构完整的半导体晶体。本征半导体的原子在空间按一定规律整齐排列，形成晶体结构，所以半导体管也称为晶体管。

本征半导体中的共价键具有很强的结合力，在热力学零度（相当于-273.15℃）时，价电子没有能力挣脱共价键的束缚成为自由电子，因此，这时晶体中没有自由电子，半导体是不导电的。但随着温度的升高，如室温条件下，少数价电子因受热激发而获得足够大的能量，挣脱共价键的束缚成为自由电子，在共价键中将留下一个空位，称为空穴。自由电子在电场的作用下定向移动形成了电流，称为漂移电流。

一旦出现空穴，附近共价键中的电子就比较容易地填补进来，使该共价键中也留下一个新空位，这个空位会由它附近的价电子来填补，再次出现空位。如此不断地填补，相当于空穴在运动一样。为了和自由电子的运动区别开来，把这种运动称为空穴运动。也可以把空穴看成一种带正电的载流子，它所带的电荷和电子相等，符号相反。由此可见，本征半导体中存在两种载流子，即电子和空穴。本征半导体在外电场作用下，两种载流子的运动方向相反，而形成的电流方向相同。

在本征半导体中，电子和空穴总是成对出现的，称为电子-空穴对，它在半导体受热或光照等作用下产生。但不会一直增多，因为在电子-空穴对产生的同时，还有另外一种现象的出现，那就是运动中的电子如果和空穴相遇，电子会重新填补空穴，两种载流子就会同时消失，这个过程称为复合。在一定温度下，电子-空穴对在不断产生的同时，复合也在不停地进行，最终会处于一种平衡状态，使载流子的浓度一定。本征半导体载流子的浓度除和半导体材料性质有关外，还与温度有很大关系，载流子的浓度随着温度的升高近似按指数规律增加。

2. P 型半导体和 N 型半导体

在本征半导体中，因其载流子的浓度很低，所以导电能力很差。但是如果在本征半导体中掺入微量的其他元素（杂质），就会使半导体的导电能力得到显著的变化。把掺入杂质的半导体称为杂质半导体。根据掺入杂质的不同，分为 N 型半导体和 P 型半导体两类。

（1）N 型（电子型）半导体　如果在硅或锗的晶体中掺入 5 价元素，如磷、砷、锑等，会多出电子。这些多出的电子在室温下就可以被激发为自由电子，同时杂质原子变成带正电荷的离子。此时，杂质半导体中的电子浓度会比本征半导体中的电子浓度高出很多倍，很大程度上加强了半导体的导电能力。这种半导体主要靠电子导电，故称为电子型半导体或 N 型半导体。N 型半导体中电子浓度远远大于空穴浓度，所以电子是多数载流子，简称多子；空穴是少数载流子，简称少子。

（2）P 型（空穴型）半导体　如果在硅或锗晶体中掺入 3 价元素，如硼、铝、铟等，会形成空穴。空穴在室温下可以吸引附近的电子来填补，杂质原子变成带负电荷的离子。这就使半导体中的空穴数量增多，导电能力增强，这种半导体主要是依靠空穴来导电，故称为空穴型半导体或 P 型半导体。P 型半导体中空穴是多数载流子，电子是少数载流子。

杂质半导体中，多数载流子的浓度取决于掺杂浓度，少数载流子的浓度却是取决于温度。实际对本征半导体进行掺杂时，常常 N 型、P 型杂质都有，谁的浓度大就体现出谁的类型。

5.1.2 PN 结

使用一定的工艺让半导体的一端形成 P 型半导体，另外一端形成 N 型半导体，在这两种半导体的交界处就形成了一个 PN 结。PN 结是构成各种半导体器件的核心。

1. PN 结的形成

如图 5-1a 所示，左边为 P 区，右边为 N 区。由于 P 区中的空穴浓度很大，而 N 区中的电子浓度很大，形成两边载流子的浓度差。这时 P 区的空穴会向 N 区运动，而 N 区的电子会向 P 区运动，这种因浓度差引起的运动称为扩散运动。扩散到 P 区的电子会与空穴复合而消失，同样扩散到N区的空穴也会与电子复合而消失。复合的结果是在交界处两侧出现了不能移动的正负两种杂质离子组成的空间电荷区，这个空间电荷区称为PN结，如图5-1b所示。在交界处左侧出现了负离子区，在右侧出现了正离子区，形成了一个由N区指向P区的内电场。随着扩散的进行，空间电荷区越来越宽，内电场也越来越强，但不会无限制地加宽加强。内电场的产生对P区和N区中的多数载流子的相互扩散运动起阻碍作用。同时，在内电场的作用下P区中的少数载流子——电子、N区中的少数载流子——空穴则会越过交界面向对方区域运动，这种在内电场的作用下少数载流子的运动称为漂移运动。漂移运动使空间电荷区重新变窄，削弱了内电场强度。多数载流子的扩散运动和少数载流子的漂移运动最终达到动态平衡，PN结的宽度一定。由于空间电荷区内没有载流子，所以又把空间电荷区称为耗尽层。

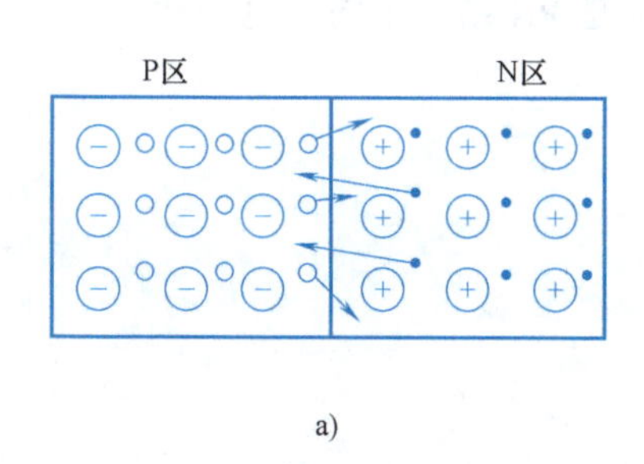

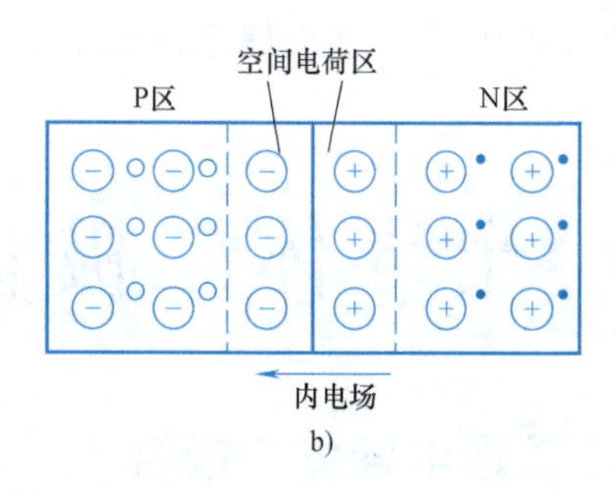

图5-1 PN结的形成过程

a）多数载流子的扩散运动 b）扩散和漂移运动平衡后形成的空间电荷区

2. PN结的单向导电特性

PN结是构成各种半导体器件的基本单元，使用时总是加有一定的电压。在PN结两端外加电压，称为给PN结加偏置电压。

在PN结上外加正向电压，即P区接高电位，N区接低电位，此时称PN结为正向偏置（简称正偏），如图5-2所示。

由于外加电压产生的外电场与PN结产生的内电场方向相反，所以削弱了内电场，使PN结变窄，有利于两区的多数载流子向对方扩散，形成正向电流 I_F，此时PN结处于正向导通状态。

在PN结上外加反向电压，即P区接低电位，N区接高电位，此时称PN结为反向偏置（简称反偏），如图5-3所示。

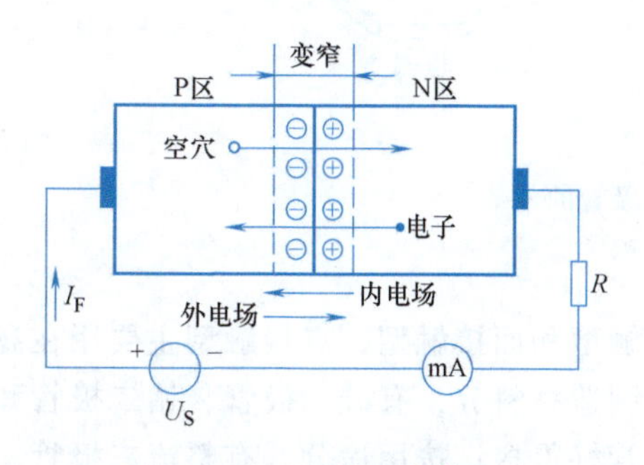

图5-2 PN结正向偏置

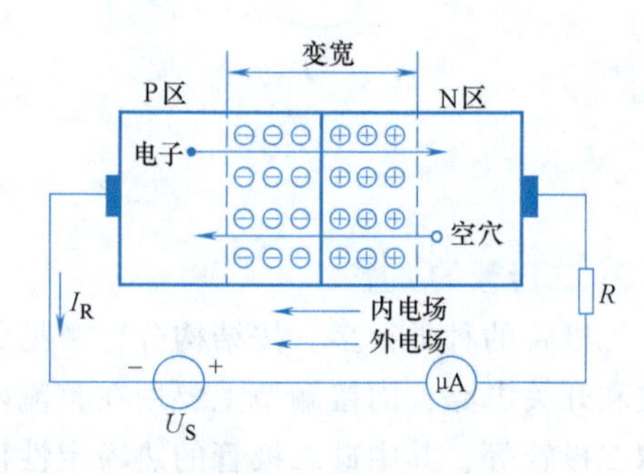

图5-3 PN结反向偏置

此时外加电场与内电场方向一致，因而加强了内电场，使 PN 结变宽，阻碍了多子扩散运动。两区的少数载流子在回路中形成极小的反向电流 I_R，称 PN 结反向截止，这时 PN 结呈高阻状态。

应当指出，少数载流子是由于热激发产生的，因而 PN 结的反向电流受温度影响很大。

综上所述，PN 结具有单向导电特性，即正向偏置时呈导通状态，反向偏置时呈截止状态。

【思考题】

1. 什么是本征半导体、P 型半导体和 N 型半导体？它们在导电性能上各有何特点？
2. PN 结是怎样形成的？空间电荷区为什么又称为耗尽区、阻挡层？
3. 什么是 PN 结的正向偏置和反向偏置？什么是 PN 结的单向导电特性？

5.2 半导体二极管

5.2.1 普通半导体二极管

1. 普通二极管的结构

半导体二极管由一块 PN 结加上相应的引出端和管壳构成。它有两个电极，由 P 区引出的是正极（又称为阳极），由 N 区引出的是负极（又称为阴极）。常见的普通二极管的外形如图 5-4 所示，结构示意图和符号如图 5-5 所示。符号中的三角形实际上是一个箭头，箭头方向表示二极管导通时电流的方向。在二极管的外形图中，生产厂家都在二极管的外壳上用特定的标记来表示正负极。最明确的表示方法是在外壳上画有二极管的符号，箭头指向一端为二极管的负极；螺栓式二极管带螺纹的一端是二极管的负极，它是一种工作电流很大的二极管；许多二极管上画有色环，带色环的一端为二极管的负极。

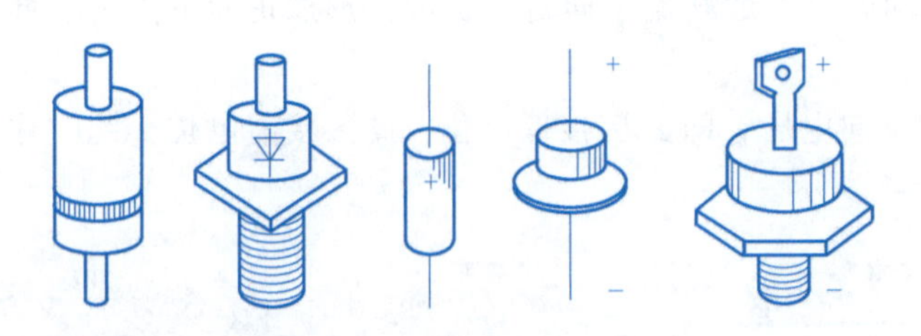

图 5-4 常见的普通二极管的外形

2. 二极管的类型

二极管的种类很多，按结构分，常见的有点接触型和面接触型，点接触型主要用在高频检波和开关电路，面接触型主要用在整流电路；按制造材料分，有硅二极管、锗二极管和砷化镓二极管等，其中硅二极管的热稳定性比锗二极管好得多；按用途分，有整流二极管、稳压二极管、开关二极管、发光二极管和光电二极管等；按功率分，有大功率二极管、中功率二极管及小功率二极管等。

3. 普通二极管的伏安特性

半导体二极管的管芯是一块 PN 结，它的特性就是 PN 结的单向导电特性，通常用它的伏安特性来表示。二极管的伏安特性是指通过二极管的电流与其两端电压之间的关系，普通二极管的伏安特性曲线如图 5-6 所示。

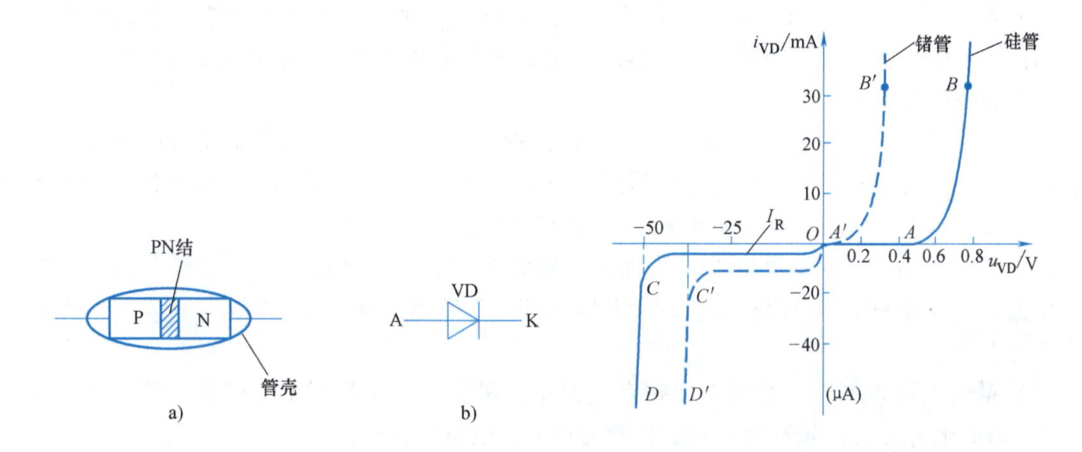

图 5-5 二极管的结构示意图和符号

a）结构示意图 b）符号

图 5-6 普通二极管的伏安特性

（1）正向特性 二极管两端加正向电压很小时，正向电压的外电场还不足以克服内电场对扩散运动的阻力，正向电流很小，几乎为零，这部分区域称为“死区”，相应的 A（A'）点的电压称为死区电压或阈值电压，硅管的死区电压约为 0.5V，锗管的死区电压约为 0.1V，如图 5-6 中的 OA（OA'）段。

当外加的正向电压超过死区电压时，正向电流就会急剧增大，二极管呈现很小的电阻而处于导通状态。导通后二极管两端的电压变化很小，基本上是个常数。通常硅管的正向电压降约为 0.6～0.7V，锗管的正向电压降约为 0.2～0.3V，如图 5-6 中的 AB（$A'B'$）段。

（2）反向特性 二极管两端加上反向电压时，在开始的一定范围内，二极管相当于非常大的电阻，反向电流很小，且基本上不随反向电压的变化而变化。此时的电流称为反向电流 I_R，如图 5-6 所示。

二极管的反向电压增加到一定数值时，反向电流急剧增大，这种现象称为反向击穿。此时对应的电压称为反向击穿电压，用 U_{BR} 表示，如图 5-6 中的 CD（$C'D'$）段。

由以上分析可知，二极管的本质就是一块 PN 结，它具有单向导电特性，是一种非线性器件。

（3）温度对二极管特性的影响 二极管的管芯是一块 PN 结，它的导电性能与温度有关。温度升高时，二极管正向特性曲线向左移动，正向电压降减小。反向特性曲线向下移动，反向电流增大。另外，温度升高时，二极管的反向击穿电压 U_{BR} 会有所下降，使用时要加以注意。

4. 二极管的主要参数

半导体器件的参数是国家标准或制造厂家对生产的半导体器件应达到的技术指标所提供的数据要求，是合理选用半导体器件的重要依据。二极管的主要参数如下：

(1) 最大整流电流 I_{FM}　最大整流电流 I_{FM} 是指在规定的环境温度（如 25°C）下，二极管长期工作时，允许通过的最大正向平均电流值。使用时应注意电流不能超过此值，否则会导致二极管过热而烧毁。对于大功率二极管，必须按规定安装散热装置。

(2) 最高反向工作电压 U_{RM}　最高反向工作电压 U_{RM} 是指允许加在二极管上的反向电压的峰值，也就是通常所说的耐压值。器件手册中给出的最高反向工作电压 U_{RM} 通常为反向击穿电压的一半左右。

(3) 最大反向电流 I_{RM}　最大反向电流 I_{RM} 是指给二极管加最大反向电压时的反向电流值。其值越小，表明管子的单向导电性越好。最大反向电流受温度影响大。硅管的反向电流一般在几微安以下，锗管的反向电流较大，为硅管的几十到几百倍。

(4) 直流电阻 R　直流电阻 R 是指加在二极管两端的直流电压与流过二极管的直流电流的比值。二极管的正向电阻较小，约为几欧姆到几千欧姆；反向电阻很大，一般可达零点几兆欧姆以上。

(5) 最高工作频率 f_M　最高工作频率 f_M 是指二极管正常工作时的上限频率值，它的大小与 PN 结的电容有关，超过此值，二极管的单向导电特性变差。

5.2.2 特殊二极管的特性测试

1. 稳压二极管

稳压二极管是一种特殊的硅材料二极管，由于在一定的条件下能起稳定电压的作用，故称为稳压管，常用于基准电压、保护、限幅和电平转换电路中。

稳压二极管的符号如图 5-7 所示。

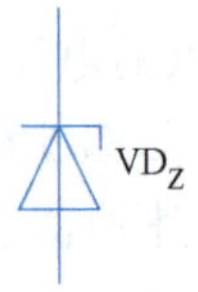

VD_Z

图 5-7　稳压二极管的符号

(1) 稳压二极管的工作特性　稳压二极管的制造工艺采取了一些特殊措施，使它能够得到很陡直的反向击穿特性，并能在击穿区内安全工作。硅稳压二极管的伏安特性曲线如图 5-8 所示，它是利用管子反向击穿时电流在很大范围内变化，而管子两端的电压几乎不变的特点实现稳压的。因此，稳压二极管正常工作时，工作于反向击穿状态，此时的击穿电压称为稳定工作电压，用 U_Z 表示。

(2) 稳压二极管的主要参数

1) 稳定工作电压 U_Z。稳定工作电压 U_Z 即反向击穿电压。由于击穿电压与制造工艺、环境温度及工作电流有关，因此在手册中只能给出某一型号稳压二极管的稳压范围。例如，2CW21A 这种稳压二极管的稳定工作电压 U_Z 为 4~5.5V，2CW55A 的稳定工作电压 U_Z 为 6.2~7.5V。但是，对于某一只具体的稳压二极管，U_Z 是确定的值。

2) 稳定工作电流 I_Z。稳定工作电流 I_Z 是指稳压二极管工作在稳压状态时流过的电流。当稳压二极管反向电流小于最小稳定电流 I_{Zmin} 时，没有稳压作用；当稳压二极管反向电流大于最大稳定电流 I_{Zmax} 时，管子因过电流而损坏。

3) 最大耗散功率 P_{ZM} 和最大工作电流 I_{ZM}。P_{ZM} 和 I_{ZM} 是为了保证管子不被热击穿而规定的极限参数，由管子允许的最高结温决定，$P_{ZM}=I_{ZM}U_Z$。

4）动态电阻 r_Z。动态电阻 r_Z 是指稳压范围内电压变化量与相应的电流变化量之比，即 $r_Z=\dfrac{\Delta U_Z}{\Delta I_Z}$，如图 5-8所示。$r_Z$ 值很小，约几欧姆到几十欧姆。r_Z 越小越好，即反向击穿特性曲线越陡越好，也就是说，r_Z 越小，稳压性能越好。

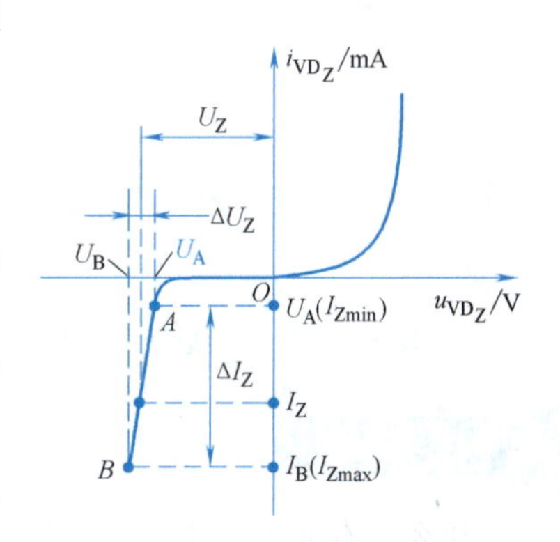

图 5-8 硅稳压二极管的伏安特性

（3）稳压二极管的使用　使用稳压二极管时应注意以下几点：

1）稳压二极管的正极要接低电位，负极接高电位，保证工作在反向击穿区（除非用正向特性稳压）。

2）为了防止稳压二极管的工作电流超过最大稳定电流 $I_{Z\max}$ 而发热损坏，一般要串接一个限流电阻 R。

3）稳压二极管不能并联使用，以免因稳压值的差异造成各管电流不均，导致管子过载而损坏。

2. 发光二极管

发光二极管简称为 LED，与普通二极管一样，也是由 PN 结构成的，同样具有单向导电特性，但在正向电流达到一定值时就会发光，所以它是一种把电能转换成光能的半导体器件。它具有体积小、工作电压低、工作电流小、发光均匀稳定、响应速度快和寿命长等优点，其缺点是功耗较大。发光二极管常用作显示器件，如指示灯、七段显示器和矩阵显示器等。由于构成发光二极管的材料、封装形式和外形不同，因而它的类型很多，如单色发光二极管、变色发光二极管、闪烁发光二极管、电压型发光二极管、红外发光二极管以及激光发光二极管等。

单色发光二极管的发光颜色有红、绿、黄、橙、蓝等，几乎所有设备的电源指示灯和七段数码显示器件都使用单色发光二极管。单色发光二极管的符号如图 5-9 所示。单色发光二极管的两根引脚中，长引脚是正极，短引脚是负极。

发光二极管的正向工作电压为 2～3V，工作电流为 5～20mA，一般 $I_{VD}=1$mA 时启辉。随着 I_{VD} 的增大，亮度不断增加。当 $I_{VD}\geqslant 5$mA 以后，亮度并不显著增加。当流过发光二极管的电流超过极限值时，会导致管子损坏。因此，发光二极管在使用时，必须在电路中串接限流电阻。

目前有一种 BTV 系列的电压型发光二极管，它将限流电阻集成在管壳内，与发光二极管串联后引出两个电极，外观与普通发光二极管相同，使用更为方便。

3. 光电二极管

光电二极管是一种很常用的光敏元件。与普通二极管相似，它也是具有一个 PN 结的半导体器件，但两者在结构上有着显著不同。普通二极管的 PN 结是被严密封装在管壳内的，光线的照射对其特性不产生任何影响；而光电二极管的管壳上则开有一个透明的窗口，光线能透过此窗口照射到 PN 结上，以改变其工作状态。光电二极管的符号如图 5-10 所示。

光电二极管工作在反偏状态，它的反向电流随光照强度的增加而上升，用于实现光电转换功能。光电二极管广泛用于遥控接收器、激光头中。当制成大面积的光电二极管时，能将光能直接转换成电能，也可当作一种能源器件，即光电池。

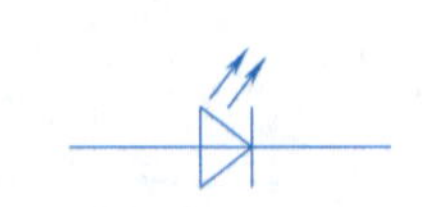

图 5-9　发光二极管的符号

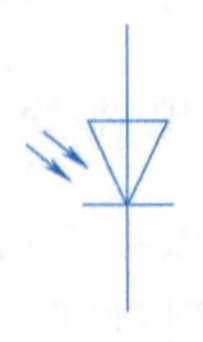

图 5-10　光电二极管的符号

1. 什么是本征半导体、P 型半导体和 N 型半导体？它们在导电性能上各有何特点？

2. 空间电荷区为什么又称为耗尽区、阻挡层？何谓 PN 结的正向偏置和反向偏置？何谓 PN 结的单向导电特性？

3. 稳压二极管、发光二极管和光电二极管正常工作时，其偏置是正偏还是反偏，或者两种情况都有可能？为什么？

5.3　整流电路

生产与科研中常用直流电，例如电解、电镀、蓄电池充电以及直流电动机供电等。电子电路、电子设备和自动控制装置中，一般都需要稳定的直流电源。为获得直流电，除了用直流发电机和各种电池外，目前广泛采用半导体直流稳压电源。

半导体直流稳压电源由电源变压器、整流电路、滤波电路和稳压电路四部分组成，其组成框图如图 5-11 所示。

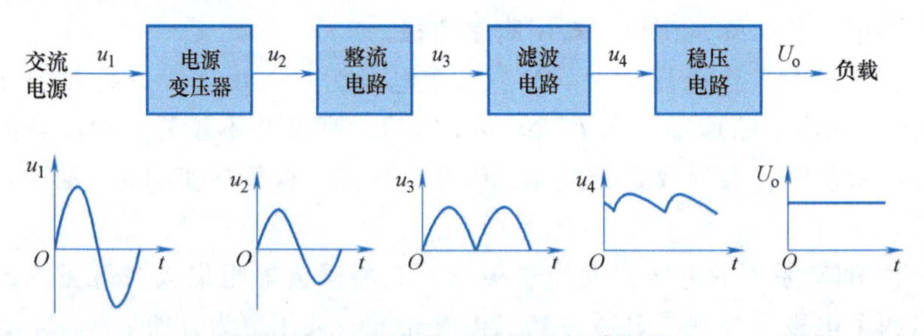

图 5-11　直流稳压电源的组成框图

电源变压器的作用是为用电设备提供所需的交流电压。整流电路和滤波电路的作用是把交流电变换成平滑的直流电。稳压电路的作用是克服电网电压、负载及温度变化所引起的输出电压的变化，提高输出电压的稳定性。本节主要介绍整流电路和滤波电路，稳压电路将在后续内容中介绍。

5.3.1　单相半波整流电路

将交流电变换成单向脉动的直流电的过程称为整流。

1. 电路的结构

单相半波整流电路通常由降压电源变压器 Tr、整流二极管 VD 和负载 R_L组成，如图5-12所示。为简化分析，将二极管视为理想二极管，即二极管正向导通时，做短路处理；反向截止时，做开路处理。

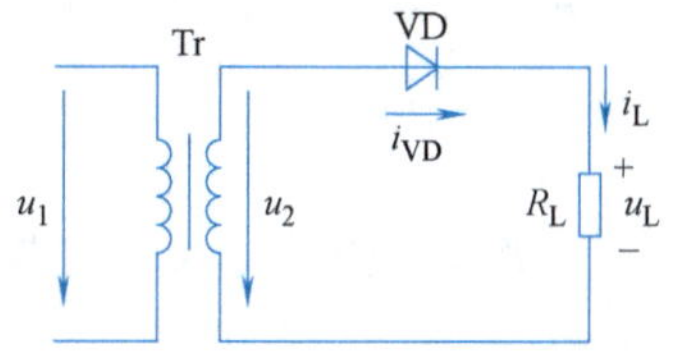

图 5-12 单相半波整流电路

2. 工作原理

设 $u_2=\sqrt{2}U_2\sin\omega t$，其波形如图 5-13a 所示。在 u_2的正半周期间，变压器二次电压的瞬时极性是上端为正，下端为负。二极管 VD 因正向偏置而导通，电流自上而下流过负载电阻 R_L，则 $u_{VD}=0$，$u_L=u_2$。

在 u_2的负半周期间，变压器二次电压的瞬时极性是上端为负，下端为正。二极管 VD 因反向偏置而截止，没有电流通过负载电阻 R_L，则 $u_L=0$，而 u_2全部加在二极管 VD 两端，则 $u_{VD}=u_2$。负载电压和电流的波形和二极管两端电压波形如图 5-13b～d 所示。可见，利用二极管的单向导电特性，将变压器二次侧的正弦交流电变换成了负载两端的单向脉动的直流电，达到了整流的目的。这种电路在交流电的半个周期里有电流通过负载，故称为半波整流电路。

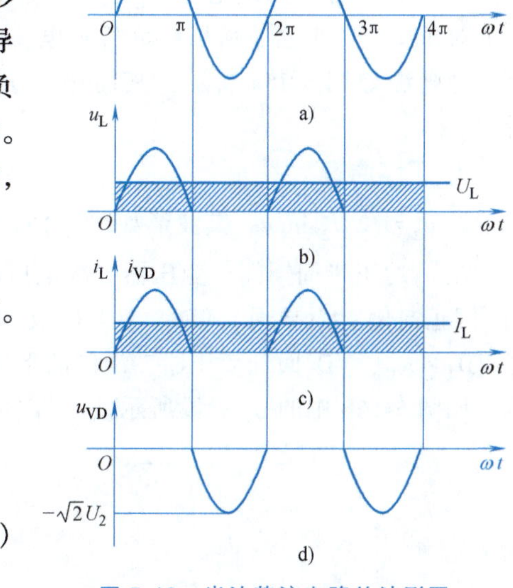

图 5-13 半波整流电路的波形图

3. 负载上的直流电压和直流电流

直流电压是指一个周期内脉动电压的平均值。对于半波整流电路：

$$U_L=\frac{1}{2\pi}\int_0^{2\pi}u_L\mathrm{d}\omega t=\frac{1}{2\pi}\int_0^{\pi}\sqrt{2}U_2\sin\omega t\mathrm{d}\omega t$$

$$=\frac{\sqrt{2}U_2}{\pi}\approx 0.45U_2 \tag{5-1}$$

流过负载 R_L的电流平均值为

$$I_L=\frac{U_L}{R_L}=0.45\frac{U_2}{R_L} \tag{5-2}$$

4. 整流二极管的电压、电流与二极管的选择

流过二极管的直流电流与流过负载的直流电流相同，即

$$I_{VD}=I_L \tag{5-3}$$

二极管承受的最大反向电压为二极管截止时两端电压的最大值，即

$$U_{VDrm}=\sqrt{2}U_2 \tag{5-4}$$

可见，为保证二极管安全工作，选用二极管时要求：$I_{FM}\geqslant I_{VD}$，$U_{RM}\geqslant U_{VDrm}$。

半波整流电路结构简单，但输出电压低，脉动成分大，变压器利用率低，只适用于小电流、小功率以及对脉动要求不高的场合。

例 5-1 单相半波整流电路如图 5-12 所示。已知：负载电阻 $R_L=600\Omega$，变压器二次电压的有效值 $U_2=40V$。求：负载上电流、电压的平均值及二极管承受的最大反向电压。

解 负载上电压的平均值为

$$U_L = 0.45U_2 = 0.45 \times 40V = 18V$$

负载上电流的平均值为

$$I_L = \frac{U_L}{R_L} = \frac{18}{600}A = 0.03A = 30mA$$

二极管承受的最大反向电压为

$$U_{VDrm} = \sqrt{2}U_2 = \sqrt{2} \times 40V = 56.6V$$

5.3.2 单相桥式全波整流电路

1. 电路的结构

单相桥式全波整流电路由4只相同的二极管VD_1~VD_4和负载R_L组成，电路如图5-14所示。4只二极管接成一个电桥形式，其中二极管极性相同的一个对角接负载电阻R_L，二极管极性不同的一个对角接交流电压，所以称为桥式电路。电路图的另一种画法如图5-15a所示，其简化画法如图5-15b所示。

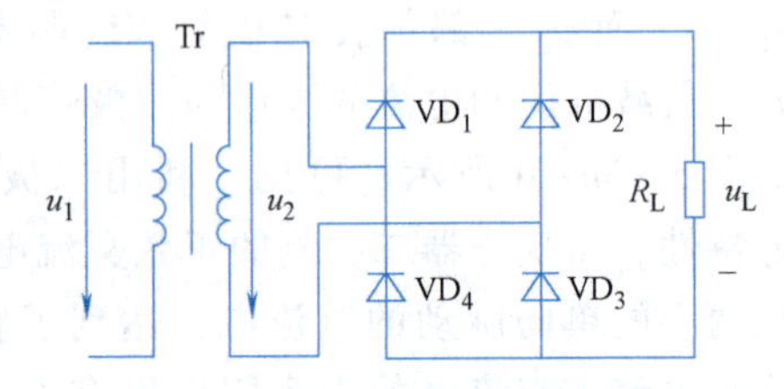

图5-14 单相桥式全波整流电路

2. 工作原理

设$u_2 = \sqrt{2}U_2\sin\omega t$，其波形如图5-16a所示。

在u_2的正半周期间，变压器二次电压的瞬时极性是上端为正，下端为负。二极管VD_1、VD_3因正向偏置而导通，VD_2、VD_4因反向偏置而截止，电流由变压器二次侧的上端流出，经VD_1、R_L、VD_3回到变压器二次侧的下端，自上而下流过R_L，在R_L上得到上正下负的电压，如图5-16b中的0~π段所示。

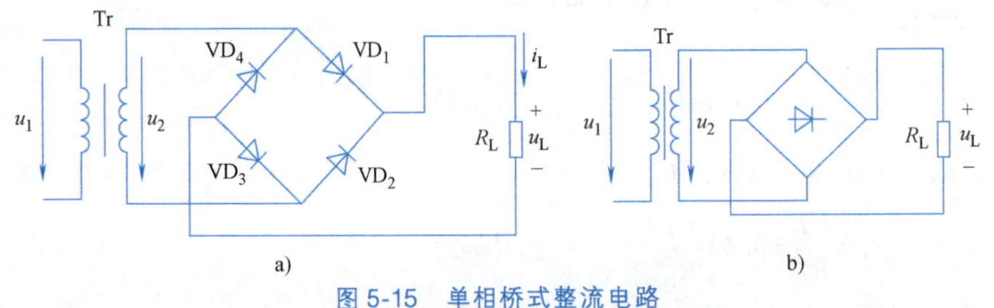

图5-15 单相桥式整流电路

a) 电路另一种画法 b) 电路简化画法

在u_2的负半周期间，变压器二次电压的瞬时极性是上端为负，下端为正。二极管VD_1、VD_3因反向偏置而截止，VD_2、VD_4因正向偏置而导通，电流由变压器二次侧的下端流出，经VD_2、R_L、VD_4回到变压器二次侧的上端，自上而下流过R_L，在R_L上仍然得到上正下负的电压，如图5-16b中的π~2π段所示。

由以上分析可见，在u_2的一个周期里，由于VD_1、VD_3和VD_2、VD_4轮流导通，所以负载R_L得到的是单方向的全波脉动的直流电。

3. 负载上的直流电压和直流电流

负载上的直流电压为

$$U_L = \frac{1}{2\pi}\int_0^{2\pi} u_L \mathrm{d}\omega t = \frac{1}{\pi}\int_0^{\pi} \sqrt{2}U_2 \sin\omega t \mathrm{d}\omega t$$

$$= \frac{2\sqrt{2}U_2}{\pi} \approx 0.9U_2 \tag{5-5}$$

流过负载 R_L 的电流平均值为

$$I_L = \frac{U_L}{R_L} = 0.9\frac{U_2}{R_L} \tag{5-6}$$

4. 整流二极管的电压、电流与二极管的选择

在桥式整流电路中，因为二极管 VD_1、VD_3 和 VD_2、VD_4 在电源电压变化一周内是轮流导通的，所以流过每个二极管的电流都等于负载电流的一半，即

$$I_{VD} = \frac{1}{2}I_L \tag{5-7}$$

每个二极管承受的最大反向电压为二极管截止时两端电压的最大值，即

$$U_{VDrm} = \sqrt{2}U_2 \tag{5-8}$$

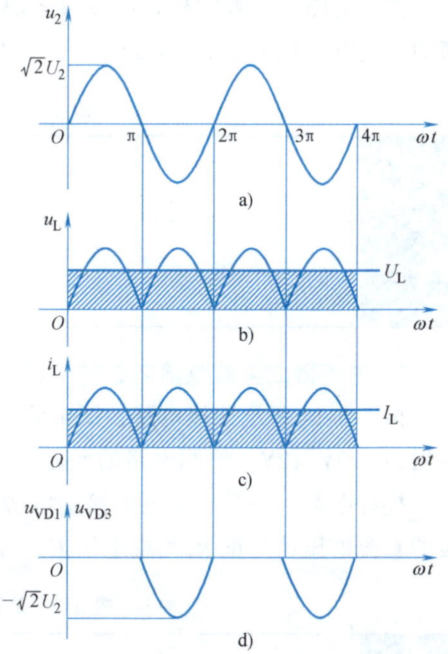

选用二极管时要求

$$I_{FM} \geqslant I_{VD}, U_{RM} \geqslant U_{VDrm}$$

图 5-16 桥式全波整流电路的波形图

综上所述，单相桥式整流电路的直流输出电压较高，脉动较小，效率较高。因此，这种电路得到了广泛的应用。

例 5-2 已知负载电阻 $R_L = 100\Omega$，负载工作电压 $U_L = 45V$。若采用桥式全波整流电路对其供电，试选择整流二极管的型号。

解 变压器二次电压的有效值可由 $U_L = 0.9U_2$ 求得，即

$$U_2 = \frac{U_L}{0.9} = \frac{45}{0.9}V = 50V$$

加在二极管上的反向峰值电压为

$$U_{VDrm} = \sqrt{2}U_2 = \sqrt{2}\times 50V \approx 71V$$

流过二极管的平均电流值为

$$I_{VD} = \frac{1}{2}I_L = \frac{1}{2}\times\frac{45}{100}A = 0.225A = 225mA$$

查手册，可选 2CZ54C 型整流二极管 4 只，其中 $I_{FM} = 0.5A > I_{VD} = 225mA$，$U_{RM} = 100V > U_{VDrm} = 71V$，满足计算要求。

技能训练——整流电路的测试

1. 单相半波整流电路的测试

按图 5-12 所示连接电路，图中二极管选用 1N4001，电阻选用 1kΩ、1/4W，变压器为 220V/12V。检测电路中的元器件。

接好电路，经教师检查后接通电源，用万用表的交流电压档测量输入电压 U_2，用万用表的直流电压档测量 R_L 两端电压 U_L，用示波器观察 u_2、u_L 的波形，将结果填入表 5-1 中。

表 5-1 单相半波整流电路的测试

项目	u_2	u_L	
电压	U_2 =	U_L 的测量值 =	U_L 的计算值 =
波形			

2. 单相桥式全波整流电路的测试

按图 5-14 所示连接电路，图中的 4 只二极管均选用 1N4001，电阻选用 1kΩ、1/4W，变压器为 220V/12V。检测电路的元器件。

接好电路，经教师检查后接通电源，用万用表的交流电压档测量输入电压 U_2，用万用表的直流电压档测量 R_L 两端电压 U_L，用示波器观察 u_2、u_L 的波形，将结果填入表 5-2 中。

表 5-2 单相桥式全波整流电路的测试

项目	u_2	u_L	
电压	U_2 =	U_L 的测量值 =	U_L 的计算值 =
波形			

注意：用万用表测量负载两端电压时，要注意正、负极。

【思考题】

1. 整流的主要目的是什么？整流电路是根据什么原理工作的？
2. 单相半波整流电路有什么特点？
3. 单相桥式全波整流电路有什么特点？
4. 在桥式全波整流电路中，如果其中一只二极管的极性接反了，或一只二极管内部开路、短路了，电路会出现什么情况？

5.4 滤波电路

整流电路输出的脉动电压是由直流分量和许多不同频率的交流谐波分量叠加而成的，这些谐波分量总称为纹波。单向脉动直流电压的脉动大，仅适用于对直流电压要求不高的场合，如电镀、电解等设备。而在有些设备中，如电子仪器、自动控制装置等，则要求直流电压非常稳定。为了获得平滑的直流电压，可采用滤波电路，滤除脉动直流电压中的交流成分，滤波电路常由电容和电感组成。

5.4.1 电容滤波电路

1. 电路的结构

在小功率的整流滤波电路中，最常用的是电容滤波电路，它是利用电容器两端的电压不能突变的特性，与负载并联，使负载得到较平滑的电压。图 5-17 所示为单相桥式全波整流电容滤波电路。

2. 工作原理

设电容器的初始电压为零，接通电源时，u_2由零开始上升，二极管 VD_1、VD_3正偏导通，VD_2、VD_4反偏截止，电源在向负载 R_L供电的同时，也向电容器 C 充电，$u_C \approx u_2$。因变压器二次侧的直流电阻和二极管的正向电阻均很小，故充电时间常数很小，充电速度很快，$u_C = u_2$，达到峰值$\sqrt{2}U_2$后，u_2下降。当 $u_2 < u_C$时，VD_1、VD_3截止，电容器开始向 R_L放电，因其放电时间常数 $R_L C$ 较大，u_C缓慢下降。直至 u_2的负半周出现$|u_2| > |u_C|$时，二极管 VD_2、VD_4正偏导通，电源又向电容器充电，如此周而复始地充、放电，得到图 5-18 所示的输出电压 u_L（即 u_C）的波形。显然此波形比没有滤波时平滑得多，即输出电压中的纹波大为减少，达到了滤波的目的。

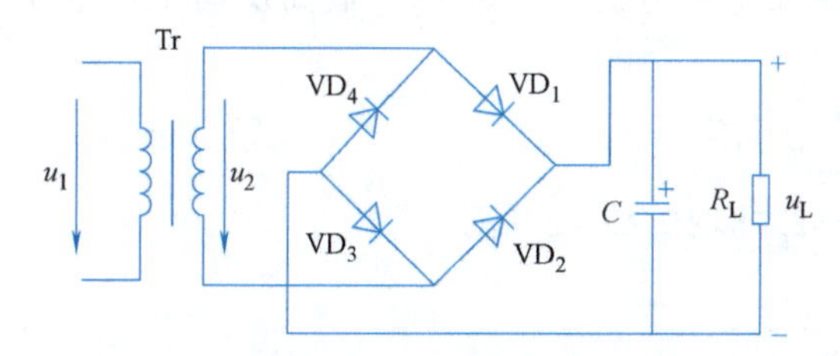

图 5-17 单相桥式全波整流电容滤波电路

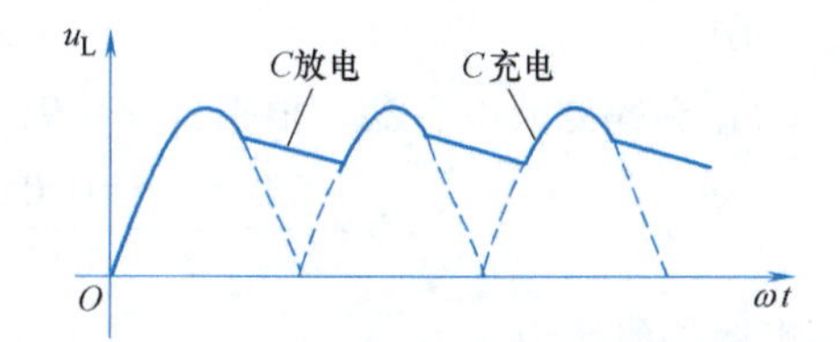

图 5-18 桥式整流电容滤波的波形图

3. 滤波电容和整流二极管的选择

（1）滤波电容的选择与输出电压的估算　滤波电容的大小取决于放电回路的时间常数。放电时间常数 $R_L C$ 越大时，输出电压的脉动就越小，输出电压就越高。工程上一般取

$$C \geqslant (3\sim5)\frac{T}{2R_L} \tag{5-9}$$

式中，T 为电源电压 u_2的周期。滤波电容一般采用电解电容器或油浸密封纸质电容器，使用电解电容器时，应注意极性不能接反。此外，当负载断开时，电容器两端的电压最大值为$\sqrt{2}U_2$，故电容器的耐压应大于此值，通常取（$1.5\sim2)U_2$。

当电容的容量满足式（5-9）时，输出的直流电压可按下式估算：

$$U_L = (1.1\sim1.2)U_2 \tag{5-10}$$

（2）整流二极管的选择　二极管的平均电流仍按负载电流的一半选取，即

$$I_{VD} = \frac{1}{2}I_L = \frac{U_L}{2R_L} \tag{5-11}$$

考虑到每个二极管的导通时间较短，会有较大的冲击电流，因此，二极管的最大整流电流一般按下式选取：

$$I_{FM} = (2\sim3)I_{VD} \tag{5-12}$$

二极管承受的最高反向工作电压仍为二极管截止时两端电压的最大值，则选取

$$U_{RM} \geqslant \sqrt{2} U_2 \tag{5-13}$$

电容滤波电路的优点是：电路简单，输出电压较高，脉动小；它的缺点是：负载电流增大时，输出电压迅速下降。因此它适用于负载电流较小且变动不大的场合。

例 5-3 单相桥式整流电容滤波电路中，输入交流电压的频率为 50Hz，若要求输出直流电压为 18V、电流为 100mA，试选择整流二极管和滤波电容器。

解 （1）选择整流二极管　流过二极管的电流平均值为

$$I_{VD} = \frac{1}{2} I_L = \frac{1}{2} \times 100\text{mA} = 50\text{mA}$$

变压器二次电压的有效值为

$$U_2 = \frac{U_L}{1.2} = \frac{18}{1.2}\text{V} = 15\text{V}$$

二极管承受的最高反向峰值电压为

$$U_{VDrm} = \sqrt{2} U_2 = \sqrt{2} \times 15\text{V} \approx 21\text{V}$$

因此可选 4 只整流二极管 2CZ52B。它的最大整流电流 $I_F = 0.3\text{A}$，最高反向工作电压 $U_{RM} = 50\text{V}$。

（2）选择滤波电容器　根据式（5-9）可得：

$$C = \frac{5T}{2R_L} = \frac{5 \times 0.02}{2 \times (18/0.1)}\text{F} \approx 2.78 \times 10^{-4}\text{F} = 278\mu\text{F}$$

电容器耐压为

$$(1.5 \sim 2) U_2 = (1.5 \sim 2) \times 15\text{V} = 22.5 \sim 30\text{V}$$

因而选用 330μF/35V 的电解电容器即可。

5.4.2 电感滤波电路

1. 电感滤波电路的工作原理

电感滤波电路如图 5-19 所示，由于工频交流电的频率较低（50Hz），所以电路中电感 L 一般取值较大，约几亨利以上。

电感滤波是利用电感的储能（电感中电流不能突变）来减小输出电压的纹波的。当电感中电流增大时，自感电动势的方向与原电流方向相反，阻碍电流的增加，同时将能量储存起来；反之，当电感中电流减小时，自感电动势的方向与原电流方向相同，其作用是阻碍电流的减小，同时释放能量。因此电感中电流变化时，产生自感电动势，阻碍电流的变化，使电流变化减小，电压的纹波得到抑制。

整流输出的电压是由直流分量和交流分量叠加而成的，因电感线圈的直流电阻很小，交流电抗很大，故直流分量顺利通过，交流分量将全部降到电感线圈上，在负载 R_L 上得到比较平滑的直流电压，其波形如图 5-20 所示。

电感滤波电路输出的直流电压与变压器二次电压的有效值 U_2 之间的关系为

$$U_L = 0.9 U_2 \tag{5-14}$$

电感线圈的电感量越大，负载电阻越小，滤波效果越好，因此，电感滤波器适用于负载

电流较大且变动较大的场合。其缺点是：电感量大，体积大，成本高。

2. 复式滤波电路

为了进一步改善滤波效果，实际使用中是电感滤波和电容滤波复合使用，即复式滤波。表 5-3 列出了几种复式滤波电路。

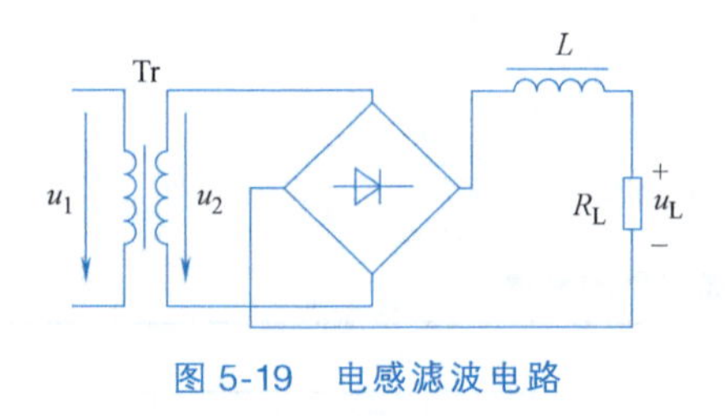

图 5-19 电感滤波电路

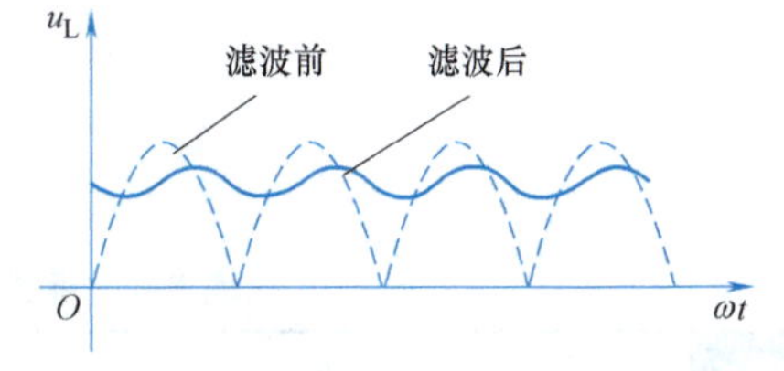

图 5-20 整流电感滤波电路及波形

表 5-3 复式滤波电路

型式	电 路	优 点	缺 点	使用场合
Γ型 LC 滤波	L, C, R_L	输出电流较大，负载能力较好，滤波效果好	电感线圈体积大，成本高	适用于负载变动大、负载电流较大的场合
Π型 LC 滤波	L, C_1, C_2, R_L	输出电压高，滤波效果好	输出电流较小，负载能力差	适用于负载电流较小、要求稳定的场合
Π型 RC 滤波	R, C_1, C_2, R_L	滤波效果较好，结构简单经济，能兼起降压、限流的作用	输出电流较小，负载能力差	适用于负载电流小的场合

技能训练——单相整流滤波电路的安装与测试

1. 电容滤波电路的安装与测试

1）按图 5-21 所示连接电路，图中变压器选用 220V/12V，4 只二极管均选用 1N4001，电阻 R 选用 100Ω、2W，R_L选用 1kΩ、1/4W，电容器选用 330μF/25V 电解电容。检测电路中的元器件。

2）电容滤波电路的测试。闭合图 5-21 中的 S_1、S_3，断开 S_2，用万用表的交流电压档测量输入电压 U_2，用万用表的直流电压档测量 R_L 两端电压 U_L，用示波器观察 u_2、u_L 的波形，填入表 5-4 中。

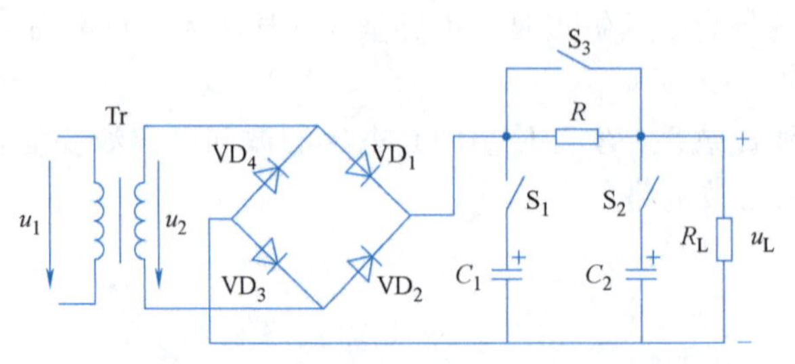

图 5-21 单相桥式全波整流电容滤波电路

表 5-4 桥式整流电容滤波电路的测试

项目	u_2	u_L	
电压	U_2 =	U_L的测量值 =	U_L的计算值 =
波形			

3）Π 型 *RC* 滤波电路的测试。闭合图 5-21 中的 S_1、S_2，断开 S_3，用万用表的交流电压档测量输入电压 U_2，用万用表的直流电压档测量 R_L 两端电压 U_L，用示波器观察 u_2、u_L 的波形，填入表 5-5 中。

表 5-5 桥式整流 *RC*Π 型滤波电路的测试

项目	u_2	u_L	
电压	U_2 =	U_L的测量值 =	U_L的计算值 =
波形			

2. 电感滤波电路的安装与测试

按图 5-19 所示连接电路。图中变压器选用 220V/12V，二极管型号为 1N4001，电阻为 1kΩ，电感为 4H/25V。用示波器观察 u_2、u_L 的波形。请思考：此电路的输出电压 u_L 的波形与桥式全波整流电路输出电压 u_L 的波形有什么不同？与电容滤波电路输出电压 u_L 的波形有什么不同？

【思考题】

1. 电容滤波利用的是什么原理？
2. 在带电容滤波的整流电路中，二极管的导通时间为什么变少了？
3. 如何选取滤波电容的容量？
4. 电感滤波利用的是什么原理？
5. 电感滤波电路输出直流电压的平均值计算公式为什么与整流电路的一样？

习　题

1. 在线路板上，用 4 只排列如图 5-22 所示的二极管组成桥式整流电路，试问：图 5-22a、b 的端点如何接入交流电源和负载电阻 R_L？要求画出的接线图最简单。

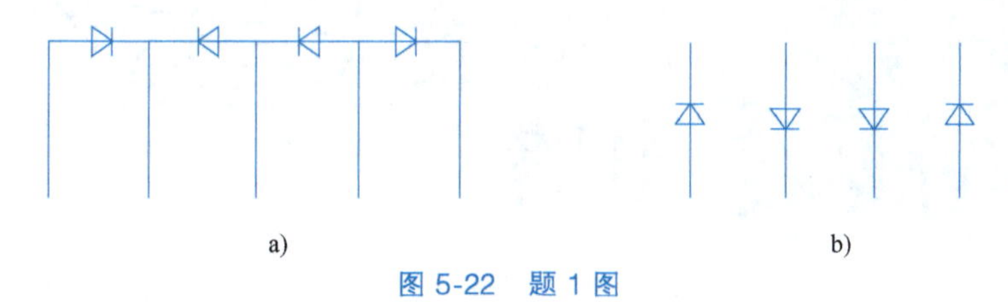

图 5-22 题 1 图

2. 分析图 5-23 所示电路中，各二极管是导通还是截止的？并求输出电压 U_o（设所有二极管正偏时的工作电压降为 0.7V，反偏时的电阻为∞）。

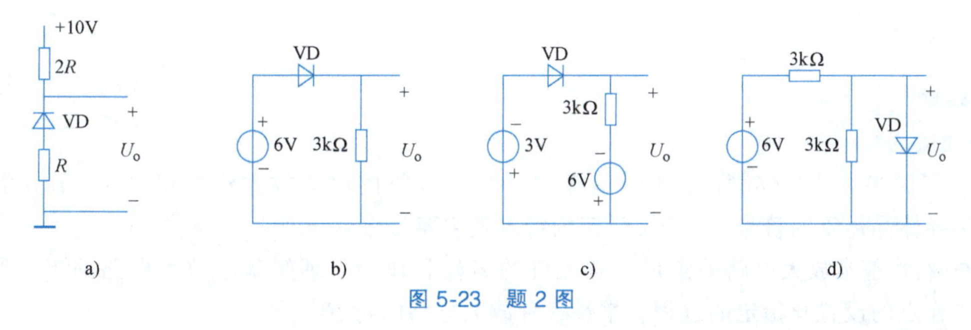

图 5-23 题 2 图

3. 在图 5-24 所示电路中，$u_i = 10\sin\omega t$ V，$E = 5$V，试画出输出电压 u_o 的波形（二极管按理想情况考虑）。

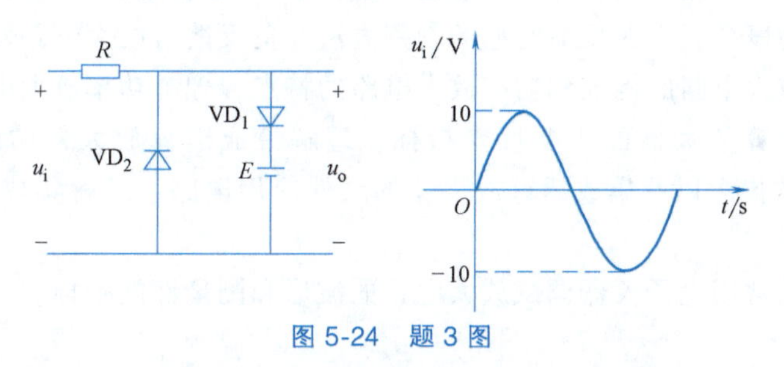

图 5-24 题 3 图

4. 在单相半波整流电路中，已知变压器二次电压有效值 $U_2 = 20$V，负载电阻 $R_L = 10\Omega$，求：(1) 负载电阻 R_L 上的电压平均值和电流平均值各为多少？(2) 电网电压允许波动±10%，二极管承受的最大反向电压和流过的最大电流平均值各为多少？

5. 220V、50Hz 的交流电压经降压变压器给桥式整流电容滤波电路供电，要求输出直流电压为 24V，电流为 400mA。试选择整流二极管的型号、变压器二次电压的有效值及滤波电容器的规格。

6. 单相桥式整流、电容滤波电路的电源频率 $f = 50$Hz，负载电阻 $R_L = 120\Omega$，要求直流输出电压 $U_L = 30$V。试选择整流二极管的型号及滤波电容的规格。

第6章 CHAPTER 6 信号放大与运算电路

学习目标

1. 了解半导体晶体管的结构，理解半导体晶体管的电流放大作用和输入、输出特性，掌握半导体晶体管的符号、3个工作区的特点及主要参数。

◆ 熟悉基本放大电路的组成，各元件的名称和作用；理解基本放大电路的工作原理，静态工作点的设置及稳定的过程；掌握各种放大电路的特点。

2. 掌握放大电路的微变等效电路分析方法，能够估算其性能指标。

3. 熟悉多级放大电路的耦合方式，能进行多级放大电路性能指标的估算。

4. 理解反馈的概念，掌握反馈类型的判别方法、负反馈对放大电路性能的影响。

5. 了解功率放大电路的构成和功率放大电路的特点，理解功率放大电路的工作原理。

6. 了解集成运算放大器的主要性能指标，理解集成运算放大器的理想化条件，掌握“虚短”“虚断”的概念以及集成运算放大器的线性应用电路，了解集成运算放大器的非线性应用电路。

7. 会正确使用常用电子仪器调试放大电路的波形和测量性能指标。

6.1 半导体晶体管

半导体晶体管是放大电路中的关键器件。半导体晶体管的种类很多，应用十分广泛、识别半导体晶体管的种类，掌握质量检测及选用的方法是学习电子技术必须掌握的一项基本技能。

6.1.1 半导体晶体管的结构和电流放大作用

1. 半导体晶体管的结构

半导体晶体管又称为双极型三极管，简称晶体管或BJT。晶体管中两个PN结之间相互影响使其表现出不同于二极管（单个PN结）的特性，晶体管具有电流放大作用。

晶体管的结构示意图如图6-1a所示，它由3层不同性质的半导体组合而成。按半导体的组合方式不同，晶体管可分为 NPN 型晶体管和 PNP 型晶体管。

无论是 NPN 型晶体管还是 PNP 型晶体管，它们内部都含有 3 个区：发射区、基区和集电区。这 3 个区的作用分别是：发射区用来发射载流子，基区用来控制载流子的传输，集电区用来收集载流子。从 3 个区各引出 1 个金属电极，分别称为发射极（E）、基极（B）和集电极（C）；同时在 3 个区的 2 个交界处分别形成 2 个 PN 结，发射区与基区之间形成的 PN 结称为发射结，集电区与基区之间形成的 PN 结称为集电结。晶体管的符号如图 6-1b 所示，符号中箭头方向表示发射结正向偏置时发射极的电流方向。

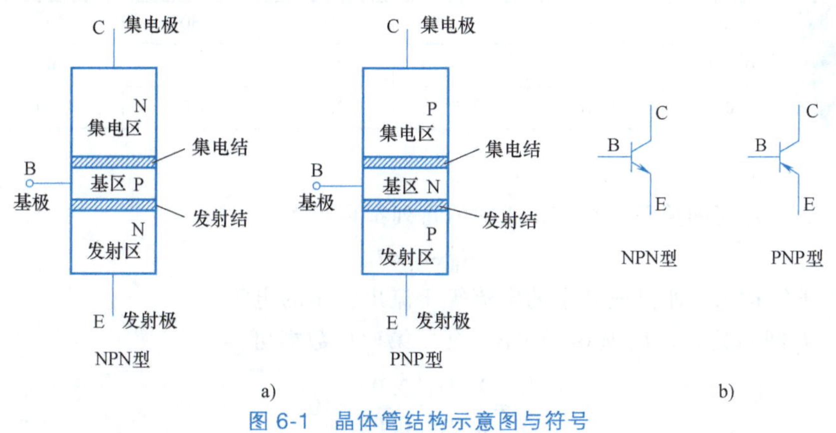

图 6-1 晶体管结构示意图与符号

a）结构示意图 b）符号

由于晶体管 3 个区的作用不同，在制作时，每个区的掺杂浓度及面积均不同。其内部结构的特点是：发射区的掺杂浓度较高；晶体管的基区不但做得很薄，而且掺杂浓度很低，便于高掺杂浓度发射区的多数载流子扩散过来；集电区面积较大，以便收集由发射区发射、途经基区、最终到达集电区的载流子，此外也利于集电结散热。以上特点是晶体管实现放大作用的内部条件。在使用时，发射极和集电极不能互换。

2. 晶体管的分类

晶体管的种类很多，有以下几种常见的分类形式：按结构类型不同，晶体管可分为 NPN 型晶体管和 PNP 型晶体管；按制作材料不同，晶体管可分为硅管和锗管；按工作频率不同，晶体管可分为高频管和低频管；按功率大小不同，晶体管可分为大功率管、中功率管和小功率管；按工作状态不同，晶体管可分为放大管和开关管。

3. 晶体管的电流分配与放大作用

要实现晶体管的电流放大作用，除了需具备上述内部条件外，还必须具有一定的外部条件，这就是合适的偏置电压：给晶体管的发射结加上正向偏置电压，集电结加上反向偏置电压。

对于 NPN 型晶体管来说，把晶体管接成如图 6-2 所示的电路，此种接法输入基极回路和输出集电回路的公共端为发射极（E），故称为共发射极接法。直流电源 U_{BB} 经电阻 R_B 接至晶体管的基极与发射极之间，U_{BB} 的极性使发射结处于正向偏置状态（$V_B>V_E$）；电源 U_{CC} 通过电阻 R_C 接至晶体管的集电极与发射极之间，U_{CC} 的极性和电路参数使 $V_C>V_B$，以保证集电结处于反向偏置状态。因此，3 个电极

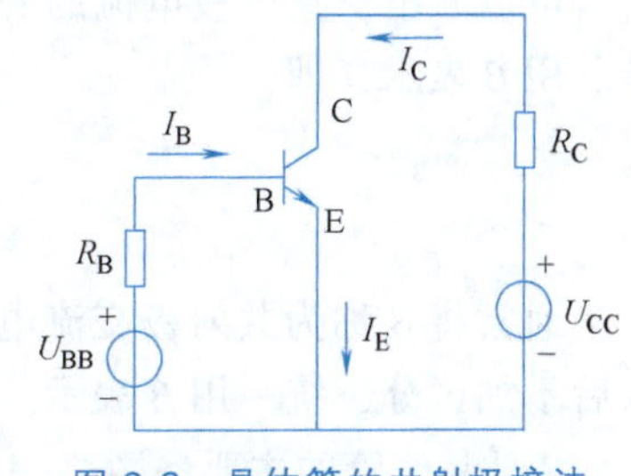

图 6-2 晶体管的共射极接法

之间的电位关系为 $V_C>V_B>V_E$，实现了发射结的正向偏置，集电结的反向偏置。

对于 PNP 型晶体管，电源极性应与图 6-2 相反，具有放大作用的 3 个极的电位关系为 $V_C<V_B<V_E$。

晶体管中各电极电流的分配关系可用图 6-2 所示的电路进行测试。

（1）测试数据　调节图 6-2 中的电源电压 U_{BB}，由电流表可测得相应的 I_B、I_C、I_E 的数据，见表 6-1。

表 6-1　晶体管各电流的测试数据

$I_B/\mu A$	-0.001	0	10	20	30	40	50
I_C/mA	0.001	0.10	1.01	2.02	3.04	4.06	5.06
I_E/mA	0	0.10	1.02	2.04	3.07	4.10	5.11

（2）数据分析

1）I_B、I_C、I_E 间的关系。由表 6-1 中的每列都可得到：

$$I_B+I_C=I_E \tag{6-1}$$

此结果符合 KCL，即流进管子的电流等于流出管子的电流。

2）I_C、I_B 间的关系。从表 6-1 中第三列、第四列数据可知

$$\frac{I_C}{I_B}=\frac{1.01}{0.01}=\frac{2.02}{0.02}=101$$

这就是晶体管的电流放大作用。上式中的 I_C 与 I_B 的比值表示其直流放大性能，用 $\bar{\beta}$ 表示，即

$$\bar{\beta}=\frac{I_C}{I_B} \tag{6-2}$$

通常将 $\bar{\beta}$ 称为共射极直流电流放大系数，由式（6-2）可得

$$I_C=\bar{\beta}I_B \tag{6-3}$$

将式（6-3）代入式（6-1）中，可得

$$I_E=(1+\bar{\beta})I_B \tag{6-4}$$

I_C、I_B 间的电流变化关系。用表 6-1 中第四列的电流减去第三列对应的电流，即

$$\Delta I_B=(0.02-0.01)\text{mA}=0.01\text{mA}$$

$$\Delta I_C=(2.02-1.01)\text{mA}=1.01\text{mA}$$

$$\frac{\Delta I_C}{\Delta I_B}=\frac{1.01}{0.01}=101$$

可以看出，集电极电流的变化要比基极电流变化大得多，这表明晶体管具有交流放大性能。用 β 表示，即

$$\beta=\frac{\Delta I_C}{\Delta I_B} \tag{6-5}$$

通常将 β 称为共射极交流电流放大系数。由上述数据分析可知：$\beta\approx\bar{\beta}$。为了表示方便，以后不加区分，统一用 β 表示。

β 是晶体管的主要参数之一。β 的大小除了由半导体材料的性质、管子的结构和工艺决

定外，还与管子工作电流 I_C 的大小有关。也就是说，同样一只管子在不同工作电流下，β 值是不一样的。

由表 6-1 可得出如下结论：

1）当 I_B 有一微小变化时，就能引起 I_C 较大的变化，这就是晶体管实现放大作用的实质——通过改变基极电流 I_B 的大小，达到控制 I_C 的目的。因此晶体管是一种电流控制型器件。

2）当 $I_E=0$，即发射极开路时，$I_C=-I_B$。这是因为集电结加反偏电压，引起少子的定向运动，形成一个由集电区流向基区的电流，称为反向饱和电流，用 I_{CBO} 表示（注意：表 6-1 中 I_B 的第一格之所以为负值，是因为规定 I_B 的正方向是流入基极的）。

3）当 $I_B=0$，即基极开路时，$I_C=I_E\neq0$，此电流称为集电极-发射极的穿透电流，用 I_{CEO} 表示。

6.1.2 半导体晶体管的输入特性和输出特性

晶体管的特性曲线是指各电极间电压和电流之间的关系曲线，它能直观、全面地反映晶体管各极电流与电压之间的关系。

1. 输入特性

晶体管的输入特性是指当集电极与发射极之间的电压 u_{CE} 一定时，输入回路中的基极电流 i_B 与基-射极间的电压 u_{BE} 之间的关系，即 $i_B=f(u_{BE})\big|_{u_{CE}=常数}$。

晶体管的输入特性曲线如图 6-3 所示（以硅管为例）。由图 6-3 可见，输入特性曲线与二极管正向特性曲线形状一样，也有一段死区。只有当 u_{BE} 大于死区电压时，输入回路才有 i_B 电流产生。常温下，硅管的死区电压约为 0.5V，锗管约为 0.1V。另外，当发射结完全导通时，晶体管也具有恒压特性。常温下，小功率硅管的导通电压为 0.6~0.7V，小功率锗管的导通电压为 0.2~0.3V。

2. 输出特性

晶体管的输出特性是指在每一个固定的 i_B 值下，输出电流 i_C 与输出电压 u_{CE} 之间的关系，即 $i_C=f(u_{CE})\big|_{i_B=常数}$。取不同的 i_B 值，可以测出如图 6-4 所示的一组特性曲线。

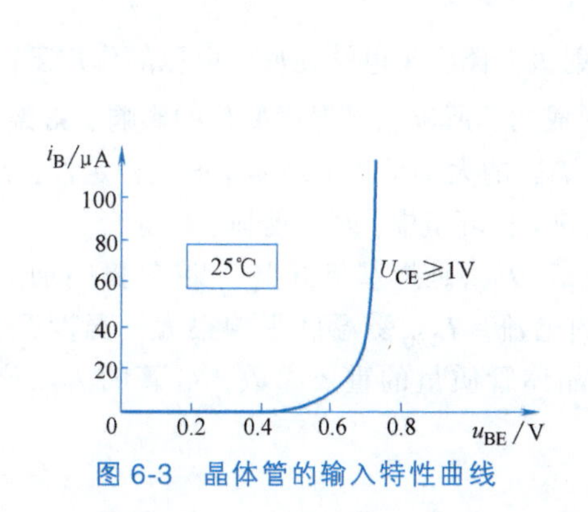

图 6-3 晶体管的输入特性曲线

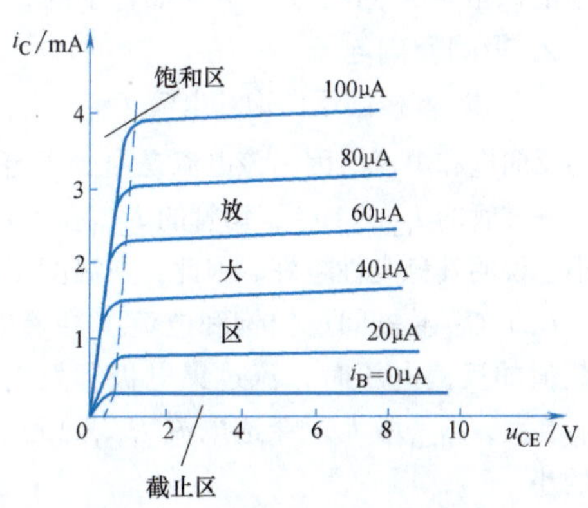

图 6-4 晶体管的输出特性曲线

根据晶体管的不同工作状态，输出特性曲线可分为截止区、放大区和饱和区 3 个工作区。

（1）截止区 当 $i_B=0$ 时，$i_C=I_{CEO}$。由于 I_{CEO} 数值很小，所以晶体管工作于截止状态。

故将 $i_B=0$ 所对应的那条输出特性曲线以下的区域称为截止区。晶体管处于截止区的外部电路的条件为发射结反向偏置（又称无偏置、零偏置），集电结反向偏置。这时 $u_{CE}\approx U_{CC}$，晶体管的集-射极之间相当于开路状态，类似于开关断开。

（2）放大区　当 $i_B>0$，且 $u_{CE}>1V$ 时，曲线比较平坦的区域称为放大区。此时，晶体管的发射结正向偏置，集电结反向偏置。根据曲线特征，可总结放大区有如下重要特性：

1）受控特性：指 i_C 随着 i_B 的变化而变化，即 $i_C=\beta i_B$。

2）恒流特性：指当输入回路中有一个恒定的 i_B 时，输出回路便对应一个基本不受 u_{CE} 影响的恒定的 i_C。

各曲线间的间隔大小可体现 β 值的大小。

（3）饱和区　将 $u_{CE}\leqslant u_{BE}$ 的区域称为饱和区。此时，发射结和集电结均处于正向偏置。晶体管失去了基极电流对集电极电流的控制作用。i_C 由外电路决定，而与 i_B 无关。将此时所对应的 u_{CE} 值称为饱和电压降，用 U_{CES} 表示。一般情况下，小功率管的 U_{CES} 小于 0.4V（硅管约为 0.3V，锗管约为 0.1V），大功率管的 U_{CES} 约为 1~3V。在理想条件下，$U_{CES}\approx 0$，晶体管集-射极之间相当于短路状态，类似于开关闭合。

通常把以上 3 种工作区域又称为 3 种工作状态，即截止状态、放大状态及饱和状态。由以上分析可知，晶体管在电路中既可以作为放大元件使用，又可以作为开关元件使用。

6.1.3　半导体晶体管的主要参数

晶体管的参数是用来表征其性能和适用范围的，也是衡量晶体管质量以及选择晶体管的依据。

1. 电流放大系数

晶体管接成共射电路时，其电流放大系数用 β 表示。β 的表达式在上述内容中已介绍，这里不再重复。

在选择晶体管时，如果 β 值太小，则电流放大能力差；若 β 值太大，则会使工作稳定性差。低频管的 β 值一般选择 20~100，而高频管的 β 值只要大于 10 即可。实际上，由于管子特性的离散性，同型号、同一批管子的 β 值也有所差异。

2. 极间反向电流

（1）集-基极间反向饱和电流 I_{CBO}　I_{CBO} 是指发射极开路、集电结在反向电压的作用下，形成的反向饱和电流。因为该电流是由少子定向运动形成的，所以它受温度变化的影响。常温下，小功率硅管的 $I_{CBO}<1\mu A$，锗管的 I_{CBO} 在 $10\mu A$ 左右。I_{CBO} 的大小反映了晶体管的热稳定性，I_{CBO} 越小，说明其稳定性越好。因此，在温度变化范围大的工作环境中，尽可能地选择硅管。

（2）集-射极间反向饱和电流（穿透电流）I_{CEO}　I_{CEO} 是指基极开路、集-射极间加上一定数值的反偏电压时，流过集电极和发射极之间的电流。I_{CEO} 受温度影响很大，温度升高，I_{CBO} 增大，I_{CEO} 增大。穿透电流 I_{CEO} 的大小是衡量晶体管质量的重要参数，硅管的 I_{CEO} 比锗管的小。

3. 极限参数

（1）集电极最大允许电流 I_{CM}　当集电极电流太大时，晶体管的电流放大系数 β 值下降。把 i_C 增大到使 β 值下降为正常值的 2/3 时所对应的集电极电流称为集电极最大允许电流 I_{CM}。为了保证晶体管的正常工作，集电极电流 I_C 必须小于集电极最大允许电流 I_{CM}。

（2）集-射极间的击穿电压 $U_{(BR)CEO}$ $U_{(BR)CEO}$是指当基极开路时，集电极与发射极之间的反向击穿电压。当温度上升时，击穿电压 $U_{(BR)CEO}$ 要下降。电路中的 U_{CE} 必须小于 $U_{(BR)CEO}$。

（3）集电极最大耗散功率 P_{CM} 当晶体管受热而引起的参数变化不超过允许值时，集电极所消耗的最大功率称为集电极最大允许耗散功率 P_{CM}。在使用中加在晶体管上的电压 U_{CE}与通过集电极电流 I_C 的乘积不能超过 P_{CM} 的值。

当管子的 P_{CM} 确定后，可在其输出特性曲线上作一条曲线，如图 6-5 所示。在输出特性曲线上，由 P_{CM}、$U_{(BR)CEO}$和 I_{CM} 所限定的区域为安全工作区。晶体管工作时，应在图中虚线包围的安全工作区范围以内，此时工作较为安全可靠。

注意：晶体管的特性和参数都是受温度影响的，晶体管的 u_{BE}、I_{CBO}和 β 等随温度的变化而变化。

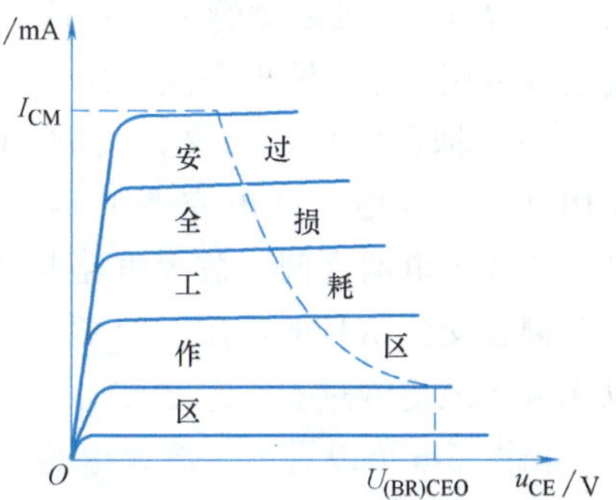

图 6-5 晶体管的安全工作区

【思考题】

1. 晶体管电流放大作用的实质是什么？
2. 为什么在不同的 i_B时，晶体管的输出特性曲线位置不同？
3. 能否将晶体管的集电极、发射极调换使用？为什么？
4. 为什么晶体管工作在放大区可等效为一个电流源？
5. 有两个晶体管，一个管子的 $\beta = 150$、$I_{CEO} = 200\mu A$，另一个管子的 $\beta = 50$、$I_{CEO} = 10\mu A$，其他参数一样，应选择哪个管子？

6.2 单级放大电路

将微弱变化的电信号放大之后带动执行机构，对生产设备进行测量、控制或调节，完成这一任务的电路称为放大电路。

6.2.1 单级共射放大电路

1. 单级共射基本放大电路的组成及各元件的作用

图 6-6 所示为单级共射基本放大电路。输入端接待放大的交流信号源 u_s（内阻为 R_s），输入信号电压为 u_i；输出端外接负载 R_L，输出交流电压为 u_o。电路中各个元件的作用如下：

（1）晶体管 VT 图 6-6 中的晶体管为 NPN 型，它是放大电路的核心元件。为使其具备放大条件，电路的电源和有关电阻的选择应使 VT 的发射结处于正向偏置状态，集电结处于反向偏置状态。

（2）集电极电源 U_{CC} 集电极电源 U_{CC}是放大电路的直流电源（能源）。此外，U_{CC}经电阻 R_C向 VT 提供集电结反偏电压，并保证 $U_{CE}>U_{BE}$。

（3）基极偏置电阻 R_B 基极偏置电阻 R_B的作用是给晶体管基极回路提供合适的偏置电

流 I_B。

(4) 集电极电阻 R_C　集电极电阻 R_C 的作用是把经晶体管放大了的集电极电流（变化量）转换成晶体管集电极与发射极之间管压降的变化量，从而得到放大后的交流信号输出电压 u_o。可以看出，若 $R_C=0$，则晶体管的管压降 U_{CE} 将恒等于直流电源电压 U_{CC}，输出交流电压 u_o 永远为 0。

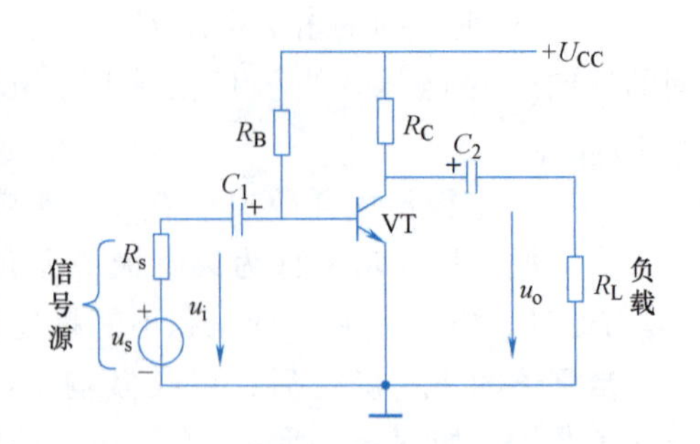

图 6-6　单级共射基本放大电路

(5) 耦合电容 C_1 和 C_2　耦合电容 C_1 和 C_2 的作用是：一方面利用电容器的隔直作用，切断信号源与放大电路之间、放大电路与负载之间的直流通路的相互影响；另一方面，C_1 和 C_2 又起着耦合交流信号的作用。只要 C_1、C_2 的容量足够大，交流的电抗足够小，交流信号便可以无衰减地传输过去。总之 C_1、C_2 的作用可概括为“隔离直流，传送交流”。

由图 6-6 可以看出，放大电路的输入电压 u_i 经 C_1 接至晶体管的基极与发射极之间，输出电压 u_o 由晶体管的集电极与发射极之间取出，u_i 与 u_o 的公共端为发射极，故称为共发射极接法。公共端的“接地”符号并不表示真正接到大地电位上，而是表示整个电路参考零电位，电路各点电压的变化以此为参考点。

在画电路原理图时，习惯上常常不画出直流电源的符号，而是用 $+U_{CC}$ 表示放大电路接到电源的正极，同时认为电源的负极接到符号“⊥”（地）上。对于 PNP 型管的电路，电源用 $-U_{CC}$ 表示，而电源的正极接“地”。

2. 共射放大电路的工作原理

对放大电路的工作过程进行分析，分为静态和动态两种情况。

(1) 放大电路中电压、电流的方向及符号规定　为了便于分析，规定电压的方向都以输入、输出回路的公共端为负，其他各点均为正；电流方向以晶体管各电极电流的实际方向为正方向。

为了区分放大电路中电压、电流的静态值（直流分量）、信号值（交流分量）以及两者之和（叠加），本书中约定按表 6-2 中的方式表示。即静态值的变量符号及下标都用大写字母；交流信号瞬时值的变量符号及下标都用小写字母；交流信号幅值或有效值的变量符号用大写字母，而其下标为小写字母；总量（静态+信号，即脉动直流）的变量符号用小写字母，而其下标用大写字母。

表 6-2　放大电路中变量的表示方式

变量类别		直流静态值	交流信号			总量（静态+信号）瞬时值
			瞬时值	幅值	有效值	
变量名称	基极电流	I_B	i_b	I_{bm}	I_b	i_B
	集电极电流	I_C	i_c	I_{cm}	I_c	i_C
	发射极电流	I_E	i_e	I_{em}	I_e	i_E
	集-射极电压	U_{CE}	u_{ce}	U_{cem}	U_{ce}	u_{CE}
	基-射极电压	U_{BE}	u_{be}	U_{bem}	U_{be}	u_{BE}

(2) 静态分析　所谓静态是指放大电路在未加入交流输入信号时的工作状态。没加输入信号 u_i 时，电路在直流电源 U_{CC} 作用下处于直流工作状态。晶体管的电流以及管子各极之

间的电压均为直流电流和电压，它们在特性曲线坐标图上为一个特定的点，常称为静态工作点（Q 点）。静态时，由于电容 C_1 和 C_2 的隔直作用，使放大电路与信号源及负载隔开，可看作如图 6-7 所示的直流通路。所谓直流通路就是放大电路处于静态时的直流电流所流过的路径。

利用直流通路可以计算出电路静态点处的电流和电压。由基极偏置电流 I_B 流过的基极回路得 $U_{CC}=I_BR_B+U_{BE}$，则

$$I_B=\frac{U_{CC}-U_{BE}}{R_B} \tag{6-6}$$

在图 6-7 中，当 U_{CC} 和 R_B 确定后，I_B 的数值几乎与管子参数无关，所以将图 6-6 所示的电路称为固定偏置放大电路。

由晶体管的电流放大作用得静态时集电极电流 I_C 为

$$I_C=\beta I_B \tag{6-7}$$

由集电极电流 I_C 流过的集电极回路，得：$U_{CC}=I_CR_C+U_{CE}$，则集-射极之间的电压为

$$U_{CE}=U_{CC}-I_CR_C \tag{6-8}$$

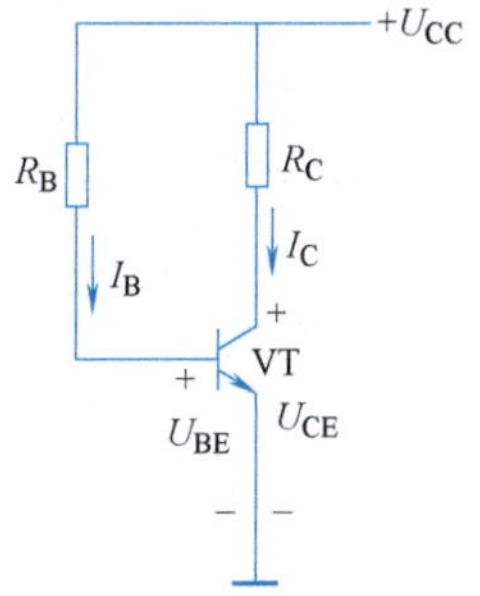

图 6-7　放大电路的直流通路

注意：求得的 U_{CE} 值应大于发射结正向偏置电压 U_{BE}，否则电路可能处于饱和状态，失去计算数值的合理性。

（3）动态分析　放大电路的动态是指放大电路在接入交流信号（或变化信号）以后电路中各处电流、电压的变化情况，动态分析是为了了解放大电路信号的传输过程和波形变化。分析时，通常在放大电路的输入端接入一个正弦交流信号电压 u_i，即 $u_i=U_{im}\sin\omega t$。

1）电路各处电流、电压的变化及其波形图。在图 6-6 中，u_i 经 C_1 耦合至晶体管的发射结，使发射结的总瞬时电压在静态直流量 U_{BE} 的基础上叠加一个交流分量 u_i，即

$$u_{BE}=U_{BE}+u_i$$

在 u_i 的作用下，基极电流总瞬时值 i_B 随之变化。u_i 的正半周，i_B 增大；u_i 的负半周，i_B 减小（假设 u_i 的幅值小于 U_{BE}，管子工作于输入特性接近直线的一段）。因此，在正弦电压 u_i 的作用下，i_B 在 I_B 的基础上也叠加了一个与 u_i 相似的正弦交流分量 i_b，即

$$i_B=I_B+i_b=I_B+I_{bm}\sin\omega t$$

基极电流的变化被晶体管放大为集电极电流的变化，因此集电极电流也是在静态电流 I_C 的基础上叠加一个正弦交流分量 i_c，即

$$i_C=\beta i_B=\beta(I_B+I_{bm}\sin\omega t)=\beta I_B+\beta I_{bm}\sin\omega t=I_C+I_{cm}\sin\omega t=I_C+i_c$$

集电极电流的变化在电阻 R_C 上引起电阻电压降 i_CR_C 的变化，以及管压降 u_{CE} 的变化，即

$$u_{CE}=U_{CC}-i_CR_C=U_{CC}-(I_C+i_c)R_C=(U_{CC}-I_CR_C)+(-i_cR_C)=U_{CE}+u_{ce}$$

其中，$u_{ce}=u_o=-i_cR_C$，即叠加在静态直流电压 U_{CE} 基础上的交流输出电压。

由以上分析得到重要结论：放大电路在动态工作时，放大电路中各处电压、电流都是在静态（直流）工作点（U_{BE}、I_B、I_C、U_{CE}）的基础上叠加一个正弦交流分量（u_i、i_b、i_c、u_{ce}）。电路中同时存在直流分量和交流分量，这是放大电路的特点。放大电路中各处电压、电流的波形如图 6-8 所示。

2）交流通路和共射放大电路中 u_o 与 u_i 的倒相关系。直流分量和交流分量在放大电路中

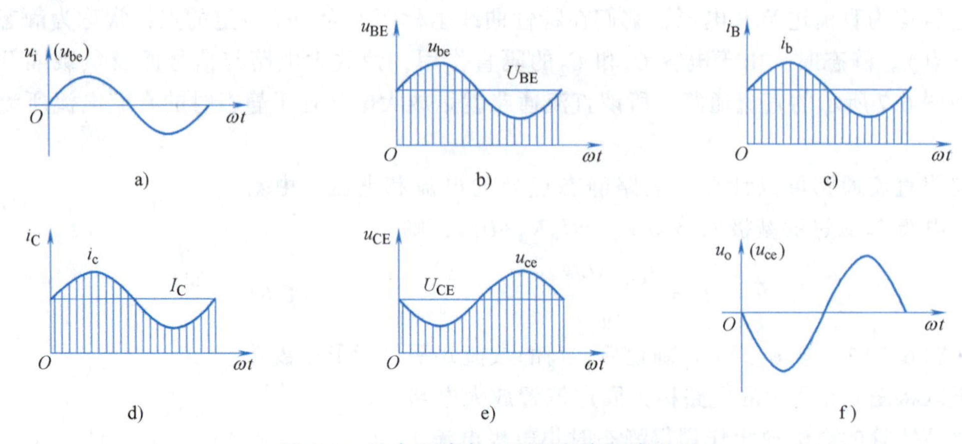

图 6-8　放大电路中电压和电流的波形图

a) u_i 的波形　b) u_{BE}的波形　c) i_B 的波形　d) i_C 的波形　e) u_{CE}的波形　f) u_o 的波形

有不同的通道。前面分析了利用直流通路来求放大电路的静态工作点（I_B、I_C及 U_{CE}），现在讨论用交流通路来分析放大电路中各处电压、电流交流分量之间的关系，如 u_o和 u_i之间的放大倍数（增益）和相位关系。

所谓放大电路的交流通路就是放大电路在输入信号作用下交流分量通过的路径。画交流通路的方法是：由于耦合电容 C_1、C_2的容量选得较大，因此对于所放大的交流信号的频率来说，它的容抗很小（可近似为 0），在画交流通路时可看作短路。由于电源 U_{CC}采用的是内阻很小的直流稳压电源或电池，所以其交流电压降也近似为 0。在画交流通路时，U_{CC}也看作对“地”短路。按此规定，图 6-6 所示共射放大电路的交流通路如图 6-9 所示。在交流通路中，电压、电流均以交流符号表示，即可用瞬时值符号 u、i 表示。图 6-9 中电压、电流的正方向均为习惯上采用的假定正方向（电流方向采用 NPN 型管的正常放大偏置方向）。

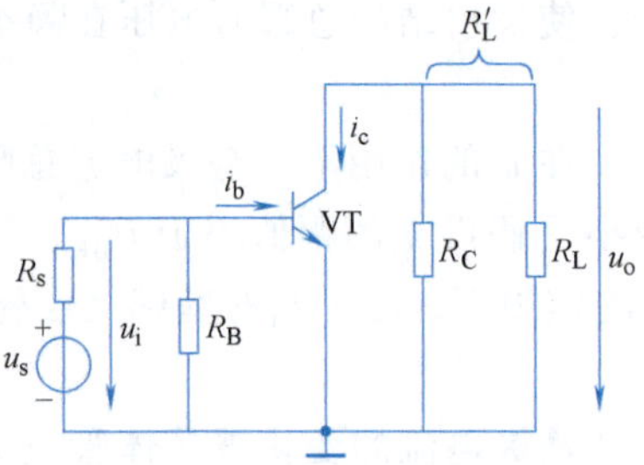

图 6-9　放大电路的交流通路

由图 6-9 可以看出，在交流通路中，R_L与 R_C并联，其并联阻值用 R_L'等效，即 $R_L'=R_L /\!/ R_C$，R_L'称为集电极等效负载电阻。

由图 6-9 可得电路的输出电压为

$$u_o = u_{ce} = -i_c R_L' \tag{6-9}$$

式中的负号表示 u_o与 u_i的相位相反。在分析共射电路的电压、电流动态变化波形（图 6-8）的过程中，u_{be}与 i_b、i_c与 i_b均为同相，只有 u_o与 u_i反相（相位差 180°），这是共射极单级放大电路的一个重要特点，称为“倒相”作用。

3. 用简化微变等效电路法估算放大电路的动态性能指标

在定量估算放大电路的性能指标时，通常采用微变等效电路法。微变就是指交流信号变化范围很小时，晶体管的电流、电压仅在其特性曲线上一个很小段内变化，这一微小的曲线段可以用一段直线近似，从而获得变化量（电压、电流）间的线性关系。所谓微变等效电路法（简称等效电路法），就是在小信号条件下，把放大电路中的晶体管等效为线性元件，放大电路就等效为线性电路，从而用分析线性电路的方法求解放大电路的各种动态性能指标。

（1）晶体管的简化微变等效电路　晶体管电路如图 6-10a 所示，根据晶体管的输入特性，当输入信号 u_i 在很小范围内变化时，输入回路的电压 u_{be}、电流 i_b 在 u_{CE} 为常数时，可认为其随着 u_i 的变化进行线性变化，即晶体管输入回路基极与发射极之间可用等效电阻 r_{be} 代替。

晶体管基-射极之间的等效电阻 r_{be} 为

$$r_{be}=r_{bb'}+(1+\beta)\frac{26(\text{mV})}{I_{EQ}(\text{mA})} \tag{6-10}$$

式中，$r_{bb'}$ 是基区体电阻，对于低频小功率管，$r_{bb'}$ 约为 100～500Ω，一般无特别说明时，可取 $r_{bb'}=300\Omega$；I_{EQ} 为静态射极电流；r_{be} 的单位为 Ω。

当晶体管工作于放大区时，i_c 的大小只受 i_b 的控制，与 u_{ce} 无关，即实现了晶体管的受控恒流特性，$i_c=\beta i_b$。所以，当输入回路的 i_b 给定时，晶体管的集电极与发射极之间可用一个大小为 βi_b 的理想受控电流源来等效。将晶体管的基极、发射极间等效电路与集极、发射极间的等效电路合并在一起，便可得到晶体管的微变等效电路，如图 6-10b 所示。

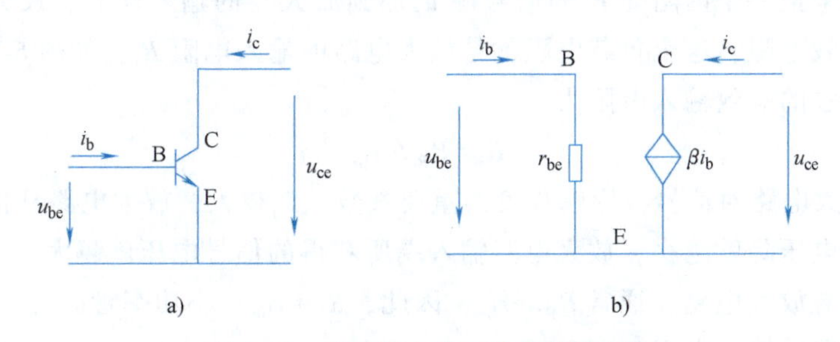

图 6-10　晶体管电路及微变等效电路

a）晶体管电路　b）晶体管的微变等效电路

（2）放大电路的简化微变等效电路　画放大电路的简化微变等效电路的方法是：先画出晶体管的微变等效电路，然后分别画出晶体管基极、发射极、集电极的外接元件的交流通路，最后加上信号源和负载，就可以得到整个放大电路的微变等效电路，放大电路图 6-11a 的简化微变等效电路如图 6-11b 所示。

（3）放大电路的动态性能指标

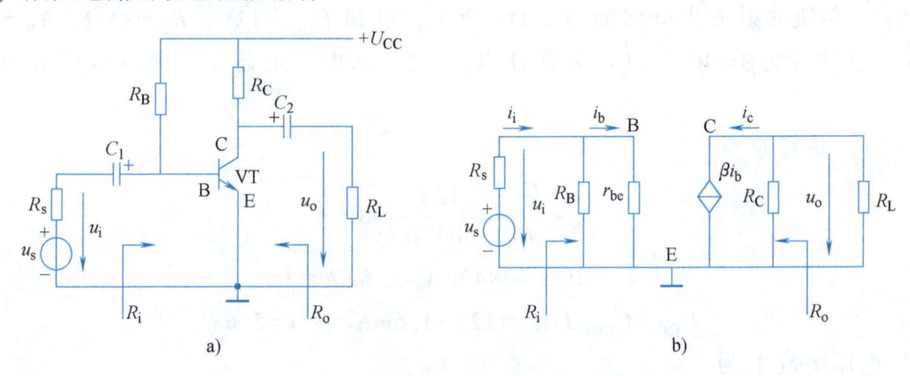

图 6-11　共射放大电路的微变等效电路

a）共射放大电路　b）微变等效电路

1）电压增益 A_u。放大电路的电压增益是衡量放大电路放大能力的指标，它是输出电压与输入电压之比，即

$$A_u=\frac{u_o}{u_i} \tag{6-11}$$

由图 6-11b 可得

$$u_i=i_b r_{be}$$

$$u_o=-i_c R'_L=-\beta i_b R'_L$$

其中

$$R'_L=R_C /\!/ R_L$$

因此，放大电路的电压增益为

$$A_u=\frac{u_o}{u_i}=\frac{-\beta i_b R'_L}{i_b r_{be}}=-\beta\frac{R'_L}{r_{be}} \tag{6-12}$$

式中，负号表示输入信号与输出信号相位相反。

2）输入电阻 R_i。所谓放大电路的输入电阻，就是从放大电路输入端向电路内部看进去的等效电阻。如果把一个内阻为 R_s 的信号源 u_s 加到放大器的输入端时，放大电路就相当于信号源的一个负载电阻，这个负载电阻就是放大电路的输入电阻 R_i，如图 6-11a 所示，从电路的输入端看进去的等效输入电阻为

$$R_i=R_B /\!/ r_{be} \tag{6-13}$$

R_i是衡量放大电路对信号源影响程度的重要参数。R_i越大，放大电路从信号源取用的电流越小，R_s上的电压降就越小，放大电路输入端所获得的信号电压就越大。

对于固定偏置放大电路，通常 $R_B \gg r_{be}$，因此，$R_i \approx r_{be}$，小功率管的 r_{be}为 1kΩ 左右，所以，共射放大电路的输入电阻 R_i较小。

3）输出电阻 R_o。从放大电路输出端看进去的等效电阻，称为放大电路的输出电阻 R_o。在图 6-11b 中，从电路的输出端看进去的等效输出电阻近似为

$$R_o=R_C \tag{6-14}$$

一般情况下，希望放大电路的输出电阻尽量小一些，以便负载输出电流后，输出电压没有很大的衰减。而且放大电路的输出电阻 R_o越小，负载电阻 R_L的变化对输出电压的影响越小，放大电路带负载能力越强。

例 6-1 单级共射放大电路如图 6-11a 所示，已知 $U_{CC}=12V$，$R_C=4k\Omega$，$R_B=300k\Omega$，$R_L=4k\Omega$，晶体管的$\beta=40$。（1）估算 Q 点；（2）求电压增益 A_u、输入电阻 R_i和输出电阻 R_o。

解 （1）估算 Q 点

$$I_B\approx\frac{U_{CC}}{R_B}=\frac{12V}{300k\Omega}=40\mu A$$

$$I_C=\beta I_B=40\times40\mu A=1.6mA\approx I_E$$

$$U_{CE}=U_{CC}-I_C R_C=12V-1.6mA\times4k\Omega=5.6V$$

（2）电压增益 A_u为

$$r_{be}=r_{bb'}+(1+\beta)\frac{26(mV)}{I_E(mA)}=\left[300+(1+40)\times\frac{26}{1.6}\right]\Omega\approx966\Omega=0.966k\Omega$$

$$A_u=-\beta\frac{R'_L}{r_{be}}=-40\times\frac{4/\!/4}{0.966}\approx-83$$

输入电阻 R_i 为

$$R_i=R_B/\!/r_{be}\approx r_{be}=0.966\text{k}\Omega$$

输出电阻 R_o 为

$$R_o=R_C=4\text{k}\Omega$$

4. 静态工作点的稳定电路

（1）温度对 Q 点的影响　在共射固定偏置电路中，由于晶体管参数的温度稳定性差，对于同样的基极偏流，当温度升高时，输出特性曲线将上移，严重时，将使静态工作点进入饱和区，从而失去放大能力；此外，还有其他因素的影响，如当更换 β 值不相同的晶体管时，由于 I_B 固定，则 I_C 会随 β 的变化而变化，造成 Q 点偏离合理值。

为了稳定放大电路的性能，必须在电路结构上加以改进，使静态工作点保持稳定。最常见的是采用分压式偏置电路。

（2）分压式偏置电路的组成及稳定 Q 点的原理　如图 6-12a 所示，基极直流偏置由电阻 R_{B1} 和 R_{B2} 构成，利用它们的分压作用将基极电位 V_B 基本稳定在某一数值。发射极串接一个偏置电阻 R_E，通过直流负反馈来抑制静态电流 I_C 的变化。分压式偏置电路的直流通路如图 6-12b 所示。

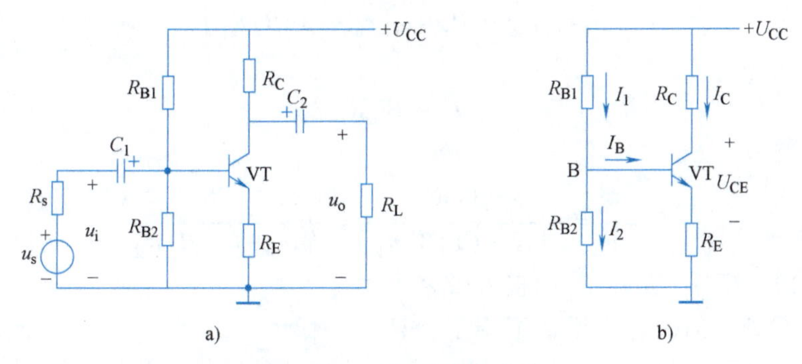

图 6-12　分压式偏置电路

a）分压式偏置电路　b）直流通路

要想稳定 V_B 的值，当选取 R_{B1}、R_{B2} 数值时，应保证 $I_1\approx I_2\gg I_B$，则

$$V_B=\frac{R_{B2}}{R_{B1}+R_{B2}}U_{CC} \tag{6-15}$$

得

$$I_C\approx I_E=\frac{V_B-U_{BE}}{R_E} \tag{6-16}$$

当 $V_B\gg U_{BE}$ 时，I_C 为

$$I_C\approx\frac{V_B}{R_E}$$

只要 V_B 稳定，I_C 就相当稳定，与温度关系不大。由于 $I_C\approx I_E$，所以

$$U_{CE}=U_{CC}-I_CR_C-I_ER_E\approx U_{CC}-I_C(R_C+R_E) \tag{6-17}$$

$$I_B=\frac{I_C}{\beta} \tag{6-18}$$

利用以上公式就可以求出静态工作时的 I_C、I_B及 U_{CE}。

为了使电路能较好地稳定 Q 点，设计该电路时，一般选取：

$$I_2=(5\sim10)I_B(\text{硅管}),\ I_2=(10\sim20)I_B(\text{锗管})$$
$$V_B=(3\sim5)U_{BE}(\text{硅管}),\ V_B=(5\sim10)U_{BE}(\text{锗管})$$

当温度升高时，晶体管参数的变化使 I_C和 I_E增大，I_E的增大导致 V_E升高。由于 V_B固定不变，因此 U_{BE}将随之降低，使 I_B减小，从而抑制了 I_C和 I_E因温度升高而增大的趋势，达到稳定静态工作点（Q 点）的目的。

图 6-12 中 R_E的作用很重要，R_E的位置既处于集电极回路中，又处于基极回路中，它能把输出电流（I_E）的变化反送到输入基极回路中来，以调节 I_B达到稳定 I_E（I_C）的目的。这种把输出量引回输入回路以达到改善电路某些性能的措施，称为反馈（在后续内容中将进一步讨论）。R_E越大，反馈作用越强，稳定静态工作点的效果越好。

（3）分压偏置电路的动态分析　图 6-12a 所示的分压偏置电路的微变等效电路如图 6-13 所示，利用此微变等效电路进行动态分析。

1）电压增益 A_u。由图 6-13 可分别求得输入、输出电压。

输入电压 u_i为

$$u_i=i_b r_{be}+i_e R_E=i_b[r_{be}+(1+\beta)R_E]$$

输出电压 u_o为

$$u_o=-\beta i_b R'_L$$

则电压增益为

$$A_u=\frac{u_o}{u_i}=\frac{-\beta i_b R'_L}{i_b[r_{be}+(1+\beta)R_E]}=-\beta\frac{R'_L}{r_{be}+(1+\beta)R_E} \tag{6-19}$$

由式（6-19）可见，虽然 R_E的接入带来了稳定工作点的益处，但使电压增益下降了，且 R_E越大，电压增益下降得越多。

2）输入电阻 R_i和输出电阻 R_o。由图 6-13 所示的微变等效电路，求得输入、输出电阻分别为

$$R_i=R_{B1}/\!/R_{B2}/\!/[r_{be}+(1+\beta)R_E] \tag{6-20}$$
$$R_o=R_C \tag{6-21}$$

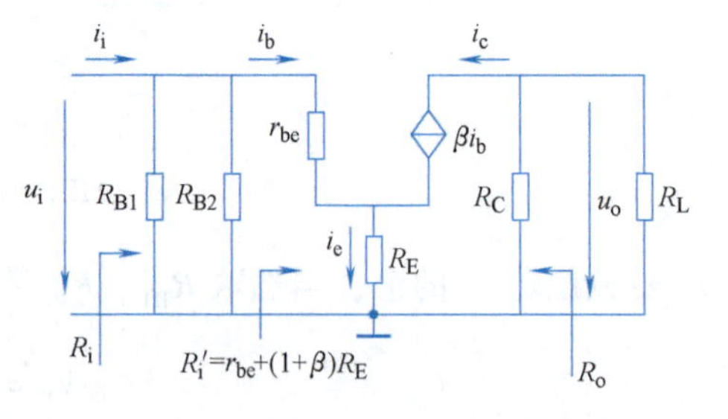

图 6-13　图 6-12a 的微变等效电路

6.2.2　单级共集放大电路

1. 共集放大电路的组成与静态分析

共集电极放大电路如图 6-14a 所示，它由基极输入信号，发射极输出信号。它的交流通路如图 6-14c 所示。由交流通路可看出，集电极是输入回路与输出回路的公共端，故称为共集电极放大电路（简称共集放大电路）。又由于是从发射极输出信号，故又称为射极输出器。射极输出器中的电阻 R_E具有稳定静态工作点的作用。

图 6-14a 所示电路对应的直流通路如图 6-14b 所示。由直流通路可求得

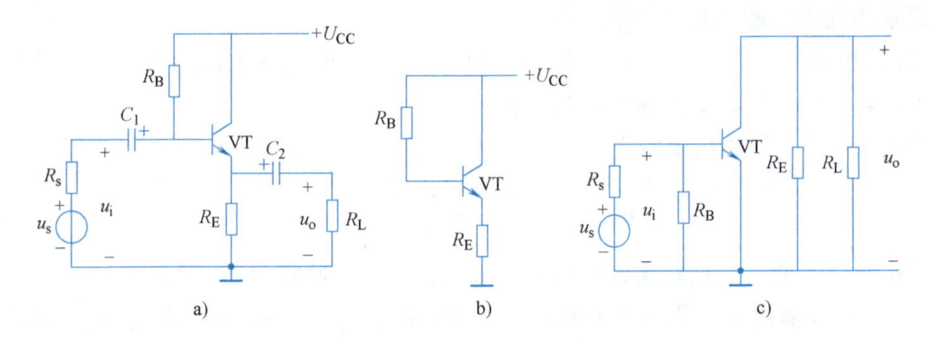

图 6-14 共集电极放大电路

a）电路图 b）直流通路 c）交流通路

$$\left.\begin{aligned}I_B&=\frac{U_{CC}-U_{BE}}{R_B+(1+\beta)R_E}\\I_C&=\beta I_B\\U_{CE}&\approx U_{CC}-I_CR_E\end{aligned}\right\}\tag{6-22}$$

2. 共集放大电路的动态指标和电路特点

1）输出电压跟随输入电压变化，电压增益接近于 1。共集放大电路的微变等效电路可画成图 6-15a 的形式或图 6-15b 的形式。

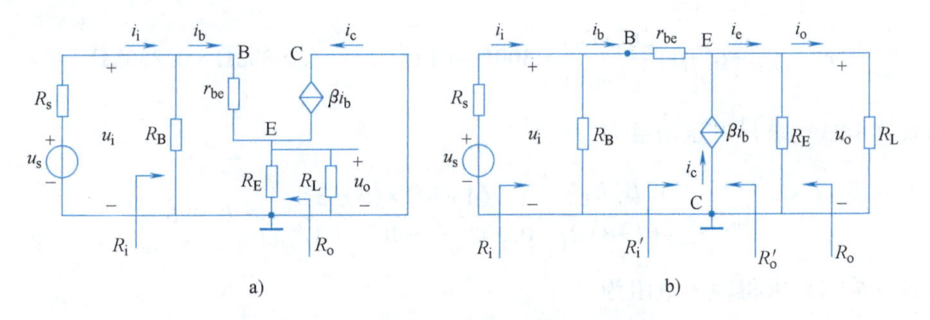

图 6-15 共集放大电路的微变等效电路

由微变等效电路可求得电压增益为

$$A_u=\frac{u_o}{u_i}=\frac{(1+\beta)i_bR_L'}{i_b[r_{be}+(1+\beta)R_L']}=\frac{(1+\beta)R_L'}{r_{be}+(1+\beta)R_L'}\tag{6-23}$$

式中，$R_L'=R_E/\!/R_L$。一般 $(1+\beta)R_L'\gg r_{be}$，故 A_u 值近似为 1，所以输出电压接近输入电压，两者的相位相同，故射极输出器又称为射极跟随器。

射极输出器虽然没有电压放大作用，但仍然具有电流放大和功率放大的作用。

2）输入电阻高。由图 6-15b 可得输入电阻 $R_i=R_B/\!/R_i'$，而 $R_i'=\dfrac{U_i}{I_b}=\dfrac{I_br_{be}+(1+\beta)I_bR_L'}{I_b}=r_{be}+(1+\beta)R_L'$，所以

$$R_i=R_B/\!/[r_{be}+(1+\beta)R_L']\tag{6-24}$$

可见，射极输出器的输入电阻由偏置电阻 R_B 与基极回路电阻 $[r_{be}+(1+\beta)R_L']$ 并联而得，其中 $(1+\beta)R_L'$ 可认为是射极的等效负载电阻 R_L' 折算到基极回路的电阻。射极输出器输

入电阻通常为几十千欧到几百千欧。

3）输出电阻低。由于 $u_o \approx u_i$，当 u_i一定时，输出电压 u_o基本保持不变，表明射极输出器具有恒压输出的特性，故其输出电阻较低。

由图 6-15b 可求得输出电阻为

$$R_o \approx R_E /\!/ \frac{r_{be}+(R_B /\!/ R_s)}{1+\beta} \approx \frac{r_{be}}{\beta} \tag{6-25}$$

式（6-25）表明，射极输出器的输出电阻是很低的，通常为几十欧。

例 6-2 射极输出器如图 6-14a 所示，已知：$U_{CC}=12V$，$R_B=120k\Omega$，$R_E=3k\Omega$，$R_L=3k\Omega$，$R_s=0.5k\Omega$，晶体管的 $\beta=40$。求：电路的静态工作点和动态指标 A_u、R_i、R_o。

解 （1）静态工作点 由式（6-22）求得 I_B为

$$I_B \approx \frac{U_{CC}}{R_B+(1+\beta)R_E}=\frac{12V}{[120+(1+40)\times 3]k\Omega}=50\mu A$$

则

$$I_C=\beta I_B=40\times 0.05mA=2mA$$

$$U_{CE}=U_{CC}-I_C R_E=(12-2\times 3)\ V=6V$$

（2）动态指标

$$r_{be}=r_{bb'}+(1+\beta)\frac{26(mV)}{I_E(mA)}=300\Omega+(1+40)\times\frac{26}{2}\Omega=833\Omega=0.833k\Omega$$

由式（6-23）求得电压增益为

$$A_u=\frac{(1+\beta)R_L'}{r_{be}+(1+\beta)R_L'}=\frac{(1+40)\times(3/\!/3)}{0.833+(1+40)\times(3/\!/3)}=0.986$$

由式（6-24）求得输入电阻为

$$R_i=R_B/\!/[r_{be}+(1+\beta)R_L']=120/\!/[0.833+(1+40)\times(3/\!/3)]k\Omega\approx 41k\Omega$$

由式（6-25）求得输出电阻为

$$R_o=R_E/\!/\frac{r_{be}+(R_B/\!/R_s)}{1+\beta}=\left(3/\!/\frac{0.833+120/\!/0.5}{1+40}\right)k\Omega\approx 32\Omega$$

由于射极输出器的输入电阻很大，向信号源吸取的电流很小，所以常用作多级放大电路的输入级。由于射极输出器的输出电阻小，具有较强的带负载能力，且具有较大的电流放大能力，故常用作多级放大电路的输出级（功放电路）。此外，利用其 R_i大、R_o小的特点，还常常接于两个共射放大电路之间，作为缓冲（隔离）级，以减小后级电路对前级的影响。

技能训练——单级放大电路的组装与测试

1. 单级共射放大电路的测试

1）按图 6-16 所示连接电路，图中晶体管选用 3DG6 或 9011。

2）调试静态工作点。接通直流电源前，先将 R_p 调至最大，将信号发生器的输出旋钮旋至0。接通+12V 电源、调节 R_p，使 $I_C = 2.0\text{mA}$（即 $V_E = 2.0\text{V}$），用直流电压表测量 V_B、V_E、V_C，并用万用表测量 R_{B1} 值，填入表6-3中。

3）测量电压增益。在放大器的输入端加入频率为1kHz的正弦信号 u_s，调节信号发生器的输出旋钮，使放大器输入电压 $U_i \approx 10\text{mV}$，同时用示波器观察放大器输出电压 u_o 的波形，在波形不失真的条件下用交流毫伏表测量下述两种情况下的 U_o 值，并用双踪示波器观察 u_o 和 u_i 的相位关系，填入表6-4中。

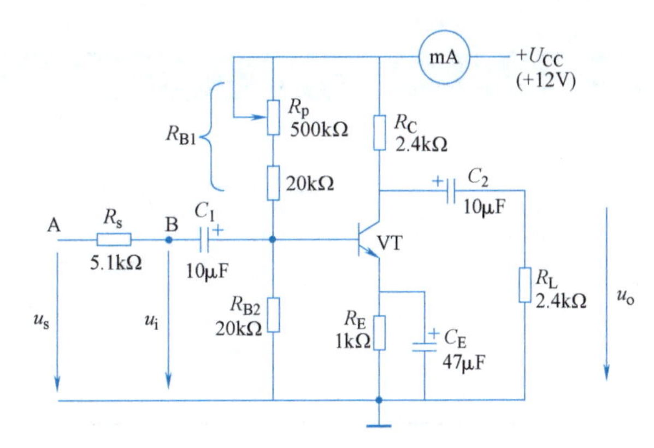

图6-16 单级共射放大电路

表6-3 放大电路静态工作点的测试（$I_C = 2\text{mA}$）

测量值				计算值		
V_B/V	V_E/V	V_C/V	R_{B1}/kΩ	U_{BE}/V	U_{CE}/V	I_C/mA

表6-4 放大电路电压增益的测量（$I_C = 2.0\text{mA}$，$U_i = 10\text{mV}$）

R_C/kΩ	R_L/kΩ	U_o/V	A_u	观察记录一组 u_o 和 u_i 的波形
2.4	∞			u_i O t　　u_o O t
2.4	2.4			

4）观察静态工作点对输出波形失真的影响。在 $u_i = 0$ 时，调节 R_p，使 $I_C = 2.0\text{mA}$，测出 U_{CE} 值，再逐步加大输入信号，使输出电压 u_o 足够大但不失真。然后保持输入信号不变，分别增大和减小 R_p，使波形出现失真，绘出 u_o 的波形，并测出失真情况下的 I_C 和 U_{CE} 值，填入表6-5中。每次测量 I_C 和 U_{CE} 值时都要将信号源的输出旋钮旋至0。

表6-5 静态工作点对输出波形的影响（$R_C = 2.4\text{k}\Omega$，$R_L = \infty$，$U_i = 10\text{mV}$）

I_C/mA	U_{CE}/V	u_o 波形	失真情况	管子工作状态
		u_o O t		

（续）

I_C/mA	U_{CE}/V	u_o波形	失真情况	管子工作状态
2.0		u_o O t		
		u_o O t		

5）测量最大不失真输出电压。接入 R_L = 2.4kΩ，按上述方法，同时调节输入信号的幅度和电位器 R_p，用示波器和交流毫伏表测量 U_{oPP} 及 U_{omax} 值，填入表 6-6 中。

表 6-6　最大不失真输出电压（R_C = 2.4kΩ，R_L = 2.4kΩ）

I_C/mA	U_{imax}/mV	U_{oPP}/V	U_{omax}/V

2. 单级共集放大电路的测试

1）按图 6-17 所示连接电路，图中晶体管选用 3DG6 或 9011。

2）静态工作点的调整。接通直流电源，在 B 点加入 f = 1kHz 正弦信号 u_i，输出端用示波器监视输出波形，反复调整 R_p 及信号源的输出幅度，使在示波器的屏幕上得到一个最大不失真输出波形，然后使 u_i = 0（即断开输入信号），用万用表的直流电压档测量晶体管各电极对地电位，将测得数据填入表 6-7 中。

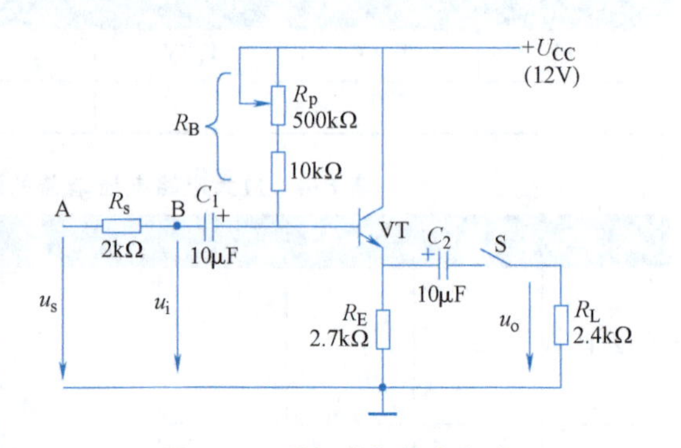

图 6-17　单级共集放大电路

3）测量电压增益 A_u。断开开关，接入负载 R_L = 2.4kΩ，在 B 点输入 f = 1kHz 正弦信号 u_i，调节输入信号幅度，用示波器观察输出波形 u_o，在输出最大不失真的情况下，用交流毫伏表测量 U_i、U_o值，并填入表 6-7 中。

表 6-7　共集放大电路的静态工作点和电压增益测量

测 量 值					计 算 值	
V_E/V	V_B/V	V_C/V	U_i/V	U_o/V	I_E/mA	A_u

【思考题】

1. 放大电路放大的是交流信号，电路中为什么还要加直流电源？
2. 在共射放大电路中，为什么输出电压与输入电压反相？
3. 在放大电路中，输出波形产生失真的原因是什么？如何克服？

4. 如何识别共射、共集基本放大电路？

5. 共射、共集放大电路的动态性能指标有何差异？

6.3 多级放大电路和放大电路中的负反馈

基本放大电路的电压增益一般只能达到几十倍。在实际工作中，放大电路所得到的输入信号往往都是非常微弱的，要将其放大到能推动负载工作的程度，仅通过单级放大电路放大，达不到实际要求，必须通过多个单级放大电路连续多次放大，才可满足实际要求。负反馈是改善放大电路性能的重要手段，也是自动控制系统中的重要环节，在实际应用电路中几乎都要引入适当的负反馈。

6.3.1 多级放大电路

1. 多级放大电路的耦合方式

多级放大电路是由两级或两级以上的单级放大电路连接而成的。在多级放大电路中，把级与级之间的连接方式称为耦合方式。在级与级之间耦合时，必须满足：耦合后，各级电路仍具有合适的静态工作点；保证信号在级与级之间能够顺利地传输；耦合后，多级放大电路的性能指标必须满足实际要求。

为了满足上述要求，一般常用的耦合方式有阻容耦合、变压器耦合、直接耦合及光电耦合等。在多级交流放大电路中，大都采用阻容耦合方式。

2. 阻容耦合多级放大电路分析计算方法

（1）静态分析　图 6-18 所示为两级阻容耦合放大电路。两级之间用电容 C_2 连接。由于电容的隔直作用，切断了两级放大电路之间的直流通路。因此，各级的静态工作点互相独立、互不影响，使电路的设计、调试都很方便，这是阻容耦合方式的优点。

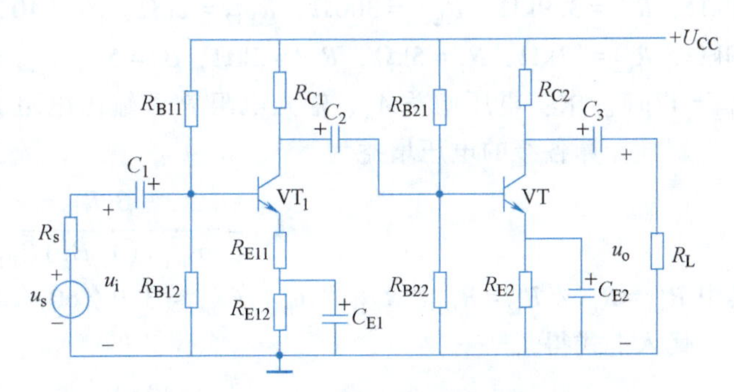

图 6-18　两级阻容耦合放大电路

（2）动态分析　多级阻容耦合放大电路若选用足够大容量的耦合电容，则交流信号就能顺利传送到下一级。以图 6-18 所示的两级阻容耦合多级放大电路为例进行多级阻容耦合放大电路的动态分析。其对应的微变等效电路如图 6-19 所示。

（3）电压增益　根据电压增益的定义，两级放大电路的电压增益为

$$A_u = \frac{u_o}{u_i} = \frac{u_{o1}}{u_i} \times \frac{u_o}{u_{o1}} = \frac{u_{o1}}{u_i} \times \frac{u_{o2}}{u_{o1}} = A_{u1} \times A_{u2} \tag{6-26}$$

到 n 级放大电路的电压增益为

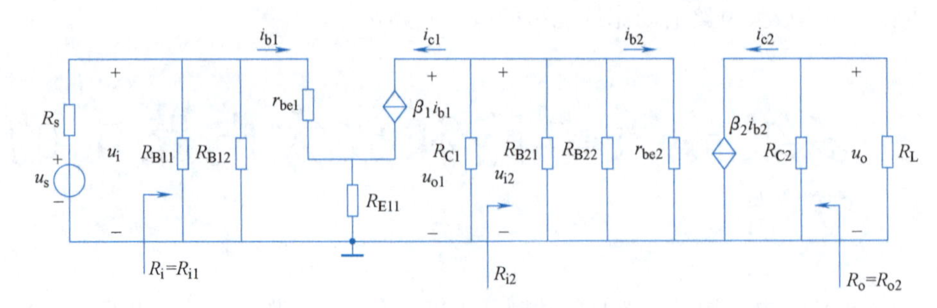

图 6-19　图 6-18 电路的微变等效电路

$$A_u = A_{u1} \cdot A_{u2} \cdot \cdots \cdot A_{un} \tag{6-27}$$

计算电压增益时应注意：在计算各级电路的电压增益时，必须考虑后级电路的输入电阻对前级电路电压增益的影响。

(4) 输入电阻　多级放大电路的输入电阻就是输入级的输入电阻，即 $R_i = R_{i1}$。计算输入电阻时要注意：当输入级为共集电极电路时，要把第二级的输入电阻作为第一级的负载电阻。

(5) 输出电阻　多级放大电路的输出电阻就是输出级的输出电阻，即 $R_o = R_{on}$。计算输出电阻时要注意：当输出级为共集电极电路时，把前级的输出电阻作为后级的信号源内阻。

在工程上为了简化计算过程，根据实际需要也常用分贝 (dB) 表示增益，它的定义为：电压增益 $A_u(\text{dB}) = 20\lg A_u$，电流增益 $A_i(\text{dB}) = 20\lg A_i$，功率增益 $A_p(\text{dB}) = 20\lg A_p$。

例如某多级放大电路 $A_u = 1000$，则 $A_u(\text{dB}) = 20\lg 10^3\text{dB} = 60\text{dB}$。

当用分贝表示电压增益时，根据对数运算法则，多级放大电路的总电压增益的分贝数为各个单级放大电路增益的分贝数之和，即 $A_u(\text{dB}) = A_{u1}(\text{dB}) + A_{u2}(\text{dB}) + \cdots + A_{un}$ (dB)。

例 6-3　两级阻容耦合放大电路如图 6-18 所示。已知：$U_{CC} = 9\text{V}$，$R_{B11} = 60\text{k}\Omega$，$R_{B12} = 30\text{k}\Omega$，$R_{C1} = 3.9\text{k}\Omega$，$R_{E11} = 300\Omega$，$R_{E12} = 2\text{k}\Omega$，$\beta_1 = 40$，$r_{be1} = 1.3\text{k}\Omega$，$R_{B21} = 60\text{k}\Omega$，$R_{B22} = 30\text{k}\Omega$，$R_{C2} = 2\text{k}\Omega$，$R_L = 5\text{k}\Omega$，$R_{E2} = 2\text{k}\Omega$，$\beta_2 = 50$，$r_{be2} = 1.5\text{k}\Omega$，$C_1 = C_2 = C_3 = 10\mu\text{F}$，$C_{E1} = C_{E2} = 47\mu\text{F}$。求：电压增益 A_u、输入电阻 R_i 和输出电阻 R_o。

解　计算各级的电压增益为

$$A_{u1} = -\frac{\beta_1 R'_{L1}}{r_{be1} + (1+\beta_1) R_{E11}}$$

其中 $R'_{L1} = R_{C1} // R_{i2} = R_{C1} // R_{B21} // R_{B22} // r_{be2} = 3.9 // 60 // 30 // 1.5\text{k}\Omega \approx 1\text{k}\Omega$

代入上式得

$$A_{u1} = -\frac{40 \times 1}{1.3 + 41 \times 0.3} \approx -2.9$$

$$A_{u2} = -\frac{\beta_2 R'_{L2}}{r_{be2}} = -\frac{50 \times (2 // 5)}{1.5} = -47.6$$

总电压增益为

$$A_u = A_{u1} A_{u2} = (-2.9) \times (-47.6) \approx 138$$

输入电阻为

$$R_i = R_{i1} = R_{B11} /\!/ R_{B12} /\!/ [r_{be1} + (1+\beta_1) R_{E11}] = 60 /\!/ 30 /\!/ [1.3+41\times0.3] \text{k}\Omega = 8\text{k}\Omega$$

输出电阻为

$$R_o = R_{o2} = R_{C2} = 2\text{k}\Omega$$

3. 通频带的概念

在实际应用的放大电路中遇到的信号往往不是单一频率的，在一段频率范围内，变化范围可能在几千赫兹到上万赫兹间。而放大电路中都有电抗元件，如电容等。在放大电路中除了有耦合电容、旁路电容外，还有被忽略的晶体管极间电容等，它们对不同频率的信号的容抗值是不同的，使它们对不同频率信号的放大效果不同。但在某一个频率范围内，电压增益基本保持不变，这个范围内的最低频率称为下限频率，用 f_L 表示；最高频率称为上限频率，用 f_H 表示。不管是低于下限频率 f_L，还是高于上限频率 f_H，电压增益都会大幅下降。通常把电压增益保持不变的范围称为放大器的通频带，用 f_{BW} 表示，$f_{BW} = f_H - f_L$。一般情况下，通频带宽一些更好。

阻容耦合的主要缺点是低频特性较差。当信号频率降低时，耦合电容的容抗增大，电容两端产生电压降，使信号受到衰减，增益下降。因此阻容耦合不适用于放大低频或缓慢变化的直流信号。此外，由于集成电路制造工艺不能在内部制成较大容量的电容，所以阻容耦合不适用于集成电路。

6.3.2 放大电路中的负反馈

1. 反馈的基本概念

所谓反馈，就是把输出量的一部分或全部送回输入端。如果反馈量起到加强输入信号的作用，称为正反馈；如果反馈量起到减弱输入信号的作用，就称为负反馈。反馈量正比于输出电压的称为电压反馈，反馈量正比于输出电流的称为电流反馈。

如图 6-20 所示电路的直流通路中，R_E 上的电压降反映了输出电流 I_C 的变化（$I_E \approx I_C$），并且起削弱输入电流 I_B 的作用，因此是电流负反馈。其目的是稳定电路的静态工作点。由进一步分析可以看出，负反馈还能改善放大器多方面的性能。因此，负反馈在电子技术中应用极广，实际上几乎所有放大器中都含有这种或那种负反馈环节。

实现反馈的那一部分电路称为反馈电路或反馈网络。具有反馈的放大器称为反馈放大器。图 6-21 所示的框图表示了反馈的基本概念。反馈放大器主要由信号、放大、反馈、负载 4 个环节组成，其中基本放大电路与反馈网络构成一个闭环。x_i、x_o 和 x_f 分别表示输入信号、输出信号和反馈信号，x_{id} 表示由 x_i 与 x_f 合成的净输入信号。

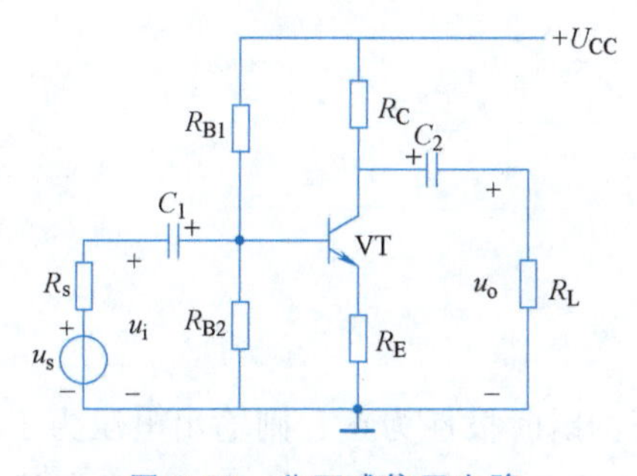

图 6-20　分压式偏置电路

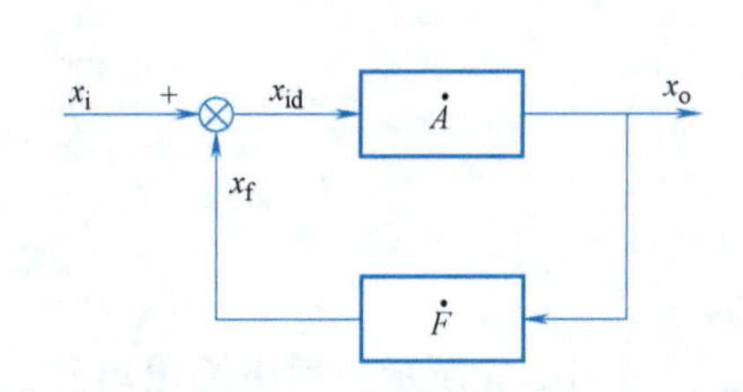

图 6-21　反馈放大器框图

2. 反馈的类型及其判断

(1) 正反馈和负反馈　判断电路的反馈极性时常采用“瞬时极性法”。其方法是：先假定输入信号在某一瞬间对地的极性，然后根据各级放大电路的输出信号与输入信号的相位关系，逐级推出电路其他各点的瞬时信号的瞬时极性，再经反馈支路得到反馈信号的极性，最后判断反馈信号对放大器净输入信号的影响是加强的还是减弱的，从而判断反馈的极性。

(2) 电流反馈和电压反馈　根据反馈信号从放大电路输出端取样不同，可分电压反馈和电流反馈两种。反馈信号取自输出电压，称为电压反馈；反馈信号取自输出电流，称为电流反馈。

是电流反馈还是电压反馈，可用输出端短路法判断，即将负载 R_L 短路，若反馈信号消失了，为电压反馈；若反馈信号仍然存在，则为电流反馈。

(3) 直流反馈和交流反馈　放大电路中存在直流分量和交流分量。反馈信号也一样，若反馈回来的是直流信号，则对输入信号中的直流成分有影响，会影响电路的直流性能，如静态工作点，这种反馈称为直流反馈。若反馈回来的是交流信号，则对输入信号中的交流成分有影响，会影响电路的交流性能，如增益、输入输出电阻等，这种反馈称为交流反馈。若反馈信号中既有直流分量，又有交流分量，则反馈对电路的直流性能和交流性能都有影响。

判断是直流反馈还是交流反馈的方法是：画出电路的直流通路和交流通路，在直流通路中若有反馈存在，即为直流反馈；在交流通路中，若有反馈存在，即为交流反馈；若果在直流、交流通路中，反馈都存在，即为交、直流反馈。

(4) 串联反馈和并联反馈　根据反馈信号与放大电路输入信号连接方式的不同，可分为串联反馈和并联反馈。反馈信号与放大电路输入信号串联的为串联反馈，串联反馈信号以电压的形式出现。反馈信号与放大电路输入信号并联的为并联反馈，并联反馈信号以电流的形式出现。

判断是串联反馈还是并联反馈，可用反馈节点对地短路法，即将反馈节点对地短路。如果输入信号能加到基本放大电路上，则是串联反馈；如果输入信号不能加到基本放大电路上，则是并联反馈。

归纳起来，负反馈的基本类型有 4 种：串联电流负反馈、串联电压负反馈、并联电流负反馈和并联电压负反馈。

例 6-4　判断图 6-22 所示各电路中反馈的类型。

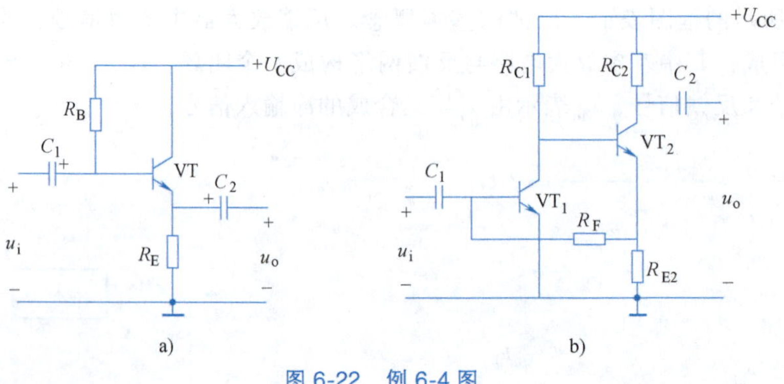

图 6-22　例 6-4 图

解　图 6-22a 所示为射极输出电路。设输入电压的瞬时极性为正，则输出电压为⊕，晶体管的发射结电压即净输入电压，是输入电压和输出电压之差，反馈电压（输出电压）削弱了输入电压的作用，所以是负反馈。而反馈电压是取自放大电路的输出电压，在输入回路中，输入信号和反馈信号是以电压的形式求和，所以是电压串联负反馈。

图 6-22b 所示为两级直接耦合放大电路。设输入电压的瞬时极性为正，通过两级放大后，u_f为⊖，反馈电流将由 VT_1基极流向 VT_2发射极，使流向 VT_1基极电流减小，即净输入电流减小，是负反馈。因反馈信号取自输出回路的电流，而输入回路中，输入信号与反馈信号以电流的形式求和，所以是电流并联负反馈。

3. 负反馈对放大电路性能的影响

这里讨论负反馈对放大电路动态性能的影响。

1）负反馈降低了放大电路的电压增益，但提高了电压增益的稳定性。负反馈能够提高增益的稳定性，这是放大电路中引入负反馈后最显著的效果。在放大电路中，因为环境温度的改变，元件参数、特性都会发生变化，导致放大器增益的改变。引入负反馈后，在输入信号一定时，电压负反馈能稳定输出电压，电流负反馈能稳定输出电流，即可维持增益的稳定。引入深度负反馈时，放大器的增益只取决于反馈电路的反馈系数，而与放大电路的开环增益无关。

2）负反馈减小了放大电路的非线性失真。因为放大器件是非线性器件，所以即使输入信号是一个标准的正弦波，输出信号的波形可能也不再是一个真正的正弦波，而是会产生或多或少的非线性失真。信号的幅度越大，非线性失真越明显。

假设放大器的输入信号为正弦信号，没有引入负反馈时，开环放大器产生如图 6-23a 所示的非线性失真，即输出信号的正半周幅度大，负半周幅度小。在引入负反馈后，假设反馈网络为线性网络，则反馈信号同输出信号的波形一样。反馈信号在输入端与输入信号相比较，使净输入信号 $x_{id}=x_i-x_f$的波形正半周小，负半周大，如图 6-23b 所示。经基本放大器放大后，输出信号趋于正、负半周对称的正弦波，从而减小了非线性失真。

注意：引入负反馈减小的是环路内的失真。如果输入信号本身有失真，引入负反馈的作用不大。

3）负反馈扩展了放大电路的通频带。利用负反馈能使放大倍数稳定的概念很容易说明负反馈具有展宽通频带的作用。在阻容耦合放大电路中，当信号在低频区和高频区时，其增益均要下降，如图 6-24 所示。由于负反馈具有稳定增益的作用，因此在低频区和高频区中增益下降的速度减慢，相当于通频带展宽了。但这是以降低增益为代价的。

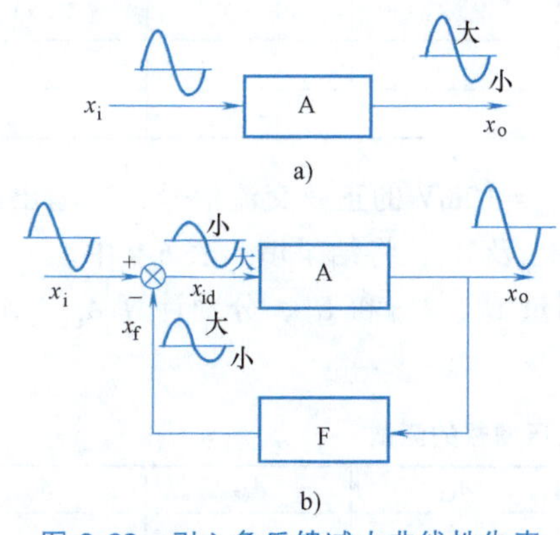

图 6-23 引入负反馈减小非线性失真

a）开环放大器 b）闭环放大器

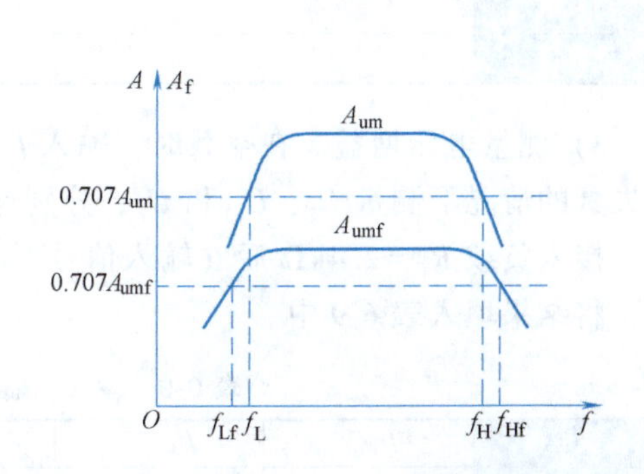

图 6-24 开环与闭环的幅频特性

4）负反馈改变了放大电路的输入电阻和输出电阻。一般来说，对于串联负反馈，因反馈信号与输入信号串联，故使输入电阻增大；对于并联负反馈，因反馈信号与输入信号并联，故使输入电阻减小。对于电压负反馈，因具有稳定输出电压的作用，使其接近于恒压源，故输出电阻减小；对于电流负反馈，因具有稳定输出电流的作用，使其接近于恒流源，故使输出电阻增大。

5）抑制环路内的噪声和干扰。在反馈环内，放大电路本身产生的噪声和干扰信号，可以通过负反馈进行抑制，其原理与减小非线性失真的原理相同。但对反馈环外的噪声和干扰信号，引入负反馈是无能为力的。

技能训练——多级放大电路和负反馈放大电路的组装与测试

1. 多级放大电路的组装与测试

1）按图 6-25 所示连接电路。图中的晶体管 VT_1、VT_2选 3DG6 或 9011。

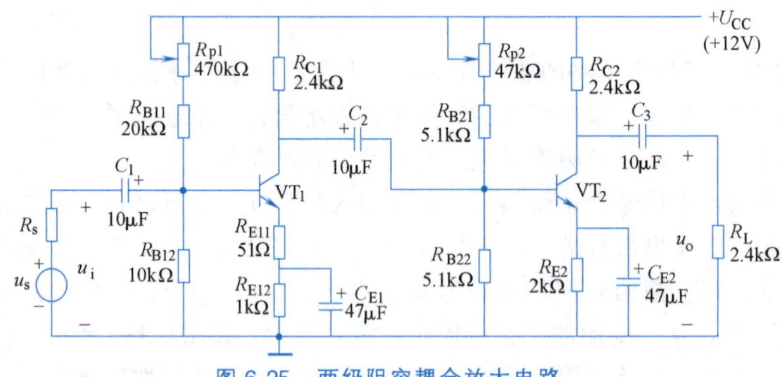

图 6-25　两级阻容耦合放大电路

2）调试放大电路的静态工作点。接通直流电源，输入正弦波信号（$f=1$kHz，$U_m=10$mV）到放大器的第一级，调节 R_{p1}、R_{p2}，使输出波形不失真，要求第二级在输出不失真的前提下幅值尽可能大。然后使$u_i=0$（即断开输入信号），测量各晶体管的各极对地电位。用估算法计算各晶体管的各极对地电位。将测量和计算结果填入表 6-8 中。

表 6-8　放大电路静态工作点的测试

各极对地电位	V_{B1}/V	V_1/V	V_{C1}/V	V_{B2}/V	V_{E2}/V	V_{C2}/V
测量值						
计算值						

3）测量电压增益。在空载时，输入 $f=1$kHz，$U_{im}=10$mV 的正弦交流信号，在输出波形不失真的情况下测量 U_i、U_{o1}和 U_o，分别计算 A_{u1}、A_{u2}及 A_u，将结果填入表 6-9 中。

接入负载 $R_L=2.4$kΩ 后（输入信号不变），再测量 U_i、U_{o1}和 U_o，分别计算 A_{u1}、A_{u2}及 A_u，将结果填入表 6-9 中。

表 6-9　输入、输出电压和电压增益的测试

负载取值	U_i/V	U_{o1}/V	U_o/V	A_{u1}	A_{u2}	A_u
$R_L=\infty$						
$R_L=2.4$kΩ						

2. 负反馈放大电路的组装与测试

1）按图 6-26 所示连接电路。图中的晶体管 VT_1、VT_2选 3DG6 或 9011。

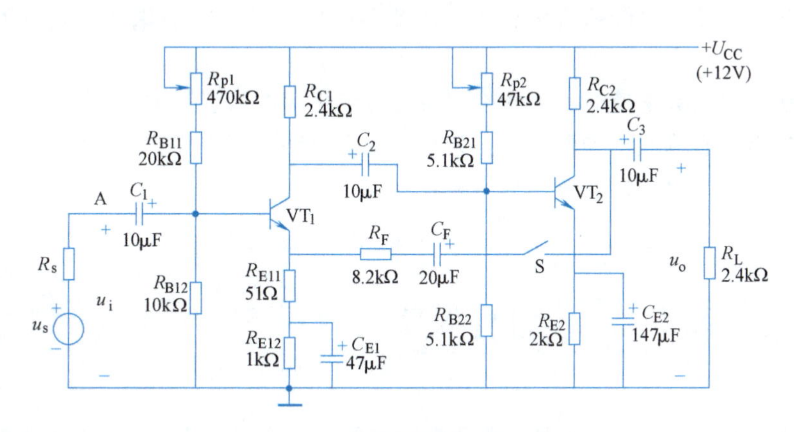

图 6-26 负反馈放大电路

2）调试放大电路的静态工作点。接通直流电源，输入正弦波信号（$f=1\text{kHz}$，$U_{im}=10\text{mV}$）到放大器的第一级，调节 R_{p1}、R_{p2}，使输出波形不失真，要求第二级在输出不失真的前提下幅值尽可能大。然后使 $u_i=0$（即断开输入信号），测量各晶体管的各极对地电位。将测量值填入表 6-10 中。

表 6-10 放大电路静态工作点的测试

V_{B1}/V	V_E/V	V_{C1}/V	V_{B2}/V	V_{E2}/V	V_{C2}/V

3）测量电压增益。断开开关 S，使电路处于开环状态，输入正弦波信号（$f=1\text{kHz}$，$U_s=5\text{mV}$）到放大器的第一级，用示波器观察输出电压 u_o的波形，在 u_o不失真的情况下，用交流毫伏表分别测量 U_s、U_i和 U_o，计算开环电压增益，将测得的数据和计算的结果填入表 6-11 中。闭合开关 S，电路处于闭环状态，测量 U_s、U_i和 U_o，计算闭环电压增益，将测得的数据和计算的结果填入表 6-11 中。

表 6-11 负反馈对电压增益影响的测试

基本放大器（开环状态）	U_s/mV	U_i/mV	U_o/mV	A_u
负反馈放大器（闭环状态）	U_s/mV	U_i/mV	U_o/mV	A_u

4）观察负反馈对非线性失真的改善

① 断开开关 S，使电路处于开环状态，在输入端加入 $f=1\text{kHz}$ 的正弦信号，输出端接示波器，逐渐增大输入信号的幅度，使输出波形开始失真，记下此时的波形和输出电压的幅度。

② 闭合开关 S，电路处于闭环状态，增大输入信号幅度，使输出电压幅度的大小与步骤①）相同，比较有负反馈时输出波形的变化。

【思考题】

1. 多级放大电路的级间耦合电路应解决哪些问题？常采用的耦合方式有哪些？各有何特点？

2. 在分析多级放大电路时，为什么要考虑各级之间的相互影响？

3. 反馈的类型有哪些？如何判断？为什么放大电路中不采用正反馈？

4. 负反馈对放大电路性能有什么影响？

6.4 功率放大电路

实际电子技术应用中，当线路中负载为扬声器、记录仪表或继电器等设备时，就要求放大器能为负载提供足够大的交流功率，以驱动负载。通常把这种电子线路的输出级称为功率放大电路，简称“功放”。功放电路中的晶体管称为功率放大管，简称“功放管”。功率放大电路与电压放大电路没有本质的区别，它们都是利用放大器件的控制作用，把直流电源供给的功率按输入信号的变化规律转换给负载，只是功率放大电路的主要任务是使负载得到尽可能大的不失真信号的功率。

6.4.1 功率放大电路的特点和类型

1. 功率放大电路的特点及要求

（1）功率放大电路的特点　功率放大电路作为放大电路的输出级具有如下特点：

1）由于功率放大电路要向负载提供一定的功率，因而输出信号的电压和电流幅值都较大。

2）由于输出信号幅值较大，使晶体管工作在饱和区与截止区的边沿，因此输出信号存在一定程度的失真。

3）功率放大器在输出功率的同时，晶体管消耗的能量也较大，因此，必须考虑转换效率和管耗问题。

（2）对功率放大电路的要求　根据功率放大器在电路中的作用及特点，首先要求它输出功率大、非线性失真小、效率高。其次，由于晶体管工作在大信号状态，要求它的极限参数 I_{CM}、P_{CM} 和 $U_{(BR)CEO}$ 等应满足电路正常工作需求并留有一定余量，同时还要求晶体管有良好的散热功能，以降低结温，确保晶体管安全工作。

2. 功率放大电路的类型

功率放大电路按电路中晶体管的静态工作点所处的位置不同，可分为甲类功放、乙类功放和甲乙类功放等类型。

（1）甲类放大器　甲类放大器的工作点设置在放大区的中间，这种电路的优点是在输入信号的整个周期内晶体管都处于导通状态，输出信号失真较小（前面讨论的电压放大器都工作在这种状态），缺点是晶体管有较大的静态电流、管耗较大、效率低（约为50%）。

（2）乙类放大器　这种功放中的两只晶体管交替工作，每只晶体管在输入信号的半个周期内导通，另一半周期截止。由于晶体管的静态电流 $I_{CQ}=0$，所以效率较高，约为 78%。但缺点是工作时存在交越失真（两只晶体管交替导通时，由于存在死区，因而在过零处发生失真）。

（3）甲乙类放大器　甲乙类放大电路的工作点设在放大区但接近截止区，即静态时晶体管处于微导通状态，这样可以有效克服乙类放大电路的交越失真，且效率较高，目前使用较广泛。

6.4.2 互补对称式功率放大电路

1. 互补对称式功率放大电路的结构

由于 PNP 型管和 NPN 型管在导电特性上完全相反，因此，可利用它们各自的特点，使 NPN 型管担任正半周的放大，PNP 型管担任负半周的放大，组成如图 6-27 所示互补对称式功率放大电路，此电路又称为无输出电容的功率放大电路，简称 OCL 功放大电路。图中 VT_1为 NPN 型管，VT_2为 PNP 型管，要求两管特性参数一致。两管的基极相连，作为输入端；两管的发射端相连，作为输出端；两管的集电极分别接正、负电源，从电路上看，每个管子都组成共集放大电路，即射极跟随器。

2. 互补对称式功率放大电路的工作原理

（1）静态分析　由于电路无偏置电压，故两管静态时的 I_{BQ}、I_{CQ}和 U_{BEQ}均为 0，即管子工作在截止区，电路属于乙类工作状态。发射极电位为 0，负载上无电流。

（2）动态分析　设输入信号为正弦电压 u_i，如图 6-27 所示。在 u_i的正半周，VT_1的发射结因正偏而导通，VT_2的发射结因反偏而截止。信号从 VT_1的发射极输出，在负载 R_L上获得正半周信号电压 $u_o \approx u_i$。在 u_i的负半周，VT_1的发射结截止，VT_2的发射结导通，信号从 VT_2的发射极输出，在负载 R_L上获得负半周信号电压 $u_o \approx u_i$。如果忽略晶体管的饱和电压降及开启电压，在负载 R_L上获得了几乎完整的正弦波信号 u_o。这种电路的结构对称，且两管在信号的两个半周内轮流导通，它们交替工作，一个“推”，一个“挽”，互相补充，故称为互补对称推挽电路。

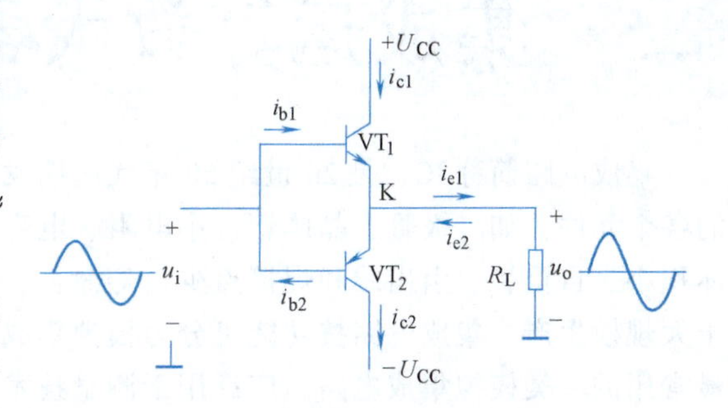

图 6-27　互补对称式功率放大电路

3. 交越失真及其消除方法

在乙类互补对称功率放大电路中，因没有设置偏置电压，静态时 U_{BE}和 I_C均为 0。由于晶体管存在死区电压，对于硅管而言，在信号电压 $|u_i|<0.5V$ 时，管子不导通，输出电压 u_o仍为 0，因此在信号过零附近的正负半波交接处无输出信号，出现了失真，该失真称为交越失真，如图 6-28 所示。为了在 $|u_i|<0.5V$ 时仍有输出信号，从而消除交越失真，必须设置基极偏置电压，如图 6-29 所示。

图 6-29 中的 R_1、R_2、VD_1、VD_2用来作为 VT_1、VT_2的偏置电路，适当选择 R_1、R_2的阻值，可使 VD_1、VD_2连接点的静态电位为 0，VT_1、VT_2的发射极电位也为 0，则 VD_1上的导通电压为 VT_1提供了发射结正偏电压，VD_2上的导通电压为 VT_2提供了发射结正偏电压，使

之工作在甲乙类状态，保证了晶体管对小于死区电压的小信号的正常放大，从而克服了交越失真。

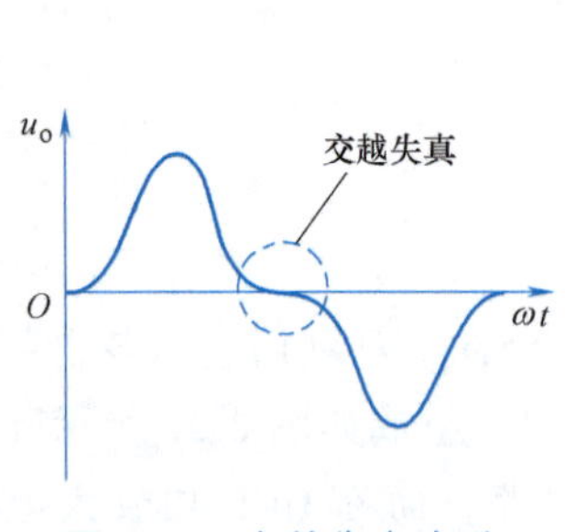

图 6-28　交越失真波形

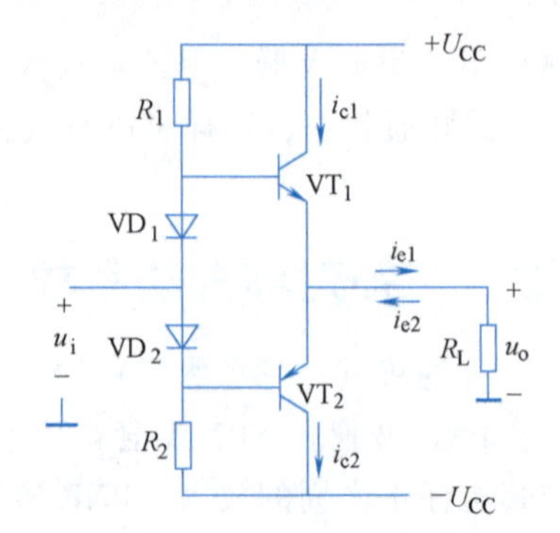

图 6-29　甲乙类互补对称功率放大电路

【思考题】

1. 对功率放大器和电压放大器的要求有何不同?
2. 交越失真是怎样产生的? 如何消除?

6.5　集成运算放大器及其应用电路

集成电路简称IC，是20世纪50年代后期发展起来的一种半导体器件，它是把整个电路的各个元件，如二极管、晶体管、小电阻、电容及其连线都集成在一块半导体芯片上。具有体积小、自重轻、引出线和焊接点少、寿命长、可靠性高、性能好等优点。同时成本低，便于大规模生产。集成电路按功能可分为模拟集成电路和数字集成电路。集成运算放大器作为最常用的一类模拟集成电路，广泛用于测量技术、计算技术、自动控制及无线电通信等。

6.5.1　集成运算放大器

1. 集成运算放大器的组成及表示符号

集成运算放大器是把整个电路中的半导体器件、电阻和连线等集中在一小块固体片上，从而把电路器件做成一个整体，其体积只相当于一个小功率半导体管。它不仅体积小，而且使电路性能和可靠性大大提高，减少了电路的组装和调整工作，也远远超出了原来“运算放大”的范围，从而在工业自动控制和精密检测中得到了广泛应用。

集成运算放大器（简称集成运放）实质上是一个具有高增益的直接耦合多级放大电路，它通常由输入级、中间级、输出级以及偏置电路组成，如图6-30所示。输入级提供与输出级成同相

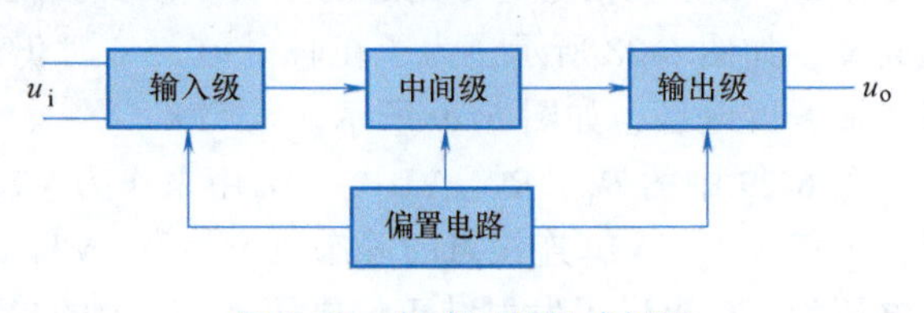

图 6-30　集成运放组成框图

或反相关系的输入信号，具有较大的输入电阻，能减小零点漂移和抑制干扰信号，多采用差分放大电路；中间级提供足够的增益，具有较大的输出电阻，多采用共射放大电路；输出级提供足够大的输出功率，具有较小的输出电阻，多采用互补对称电路；偏置电路是一个辅助环节，它为各级电路提供稳定和合适的偏置电流源，多采用各种恒流源电路。

在使用集成运放时，不需要关心它的内部结构，但要明确其管脚的用途和主要参数。常见的集成电路外形有圆壳式、直插式和扁平式等，如图 6-31 所示。其管脚号排列顺序的标记一般有色标、凹槽标记、管键及封装时压出的圆形标记等。圆壳式以管键为参考标记，管脚向下，以键为起点，逆时针方向数，依次为 1 脚、2 脚、3 脚……双列直插式集成电路管脚号的识别方法是将集成块水平放置，管脚向下，从缺口或标记开始，按逆时针方向数，依次为 1 脚、2 脚、3 脚……

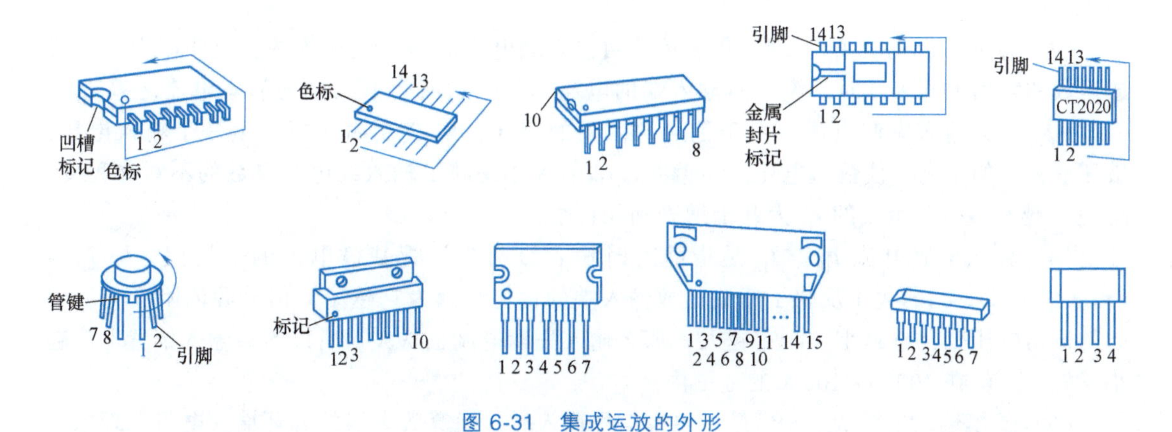

图 6-31　集成运放的外形

μA741 的引脚排列图如图 6-32 所示，其中 2 号脚为反相输入端，由此端输入信号，输出信号与输入信号是反相的；3 号脚为同相输入端，由此端输入信号，输出信号与输入信号是同相的；6 号脚为输出端；4 号脚为负电源端，接 -3～-18V 电源；7 号脚为正电源端，接 +3V～+18V 电源；1 号脚和 5 号脚为外接调零电位器的两个端子，一般只需在这两个引脚上接入 10kΩ 线绕电位器 R_p，即可调零。8 号脚为空脚。

集成运放的图形符号如图 6-33 所示。它的输入级通常由差分放大电路组成，故一般具有两个输入端和一个输出端，两个输入端中的一个为同相输入端，用“+”标示；另一个为反相输入端，用“-”标示。“∞”表示开环增益极大。

图 6-32　μA741 的引脚排列图　　　　图 6-33　集成运放的图形符号

2. 集成运放的两种输入信号

（1）差模输入信号 u_{Id}　差模信号是指大小相等、极性相反的信号。

（2）共模输入信号 u_{Ic}　共模信号是指大小相等、极性相同的信号。

3. 集成运放的主要性能指标

为了能够正确地选择、使用集成运放，需要了解它的性能参数。常用参数介绍如下：

（1）开环电压增益 A_{od}　A_{od}是指集成运放在开环（无外加反馈）情况下的差模电压增益。A_{od}是决定运算精度的重要因素，它越大越好，理想状况下希望它为无穷大。一般运放的 A_{od}为 $10^4 \sim 10^7$。

（2）输入失调电压 U_{IO}　理想的运算放大器，当输入电压 $u_- = u_+ = 0$（即把两输入端同时接地）时，输出电压 $u_o = 0$。但实际上，当输入为 0 时，存在一定的输出电压，在室温（25℃）及标准大气压下，把这个输出电压折算到输入端就是输入失调电压 U_{IO}。U_{IO}的大小反映了差放输入级的不对称程度，反映了温漂的大小，其值越小越好。一般运放的 U_{IO}为 1～10mV。

（3）输入失调电流 I_{IO}　理想集成运放两输入端电流应是完全相等的，但实际上，当集成运放的输出电压为 0 时，流入两输入端的电流不等，这两个输入端的静态电流之差 $I_{IO} = |I_{B1} - I_{B2}|$ 为输入失调电流。由于信号源内阻的存在，I_{IO}会在输入端产生一个输入电压，破坏放大器的平衡，使输出电压产生偏差。I_{IO}的大小反映了输入级电流参数的不对称程度。I_{IO}越小越好。一般运放的 I_{IO}为几十纳安到几百纳安。

（4）输入偏置电流 I_{IB}　I_{IB}是指静态时输入级两差放管基极电流的平均值，即 $I_{IB} = (I_{B1} + I_{B2})/2$。$I_{IB}$的大小反映了集成运放输入端的性能。因为它越小，信号源内阻变化所引起的输出电压变化也越小。而它越大，那么输入失调电流也越大。所以希望输入偏置电流越小越好，一般在 100nA～10μA 的范围内。

（5）差模输入电阻 R_{id}　R_{id}是指差模信号输入时，运算放大器的开环输入电阻。理想运放的 R_{id}为无穷大。它用来衡量集成运放向信号源索取电流的大小。一般运放的 R_{id}在几十千欧，好的运放 R_{id}可达几十兆欧。

（6）差模输出电阻 R_{od}　R_{od}是指从集成运放的输出端和地之间的等效交流电阻，它的大小反映了集成运放在小信号输出时的带负载能力，一般为几十欧到几千欧。在闭环（有负反馈）工作后，容易达到深度负反馈要求，因此实际工作输出电阻是很小的。

（7）共模抑制比 K_{CMR}　K_{CMR}是指开环差模电压增益与开环共模增益之比，一般运放的 K_{CMR}在 80dB 以上，好的可达 160dB。

（8）最大差模输入电压 $U_{id\max}$　$U_{id\max}$是指在集成运放的两个输入端之间允许加入的最大差模输入电压。

（9）最大共模输入电压 U_{icmax}　U_{icmax}是指允许加在集成运放的两个输入端的短接点与运放地线之间的最大电压。如果共模成分超过一定程度，则输入级将进入非线性区工作，就会造成失真，并使输入端晶体管反向击穿。

（10）最大输出电压 U_{oPP}　U_{oPP}是指集成运放在标称电源电压时，其输出端所能提供的最大不失真峰值电压，其值一般不低于电源电压 2V。

4. 理想集成运放

理想集成运放可以理解为实际集成运放的理想模型，也就是把集成运放的各项技术指标都理想化，得到一个理想的集成运放，即开环差模电压增益 $A_{od} = \infty$，差模输入电阻 $R_{id} = \infty$，差模输出电阻 $R_{od} = 0$，共模抑制比 $K_{CMR} = \infty$，开环通频带 $f_{BW} = \infty$，输入失调电压、失调电流及输入失调电压温漂、输入失调电流温漂都为0，输入偏置电流 $I_{IB}=0$。

实际集成运放由于受集成电路制造工艺水平的限制，各项技术指标不可能达到理想化条件，所以，将实际集成运放作为理想集成运放分析计算是有误差的，但误差通常不大，在一般工程计算中是允许的。将集成运放视为理想的，将大大简化运放应用电路的分析。本书中如无特别说明，都是将集成运放作为理想运放来考虑的。

5. 集成运放的两个工作区

集成运放的传输特性如图6-34所示。在输入信号的很小范围内，集成运放工作于线性放大区；当输入信号增大后，电路很快进入非线性区，由于是双电源对称供电，内部输出级也是对称PNP型管和NPN型管互补工作，所以非线性区又称为正、负饱和区。最大输出电压 $\pm U_{oPP}$ 受电源电压和输出管饱和电压降限制。

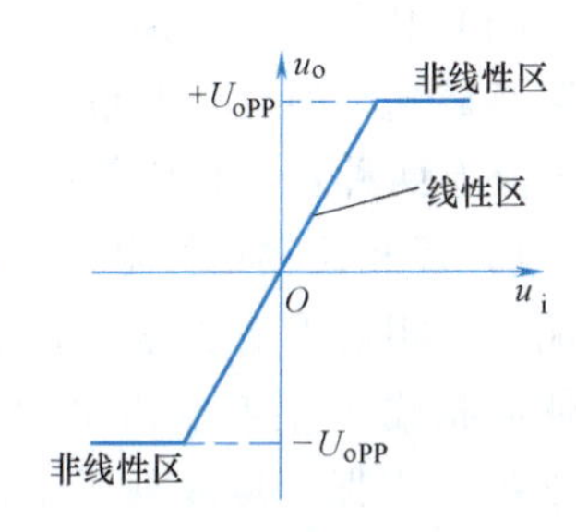

图6-34 集成运放的传输特性

（1）集成运放工作在线性区的特点　当理想集成运放工作在线性区时，集成运放的输出电压和两个输入电压之间存在线性放大关系，$u_o=A_{od}(u_+-u_-)$。其中 u_o 是集成运放的输出端电压，u_+ 表示同相输入端电压，u_- 表示反相输入端电压，而 A_{od} 是开环差模电压增益。理想集成运放工作在线性区时有以下两个重要特点：

1）差模输入电压等于0。运放工作在线性区时，因理想集成运放的 $A_{od}=\infty$，故 $u_{id}=u_+-u_-=u_o/A_{od}\approx 0$，即 $u_+\approx u_-$。

即集成运放的同相输入端和反相输入端的对地电压相等，看起来像是短路了一样，但实际上并未被真正短路，而是一种虚假的短路，这种现象称为“虚短”。在实际的集成运放中 $A_{od}\neq\infty$，所以同相输入端电压和反相输入端电压不可能完全相等。但如果 A_{od} 足够大，差模输入电压（即 u_+-u_-）的值很小，与电路中其他电压相比，可忽略不计。

2）输入电流等于0。因理想集成运放的差模输入电阻 $R_{id}=\infty$，故在两个输入端均没有电流，即 $i_+=i_-\approx 0$。

此时同相输入端和反相输入端的电流都等于零，看起来像是断开了一样，但实际上并未断开，而是一种虚假的开路，这种现象称为“虚断”。

“虚短”和“虚断”是理想集成运放工作在线性区的重要结论，为分析和计算集成运放的线性应用电路提供了很大的方便。

（2）理想集成运放工作在非线性区的特点　当集成运放的工作信号超出了线性放大范围时，输出电压不再随着输入电压线性增长而达到饱和。工作在非线性区时，也有以下两个重要特点：

1）理想集成运放的输出电压 u_o 的值只有两种可能：当 $u_+>u_-$ 时，$u_o=+U_{oPP}$；当 $u_+<u_-$ 时，$u_o=-U_{oPP}$。即输出电压不是正向饱和电压 $+U_{oPP}$ 就是负向饱和电压 $-U_{oPP}$。在非线性区内，差模输入电压可能会很大，即 $u_+\neq u_-$，即“虚短”现象不再存在。

2）理想集成运放两输入端的输入电流等于0。非线性区内，虽然 $u_+\neq u_-$，但因理想集成运放的 $R_{id}=\infty$，故仍认为输入电流为0，即 $i_+=i_-\approx 0$。因集成运放的开环差模电压的增益通常很大，即使在输入端加入一个很小的电压，仍有可能使集成运放超出线性工作范围，即线性放大范围很小。为保证集成运放工作在线性区，一般需在电路中引入深度负反馈，以减小直接加在集成运放两输入端的净输入电压。

6.5.2 集成运算放大器应用电路

信号的运算是集成运放的一个重要而基本的应用。在各种运算电路中，要求输出和输入的模拟信号之间实现一定的数学运算关系，所以运算电路中的集成运放必须工作在线性区，即以“虚短”和“虚断”为基本出发点。

1. 集成运放的线性应用

(1) 比例运算电路　比例运算是指输出电压和输入电压之间存在比例关系。比例运算电路是最基本的运算电路，是其他各种电路的基础。按信号输入方式的不同，常用的比例运算电路有两种：反相比例运算电路、同相比例运算电路。

1) 反相比例运算电路。如图 6-35 所示，输入电压 u_i 经电阻 R_1 加到集成运放的反相输入端，同相输入端经电阻 R_2 接地，R_2 为平衡电阻，主要是使同相输入端与反相输入端外接电阻平衡，即 $R_2=R_1/\!/R_F$，以保证运放处于平衡对称状态，从而消除输入偏置电流及其温漂的影响。输出电压 u_o 经 R_F 接回到反相输入端引入了负反馈。因为集成运放的开环差模电压增益很高，所以容易满足深度负反馈的条件，可认为集成运放工作在线性区，即可以使用“虚短”和“虚断”来分析。

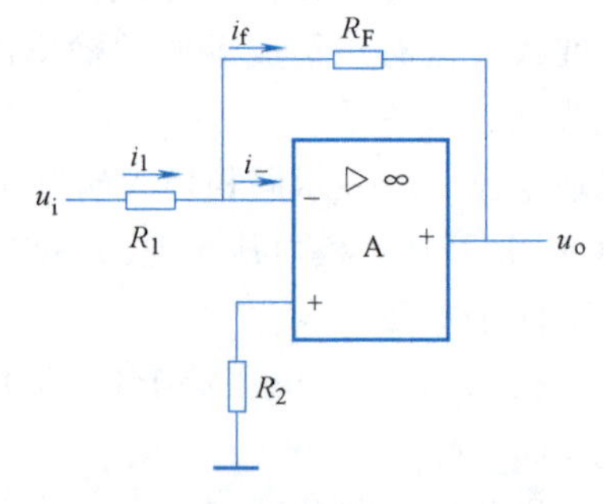

图 6-35　反相比例运算电路

由“虚断”可知 $i_+=i_-=0$，即 R_2 上没有电压降，则 $u_+=0$。又因“虚短”，可得 $u_-=u_+=0$。说明在反相比例运算电路中，集成运放的反相输入端与同相输入端两点的电位不仅相等，而且均为 0，看起来像是两点接地一样，这种现象称为“虚地”。“虚地”是反相比例运算电路的一个重要特点。由于 $i_-=0$，所以 $i_1=i_f$，即

$$\frac{u_i-u_-}{R_1}=\frac{u_--u_o}{R_F}$$

因上式中的 $u_-=0$，故可求得反相比例运算电路的电压增益为

$$A_{uf}=\frac{u_o}{u_i}=-\frac{R_F}{R_1} \tag{6-28}$$

式 (6-28) 中，负号表示反相比例运算电路的输出与输入反相。若取 $R_1=R_F$，则 $u_o=-u_i$，此时图 6-35 所示的电路就称为反相器或倒相器。由于电路通过 R_F 引入深度负反馈，A_{uf} 的大小仅与运放外电路的参数 R_F 与 R_1 有关，因此为了提高电路闭环增益的精度与稳定度，R_F 与 R_1 应选取阻值稳定的电阻。通常 R_F 与 R_1 的取值约为 1kΩ~1MΩ，$R_F/R_1=0.1\sim100$。为减小信号源内阻 R_s 对运算精度的影响，要求 $R_1/R_s>50$。

2) 同相比例运算电路。如图 6-36 所示，输入电压 u_i 接在同相输入端，但为了保证工作在线性区，引入的是负反馈，输出电压 u_o 通过电阻 R_F 仍接在反相输入端，同时，反相输入端通过电阻 R_1 接地。可以判断同相比例运算电路是电压串联负反馈电路。工作在线性区，使用“虚断”和“虚短”可知 $i_+=i_-=0$，故 $u_-=\frac{R_1}{R_1+R_F}u_o$，且 $u_-=u_+=u_i$，则 $u_i=\frac{R_1}{R_1+R_F}u_o$，

所以，输出电压为

$$u_o=\left(1+\frac{R_F}{R_1}\right)u_i \tag{6-29}$$

同相比例运算电路的电压增益为

$$A_{uf}=\frac{u_o}{u_i}=1+\frac{R_F}{R_1} \tag{6-30}$$

式（6-30）中，正号表示同相比例运算电路的输出与输入同相，电压增益与集成运放参数无关。当 $R_1=\infty$（开路）或 $R_F=0$ 时，$u_o=u_i$，组成了电压跟随器，如图 6-37 所示。

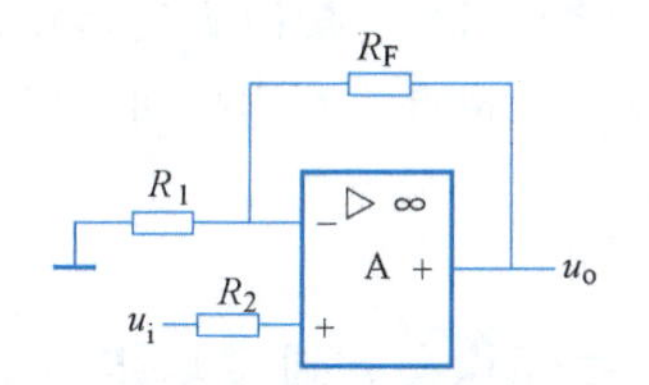

图 6-36 同相比例运算电路

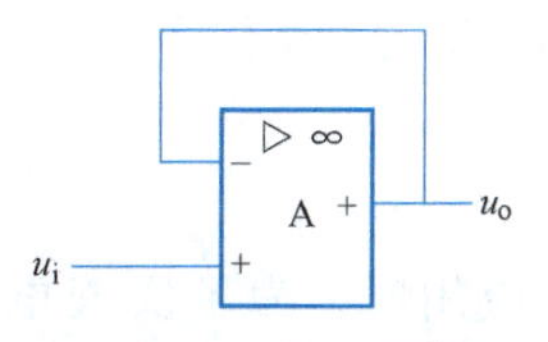

图 6-37 电压跟随器

（2）加法运算电路 在测量和控制系统中，往往要将多个采样信号输入放大电路中，按一定的比例组合起来，需用到加法运算电路，也称为求和电路。加法运算电路有两种接法：反相输入接法和同相输入接法。本节只介绍反相加法运算电路。

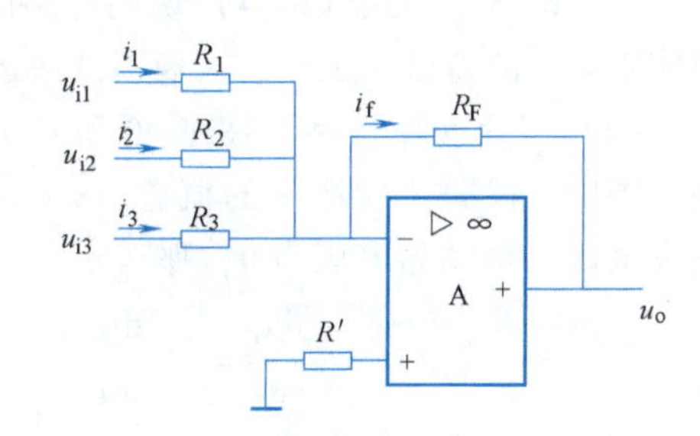

图 6-38 反相加法运算电路

图 6-38 所示为有 3 个输入端的反相加法运算电路，实际使用的过程中可根据需要增减输入端的数量。

为保证集成运放同相、反相两输入端的电阻平衡，同相输入端的电阻 $R'=R_1 // R_2 // R_3 // R_F$，图 6-38 中 R_1、R_2、R_3、R_F 的典型值为 10~25kΩ。因为“虚断”，$i_-=0$，所以 $i_f=i_1+i_2+i_3$。又因反相输入端“虚地”，所以

$$-\frac{u_o}{R_F}=\frac{u_{i1}}{R_1}+\frac{u_{i2}}{R_2}+\frac{u_{i3}}{R_3}$$

则输出电压为

$$u_o=-\left(\frac{R_F}{R_1}u_{i1}+\frac{R_F}{R_2}u_{i2}+\frac{R_F}{R_3}u_{i3}\right) \tag{6-31}$$

由式（6-31）可以看出，电路的输出电压 u_o 是各输入电压 u_{i1}、u_{i2} 和 u_{i3} 按一定比例相加所得的结果，实现的是一种求和运算。如果电路中电阻的阻值满足 $R_1=R_2=R_3=R$，则

$$u_o=-\frac{R_F}{R}(u_{i1}+u_{i2}+u_{i3}) \tag{6-32}$$

这种反相输入接法的优点是：在改变某一路信号的输入电阻时，改变的仅仅是输出电压

与该路输入电压之间的比例关系，对其他各路没有影响，即反相求和电路便于调节某一支路的比例成分。并且因为反相输入端是“虚地”的，所以加在集成运放输入端的共模电压很小。在实际应用中这种反相输入的接法较为常用。

例 6-5 在图 6-38 中，已知：$R_1=R_2=R_3=10\text{k}\Omega$，$R_F=20\text{k}\Omega$，$U_{i1}=10\text{mV}$，$U_{i2}=20\text{mV}$，$U_{i3}=30\text{mV}$，求输出电压 U_o。

解 令 $R=R_1=R_2=R_3=10\text{k}\Omega$，则

$$U_o=-\frac{R_F}{R}(U_{i1}+U_{i2}+U_{i3})=-\frac{20}{10}\times(10+20+30)\ \text{mV}=-120\text{mV}$$

（3）减法运算电路　减法运算电路如图 6-39 所示。图中的两个输入电压 u_{i1}、u_{i2} 分别加在集成运放的反相输入端和同相输入端。从输出端通过反馈电阻 R_F 接回到反相输入端。电路中输入和输出的关系同样利用集成运放的“虚断”“虚短”特点或利用叠加原理分析，得

$$u_o=\left(1+\frac{R_F}{R_1}\right)\frac{R_3}{R_2+R_3}u_{i2}-\frac{R_F}{R_1}u_{i1} \tag{6-33}$$

在实际应用时，为了实现电路的直流平衡，减小运算误差，通常取 $R_1=R_2$，$R_3=R_F$，则

$$u_o=\frac{R_F}{R_1}(u_{i2}-u_{i1}) \tag{6-34}$$

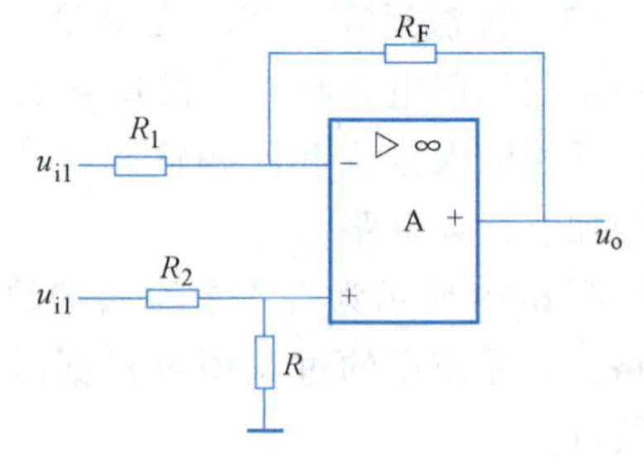

图 6-39　减法运算电路

式（6-33）和式（6-34）说明电路的输出电压和两输入电压的差值成正比，实现了减法运算。

（4）积分运算电路　图 6-40 所示为积分运算电路。图中，根据“虚地”的概念，$u_-\approx 0$，$i_R=u_i/R$。假设电容 C 的初始电压为 0，那么

$$i_C=C\frac{\mathrm{d}u_C}{\mathrm{d}t}=-C\frac{\mathrm{d}u_o}{\mathrm{d}t}$$

再根据“虚断”的概念，$i_-\approx 0$，则 $i_R\approx i_C$，则

$$\frac{u_i}{R}=-C\frac{\mathrm{d}u_o}{\mathrm{d}t}$$

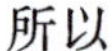
所以

$$u_o=-\frac{1}{RC}\int u_i\mathrm{d}t \tag{6-35}$$

式（6-35）表明，输出电压为输入电压对时间的积分，且相位相反。

（5）微分运算电路　微分运算是积分运算的逆运算，即输出电压与输入电压成微分关系。将积分运算电路中的 R 和 C 的位置互换，即可组成基本微分电路，如图 6-41 所示。由于“虚断”，流入运放的反相输入端的电流 $i_-\approx 0$，则 $i_C=i_R$。因反相输入端“虚地”，故可得

$$u_o=-i_RR=-i_CR=-RC\frac{\mathrm{d}u_C}{\mathrm{d}t}=-RC\frac{\mathrm{d}u_i}{\mathrm{d}t} \tag{6-36}$$

式（6-36）表明，输出电压为输入电压对时间的微分，且相位相反。

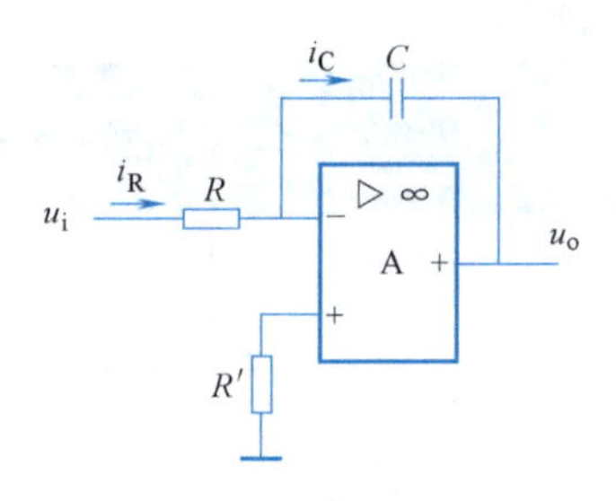

图 6-40　积分运算电路

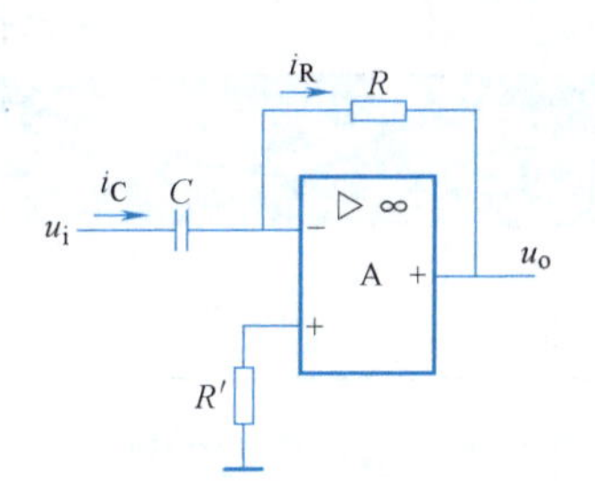

图 6-41　微分运算电路

2. 集成运放的非线性应用

集成运放工作在非线性区可构成各种电压比较器和矩形波发生器等，本节仅介绍电压比较器。电压比较器是一种常见的模拟信号处理电路，它的功能主要是对送到运放输入端的两个信号（模拟输入信号和基准电压信号）进行比较，并在输出端以高低电平的形式给出比较的结果。

电压比较器的基本电路如图 6-42a 所示。集成运放处于开环状态，工作在非线性区，输入信号 u_i加在反相输入端，参考电压 U_{REF}接在同相输入端。

当 $u_i>U_{REF}$，即 $u_->u_+$时，$u_o=-U_{oPP}$；当 $u_i<U_{REF}$，即 $u_-<u_+$时，$u_o=+U_{oPP}$。传输特性如图 6-42b 所示。

如果输入电压过零（即 $U_{REF}=0$），输出电压发生跳变，则将其称为过零电压比较器。利用过零电压比较器可将正弦波转化为方波。图 6-43 所示为反相输入过零比较器的输入、输出波形。

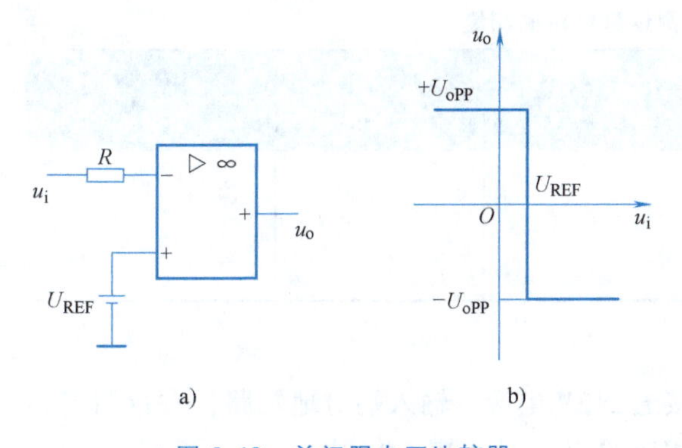

图 6-42　单门限电压比较器

a）电压比较基本电路　b）电压比较器的传输特性

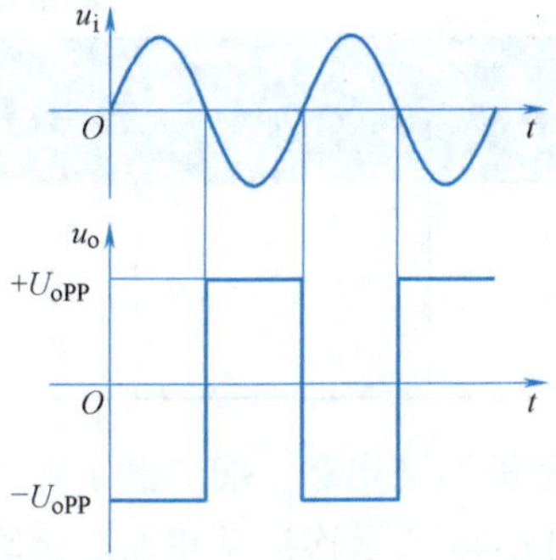

图 6-43　同相输入过零比较器的输入、输出波形

技能训练——集成运放应用电路测试

本技能训练中，集成运放选用 μA741，其他元件参数如图中标注所示。

1. 反相比例运算电路的测试

按图 6-44 所示连接反相比例运算电路，为了减小输入级偏置电流引起的运算误差，在同相输入端应接入平衡电阻 $R_2=R_1 /\!/ R_F$。接通±12V 电源，输入端对地短路，进行调零和消振。输入 $f=100$Hz、$U_i=0.5$V 的正弦交流信号，测量相应的 u_o，并用示波器观察 u_o和 u_i的相位关系，填入表 6-12 中。

表 6-12　反相比例运算电路的测量

U_i/V	U_o/V	u_i波形	u_o波形	A_u	
				实测值	计算值

2. 同相比例运算电路的测试

按图 6-45 所示连接同相比例运算电路，接通±12V 电源，输入端对地短路，进行调零和消振。输入 $f=100\text{Hz}$、$U_i=0.5\text{V}$ 的正弦交流信号，测量相应的 u_o，并用示波器观察 u_o和 u_i 的相位关系，填入表 6-13 中。

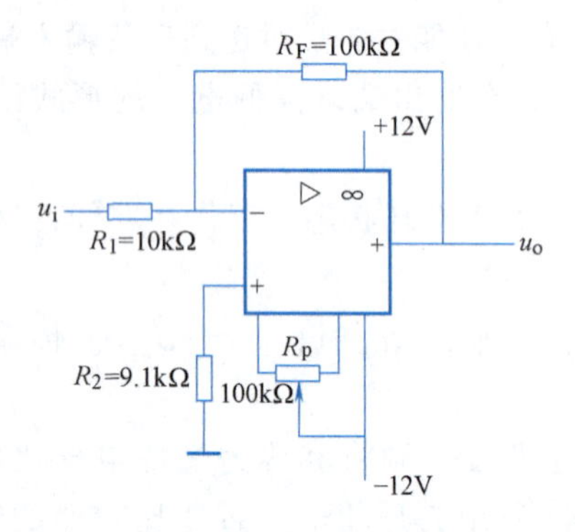

图 6-44　反相比例运算电路

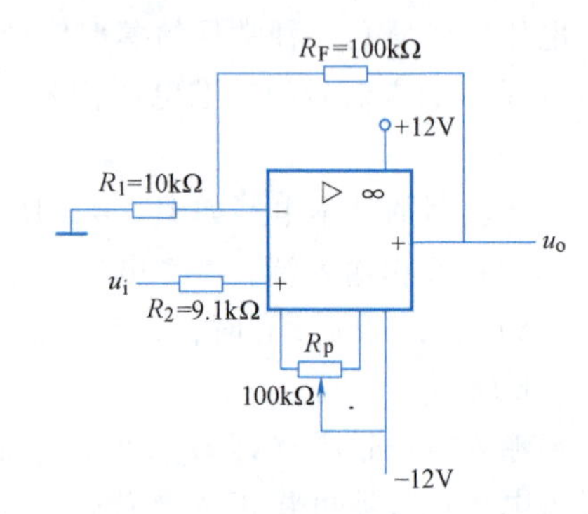

图 6-45　同相比例运算电路

表 6-13　同相比例运算电路的测量

U_i/V	U_o/V	u_i波形	u_o波形	A_u	
				实测值	计算值

3. 反相加法电路（加法器）的测试

按图 6-46 所示连接反相加法运算电路，接通±12V 电源，输入端对地短路，进行调零和消振。分别输入表 6-14 中的输入信号，测量相应的 U_o，填入表 6-14 中。

表 6-14　反相加法运算电路的测量

U_{i1}/V	0.5	0.4	0.2
U_{i2}/V	−0.3	−0.5	0.4
U_o/V			

4. 电压比较器的测量

按图 6-47 所示连接过零比较器电路，接通±12V 电源。测量 u_i悬空时的 U_o值。u_i输入 500Hz、幅值为 2V 的正弦信号，观察 u_i、u_o的波形并记录。改变 u_i的幅值，测量传输特性曲线。

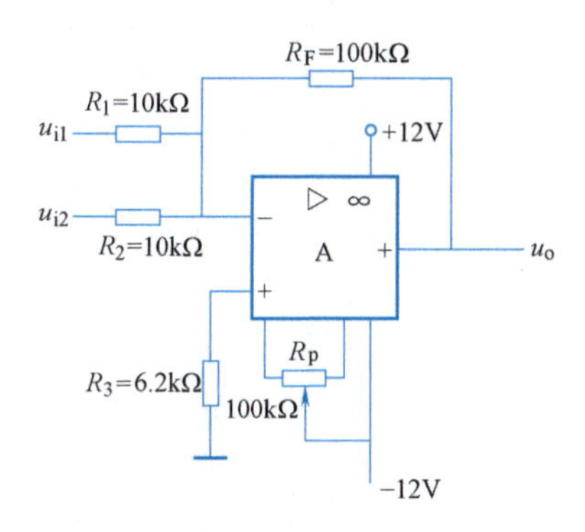

图 6-46　反相加法运算电路

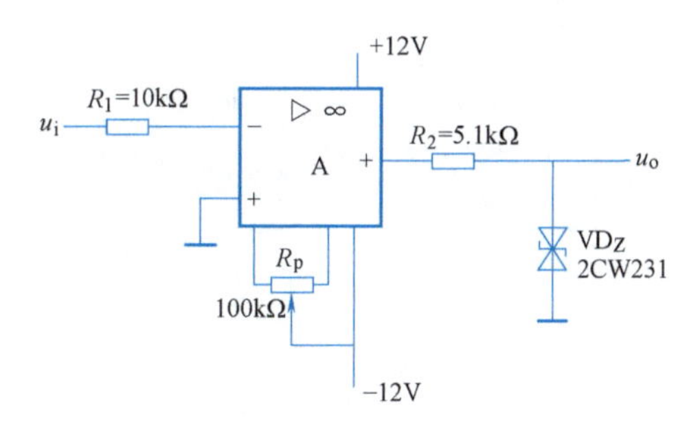

图 6-47　过零比较器电路

注意事项：

1）实验前一定要看清集成运放各管脚的位置，切不可将正、负电源极性接反或输出端短路，否则会损坏集成运放。

2）接好电路后，要仔细检查是否有误。电路无误后首先应接通±12V 电源，输入端对地短路，进行调零和消振。

【思考题】

1. 集成运放的 A_{od}、R_{id}、R_{od}、K_{CMR} 的物理意义是什么？

2. 集成运放构成的基本运算电路主要有哪些？这些电路中集成运放应工作在什么状态？

3. 试比较反相、同相比例运算电路的结构和特点。

习　　题

1. 根据图 6-48 所示的各晶体管的各极电位，分析各管：(1) 是锗管还是硅管？(2) 是 NPN 型管还是 PNP 型管？(3) 处于放大、截止或饱和状态中的哪一种状态？是否有故障（某个 PN 结短路或开路）？

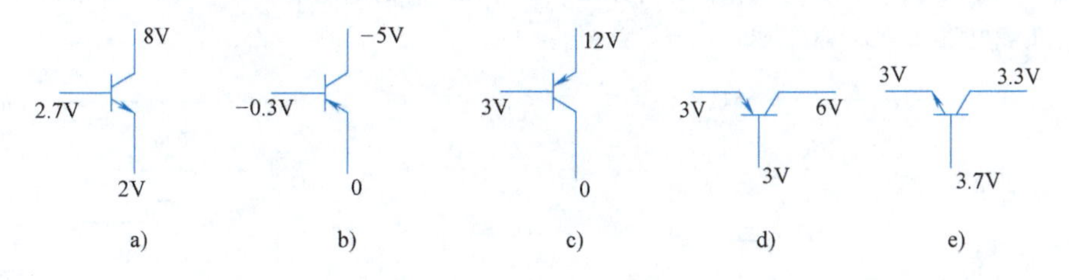

图 6-48　题 1 图

2. 某晶体管的 $P_{CM}=100\text{mW}$，$I_{CM}=20\text{mA}$，$U_{(BR)CEO}=15\text{V}$，下列几种情况下晶体管能否正常工作？为什么？(1) $U_{CE}=3\text{V}$，$I_C=10\text{mA}$；(2) $U_{CE}=2\text{V}$，$I_C=40\text{mA}$；(3) $U_{CE}=6\text{V}$，$I_C=20\text{mA}$。

3. 判断图 6-49 所示各电路能否对交流信号电压实现正常放大。若不能，请说明原因。

4. 做单管共射放大电路实验时，测得放大电路输出端电压波形出现如图 6-50 所示的情况，试说明这是什么现象？产生的原因是什么？如何调整？

5. 如图 6-51 所示的固定偏置放大电路，调整电位器来改变 R_B 的值就能调整放大电路的静态工作点。晶体管的 $\beta=50$，$U_{BE}=0$，试估算：(1) 若要求 $I_C=2\text{mA}$，R_B 值应为多大？(2) 若要求 $U_{CE}=4.5\text{V}$，R_B 值又应为多大？

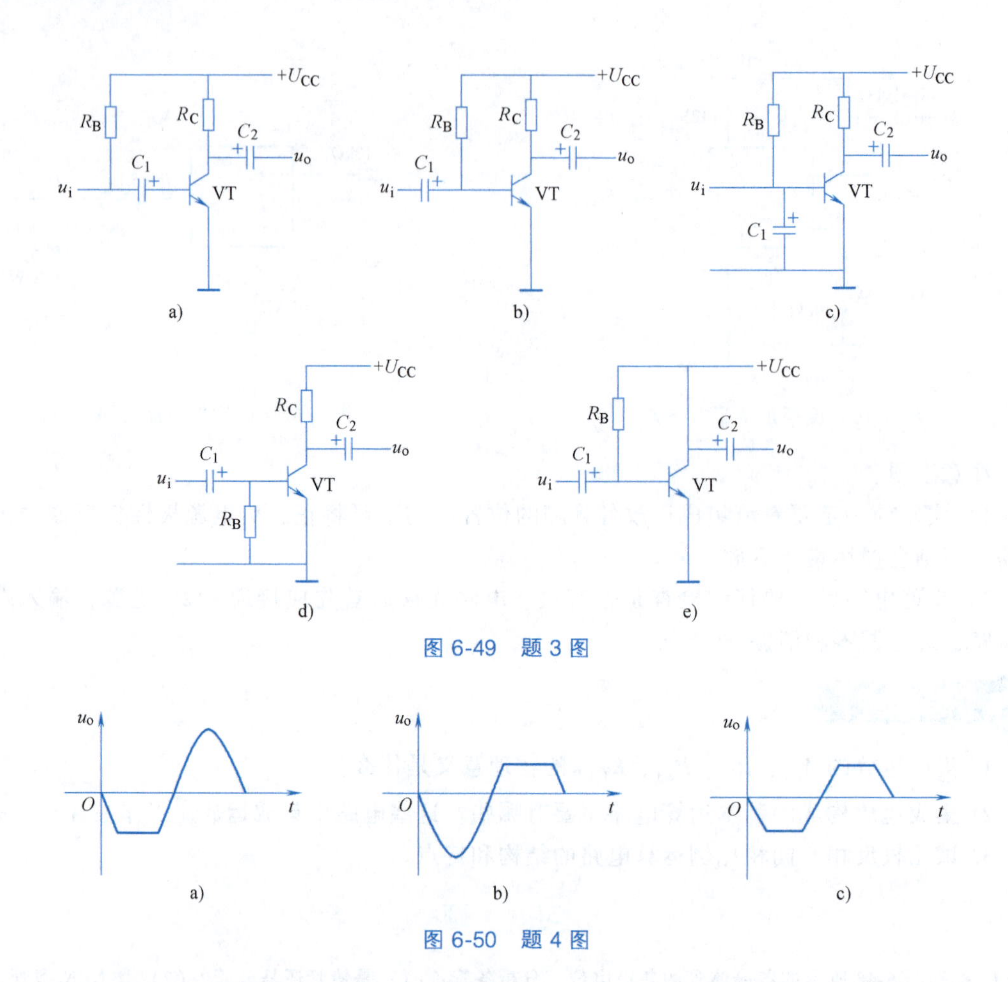

图 6-49　题 3 图

图 6-50　题 4 图

6. 放大电路及元件参数如图 6-52 所示，晶体管的 $\beta=45$。(1) 求放大电路的静态工作点；(2) 画出放大电路的微变等效电路；(3) 分别计算 R_L 断开和 $R_L=5.1\text{k}\Omega$ 时的电压增益 A_u；(4) 如果信号源的内阻 $R_s=500\Omega$，负载电阻 $R_L=5.1\text{k}\Omega$，求源电压增益 A_{us}。

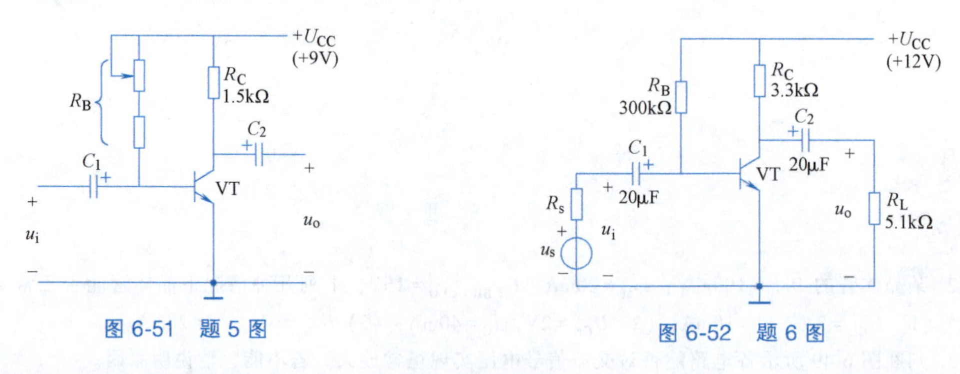

图 6-51　题 5 图

图 6-52　题 6 图

7. 分压式偏置稳定电路如图 6-53 所示，已知：晶体管的 $\beta=40$，$U_{BE}=0.7\text{V}$。(1) 估算静态工作点；(2) 画出放大电路的微变等效电路；(3) 求空载电压增益、输入电阻、输出电阻；(4) 当在输出端接上 $R_L=2\text{k}\Omega$ 的负载时，求此时的电压增益。

8. 放大电路如图 6-54 所示，已知：晶体管的 $\beta=100$，$U_{BE}=0.7\text{V}$。(1) 求静态工作点；(2) 画出微变等效电路；(3) 求电路的 A_u、R_i 和 R_o。

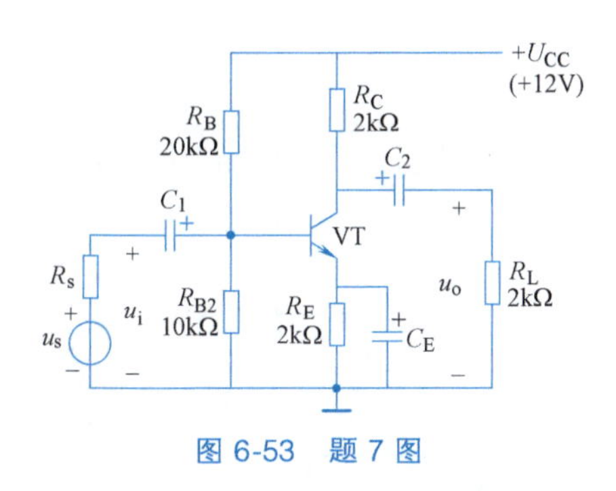

图 6-53 题 7 图

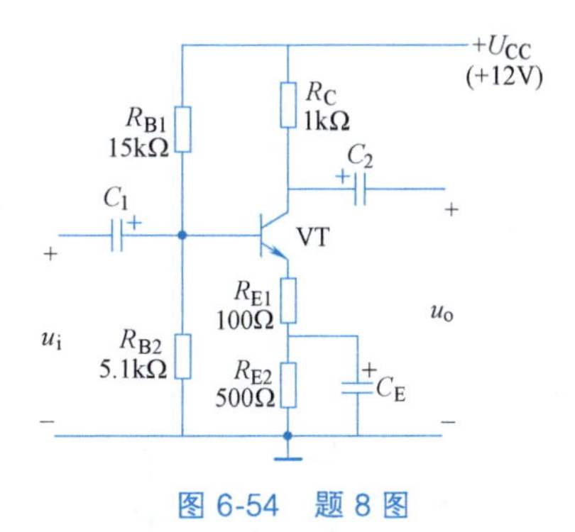

图 6-54 题 8 图

9. 射极输出器电路如图 6-55 所示，晶体管的 $\beta = 100$，$r_{be} = 1.2\text{k}\Omega$，信号源 $U_s = 200\text{mV}$，$R_s = 1\text{k}\Omega$。（1）求静态工作点；（2）画出放大电路的微变等效电路；（3）求电路的 A_u、R_i 和 R_o。

10. 射极输出器电路如图 6-56 所示，已知：晶体管的 $\beta = 100$，$r_{be} = 1\text{k}\Omega$，试求其输入电阻 R_i。

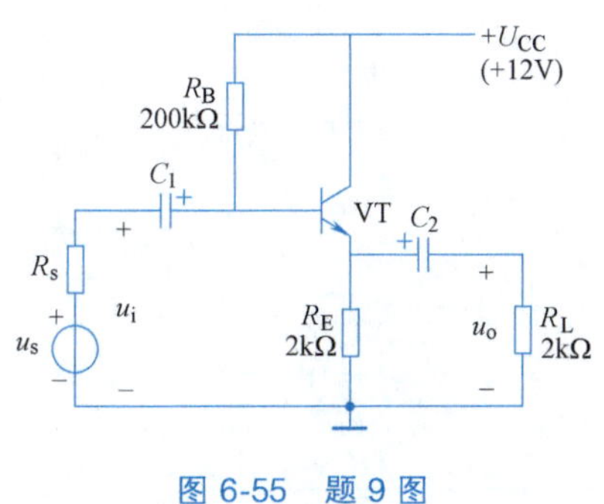

图 6-55 题 9 图

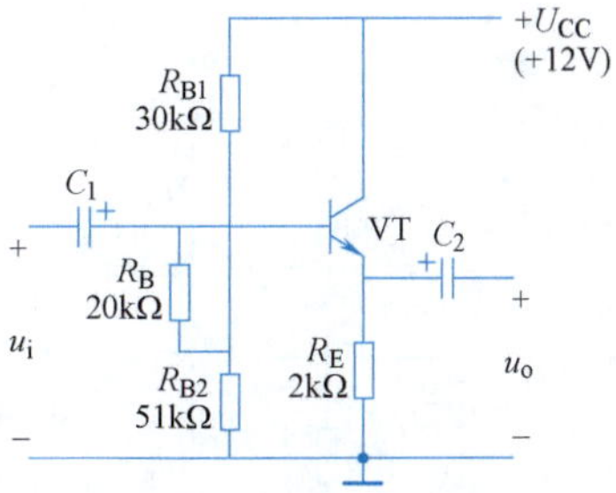

图 6-56 题 10 图

11. 两级放大电路如图 6-57 所示，$\beta_1 = \beta_2 = 50$，$U_{BE1} = U_{BE2} = 0.6\text{V}$。（1）求各级电路的静态工作点；（2）画出放大电路的微变等效电路；（3）求电路的总电压增益 A_u、输入电阻 R_i 和输出电阻 R_o。

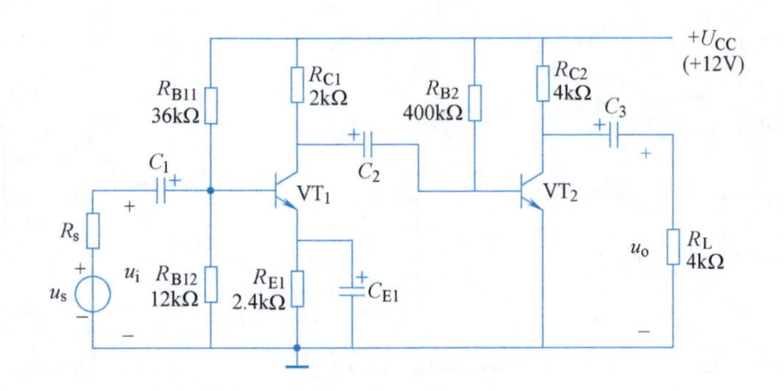

图 6-57 题 11 图

12. 判断图 6-58 所示各电路的反馈类型。

13. 如图 6-59 所示电路，已知：$R_1 = 10\text{k}\Omega$，$R_F = 30\text{k}\Omega$。求电压增益。

14. 如图 6-60 所示电路，已知：$U_i = 0.1\text{V}$，$R_1 = 10\text{k}\Omega$，$R_F = 390\text{k}\Omega$。求输出电压。

15. 如图 6-61 所示电路，已知：$R_1 = R_2 = 2\text{k}\Omega$，$R_3 = 18\text{k}\Omega$，$R_F = 10\text{k}\Omega$，$U_i = 1\text{V}$。求 U_o。

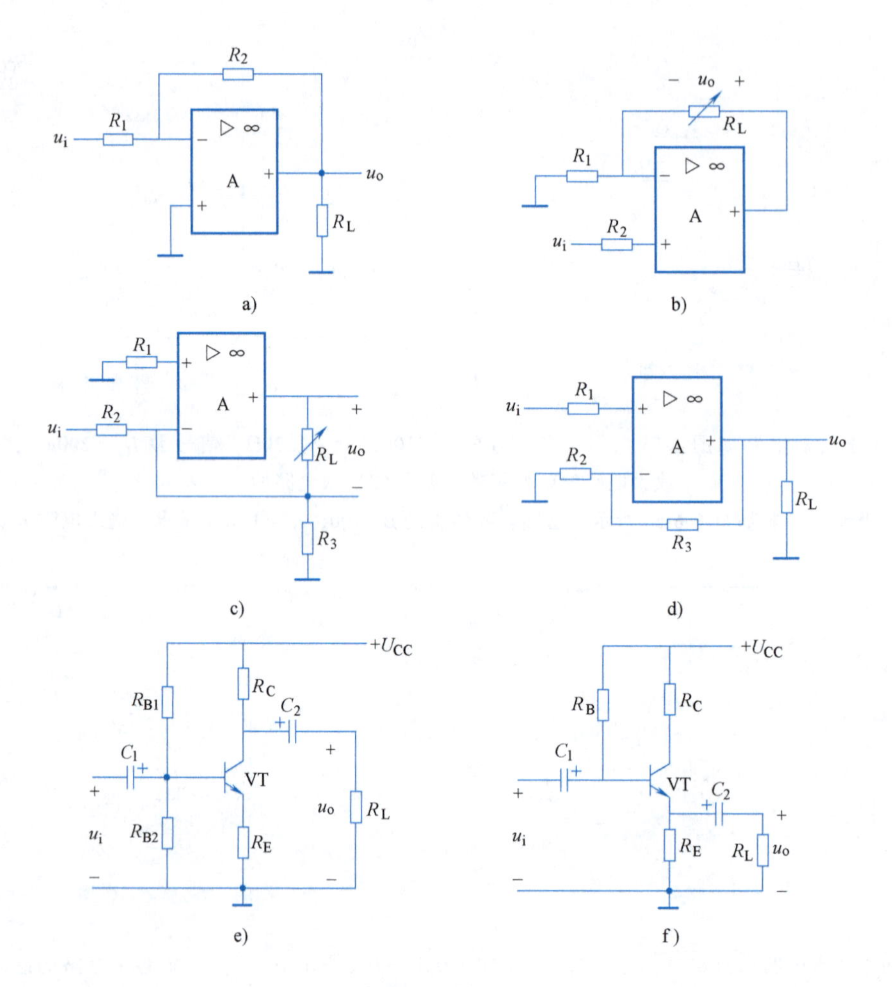

图 6-58　题 12 图

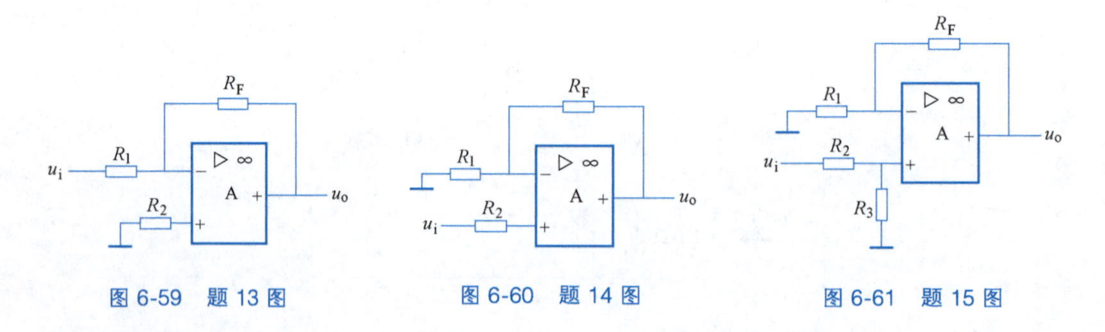

图 6-59　题 13 图　　图 6-60　题 14 图　　图 6-61　题 15 图

16. 在图 6-62 所示电路中，已知：$R_1 = R_2 = R_3 = 20\text{k}\Omega$，$R_F = 40\text{k}\Omega$，$U_{i1} = 20\text{mV}$，$U_{i2} = 40\text{mV}$，$U_{i3} = 60\text{mV}$。求输出电压 U_o。

17. 在图 6-63 所示的电路中，已知：$R_1 = R_2 = 18\text{k}\Omega$，$R_3 = R_F = 36\text{k}\Omega$，$U_{i1} = 30\text{mV}$，$U_{i2} = 16\text{mV}$。求输出电压 u_o 和电压增益 A_u。

18. 写出图 6-64 所示电路的输出电压和输入电压之间的函数关系。

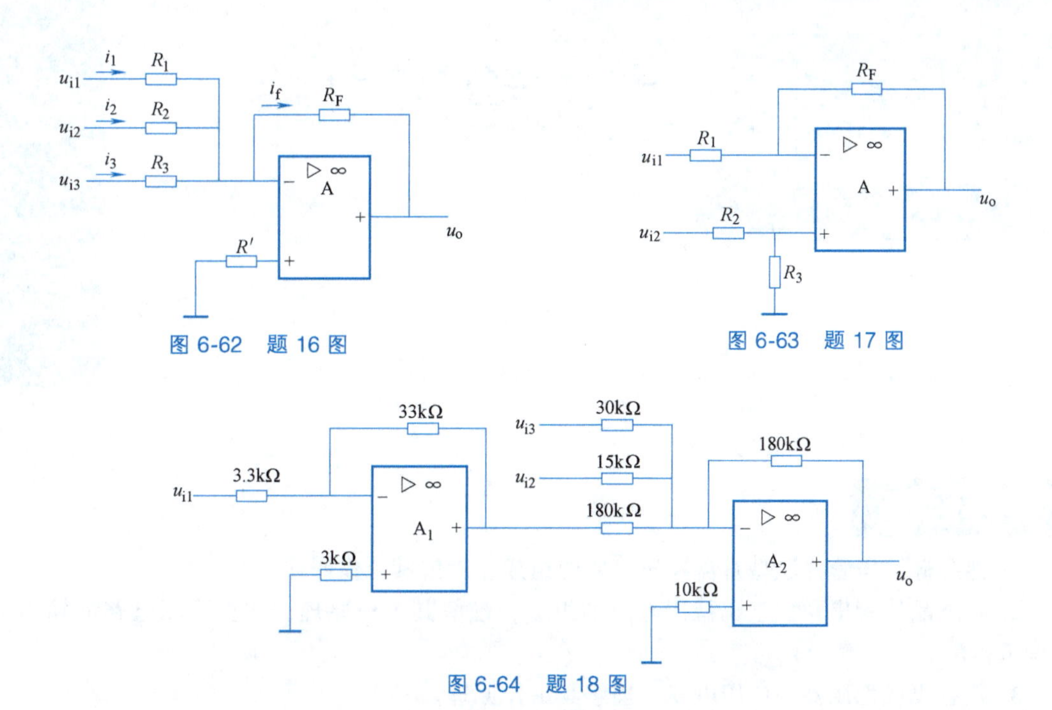

图 6-62 题 16 图

图 6-63 题 17 图

图 6-64 题 18 图

第7章 直流稳压电路

CHAPTER 7

学习目标

1. 熟悉硅稳压管并联型直流稳压电路的组成，理解其工作原理。

2. 熟悉晶体管串联型直流稳压电路的组成，理解其工作原理，估算稳压电路的输出电压调节范围。

3. 熟悉集成稳压器的应用电路，理解其工作原理。

4. 能正确使用常用电工电子仪器仪表测试常用的直流稳压电源电路。

7.1 分立式直流稳压电路

7.1.1 硅稳压管并联型直流稳压电路

图7-1所示为硅稳压管组成的并联型直流稳压电路，U_I是整流滤波以后的输出电压。电阻R限制流过稳压管的电流使之不超过I_{Zmax}，称为限流电阻。负载R_L与用作调整元件的稳压管VD_Z并联，输出电压就是稳压管两端的稳定电压，所以称为并联型直流稳压电路。在稳压电路中要求稳压管必须工作在反向击穿区，且流过稳压管的电流应满足$I_{Zmin} \leqslant I_Z \leqslant I_{Zmax}$。

1. 稳压原理

首先分析负载不变（即R_L不变），而电网电压变化时的稳压过程。例如，当电网电压升高，使输入电压U_I随之升高，输出电压U_O即稳压管电压U_Z略有增加时，稳压管的电流I_Z会明显地增加，使电阻R的电压降$U_R = R(I_O + I_Z)$增加，从而导致输出电压U_O下降，趋近于原来的值。即利用I_Z的调整作用，将U_I的变化量转移在电阻R上，从而保持输出电压的稳定。

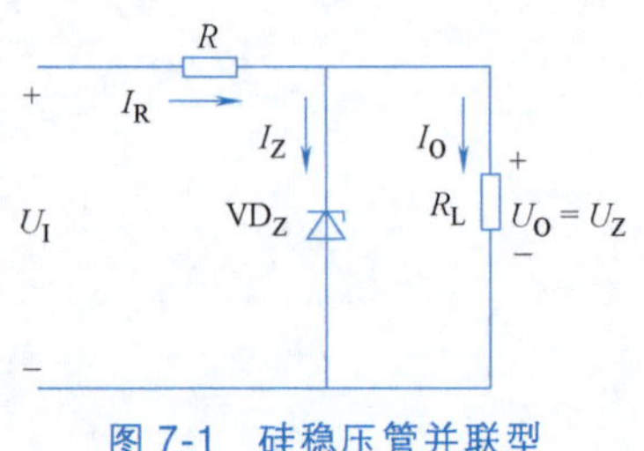

图7-1 硅稳压管并联型直流稳压电路

同理，若电网电压不变（即U_I不变），负载变化时，电路也能起到稳压作用。例如，负载电阻R_L减小，引起I_O增加时，电阻R上的电压降增大，输出电阻U_O因而下降。只要U_O

略有下降，即 U_Z下降，则稳压管电流 I_Z会明显减小，从而使 I_R和 U_R减小，输出电压 U_O回升，接近原来的值。即将 I_O的变化量通过反方向的变化，使 U_R基本不变，从而使输出电压 U_O基本稳定。

由以上分析可知，稳压管组成的稳压电路就是在电网电压波动和负载电流变化时，利用稳压管的电流调节作用，通过限流电阻 R 上电压或电流的变化进行补偿，达到稳压的目的。

2. 硅稳压管和限流电阻的选择

（1）稳压管的选择　稳压管的选择主要从电路的输出电压和负载电流的大小两个方面考虑：稳压管的稳定电压 U_Z等于电路的输出电压 U_O，稳压管的稳定电流 I_Z应大于负载电流 I_O的 5 倍。在满足这两个条件的基础上，再根据电路要求的稳压精度，合理选择稳压管的其他参数。

（2）输入电压 U_I的确定　考虑到电网电压的变化，U_I可按 $U_I=(2\sim3)U_O$选择，且随电网电压变化允许有±10%的波动。

（3）限流电阻的选择　当输入电压 U_I上升 10%，且负载电流为 0（即 R_L开路）时，流过稳压管的电流不能超过稳压管的最大允许电流 I_{Zmax}，即

$$\frac{U_{Imax}-U_O}{R}\leqslant I_{Zmax}$$

则

$$R\geqslant\frac{U_{Imax}-U_O}{I_{Zmax}}$$

当输入电压下降 10%，且负载电流最大时，流过稳压管的电流不允许小于稳压管稳定电流的最小值 I_{Zmin}，即

$$\frac{U_{Imin}-U_O}{R}-I_{Omax}\geqslant I_{Zmin}$$

则

$$R\leqslant\frac{U_{Imin}-U_O}{I_{Zmin}+I_{Omax}}$$

所以，限流电阻应按下式确定：

$$\frac{U_{Imax}-U_O}{I_{Zmax}}\leqslant R\leqslant\frac{U_{Imin}-U_O}{I_{Zmin}+I_{Omax}} \tag{7-1}$$

限流电阻的功率为

$$P_R\geqslant\frac{(U_{Imax}-U_O)^2}{R} \tag{7-2}$$

综上所述，硅稳压管并联型直流稳压电路的稳压值取决于稳压管的 U_Z，负载电流的变化范围受到稳压管 I_{ZM}的限制，因此，它只适用于电压固定、负载电流较小的场合。

7.1.2　晶体管串联型直流稳压电路

硅稳压管稳压电路虽然简单，但输出电流小，稳压能力较弱，为了得到更大的输出电流和更好的稳压效果，可采用晶体管串联型直流稳压电路。

1. 电路组成

晶体管串联型直流稳压电路如图 7-2 所示，各元件的作用如下：

1）R_1、R_p、R_2组成取样电路，当输出电压变化时，取样电阻将其变化量的一部分送到比较放大管 VT_2的基极，VT_2的基极电压能反映输出电压的变化，所以称为取样电压；取样电阻不宜太大，也不宜太小：若太大，控制的灵敏度下降；若太小，带负载能力会减弱。

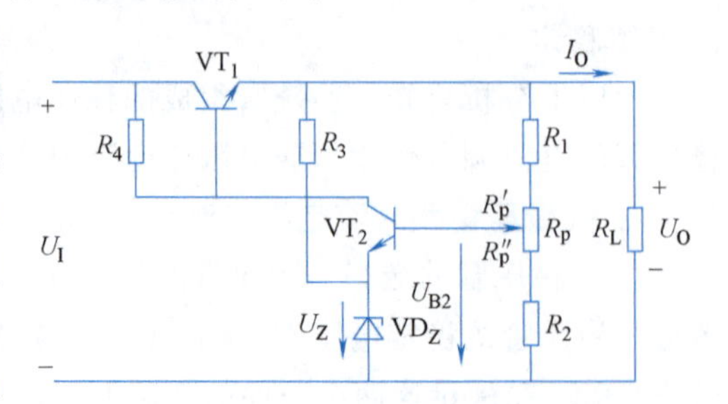

图 7-2　晶体管串联型直流稳压电路

2）R_3、VD_Z组成基准电路，给 VT_2发射极提供一个基准电压。R_3为限流电阻，保证 VD_Z在合适的工作电流工作。

3）VT_2是比较放大管，R_4既是 VT_2的集电极负载电阻，又是 VT_1的基极偏置电阻。比较放大管 VT_2的作用是将输出电压的变化量先放大，然后加到调整管 VT_1的基极，控制调整管 VT_1工作，从而提高了控制的灵敏度和输出电压的稳定性。

4）VT_1是调整管，它与负载串联，故称此电路为串联型稳压电路。调整管 VT_1受比较放大管的控制，工作在放大状态，集-射极间相当于一个可变电阻，用于抵消输出电压的波动。

综上所述，晶体管串联型直流稳压电路一般由 4 部分组成：取样电路、基准电路、比较放大电路和调整电路。

2. 稳压过程分析

晶体管串联型直流稳压电路的稳压过程是通过负反馈实现的，所以也称为串联反馈式稳压电路。例如，由于电网电压波动或负载变化，导致输出电压 U_O上升时，取样电路分压后，反馈到放大管 VT_2的基极，使 U_{B2}升高。由于稳压管提供的基准电压 $U_Z=U_{E2}$稳定，比较的结果 U_{BE2}上升，经 VT_2放大后，$U_{B1}=U_{C2}$下降，则调整管 VT_1的管压降 U_{CE1}增大，从而使输出电压 U_O下降，即电路的负反馈使输出电压 U_O趋于稳定。电路的自动调节过程可表示为

$$U_O\uparrow \to U_{B2}\uparrow \to U_{C2}\downarrow(U_{B1}\downarrow) \to U_{CE1}\uparrow$$

$$\to U_O\downarrow$$

3. 输出电压的调节

图 7-2 所示电路中的取样电路含有一个电位器 R_p，串联在 R_1和 R_2之间，可以通过调节 R_p 来改变输出电压 U_O。假定流过取样电阻的电流比 I_{B2}大得多，则

$$U_{B2}=U_{BE2}+U_Z\approx\frac{R''_p+R_2}{R_1+R_p+R_2}U_O$$

得

$$U_O\approx\frac{R_1+R_p+R_2}{R''_p+R_2}(U_{BE2}+U_Z) \tag{7-3}$$

由式（7-3）可知，调节 R_p可以在一定范围内调节输出电压的大小。当 R_p滑动触点移到最上端时，输出电压达到最小值，为

$$U_{\mathrm{Omin}} \approx \frac{R_1+R_p+R_2}{R_p+R_2}(U_{\mathrm{BE2}}+U_Z)$$

当 R_p 滑动触点移到最下端时，输出电压达到最大值，为

$$U_{\mathrm{Omax}} \approx \frac{R_1+R_p+R_2}{R_2}(U_{\mathrm{BE2}}+U_Z)$$

$$\frac{R_1+R_p+R_2}{R_p+R_2}(U_{\mathrm{BE2}}+U_Z) \leqslant U_O \leqslant \frac{R_1+R_p+R_2}{R_2}(U_{\mathrm{BE2}}+U_Z) \quad (7\text{-}4)$$

式（7-4）中的 U_{BE2} 约为 0.6~0.7V。

4. 晶体管串联型直流稳压电路的改进电路

晶体管串联型直流稳压电源的输出电压稳定、可调，输出电流的范围较大，技术经济指标好，故在小功率稳压电源中应用很广。对要求输出电流大的稳压电源，为了提高控制灵敏度，往往采用复合管作为调整管。为了进一步提高电路的稳定性，比较放大环节常用集成运放替代，如图 7-3 所示，VT_1、VT_2 组成复合管，集成运放构成比较放大电路。

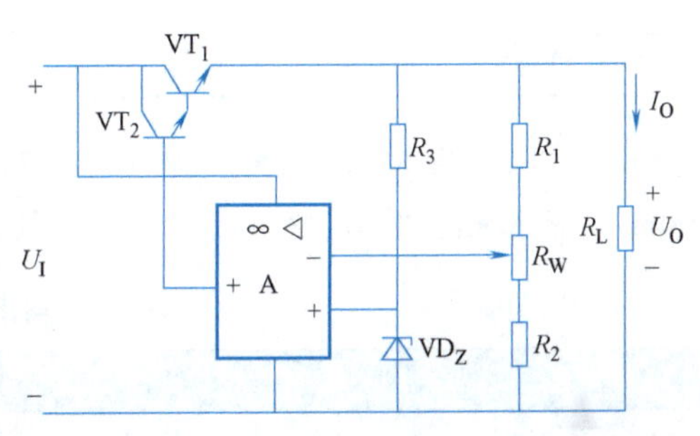

图 7-3　晶体管串联型直流稳压电路的改进电路

例 7-1　如图 7-2 所示的晶体管串联型直流稳压电路，已知：$R_1=560\Omega$，$R_p=680\Omega$，$R_2=1000\Omega$，$U_Z=7V$，$U_{\mathrm{BE2}}=0.6V$，求输出电压调节范围。

解　最小输出电压为

$$U_{\mathrm{Omin}} \approx \frac{R_1+R_p+R_2}{R_p+R_2}(U_{\mathrm{BE2}}+U_Z) = \frac{560+680+1000}{680+1000}\times(0.6+7)\mathrm{V} \approx 10\mathrm{V}$$

最大输出电压为

$$U_{\mathrm{Omax}} \approx \frac{R_1+R_p+R_2}{R_2}(U_{\mathrm{BE2}}+U_Z) = \frac{560+680+1000}{1000}\times(0.6+7)\mathrm{V} \approx 17\mathrm{V}$$

则输出电压的调节范围为 10~17V。

技能训练——晶体管串联型直流稳压电路的组装与测试

1）按图 7-4 所示连接电路，图中变压器选用 220V/17V。

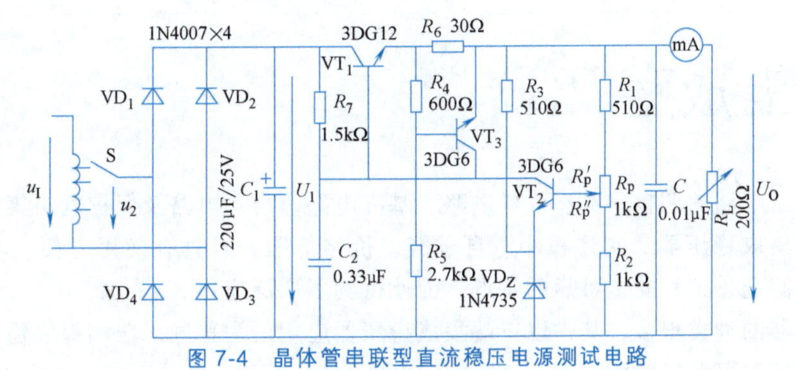

图 7-4　晶体管串联型直流稳压电源测试电路

2）测量输出电压可调范围　接入负载 R_L（可调电位器），并调节 R_L，使输出电流 $I_O \approx 100mA$。再调节电位器 R_p，测量输出电压可调范围 $U_{Omin} \sim U_{Omax}$。

3）测量各晶体管的各极电位　调节电位器 R_p，使输出电压 $U_O = 12V$，输出电流 $I_O = 100mA$，测量各晶体管的各极电位，将测量结果填入表 7-1 中。

表 7-1　各晶体管的各极电位（$U_2 = 17V$，$U_O = 12V$，$I_O = 100mA$）

各极电位	VT_1	VT_2	VT_3
V_B/V			
V_C/V			
V_E/V			

4）输出电阻 R_O 的测量　取 $U_2 = 17V$，调节负载电阻 R_L，使 I_O 分别为 0、50mA 和 100mA，测量相应的 U_O 值，计算输出电阻，将结果填入表 7-2 中。

表 7-2　输出电阻的测量和计算

<table>
<tr><th colspan="2">测　量　值</th><th colspan="2">计　算　值</th></tr>
<tr><td>I_O/mA</td><td>U_O/V</td><td rowspan="2">r_{o12}/Ω</td><td rowspan="2"></td></tr>
<tr><td>0</td><td></td></tr>
<tr><td>50</td><td></td><td rowspan="2">r_{o23}/Ω</td><td rowspan="2"></td></tr>
<tr><td>100</td><td></td></tr>
</table>

【思考题】

1. 为什么稳压管稳压电路称为并联型稳压电路？在稳压管稳压电路中，限流电阻 R 起什么作用？

2. 稳压管工作在正向导通区时有稳压作用吗？为什么？

3. 为什么图 7-2 所示的直流稳压电路称为串联型直流稳压电路？晶体管串联型直流稳压电路由哪几部分组成？各组成部分的作用是什么？

4. 在晶体管串联型直流稳压电路中，VD_Z 对输出电压的大小有什么影响？若 VD_Z 开路或短路，输出电压将如何变化？

7.2　集成稳压器

把直流稳压电路的调整电路、取样电路、基准电路、启动电路及保护电路集成在一块硅片上就构成了集成稳压器。它体积小、自重轻、价格低廉，且具有使用方便、功能体系完整、保护功能健全、工作安全可靠的特点，因此得到了广泛应用。

集成稳压器的种类很多，其中以三端集成稳压器应用最为普遍。三端集成稳压器又分为三端固定式和三端可调式两种。

7.2.1 三端固定式集成稳压器

1. 三端固定式集成稳压器的型号

三端固定式集成稳压器是将所有元器件都集成在一个芯片上，外部只有 3 个引脚，即输入端、输出端和公共端，故称为三端集成稳压器。三端固定式集成稳压器有 CW78XX 系列和 CW79XX 系列（负电压输出），其输出电压有±5V、±6V、±8V、±9V、±12V、±15V、±18V 和±24V，最大输出电流有 0.1A、0.5A、1A 和 1.5A 等。

三端固定式稳压器命名方法为 CW78（79）LXX，其中 C——国标；W——稳压器；78（79）——78 为输出固定正电压，79 为输出固定负电压；L——最大输出电流：L 为 0.1A，M 为 0.5A，无字母表示 1.5A（带散热片）；XX——用数字表示输出电压值。三端固定式集成稳压器的引脚排列图如图 7-5 所示。

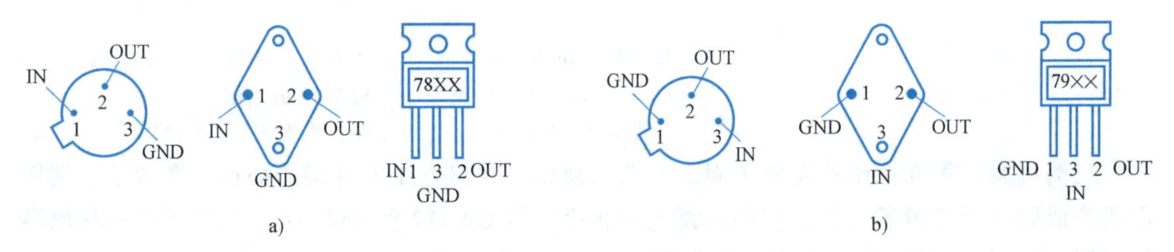

图 7-5 三端固定式集成稳压器的引脚排列图

a）78 系列 b）79 系列

2. 三端固定式集成稳压器应用电路

（1）三端固定式集成稳压器的基本应用电路 用三端固定式集成稳压器组成的固定电压输出电路如图 7-6 所示，为输出正电压电路。在图 7-6 中，C_1为抗干扰电容，用于旁路，以抵消在输入导线过长时窜入的高频干扰脉冲。C_2具有改善输出瞬态特性和防止电路产生自激振荡的作用。二极管对稳压器起保护作用，若不接二极管，当输入端短路且 C_2容量较大时，C_2上的电荷通过稳压器内电路放电，可能使集成块击穿而损坏；接上二极管后，C_2上的电压使二极管正偏导通，电容通过二极管放电，从而保护了稳压器。

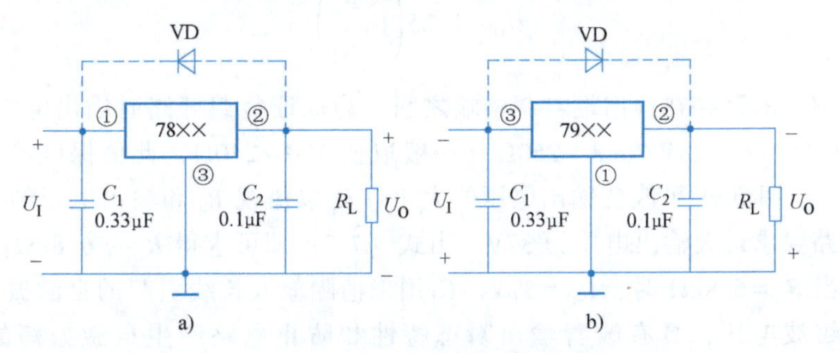

图 7-6 三端固定式集成稳压器基本应用电路

a）W78××稳压器 b）W79××稳压器

注意：三端固定式集成稳压器在使用时对输入电压有一定要求。若输入电压过低，会使稳压器在电网电压下降时不能正常稳压；过高会使集成稳压器内部输入极击穿，使用时应查阅手册中的输入电压范围。一般输入电压应大于输出电压2～3V。

(2) 正、负电压输出电路　用三端固定式集成稳压器 W78××和 W79××可构成输出正、负电压的直流稳压电路，如图 7-7 所示。

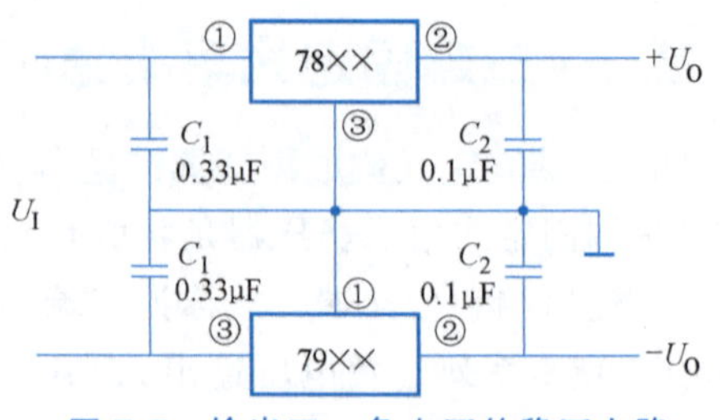

图 7-7　输出正、负电压的稳压电路

7.2.2　三端可调式集成稳压器

1. 三端可调式集成稳压器的型号

三端可调式集成稳压器输出电压可调，且稳压精度高、输出纹波小，只需外接两只不同的电阻，即可获得各种输出电压。按输出电压分为正电压输出 CW317（CW117、CW217）和负电压输出 CW337（CW137、CW237）两大类。按输出电流的大小，每个系列又分为 L 型、M 型等。型号由 5 个部分组成，其意义如下：

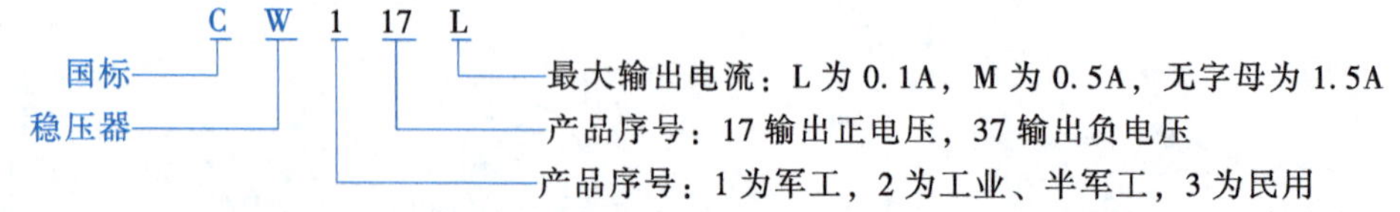

三端可调式集成稳压器克服了固定三端式稳压器输出电压不可调的缺点，继承了三端固定式集成稳压器的诸多优点。三端可调式集成稳压器 CW317 和 CW337 都是悬浮式串联调整稳压器，它们的引脚排列图如图 7-8 所示。

2. 三端可调式集成稳压器的主要参数

输出电压连续可调范围：1.25～37V，最大输出电流：1.5A，最大输入电压：40V，最小输入与输出电压差：3V，调整端输出电流：50μA，输出端与调整端之间的基准电压：1.25V。

3. 三端可调式集成稳压器应用电路

三端可调式集成稳压器的典型应用电路如图 7-9 所示。为了使电路正常工作，一般输出电流不小于 5mA。输入电压范围在 2～40V 之间，由于调整端（ADJ 端）的输出电流非常小且恒定，故可将其忽略，则输出电压为

$$U_O = 1.25\left(1+\frac{R_p}{R_1}\right) \tag{7-5}$$

在图 7-9 中，R_1跨接在输出端与调整端之间，为保证负载开路时输出电流不小于 5mA，R_1的最大值为 $R_{1max}=1.25V/5mA=250\Omega$（一般取值 120～240Ω，此值保证稳压器在空载时也能正常工作）。调节 R_p可改变输出电压的大小（R_p取值视 R_L和输出电压的大小而确定），图 7-9 所示电路要求最大输出电压为 37V，由式（7-5）即可求得 R_p为 6.8kΩ。当 $R_p=0$ 时，$U_O=1.25V$；当 $R_p=6.8k\Omega$ 时，$U_O=37V$。C_1用来消除输入长线引起的自激振荡。C_2是为了减小 R_W两端纹波电压，具有改善输出瞬态特性和防止电路产生自激振荡的作用。VD_1、VD_2是保护二极管。VD_1防止输入短路时，C_3向稳压器内部电路放电而损坏稳压器；VD_2是防止输出短路时 C_2向稳压器内部电路放电而损坏稳压器。VD_1、VD_2可选整流二极管 2CZ52。

CW317 要求输入电压范围为 28～40V，图 7-9 中的集成稳压器的最大输出电压为 37V，要求输入电压为 40V，即输入输出电压差应≥3V。

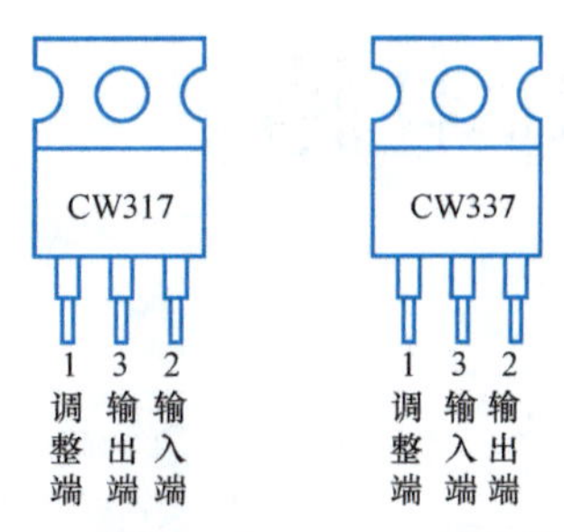

图 7-8 CW317 和 CW337 引脚排列图

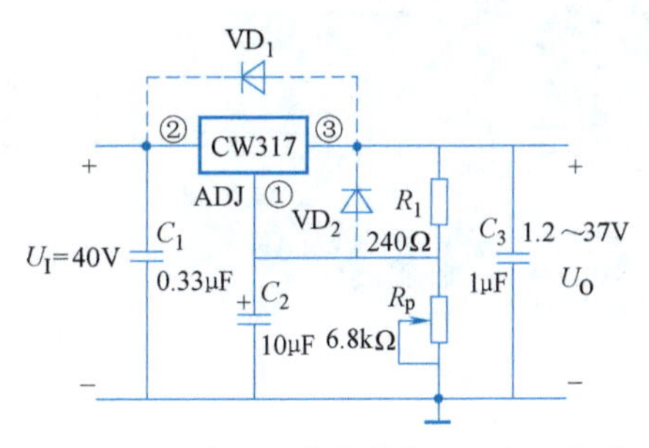

图 7-9 三端可调式集成稳压器应用电路

【思考题】

1. 如何提高 CW78XX 系列的输出电压？

2. 在使用三端集成稳压器构成稳压电路时，在输入端和输出端分别接入了电容，这两个电容的作用各是什么？

3. 由三端集成稳压器构成稳压电路时，在输出端与输入端之间接入二极管的作用是什么？

习 题

1. 若稳压二极管 VD_{Z1} 和 VD_{Z2} 的稳定电压分别为 6V 和 10V，正向导通电压降 $U_{VD}=0.7V$，求图 7-10 所示电路中的输出电压 U_O。

2. 硅稳压管并联型直流稳压电路如图 7-11 所示，其中 $U_I=20V$，稳压管为 2CW58，其 $U_Z=10V$，$I_{ZM}=23mA$，$I_Z=5mA$，动态电阻 $r_Z=25\Omega$，若输入电压 U_I 有 ±10% 的变化，$R_L=2k\Omega$，试求限流电阻 R 的取值范围。

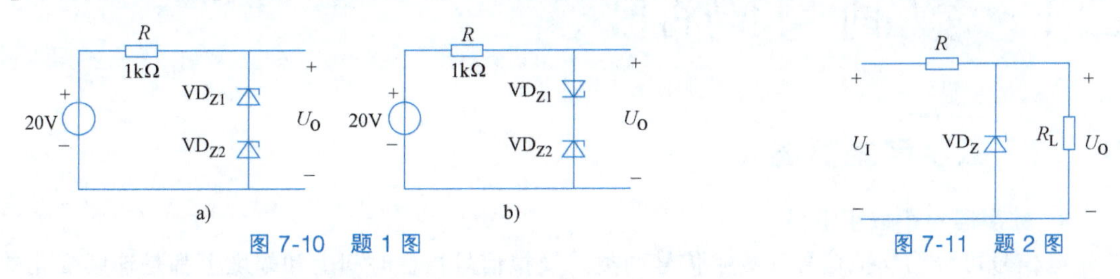

图 7-10 题 1 图　　图 7-11 题 2 图

3. 图 7-12 所示为晶体管串联型直流稳压电源电路。已知：稳压管 VD_Z 的稳压值 $U_Z=6V$，各晶体管的 $U_{BE}=0.3V$，$R_1=50\Omega$，$R_2=750\Omega$，$R_p=560\Omega$，$R_3=270\Omega$，$R_4=6.2k\Omega$，（1）求输出电压的调节范围；（2）当电位器 R_p 调到中间位置时，估算 A、B、C、D、E 各点的电压值；（3）当电网电压升高或降低时，说明上列各点电位的变化趋势和稳压过程。

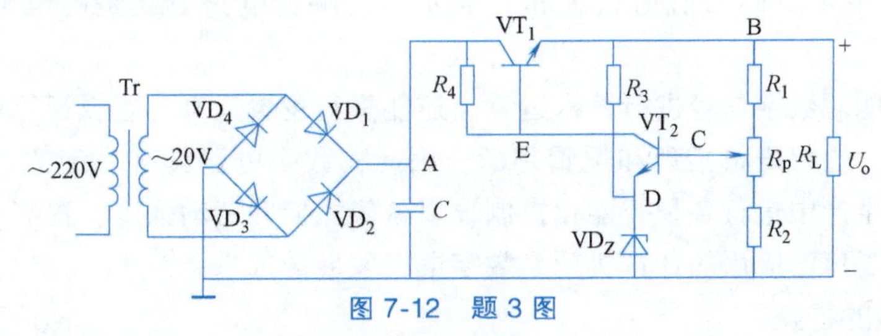

图 7-12 题 3 图

4. 根据下列几种情况，选择合适的集成稳压器的型号。（1）$U_O=+12V$，R_L 最小值约为 15Ω；（2）$U_O=+6V$，最大负载电流为 300mA；（3）$U_O=-15V$，输出电流范围是 10~80mA。

第8章 组合逻辑电路

CHAPTER 8

学习目标

1. 了解数字信号及数字电路的特点、数制与码制的概念，能熟练进行二进制与十进制之间的转换。

2. 掌握常用逻辑门电路的逻辑符号、功能及使用方法。

3. 了解组合逻辑电路的特点及设计方法，掌握组合逻辑电路的分析方法。

4. 熟悉各类常用中规模集成组合逻辑器件的功能、工作原理及应用。

8.1 数制与码制

8.1.1 数字电路概述

1. 数字信号和数字电路

电信号可分为模拟信号和数字信号两类。模拟信号指在时间上和幅度上都是连续变化的信号，如由温度传感器转换来的反映温度变化的电信号就是模拟信号。在模拟电子技术中所讨论的电路，其输入、输出信号都是模拟信号。数字信号指在时间和幅度上都是离散的信号，如矩形波就是典型的数字信号。数字信号具有不连续和突变的特性，也称为脉冲信号。数字信号常用抽象出来的二值信息 1 和 0 表示，反映在电路上就是高电平和低电平两种状态。

数字电路除能对数字信号进行算术运算，还能进行逻辑运算。逻辑运算就是电路按照人们设计好的规则，进行逻辑推理和逻辑判断。因此，数字电路具有一定的“逻辑思维”能力，可用在工业生产中进行各种智能化控制，以减轻人们的劳动强度，提高产品质量，在各个领域中都得到了广泛应用的计算机就是数字电路发展的成果。

2. 数字电路的特点

数字电路的输入和输出信号都是数字信号，数字信号是二值量信号，可以用电平的高低来表示，也可以用脉冲的有无来表示，只要能区分出两个相反的状态即可。因此，构成数字电路的基本单元电路结构比较简单，对元件的精度要求不高，允许有一定的误差。这就使数字电路适用于集成化，形成各种规模的集成电路。

数字信号用两个相反的状态来表示，只有环境干扰很强时，才会使数字信号发生变化，因此，数字电路的抗干扰能力很强，工作稳定可靠。

3. 脉冲波形的参数

脉冲信号是指一种跃变的电压或电流信号，且持续时间极为短暂。脉冲波形的种类很多，如矩形波、尖顶波、锯齿波和梯形波等，下面以图 8-1 所示矩形波为例说明脉冲波形的参数。

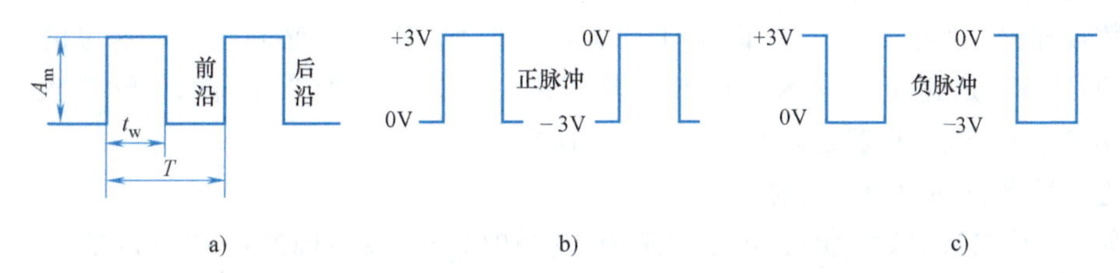

图 8-1 矩形脉冲波形

图 8-1a 所示的 A_m 称为脉冲幅度，t_w 称为脉冲宽度，T 称为脉冲周期，每秒交变周数 f 称为脉冲频率。脉冲开始跃变的一边称为脉冲前沿，脉冲结束时跃变的一边称为脉冲后沿。如果跃变后的幅值比起始值大，则为正脉冲，如图 8-1b 所示；反之，则为负脉冲，如图 8-1c 所示。

8.1.2 数制与码制

1. 数制

所谓“数制”，指的是进位计数制，即用进位的方式来计数。同一个数可以采用不同的进位计数制来计量。日常生活中，人们习惯于使用十进制，而在数字电路中常采用二进制。

（1）十进制　十进制是我们日常生活中最熟悉、应用最广泛的计数方法，它采用 0、1、2、3、4、5、6、7、8、9 这 10 个基本数码，任何一个十进制数都可以用上述 10 个数码按一定规律排列表示，其计数规律是“逢十进一”。十进制是以 10 为基数的计数体制。通常十进制数用 $(N)_{10}$ 或 $(N)_D$ 来表示。

例如，1543 可写为：$(1543)_{10}=1\times10^3+5\times10^2+4\times10^1+3\times10^0$。

由此可见，十进制的特点如下：

1）基数是 10。基数即计数制中所用到的数码的个数。十进制数中的每一位必定是 0~9 这 10 个数码中的一个，因而基数是 10。

2）计数规律是“逢十进一”。

3）同一数码处于不同的位置时，它代表的数值是不同的，即不同的数位有不同的位权。对于一个十进制数来说，小数点左边的数码，位权依次为 10^0、10^1、10^2……小数点右边的数码，位权分别为 10^{-1}、10^{-2}、10^{-3}……

例如，数 32.14 表示为 $(32.14)_D=3\times10^1+2\times10^0+1\times10^{-1}+4\times10^{-2}$。

从广义来讲，任意一个十进制数所表示的数值等于其各位加权系数之和，可表示为

$$(N)_D = k_{n-1}\times 10^{n-1} + k_{n-2}\times 10^{n-2} + \cdots + k_1\times 10^1 + k_0\times 10^0 + k_{-1}\times 10^{-1} + \cdots + k_{-m}\times 10^{-m}$$
$$= \sum_{i=-m}^{n-1} k_i \times 10^i \tag{8-1}$$

式中，n 为整数部分的数位，m 为小数部分的数位，k_i为不同数位的数值：$0\leqslant k_i\leqslant 9$。

(2) 二进制　在数字电路和计算机中经常采用二进制。二进制只有两个数码：0 和 1，可以与电路的两个状态（导通或截止）直接对应。二进制数用 $(N)_2$或$(N)_B$ 来表示。

二进制的特点是：基数是 2，采用 0 和 1 两个数码。

计数规律是："逢二进一"，即 1+1=10（读作"壹零"）。必须注意：这里的"10"与十进制的"10"是完全不同的，它不代表"拾"。右边的"0"代表 2^0 位的数，左边的"1"代表 2^1 位的数，也就是 $(10)_2=1\times2^1+0\times2^0$。

二进制数各位的权为 2 的幂。

例如：4 位二进制数 1101，可以表示为：$(1101)_2=1\times2^3+1\times2^2+0\times2^1+1\times2^0$。

任何一个 N 位二进制正数，均可表示为

$$(N)_B = k_{n-1}\times 2^{n-1} + k_{n-2}\times 2^{n-2} + \cdots + k_1\times 2^1 + k_0\times 2^0 + k_{-1}\times 2^{-1} + \cdots + k_{-m}\times 2^{-m}$$
$$= \sum_{i=-m}^{n-1} k_i \times 2^i \tag{8-2}$$

式（8-2）中，k_i表示 i 位的系数，只取 0 或 1 中的任意一个数码，2^i为第 i 位的权。

将二进制数转换成人们熟悉的十进制数，只需将该数按其所在数制的权位展开，再相加取和即可得相应的十进制数。

若要将十进制数的正整数转换为二进制，可以采用"除 2 倒取余数法"，即用 2 不断地去除被转换的十进制整数，直到商是 0 为止。再将所得的各次余数，以最后余数为最高位，依次排列，即得所要转换的二进制数。

例 8-1　将 $(76)_D$转换成二进制数。

解

除数	被除数	余数		
2	76			
2	38	余 0	即	$k_0=0$
2	19	余 0	即	$k_1=0$
2	9	余 1	即	$k_2=1$
2	4	余 1	即	$k_3=1$
2	2	余 0	即	$k_4=0$
2	1	余 0	即	$k_5=0$
	0	余 1	即	$k_6=1$

则　$(76)_D=(k_6k_5k_4k_3k_2k_1k_0)_B=(1001100)_B$

2. 码制

数字系统中常常用 0 和 1 组成的二进制数码表示数值的大小，同时也采用一定位数的二进制数码来表示各种文字、符号信息，这个特定的二进制码称为"代码"。建立这种代码与文字、符号或特定对象之间的一一对应的关系称为"编码"。"编码"的规律体制就是码制。

由于在数字电路中经常用到二进制数码，而人们更习惯于使用十进制数码，所以，常用四位二进制数码来表示一位十进制数码，称为二-十进制编码（Binary Coded Decimals System，BCD 码）。其特点是：具有二进制数的形式，又有十进制数的特点。

4 位二进制代码有 16 种不同的组合状态：0000、0001、…、1111，而十进制数的 10 个数符只需要 10 种组合状态，取舍不同，编码方式也各异。可见，BCD 码的种类很多。8421BCD 码是一种最基本的、应用十分普遍的 BCD 码。选取 0000～1001 前 10 种自然顺序状态对应表示 0～9 这 10 个数符。每组代码里自左向右每一位的 1 分别具有 8、4、2、1 的“权”，故称为 8421BCD 码。表 8-1 所示为 0～9 的 8421BCD 码。

表 8-1　8421BCD 码编码表

十进制数符	8421BCD 码	十进制数符	8421BCD 码
0	0000	5	0101
1	0001	6	0110
2	0010	7	0111
3	0011	8	1000
4	0100	9	1001

【思考题】

1. 在二进制数中，其位权有什么规律？
2. 8 位二进制数的最大值对应的十进制是多少？

8.2 逻辑代数基础

无论数字电路多么复杂，都是由若干种简单基本电路组成的。这些基本电路的工作具有下列基本特点：从电路内部看，电子器件（如晶体管）不是工作在饱和导通状态就是工作在截止状态，即电路工作在开关状态，故也称为开关电路；从电路的输入和输出来看，或是电平的高低，或是脉冲的有无，就整体而言，输入和输出量之间的关系是一种因果关系，所以也将数字电路称为逻辑电路。

逻辑代数是研究逻辑电路的数学工具。它的基本概念是由英国数学家乔治·布尔（George Boole）在 1847 年提出的，故也称为布尔代数。

8.2.1 逻辑运算和逻辑门

1. 基本逻辑和基本逻辑门

逻辑代数与普通代数有相同的地方，例如，也用字母 A，B，C，…，X，Y，Z 等表示变量，但变量的含义和取值范围是不同的。逻辑代数中的变量不表示数值，只表示两种对立的状态，如脉冲的有和无，开关的接通和断开，命题的正确和错误等。因此，这些变量的取值只能是 0 或 1，这种二值变量称为逻辑变量。

此外，逻辑代数中对变量的运算和普通代数也有不同的地方。在逻辑代数中只有 3 种基本逻辑运算，即与（AND）、或（OR）、非（NOT）运算。

实现这3种逻辑关系的电路分别称为与门电路、或门电路、非门电路，简称为与门、或门、非门。

（1）“与逻辑”和“与门” 在图8-2所示的电路中，只有开关A和开关B都闭合时，灯Y才亮；只要有一个开关断开，灯就灭。若把开关闭合作为条件，灯亮作为结果，则图8-2所示的电路表明，只有当决定某一种结果的所有条件都具备时，这个结果才能发生。将这种因果关系称为与逻辑关系，简称与逻辑。与运算也称逻辑乘，与运算的逻辑表达式为$Y=A\cdot B$或$Y=AB$。当有多个输入变量时，与运算的逻辑表达式为

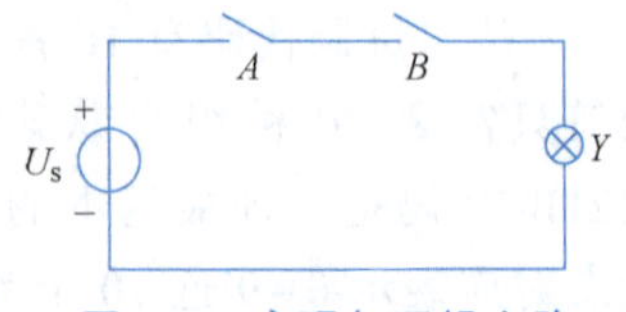

图8-2 实现与逻辑电路

$$Y=A\cdot B\cdot C\cdot\cdots \tag{8-3}$$

符号“·”读作“与”，也可以省略。

与运算的运算规则为：$0\cdot 0=0$，$0\cdot 1=0$，$1\cdot 0=0$，$1\cdot 1=1$。

若以A、B表示开关的状态，并以1表示开关闭合，以0表示开关断开；以Y表示灯的状态，并以1表示灯亮，以0表示灯不亮，则可以列出以0、1表示的与逻辑关系的图表，见表8-2。这种将输入变量的所有可能的取值和相应的输出值排列在一起所组成的表格称为真值表。从表8-2中可以看出：当输入A、B都是1时，输出Y才为1，只要输入A或B中有一个为0，输出Y就为0。所以与逻辑的功能可概括为“有0出0，全1出1”。能够实现与逻辑运算的单元电路称为与门电路。二输入与门的逻辑符号如图8-3所示。

表8-2 与逻辑真值表

A	B	Y
0	0	0
0	1	0
1	0	0
1	1	1

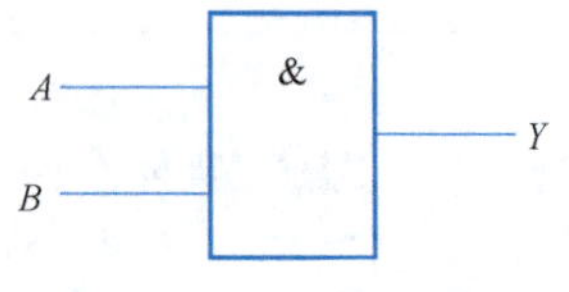

图8-3 与门逻辑符号

（2）“或逻辑”和“或门” 图8-4所示电路中，只要两个开关的一个闭合时，灯就会亮，只有两个开关全部断开，灯才会灭。当决定某一种结果的所有条件中，只要有一个或一个以上条件得到满足，这个结果就会发生。这种因果关系称为或逻辑关系，简称或逻辑。

或运算也称逻辑加，或运算的逻辑表达式为$Y=A+B$。

当有多个输入变量时，或运算的逻辑表达式为

$$Y=A+B+C+\cdots \tag{8-4}$$

符号“+”读作“或”。

或运算的运算规则为：$0+0=0$，$0+1=1$，$1+0=1$，$1+1=1$。

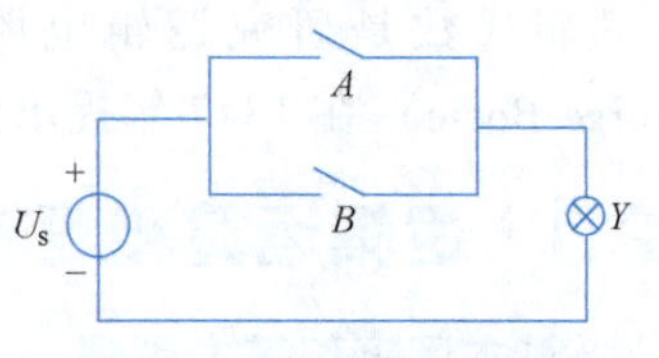

图8-4 实现或逻辑电路

注意：二进制运算规则和逻辑代数有本质的区别，两者不能混淆：二进制运算中的加法、乘法是数值的运算，所以有进位的问题，如$1+1=(10)_B$。“或逻辑”研究的是“0”和“1”两种逻辑状态的逻辑加，所以有$1+1=1$。

2个变输入量的或逻辑真值表见表8-3。从表中可以看出：只要输入A或B有一个为1

时，输出 Y 就为 1，只有输入 A、B 全部为 0 时，输出 Y 才为 0。所以或逻辑的功能可概括为："有 1 出 1，全 0 出 0"。能够实现或逻辑运算的单元电路称为或门电路。二输入或门的逻辑符号如图 8-5 所示。

表 8-3 或逻辑真值表

A	B	Y
0	0	0
0	1	1
1	0	1
1	1	1

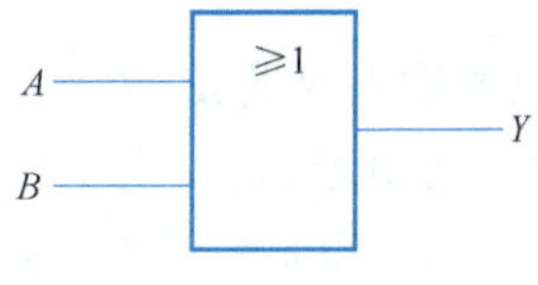

图 8-5 或门逻辑符号

（3）"非逻辑"和"非门" 图 8-6 所示的电路中，如果开关闭合，灯就灭；开关断开，灯才亮。当条件不成立时，结果就会发生；当条件成立时，结果反而不会发生。这种因果关系称为非逻辑关系，简称非逻辑。"非逻辑"又称为"非运算""反运算""逻辑否"。

非逻辑的逻辑表达式为

$$Y=\overline{A} \tag{8-5}$$

式中，输入变量 A 上面的"—"表示"非运算"，可理解为"取反"。

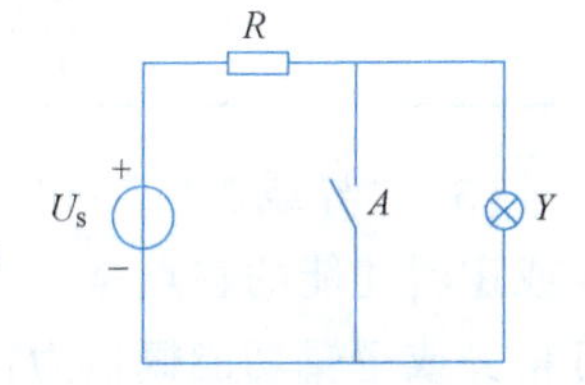

图 8-6 实现非逻辑电路

非逻辑的运算规则为：$\overline{0}=1$，$\overline{1}=0$。

由此可列出对应的真值表见表 8-4。所以非逻辑的功能可概括为："入 0 出 1，入 1 出 0"。非门的逻辑符号如图 8-7 所示。

表 8-4 非逻辑真值表

A	Y
0	1
1	0

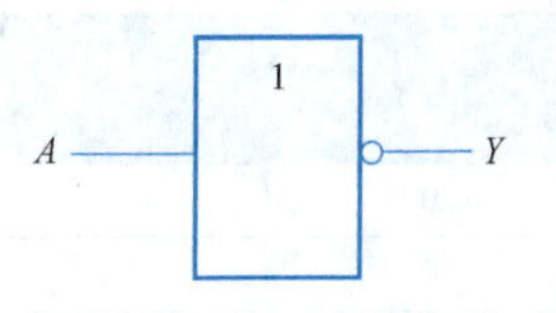

图 8-7 非门逻辑符号

2. 复合逻辑和复合门

在逻辑代数中，除了与门、或门、非门 3 种基本电路外，还可以把它们组合起来，构成复合门。常见的有与非门、或非门、与或非门、异或门等，它们完成的运算称为复合逻辑运算。

（1）"与非逻辑"和"与非门" 与非逻辑运算是由与逻辑和非逻辑两种逻辑运算复合而成的一种复合逻辑运算，实现与非逻辑运算的电路称为与非门，二输入与非门逻辑符号如图 8-8 所示，其真值表见表 8-5。逻辑表达式为

$$Y=\overline{AB} \tag{8-6}$$

由表 8-5 可以看出：只要输入变量 A、B 中有一个为 0，输出 Y 就为 1，只有输入变量 A、B 全为 1，输出 Y 才为 0，可概括为："有 0 出 1，全 1 出 0"。

表 8-5 与非逻辑真值表

输　入		输　出
A	B	Y
0	0	1
0	1	1
1	0	1
1	1	0

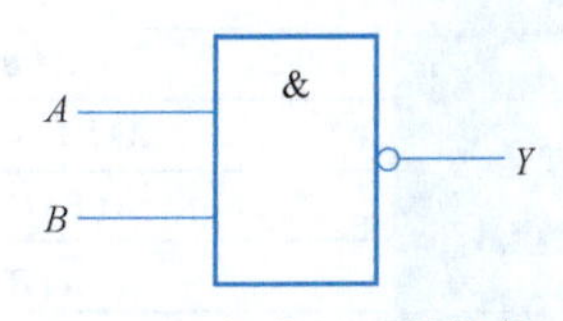

图 8-8 与非门逻辑符号

（2）“或非逻辑”和“或非门” 或非逻辑运算是由或逻辑和非逻辑两种逻辑运算复合而成的一种复合逻辑运算，实现或非逻辑运算的电路称为或非门，二输入或非门逻辑符号如图 8-9 所示，其真值表见表 8-6。逻辑表达式为

$$Y=\overline{A+B} \tag{8-7}$$

只要输入变量 A、B 中有一个为 1，输出 Y 就为 0，只有输入变量 A、B 全为 0，输出 Y 才为 1，可概括为：“有 1 出 0，全 0 出 1”。

表 8-6 或非逻辑真值表

输入		输出
A	B	Y
0	0	1
0	1	0
1	0	0
1	1	0

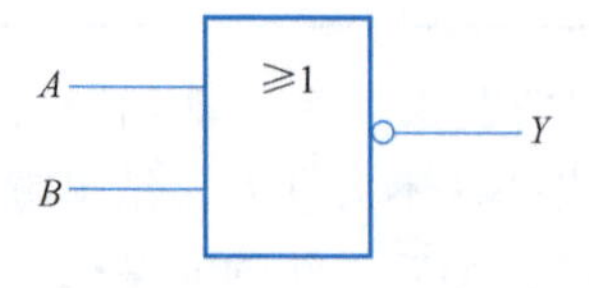

图 8-9 或非门逻辑符号

（3）“异或逻辑”和“异或门” 异或门的逻辑符号如图 8-10 所示，其真值表见表 8-7。异或逻辑功能的特点是：当 A、B 相异时，输出 Y 为 1；当 A、B 相同时，输出 Y 为 0，所以可将异或逻辑功能概括为：“相异得 1，相同得 0”，其逻辑表达式为

$$Y=\overline{A}B+A\overline{B}=A\oplus B \tag{8-8}$$

其中符号“$\oplus$”表示异或运算。

表 8-7 异或逻辑真值表

输入		输出
A	B	Y
0	0	0
0	1	1
1	0	1
1	1	0

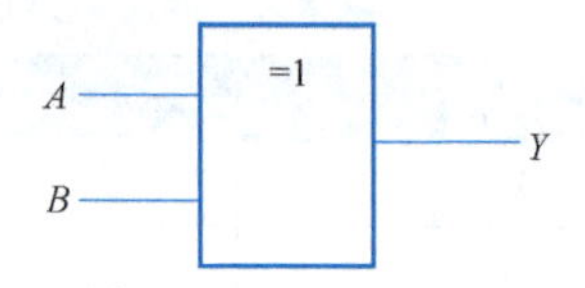

图 8-10 异或门逻辑符号

8.2.2 逻辑函数的化简

1. 逻辑代数的基本公式、定律和逻辑运算规则

（1）逻辑代数的基本公式和定律 逻辑代数的基本公式和定律见表 8-8。其中有的定律与普通代数相似，有的定律与普通代数不同，使用时切勿混淆。

表 8-8 逻辑代数基本公式和定律

基本公式	$A+0=A$ $A+1=1$ $A+A=A$ $A+\overline{A}=1$	$A\cdot 0=0$ $A\cdot 1=A$ $A\cdot A=A$ $A\cdot\overline{A}=0$
交换律	$A+B=B+A$	$AB=BA$
结合律	$(A+B)+C=A+(B+C)$	$(AB)C=A(BC)$
分配律	$A(B+C)=AB+AC$	$A+BC=(A+B)(A+C)$
反演律(摩根定律)	$\overline{A+B}=\overline{A}\cdot\overline{B}$	$\overline{A\cdot B}=\overline{A}+\overline{B}$
还原律	$\overline{\overline{A}}=A$	

（2）逻辑代数的常用公式

$$A+AB=A \qquad A(A+B)=A$$

$$A+\bar{A}B=A+B \qquad (A+B)(A+\bar{B})=A$$

（3）逻辑代数的运算规则　逻辑代数在运算时应先括号内后括号外，也可利用分配律将括号去掉；非号内的逻辑式可以先进行运算，也可以利用反演律进行变换；先“与”运算，后“或”运算。

2. 逻辑函数的化简

直接根据实际逻辑问题建立起来的逻辑函数及与其对应的逻辑电路往往是比较复杂的。一般来说，逻辑表达式越简单，对应的逻辑电路就越简单，所用器件就越少，电路的可靠性也就越高。因此，特别是在用小规模集成电路设计逻辑电路时，将逻辑函数化成最简形式是十分重要的。

对同一个逻辑函数，虽然真值表是唯一的，但其函数表达式可以有多种类型，所以最简的标准也就各不相同。逻辑函数在化简过程中，通常化简为最简与或表达式。最简与或表达式的标准是：表达式中乘积项最少，而且每个乘积项中的变量数也是最少。注意：有的逻辑函数的最简与或式不是唯一的。

逻辑函数的化简方法有公式化简法和卡诺图化简法，本节仅介绍公式化简法。公式化简法就是利用逻辑代数的公式和定律，消去表达式中多余的乘积项或乘积项中多余的因子，求出函数的最简与或式。常用的公式化简法有并项法、吸收法、消去法和配项法。

（1）并项法　利用公式 $AB+A\bar{B}=A$，将两个乘积项合并成一项，消去变量。

例 8-2　化简函数 $Y=ABC+AB\bar{C}+A\bar{B}\cdot\bar{C}+A\bar{B}C$。

解　$Y=ABC+AB\bar{C}+A\bar{B}\cdot\bar{C}+A\bar{B}C=AB(C+\bar{C})+A\bar{B}(\bar{C}+C)=AB+A\bar{B}=A$

（2）吸收法　利用公式 $A+AB=A$，吸收多余的乘积项。

例 8-3　化简函数 $Y=\bar{A}B+\bar{A}BCD(E+F)$。

解　$Y=\bar{A}B+\bar{A}BCD(E+F)=\bar{A}B[1+CD(E+F)]=\bar{A}B$

（3）消去法　利用公式 $A+\bar{A}B=A+B$，消去多余的因子。

例 8-4　化简函数 $Y=AB+\bar{A}C+\bar{B}C$。

解　$Y=AB+\bar{A}C+\bar{B}C=AB+(\bar{A}+\bar{B})C=AB+\overline{AB}C=AB+C$

（4）配项法　利用公式 $A+\bar{A}=1$，给某个不能直接化简的与项配项，增加必要的乘积项，或人为地增加必要的乘积项，然后再用公式进行化简。

例 8-5　化简函数 $Y=A\bar{B}+B\bar{C}+\bar{A}B+AC$。

解　$Y=A\bar{B}+B\bar{C}+\bar{A}B+AC$

$=A\bar{B}+(A+\bar{A})B\bar{C}+\bar{A}B+AC(B+\bar{B})=A\bar{B}+AB\bar{C}+\bar{A}B\bar{C}+\bar{A}B+ABC+A\bar{B}C$

$=A\bar{B}(1+C)+AB(\bar{C}+C)+\bar{A}B(\bar{C}+1)=A\bar{B}+AB+\bar{A}B=A+\bar{A}B=A+B$

实际解题时，往往需要综合运用上述几种方法进行化简，才能得到最简的结果。

3. 最小项的表达式

（1）最小项　所谓最小项是这样的乘积项：在该乘积项中含有输入逻辑变量的全部变

量，每个变量都以原变量或反变量的形式出现且仅出现一次。

n 个输入变量，有 2^n 个最小项。若 $n=3$，$2^n=8$，即 3 个输入变量，有 8 个最小项：$\overline{A}\cdot\overline{B}\cdot\overline{C}$、$\overline{A}\cdot\overline{B}C$、$\overline{A}B\overline{C}$、$\overline{A}BC$、$A\overline{B}\cdot\overline{C}$、$A\overline{B}C$、$AB\overline{C}$、$ABC$。

（2）最小项表达式　任何一个逻辑函数都可以表示成若干个最小项之和的形式，这样的逻辑表达式称为最小项表达式。

【思考题】

1. 在二进制数中，其位权的规律如何？8 位二进制数的最大值对应的十进制数是多少？
2. 逻辑代数中的变量与普通代数中的变量有什么不同？在逻辑代数基本定律和公式中有哪些与普通代数的形式相同？使用时应注意什么？
3. 最简与或表达式的标准是什么？
4. 用逻辑代数的公式和定律化简逻辑函数有哪几种方法？这些方法各自的依据是什么？
5. 什么是最小项？写出有 4 个变量的最小项。

8.3 集成逻辑门

8.3.1 TTL 集成逻辑门

TTL 集成电路全称为晶体管-晶体管集成电路，它以双极型半导体管和电阻为基本元器件集成在一块硅片上，并具有一定的逻辑功能，电路的输入端和输出端都采用晶体管。TTL 集成电路是目前各种集成电路中应用很广泛的一种，具有可靠性高、速度快以及抗干扰能力强等突出的优点。

TTL 集成逻辑门有不同系列的产品，如 54/74 通用系列、54H/74H 高速系列、54S/74S 肖特基系列和 54LS/74LS 低功耗肖特基系列。各系列产品的参数不同，主要差别反映在典型门的平均传输延迟时间和平均功耗这两个参数上，其中 74LS 系列的产品综合性能较好，应用最广泛。TTL 集成门的型号由五部分组成，其符号和意义见表 8-9。

表 8-9　TTL 器件型号组成的符号及意义

第 1 部分		第 2 部分		第 3 部分		第 4 部分		第 5 部分	
型号前缀		工作温度符号范围		器件系列		器件品种		封装形式	
符号	意　义	符号	意　义	符号	意　义	符号	意　义	符号	意　义
CT	中国制造的 TTL 类	54	−55～+125℃		标准	阿拉伯数字	器件功能	W	陶瓷扁平
				H	高速			B	塑封扁平
				S	肖特基			F	全密封扁平
				LS	低功耗肖特基			D	陶瓷双列直插
SN	美国 TEXAS 公司	74	0～+70℃	AS	先进肖特基			P	塑料双列直插
				ALS	先进低功耗肖特基			J	黑陶瓷双列直插
				FAS	快捷肖特基				

例如，CT74H10F 中的 CT—中国制造，TTL 器件；74—温度范围为 0~70℃；H—器件系列：高速；10—器件品名，三—3 输入与非门；F—封装形式：全密封扁平封装。

1. TTL 集成与非门

（1）TTL 与非门产品介绍　常用的中小规模 TTL 与非门有 74LS00（四—2 输入与非门）、74LS20（二—4 输入与非门）、74LS10（三—3 输入与非门）和 74LS30（8 输入与非门）。其中，74LS00 和 74LS20 的引脚排列图如图 8-11 所示。

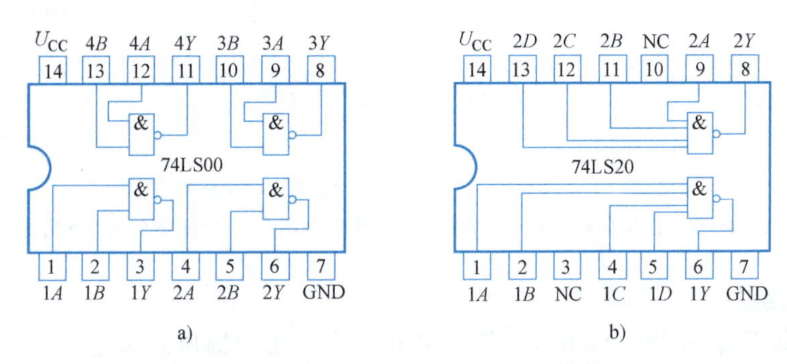

图 8-11　74LS00 和 74LS20 的引脚排列图

a）74LS00 的引脚排列图　b）74LS20 的引脚排列图

（2）TTL 集成与非门的主要参数

1）输出高电平 U_{OH}。U_{OH}是指输入端有一个或几个是低电平时的输出高电平，一般 74 系列的 TTL 与非门输出电平的典型值为 3.6V。产品手册中给出的是在一定条件下（通常是环境最差的情况下）所测量的最小值 U_{OHmin}。74LS00 的 U_{OHmin}为 2.7V。

2）输出低电平 U_{OL}。U_{OL}是指输入端全为高电平且输出端接有额定负载时的输出低电平的值，U_{OL}的典型值为 0.3V。应注意手册中的测试条件，手册中给出的通常是最大值。74LS00 的 $U_{OLmax} \leqslant 0.5V$。

对于通用的 TTL 与非门，$U_{OH} \geqslant 2.4V$、$U_{OL}<0.4V$。

3）阈值电压 U_{TH}。U_{TH}决定输出高、低电平的分界电压值。通常把它作为决定与非门工作状态的关键值，即 $u_I>U_{TH}$时，与非门打开，输出低电平；$u_I<U_{TH}$时，与非门关门，输出高电平。U_{TH}又常被形象地称为阈值电压，一般 TTL 与非门的 $U_{TH} \approx 1.4V$。

4）开门电平 U_{ON}。U_{ON}是保证输出电平达到额定低电平时，所允许输入高电平的最低值，即只有当 $u_I>U_{ON}$时，输出才为低电平，通常 $U_{ON}=1.4V$。一般产品规定 $U_{ON} \leqslant 1.8V$。

5）关门电平 U_{OFF}。U_{OFF}是保证输出电平为额定高电平时，允许输入低电平的最大值，即只有当 $u_I \leqslant U_{OFF}$时，输出才是高电平。通常 $U_{OFF} \approx 1V$，一般产品要求 $U_{OFF} \geqslant 0.8V$。

6）扇出系数 N_O。N_O是指一个与非门能带同类型门的最大数目。N_O反映了与非门带负载的带负载能力，N_O值越大，表明门电路的带负载能力越强。对于 TTL 与非门，$N_O>8$。

7）平均延迟时间 t_{pd}。t_{pd}是衡量门电路速度的重要指标，它表示输出信号滞后于输入信号的时间。一般 TTL 与非门的 t_{pd}为 3~40ns。

8）平均功耗：与非门输出低电平时的空载导通功耗 P_L和输出高电平时的空载截止功耗 P_H的平均值。当 TTL 与非门工作频率较高时，要注意动态尖峰电流对电源平均电流产生的影响。

2. TTL 集成逻辑非门、或非门、异或门

常用的 TTL 集成非门（74LS04 为六反相器）、或非门（74LS02 为四-2 输入或非门）和异或门（74LS86 为四-2 输入异或门）的引脚排列如图 8-12 所示。

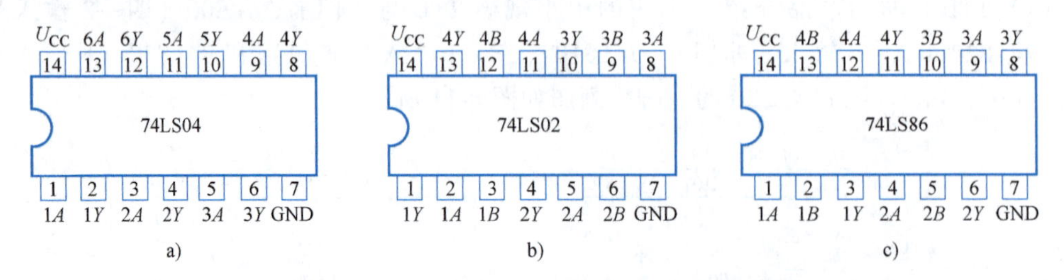

图 8-12　74LS04、74LS02、74LS86 的引脚排列图

a）74LS04 的引脚排列图　b）74LS02 的引脚排列图　c）74LS86 的引脚排列图

3. 其他常用的 TTL 集成门

（1）集电极开路的 TTL 与非门　普通 TTL 与非门无论输出是高电平还是低电平，输出电阻都比较低，因此输出端不能直接与地线或电源线（+5V）相连。否则会造成 TTL 与非门输出回路中的晶体管因电流过大而损坏。

若将两个 TTL 与非门电路的输出端直接相连，同样是不允许的，因为当两输出端直接相连时，若一个门输出为高电平，另一个门输出为低电平，不仅会使导通门的输出低电平升高，而且会使它因功耗过大而损坏。

为了能实现门电路的线与功能，又不会出现上述问题，专门设计了集电极开路的 TTL 与非门，简称 OC（Open Collector）门。使用时，必须在电源 U_{CC} 和输出端 Y 之间外接一个负载电阻（上拉电阻）R_L。图 8-13a 所示为集电极开路与非门（OC 门）的逻辑符号，按图 8-13b 工作就可实现与非功能，即 $Y=\overline{AB}$。

利用 OC 门实现“线与”逻辑功能。将几个 OC 门的输出端连接在一起，即可构成各种输出变量之间的“与”逻辑，这种“与”逻辑称为“线与”。所以，利用 OC 门在不增加任何硬件的情况下就可以实现“线与”逻辑，进一步实现“与或非”功能。图 8-14 所示为 OC 门实现线与功能的电路，其逻辑关系可表示为 $Y=\overline{AB}\cdot\overline{CD}=\overline{AB+CD}$。由于输出级的电源和集电极负载电阻是外接的，因而恰当地选择电源电压 U_{CC} 和负载电阻 R_L，就可以保证线与电路正常工作。

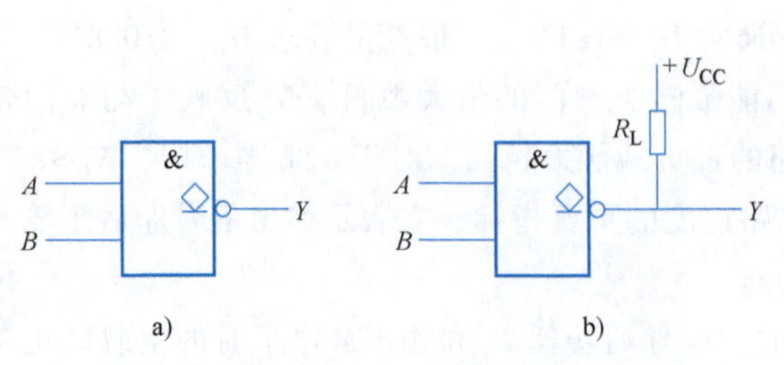

图 8-13　OC 与非门的逻辑符号和工作电路

a）逻辑符号　b）工作电路

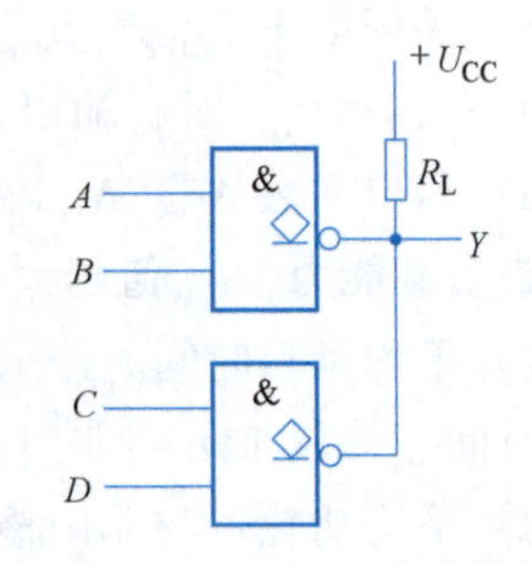

图 8-14　用 OC 门实现线与

(2) 三态输出门 普通的 TTL 门有两个输出状态，即逻辑 0 和逻辑 1，这两个状态都是低阻输出。三态门除具有这两个状态外，还有高阻输出的第三态，高阻态下三态门的输出端相当于和其他电路断开。三态门是在普通门电路的基础上，附加使能控制端和控制电路构成的，三态与非门的逻辑符号如图 8-15 所示。

在图 8-15a 中，A、B 为信号的输入端，$\overline{EN}$为控制端，又称为使能端。当$\overline{EN}=0$ 时，三态与非门处于正常工作状态，$Y=\overline{AB}$。当$\overline{EN}=1$ 时，三态与非门处于高阻状态（或称禁止状态)，这时从输出端 Y 看进去，对地和对电源都相当于开路，呈现高阻。图 8-15b 所示为高电平有效的三态门，即 $EN=1$ 时为正常工作状态，$EN=0$ 时为高阻状态。

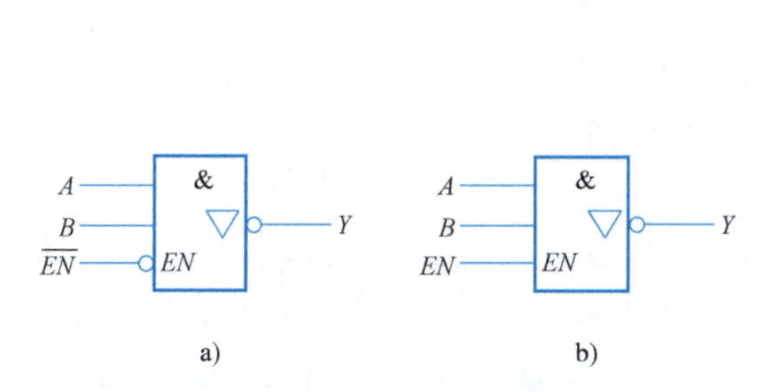

图 8-15 三态与非门的逻辑符号

a) 低电平有效的三态门 b) 高电平有效的三态门

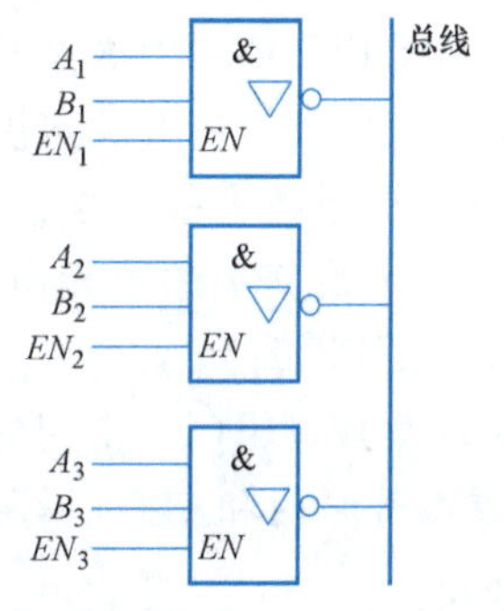

图 8-16 采用三态门传输的数据总线

三态门在计算机系统中得到了广泛应用，其中一个重要的用途是构成数据总线。当三态门处于禁止状态时，其输出呈现高阻态，可视为与总线脱离。利用分时传送原理，可以实现多组三态门挂在同一总线上进行数据传送。而某一时刻只允许一组三态门的输出在总线上发送数据，从而实现了用一根导线轮流传送多路数据。通常把用于传输多个门输出信号的导线称为总线（母线)，如图 8-16 所示。只要各控制端轮流出现高电平（每一时刻只允许一个门正常工作)，则总线上就轮流送出各个与非门的输出信号，由此可省去大量的机内连线。

4. TTL 集成逻辑门使用注意事项

1) TTL 电路的电源均采用+5V，因此电源电压不能高于+5.5V，使用时不能将电源与接地颠倒错接，否则会因为电流过大而造成器件损坏。在电源接通时，不要移动或插入集成电路，因为电源接通的瞬时冲击可能会造成器件永久损坏。

2) 电路的各输入端不能直接与高于+5.5V 和低于-0.5V 的低内阻电源连接，因为低内阻电源能提供较大电流，器件会由于过热而烧坏。

3) 输出端不允许与电源或地短路，否则可能造成器件损坏，但可以通过电阻与电源相连，提高输出高电平。

4) 输出端不允许直接并联使用（OC 门、三态门除外)，输出端的负载数不能超过其输出系数。

5) 闲置输入端的处理。从逻辑观点看，闲置输入端似乎完全可以任其闲置呈悬空状态，并不会影响与非门的逻辑功能。但是，开路输入端具有很高的输入阻抗，很容易接收外界的干扰信号。因此，集成逻辑门在使用时，一般不让闲置的输入端悬空，以防止干扰信号引入。对闲置输入端的处理以不改变电路的逻辑状态和电路的稳定可靠为原则。

对于与门和与非门，因为低电平为封锁电平，故闲置输入端一般接$+U_{CC}$；如果前级驱动能力允许，可将闲置输入端与信号输入端并联在一起。对于或门和或非门，其封锁电平为高电平，则闲置输入端只能接地或与信号输入端并联在一起。

8.3.2 CMOS 集成逻辑门

以单极型器件 MOS 管作开关的逻辑门称为 MOS 逻辑门，由 PMOS 管和 NMOS 管构成的互补 MOS 逻辑门称为 CMOS 门。CMOS 集成逻辑门具有静态功耗极低、电源电压范围宽、输入阻抗高、扇出能力强、抗干扰能力强及逻辑摆幅大等优点，目前已成为超大规模集成电路的部分。这里只简要介绍典型的 CMOS 集成逻辑门。

CMOS 非门又叫 CMOS 反相器，CD4069 六反相器的引脚图如图 8-17 所示。

CMOS 反相器具有开关速度高、电源范围宽、抗干扰能力强及扇出系数大等优点。因此，它是 CMOS 集成逻辑门中的一个最基本的单元电路，由此可构成其他功能的 CMOS 集成逻辑门。

CMOS 集成逻辑门中常用的还有与非门、或非门、异或门、漏极开路门和三态门等，其功能和符号与 TTL 的对应相同。

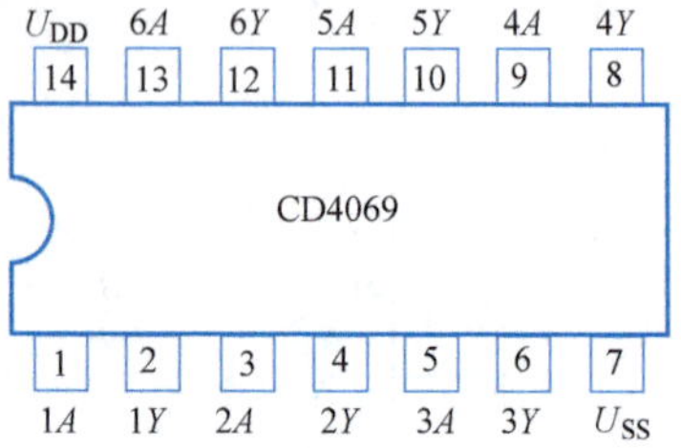

图 8-17　CD4069 六反相器的引脚图

注意：逻辑功能相互对应的 CMOS 集成门与 TTL 集成门的真值表和逻辑符号是相同的。

CMOS 集成逻辑门以标准型的 4000B 系列为主，还有 54/74 系列高速 CMOS 集成逻辑门，如 54/74、54/74HCU 和 54/74HCT。它们的传输延迟时间已接近标准 TTL 器件，引脚和逻辑功能已和同型号的 54/74TTL 集成电路一致。54/74HCT 系列更是在电平上和 54/74TTL 集成电路兼容，从而使两者互换使用更为方便。

由于 CMOS 电路输入电阻很高，因此极易接受静电电荷。为了防止静电击穿，生产 CMOS 时，在输入端都要加入标准保护电路，但这并不能保证绝对安全，因此使用 CMOS 电路时，必须采取以下预防措施：

1）存放 CMOS 集成电路时要将其屏蔽，一般放在金属容器中，也可以用金属箔将引脚短路。

2）CMOS 电路可以在很宽的电源电压范围内正常工作，但电源的上限电压（即使是瞬态电压）不得超过电路允许的极限值 U_{DDmax}，电源的下限电压（即使是瞬态电压）不得低于系统所必需的电源电压的最低值 U_{DDmin}，更不得低于 U_{SS}。

3）焊接 CMOS 电路时，一般用 20W 内热式电烙铁，而且烙铁要有良好的接地线；也可以利用电烙铁断电后的余热快速焊接；禁止在电路通电的情况下焊接。

4）为了防止输入端保护二极管因正向偏置而引起损坏，输入电压必须处在 V_{DD} 和 V_{SS} 之间。

5）测试 CMOS 电路时，如果信号电源和电路板用两组电源，则在开机时应先接通电路板电源，后开信号电源。关机时则应先关信号电源，再关电路板电源，即在 CMOS 电路本身没有接通电源的情况下，不允许输入信号输入。

6）闲置输入端绝对不能悬空，否则不但容易受外界干扰，而且输入电平不稳，破坏了正常的逻辑关系，也消耗了不少的功率。因此根据电路的逻辑功能，需要分别进行处理，其处理方法与 TTL 电路相同。

7）输入端连线较长时，由于分布电容和分布电感的影响，容易构成 LC 振荡，也可能使保护二极管损坏，因此必须在输入端串联一个 10~20kΩ 的电阻 R。

8）在印制电路板上安装 CMOS 电路时，印制电路板上总有输入端，当电路从整机中拔出时，输入端必然出现悬空，所以应在各输入端接入限流保护电阻。如果要在印制电路板上安装 CMOS 集成电路，则必须在与它有关的其他元器件安装之后，再装 CMOS 电路，避免 CMOS 电路输入端悬空。

9）拔插电路板电源插头时，应注意先切断电源，防止在插拔过程中烧坏 CMOS 电路中的保护二极管。

10）CMOS 电路并联使用。在同一芯片上，两个或两个以上同样器件并联使用（与门、或非门、反相器等）时，可增大输出供给电流和输出吸收电流，当负载增加不大时，既增加了器件的驱动能力，也提高了速度。使用时若输出端之间并联，输入端之间也必须并联。

技能训练——集成逻辑门功能及其应用

1. 与非门逻辑功能的测试

选 74LS00 中的其中一个与非门进行测试。如将 1A、1B 端分别通过逻辑开关置成 4 种不同的状态组合，把 1Y 端接入 LED 显示电路，观察 4 种输入状态下的输出结果，将测试的结果填入表 8-10 中。

表 8-10 与非门逻辑功能的测试

A	B	Y	A	B	Y
0	0		1	0	
0	1		1	1	

2. 或非门逻辑功能的测试

选 74LS02 中的其中一个或非门进行测试。如将 1A、1B、1C 端分别通过逻辑开关置成 8 种不同的状态组合，把 1Y 端接入 LED 显示电路，观察 4 种输入状态下的输出结果，将测试的结果填入表 8-11 中。

表 8-11 或非门逻辑功能的测试

A	B	C	Y	A	B	C	Y
0	0	0		1	0	0	
0	0	1		1	0	1	
0	1	0		1	1	0	
0	1	1		1	1	1	

3. 异或门逻辑功能的测试

选 74LS86 中的其中一个异或门进行测试。如将 1A、1B 端分别通过逻辑开关置成 4 种不同的状态组合，把 1Y 端接入 LED 显示电路，观察 4 种输入状态下的输出结果，将测试的结果填入表 8-12 中。

表 8-12 异或门逻辑功能的测试

A	B	Y	A	B	Y
0	0		1	0	
0	1		1	1	

4. 与非门的应用

用 74LS00 分别构成两输入端的与门、或门和异或门，画出连接图，然后进行功能测试，将测试的结果填入表 8-13 中。

表 8-13 与非门的应用

A	B	$Y_{与}$	$Y_{或}$	$Y_{异或}$	A	B	$Y_{与}$	$Y_{或}$	$Y_{异或}$
0	0				1	0			
0	1				1	1			

注意：集成芯片插入插座的方向是引脚朝下，缺口在左方，不能弄错；对于 74LS 系 TTL 集成芯片，要注意其使用规则并严格遵守，否则将影响实验结果，甚至损坏集成芯片。

【思考题】

1. TTL 集成门有哪些主要特点和系列产品？
2. 什么是“线与”？普通 TTL 门电路为什么不能进行“线与”？
3. 三态门输出有哪几种状态？
4. 使用 TTL 集成逻辑门时，应注意哪些事项？使用 CMOS 集成逻辑门应注意哪些事项？

8.4 组合逻辑电路的分析与设计

数字电路可分为两种类型：一类是组合逻辑电路（简称为组合电路），另一类是时序逻辑电路（简称为时序电路）。下面介绍组合逻辑电路，时序逻辑电路将在第 9 章进行介绍。组合逻辑电路在任意时刻的输出状态只与同一时刻各输入状态的组合有关，而与前一时刻的输出状态无关。

8.4.1 组合逻辑电路的分析

1. 组合逻辑电路的特点

组合逻辑电路的特点有：在逻辑功能上，输出变量 Y 是输入变量 X 的组合函数，输出状态不影响输入状态，过去的状态不影响现时的输出状态；在电路结构上，输出和输入之间无反馈延时通路，电路由逻辑门组成，不含记忆单元。

2. 组合逻辑电路的一般分析方法

组合电路分析的目的是确定已知逻辑电路的逻辑功能。由逻辑门组成的组合逻辑电路的分析方法和步骤如下：

1）由给定的逻辑电路图，从输入到输出逐级向后递推，写出逻辑表达式。

2）化简或变换所写出的逻辑函数表达式，求得最简逻辑表达式。

3）根据最简逻辑表达式，列出相应的真值表。

4）根据真值表找出电路可实现的逻辑功能，并加以说明，以理解电路的作用。

例 8-6 分析图 8-18 所示逻辑电路的功能。

解 （1）写出逻辑表达式

$$Y_1=\overline{AB},\quad Y_2=\overline{A\,\overline{AB}},\quad Y_3=\overline{B\,\overline{AB}},\quad Y=\overline{Y_2Y_3}=\overline{\overline{A\,\overline{AB}}\cdot\overline{B\,\overline{AB}}}$$

（2）化简或变换所写出的逻辑函数表达式

$$Y=\overline{\overline{A\,\overline{AB}}\cdot\overline{B\,\overline{AB}}}=\overline{\overline{A\,\overline{AB}}}+\overline{\overline{B\,\overline{AB}}}=A\,\overline{AB}+B\,\overline{AB}$$

$$=\overline{AB}(A+B)=(\overline{A}+\overline{B})(A+B)=\overline{A}B+A\overline{B}$$

（3）列出真值表（表 8-14）。

表 8-14 例 8-6 的真值表

A	B	Y
0	0	0
0	1	1
1	0	1
1	1	0

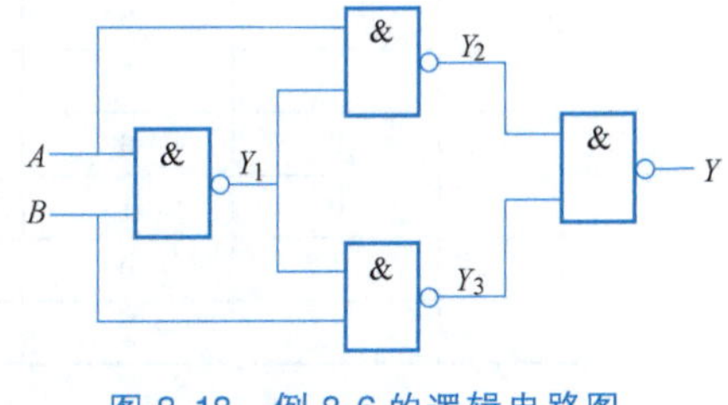

图 8-18 例 8-6 的逻辑电路图

（4）确定逻辑功能 由真值表可知，当输入变量的取值相异时，输出为“1”；当输入变量的取值相同时，输出为“0”。因此，该电路实现了“异或”功能。

8.4.2 组合逻辑电路的设计方法

根据给定的逻辑功能，写出最简的逻辑函数表达式，并根据逻辑表达式构成相应的组合逻辑电路的过程称为组合逻辑电路的设计。显然设计与分析互为逆过程。设计由小规模集成电路构成的组合电路时，强调的基本原则是获得最简的电路，即所用的门电路最少以及每个门的输入端数最少。组合逻辑电路设计的一般步骤如下：

1）首先分析实际问题要求的逻辑功能。确定输入变量和输出变量以及它们之间的相互关系，并对它们进行逻辑赋值，即确定什么情况下为逻辑“1”，什么情况下为逻辑“0”。这是设计组合逻辑电路过程中建立逻辑函数的关键。

2）列出满足输入输出逻辑关系的真值表。

3）根据真值表写出相应的逻辑表达式，对逻辑表达式进行化简并转换成命题或芯片所要求的逻辑函数表达式。

4）根据最简逻辑表达式画出相应的逻辑电路图。

例 8-7 试用与非门设计一个 3 人表决电路。

解 1）确定输入变量和输出变量，并进行逻辑赋值。设 A、B、C 分别代表参加表决的 3 个输入变量，Y 为表决结果。输入为“1”时，表示赞成，反之为不赞成；输出为“1”时，表示表决通过，反之表示未通过。

2）列真值表。表决电路的原则（即功能）是“少数服从多数”，故可列出真值表（表8-15）。

3）由真值表写出逻辑表达式，化简逻辑函数并转换成与非-与非形式。

$$
\begin{aligned}
Y &= \overline{A}BC+A\,\overline{B}C+AB\,\overline{C}+ABC \\
&= \overline{A}BC+ABC+A\,\overline{B}C+ABC+AB\,\overline{C}+ABC \\
&= BC(\overline{A}+A)+AC(\overline{B}+B)+AB(\overline{C}+C) \\
&= BC+AC+AB=\overline{\overline{BC+AC+AB}}=\overline{\overline{BC}\cdot\overline{AC}\cdot\overline{AB}}
\end{aligned}
$$

4）画出逻辑图，如图8-19所示。

表8-15　例8-7的真值表

A	B	C	Y
0	0	0	0
0	0	1	0
0	1	0	0
0	1	1	1
1	0	0	0
1	0	1	1
1	1	0	1
1	1	1	1

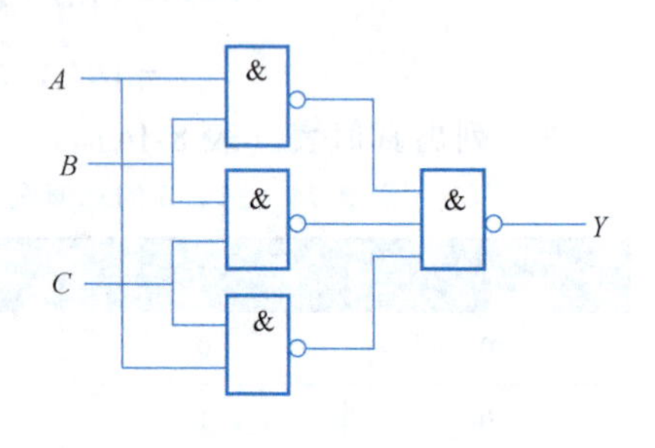

图8-19　例8-7的逻辑电路图

由于中、大规模的集成电路的出现，组合逻辑电路在设计概念上也随之发生了很大变化，现在已经有了逻辑功能很强的组合逻辑器件，灵活地应用它们，将会使设计组合逻辑电路时事半功倍。

【思考题】

1. 组合逻辑电路有哪些特点？
2. 分析组合逻辑电路的方法，步骤有哪些？
3. 设计组合逻辑电路的方法，步骤有哪些？

8.5　中规模组合逻辑器件及其应用

实际应用中，有一些组合逻辑电路在各类数字系统中经常大量地被使用。为了方便，目前已将这些电路的设计标准化，并已制成了中、小规模单片集成电路产品，其中包括编码器、译码器、数据选择器和加法器等。这些集成电路产品具有通用性强、兼容性好、功耗小以及工作稳定等优点，所以得到了广泛应用。

8.5.1　编码器及其应用

一般地，用文字、符号或者数码表示特定对象的过程，都可以称为编码。例如，给运动员编号，就是编码，不过他们用的是汉字或十进制数。汉字或十进制数用电路难以实现，在数字电路中一般采用二进制编码。所谓二进制编码是用二进制代码表示有关对象（信号）的过程。一般 n 位二进制代码有 2^n 种状态，可以表示 2^n 个信号。所以，对 N 个信号进行编码时，可用公式 $2^n \geqslant N$ 来确定需要使用的二进制代码的位数 n。

编码器是实现编码操作的电路。按照编码方式不同，编码器可分为普通编码器和优先编码器，按照输出代码种类的不同，可分为二进制编码器和二-十进制编码器。

1. 普通编码器

（1）二进制编码器　用 n 位二进制代码对 $N=2^n$ 个信号进行编码的电路，称为二进制编码器。例如 $n=3$，可以对 8 个一般信号进行编码。这种编码器有一个特点：任何时刻只允许输入一个有效信号，不允许同时出现两个或两个以上的有效信号，因而其输入是一组有约束（互相排斥）的变量，它属于普通编码器。若编码器输入为 4 个信号，输出为 2 位代码，则称为 4 线-2 线编码器（或 4/2 线编码器）。若编码器输入为 8 个信号，输出为 3 位代码，则称为 8 线-3 线编码器（或 8/3 线编码器）。

（2）二-十进制（BCD）编码器　在数字电子系统中，所处理的数据都是二进制的，而在实际生活中常用十进制数，将十进制数 0~9 转换成一组二进制代码的逻辑电路称为二-十进制编码器。它的输入是代表 0~9 这 10 个数符的状态信号，有效信号为 1（即某信号为 1 时，则表示要对它进行编码)，输出的是相应 BCD 码，因此也称为 10 线-4 线编码器。它和二进制编码器特点一样，任何时刻只允许输入一个有效信号。

2. 优先编码器

上述编码器在同一时刻内只允许对一个信号进行编码，否则输出的代码会发生混乱，而实际应用中常出现多个输入信号端同时有效的情况。例如计算机有许多输入设备，可能多台设备会同时向主机发出编码请求，希望输入数据，为了避免在同时出现两个以上输入信号(均为有效）时输出产生错误，要求采用优先编码器。

优先编码器是指在同一时间内，当有多个输入信号请求编码时，只对优先级别高的信号进行编码的逻辑电路，称为优先编码器。常用的有 10 线-4 线优先编码器（如 74LS147)、8 线-3 线优先编码器（如 74LS148）。本节以 74LS148 优先编码器为例进行介绍。

（1）集成优先编码器 74LS148 的原理　74LS148 是 8 线-3 线优先编码器，其引脚排列图和逻辑符号如图 8-20 所示。$\overline{I_0}\sim\overline{I_7}$ 为输入信号端，$\overline{S}$ 是使能输入端，$\overline{Y_0}\sim\overline{Y_2}$ 是 3 个输出端，$\overline{Y_{EX}}$ 和 $\overline{Y_S}$ 是用于扩展功能的输出端。74LS148 的功能见表 8-16。

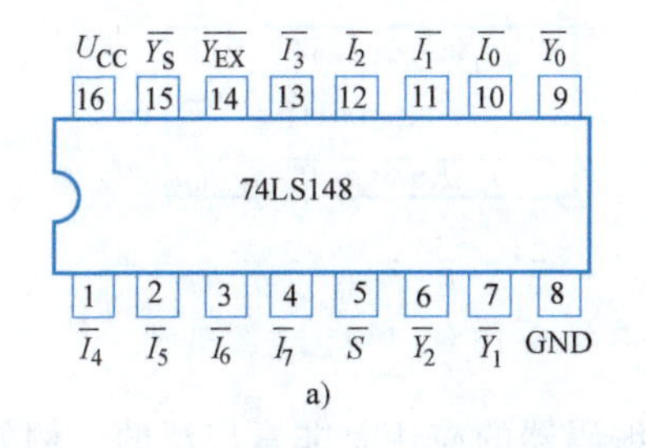

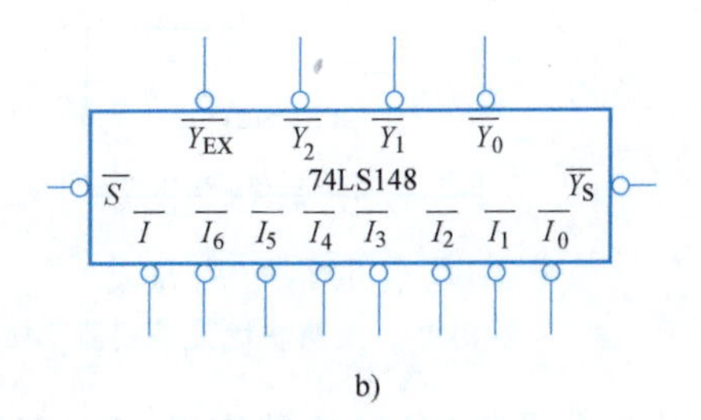

图 8-20　优先编码器 74LS148 的引脚排列图和逻辑符号

a）引脚排列图　b）逻辑符号

表 8-16　优先编码器 74LS148 的功能表

输入									输出				
$\overline{S}$	$\overline{I_0}$	$\overline{I_1}$	$\overline{I_2}$	$\overline{I_3}$	$\overline{I_4}$	$\overline{I_5}$	$\overline{I_6}$	$\overline{I_7}$	$\overline{Y_2}$	$\overline{Y_1}$	$\overline{Y_0}$	$\overline{Y_{EX}}$	$\overline{Y_S}$
1	×	×	×	×	×	×	×	×	1	1	1	1	1
0	1	1	1	1	1	1	1	1	1	1	1	1	0
0	×	×	×	×	×	×	×	0	0	0	0	0	1
0	×	×	×	×	×	×	0	1	0	0	1	0	1
0	×	×	×	×	×	0	1	1	0	1	0	0	1
0	×	×	×	×	0	1	1	1	0	1	1	0	1
0	×	×	×	0	1	1	1	1	1	0	0	0	1
0	×	×	0	1	1	1	1	1	1	0	1	0	1
0	×	0	1	1	1	1	1	1	1	1	0	0	1
0	0	1	1	1	1	1	1	1	1	1	1	0	1

在表 8-16 中，输入$\overline{I_0}$~$\overline{I_7}$低电平有效，$\overline{I_7}$为最高优先级，$\overline{I_0}$为最低优先级。只要$\overline{I_7}=0$，不管其他输入端是 0 还是 1，输出只对$\overline{I_7}$编码，且对应的输出为反码有效，$\overline{Y_0}\cdot\overline{Y_1}\cdot\overline{Y_2}=000$。$\overline{S}$为使能输入端，只有 $\overline{S}=0$ 时编码器工作，$\overline{S}=1$ 时编码器不工作。$\overline{Y_S}$为使能输出端。当$\overline{I_1}$允许工作时，如果$\overline{I_0}$~$\overline{I_7}$端有信号输入，$\overline{Y_S}=1$；若$\overline{I_0}$~$\overline{I_7}$端无信号输入，$\overline{Y_S}=0$。$\overline{Y_{EX}}$为扩展输出端，当 $\overline{S}=0$ 时，$\overline{Y_{EX}}$只要有编码信号，其输出就是低电平。

(2) 优先编码器 74LS148 功能的扩展　用 74LS148 优先编码器可以多级连接进行功能扩展，如用两块 74LS148 可以扩展成为一个 16 线-4 线优先编码器，如图 8-21 所示。由图 8-21可以看出，高位片 $\overline{S}=0$，允许高位片对输入$\overline{I_8}$~$\overline{I_{15}}$编码$\overline{Y_S}=1$。低位片的 $\overline{S}=1$，则低位片禁止编码。但若$\overline{I_8}$~$\overline{I_{15}}$都是高电平，即均无编码请求，则低位片的 $\overline{S}=0$，允许低位片对输入$\overline{I_0}$~$\overline{I_7}$编码。显然，高位片的编码级别优先于低位片。

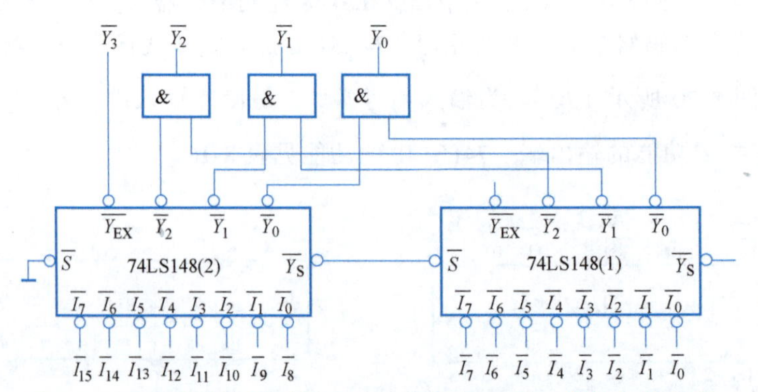

图 8-21　用两块优先编码器 74LS148 构成 16 线-4 线优先编码器

(3) 优先编码器 74LS148 的应用　74LS148 编码器的应用是非常广泛的。例如，常用的计算机键盘，其内部就是一个字符编码器。它将键盘上的大、小写英文字母、数字、符号以及一些功能键（回车、空格）等编成一系列的 7 位二进制数码，送到计算机的中央处理单元（CPU），然后再进行处理、存储、输出到显示器或打印机上。还可以用 74LS148 编码器监控炉罐的温度，若其中任何一个炉温超过标准温度或低于标准温度，则检测传感器输出一个 0 电平到 74LS148 编码器的输入端，编码器编码后输出 3 位二进制代码到微处理器进行控制。

8.5.2 译码器及其应用

译码是编码的逆过程，即将每一组输入二进制代码“翻译”成为一个特定的输出信号。实现译码功能的数字电路称为译码器。假设译码器有 n 个输入信号和 N 个输出信号，如果 $N=2^n$，就称为全译码器，常见的全译码器有 2 线-4 线译码器、3 线-8 线译码器、4 线-16 线译码器等。如果 $N<2^n$，称为部分译码器，如二-十进制译码器（也称为 4 线-10 线译码器）等。译码器的种类很多，可归纳分类为二进制译码器、二-十进制译码器和显示译码器等。

1. 集成二进制译码器

集成二进制译码器的种类很多，常用的有 TTL 系列的 74LS138、CMOS 系列的 74HCT138 等。

（1）集成二进制译码器 74LS138　74LS138 的引脚排列图和逻辑符号如图 8-22 所示，其逻辑功能表见表 8-17。

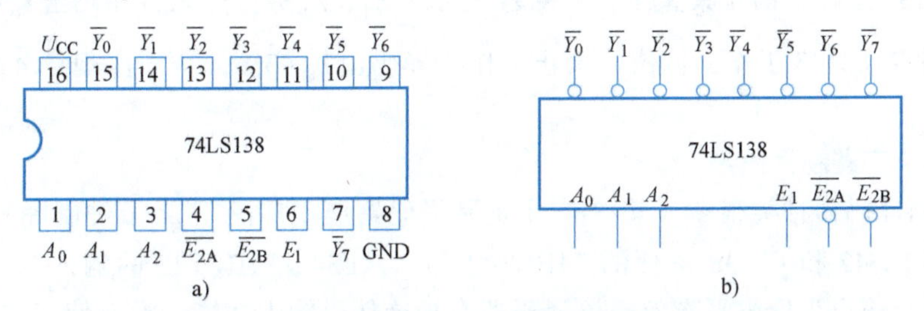

图 8-22　译码器 74LS138 的引脚排列图和逻辑符号

a）引脚排列图　b）逻辑符号

表 8-17　译码器 74LS138 的功能表

输入					输出							
E_1	$\overline{E_{2A}}+\overline{E_{2B}}$	A_2	A_1	A_0	$\overline{Y_0}$	$\overline{Y_1}$	$\overline{Y_2}$	$\overline{Y_3}$	$\overline{Y_4}$	$\overline{Y_5}$	$\overline{Y_6}$	$\overline{Y_7}$
×	1	×	×	×	1	1	1	1	1	1	1	1
0	×	×	×	×	1	1	1	1	1	1	1	1
1	0	0	0	0	0	1	1	1	1	1	1	1
1	0	0	0	1	1	0	1	1	1	1	1	1
1	0	0	1	0	1	1	0	1	1	1	1	1
1	0	0	1	1	1	1	1	0	1	1	1	1
1	0	1	0	0	1	1	1	1	0	1	1	1
1	0	1	0	1	1	1	1	1	1	0	1	1
1	0	1	1	0	1	1	1	1	1	1	0	1
1	0	1	1	1	1	1	1	1	1	1	1	0

由 74LS138 的引脚排列图和功能表可知，它有 3 个输入端 A_2、A_1、A_0，8 个输出端 $\overline{Y_0}$ ~ $\overline{Y_7}$，所以常称为 3 线-8 线译码器，属于全译码器。输出为低电平有效，E_1、$\overline{E_{2A}}$ 和 $\overline{E_{2B}}$ 为使

能输入端。当 $E_1=0$ 时，译码器停止工作，输出全部为高电平；当$\overline{E_{2A}}+\overline{E_{2B}}=1$ 时，译码器也不工作；只有当 $E_1=1$，$\overline{E_{2A}}+\overline{E_{2B}}=0$ 时，译码器才工作。

（2）译码器 74LS138 功能的扩展　利用译码器的使能端可以方便地扩展译码器的容量。图 8-23 所示为将两片 74LS138 扩展为 4 线-16 线译码器。

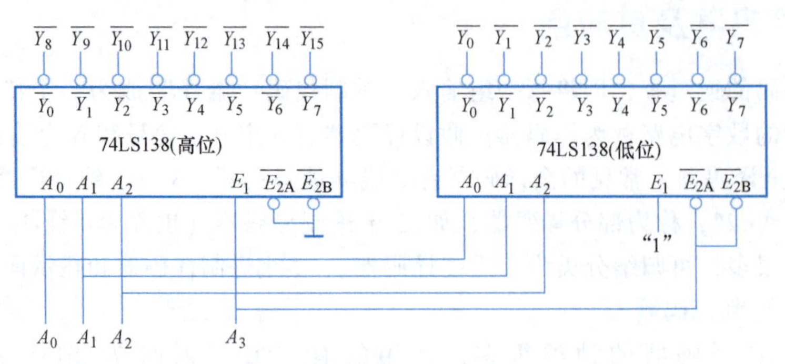

图 8-23　将两片 74138 扩展为 4 线-16 线译码器

其工作原理为：利用译码器的使能端作为高位输入端 A_3，由表 8-17 可知，当 $A_3=0$ 时，低位片 74LS138 工作，高位禁止工作，对输入 A_2、A_1、A_0进行译码，译码出$\overline{Y_0}\sim\overline{Y_7}$；当 $A_3=1$ 时，高位片 74LS138 工作，低位片禁止工作，译码出$\overline{Y_8}\sim\overline{Y_{15}}$，从而实现了 4 线-16 线译码器功能。

2. 集成非二进制译码器

非二进制译码器种类很多，其中二-十进制译码器应用广泛。二-十进制译码器常用的有 TTL 系列的 74LS42 和 CMOS 系列的 74HCT42 等。74LS42/74HCT42 的输入为 8421BCD 码，有 10 路输出，输出为低电平有效。该译码器有拒绝伪码输入功能，没有使能输入端。

3. 集成显示译码器

在数字系统中，常常需要将数字、字母或符号等直观显示出来，供人们读取或监视系统的工作情况。能够显示数字、字母或符号的器件称为数码显示器。数码显示器按显示方式分，有字型重叠式、点阵式和分段式等。按发光物质分，有半导体显示器［又称发光二极管（LED）显示器］、荧光显示器、液晶显示器及气体放电管显示器等。目前，应用最广泛的是由发光二极管构成的 7 段数码显示器。

在数字电路中，数字量都是以一定的代码形式出现的，所以这些数字量要先经过译码，才能送到数字显示器去显示。这种能把数字量“翻译”成数码显示器所能识别的信号的译码器称为显示译码器。

（1）7 段半导体数码显示器　7 段半导体数码显示器（也称为 7 段数码管）就是将 7 个发光二极管（加小数点为 8 个）按一定的方式排列起来，7 段 a、b、c、d、e、f、g 及小数点 DP 各对应一个发光二极管，利用不同发光段的组合，显示不同的阿拉伯数字，如图 8-24 所示。

按内部连接方式不同，7 段数字显示器分为共阴极和共阳极两种，如图 8-25 所示。半导体显示器的优点是：工作电压较低（1.5～3V）、体积小、寿命长、亮度高、响应速度快、工作可靠性高。缺点是工作电流大，每个字段的工作电流约为 10mA。

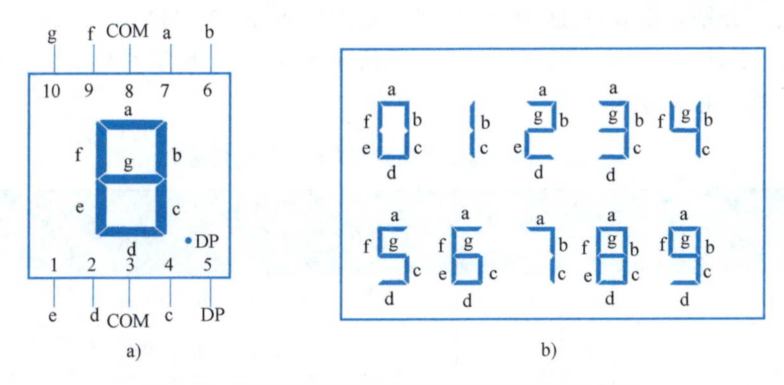

图 8-24 7 段半导体数码显示器及发光段组合图

a）显示器 b）发光段组合图

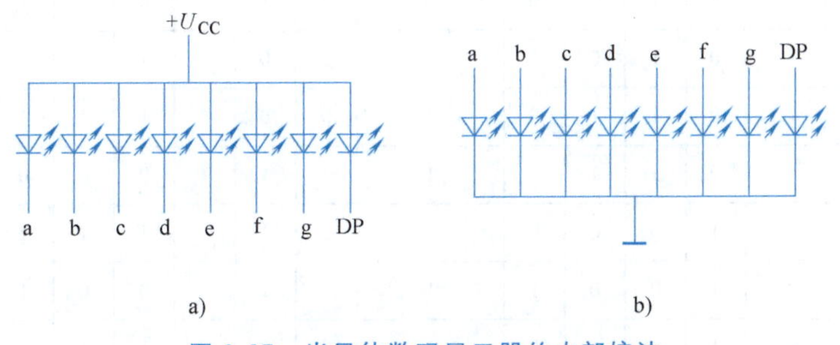

图 8-25 半导体数码显示器的内部接法

a）共阳极接法 7 段数码管 BS201 b）共阴极接法 7 段数码管 BS204

（2）集成 7 段显示译码器 74LS48 7 段数码显示译码器 74LS48 有 4 个输入端 A_3、A_2、A_1和 A_0，输入 4 位二进制 BCD 码，高电平有效；7 个输出端 a～g，内部的输出电路有上拉电阻，可以直接驱动共阴极数码管；3 个使能端$\overline{LT}$、$\overline{BI}/\overline{RBO}$和$\overline{RBI}$，其引脚排列图和逻辑符号如图 8-26 所示。

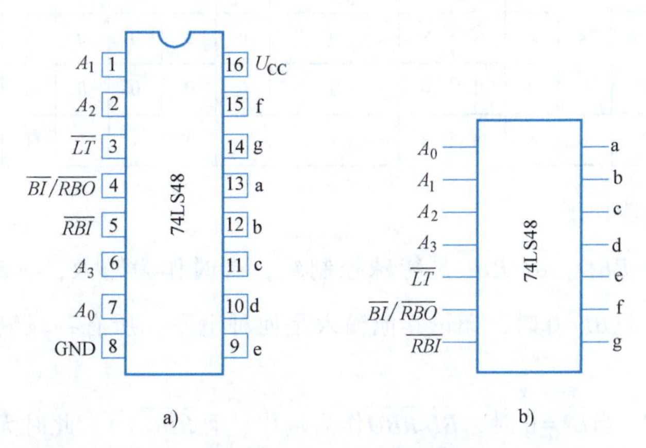

图 8-26 显示译码器 74LS48 引脚排列图和逻辑符号

a）引脚排列图 b）逻辑符号

74LS48 的功能表见表 8-18。从 74SL48 的功能表可以看出，当输入信号 $A_3A_2A_1A_0$ 为

0000~1001 时，分别显示 0~9 这 10 个数字；而当输入 1010~1110 时，显示稳定的非数字形；当输入 1111 时，7 个显示段全暗。从显示段出现非 0~9 数字符号或各段全暗可以推出输入已出错，即可检查输入情况。

表 8-18　显示译码器 74LS48 的功能表

十进制数或功能	输入						输入/输出	输出							显示字形
	$\overline{LT}$	$\overline{RBI}$	A_3	A_2	A_1	A_0	$\overline{BI}/\overline{RBO}$	Y_a	Y_b	Y_c	Y_d	Y_e	Y_f	Y_g	
0	1	1	0	0	0	0	1	1	1	1	1	1	1	0	0
1	1	×	0	0	0	1	1	0	1	1	0	0	0	0	1
2	1	×	0	0	1	0	1	1	1	0	1	1	0	1	2
3	1	×	0	0	1	1	1	1	1	1	1	0	0	1	3
4	1	×	0	1	0	0	1	0	1	1	0	0	1	1	4
5	1	×	0	1	0	1	1	1	0	1	1	0	1	1	5
6	1	×	0	1	1	0	1	0	0	1	1	1	1	1	6
7	1	×	0	1	1	1	1	1	1	1	0	0	0	0	7
8	1	×	1	0	0	0	1	1	1	1	1	1	1	1	8
9	1	×	1	0	0	1	1	1	1	1	0	0	1	1	9
10	1	×	1	0	1	0	1	0	0	0	1	1	0	1	
11	1	×	1	0	1	1	1	0	0	1	1	0	0	1	
12	1	×	1	1	0	0	1	0	1	0	0	0	1	1	
13	1	×	1	1	0	1	1	1	0	0	1	0	1	1	
14	1	×	1	1	1	0	1	0	0	0	1	1	1	1	
15	1	×	1	1	1	1	1	0	0	0	0	0	0	0	全暗
灭灯	×	×	×	×	×	×	0	0	0	0	0	0	0	0	熄灭
灭零	1	0	0	0	0	0	0	0	0	0	0	0	0	0	灭 0
试灯	0	×	×	×	×	×	1	1	1	1	1	1	1	1	8

3 个使能端的功能如下：

1）灭零输入$\overline{BI}/\overline{RBO}$。$\overline{BI}/\overline{RBO}$是特殊控制端，有时作为输入，有时作为输出。当$\overline{BI}/\overline{RBO}$作为输入使用，且$\overline{BI}=0$时，无论其他输入是何种电平，所有各段输出 a~g 均为 0，所以字形熄灭。

2）试灯输入$\overline{LT}$。当$\overline{LT}=0$时，$\overline{BI}/\overline{RBO}$作为输出，且$\overline{RBO}=1$，此时无论其他输入端是什么状态，各段输出 a~g 均为 1，显示“8”的字形。该输入端常用于检查译码器的本身及显示器的好坏。

3）动态灭零输入$\overline{RBI}$。当$\overline{LT}=\overline{BI}=1$，$\overline{RBI}=0$时，若输入信号 $A_3A_2A_1A_0$ 为 0000 时，各段

输出 a~g 均为低电平，这时不显示与之相应的“0”字形，故称为“灭零”。若输入信号 $A_3A_2A_1A_0$ 为其他代码组合时，译码器正常输出。

4）灭零输出$\overline{RBO}$。$\overline{BI}/\overline{RBO}$作为输出使用时，$\overline{RBI}=0$ 且输入信号 $A_3A_2A_1A_0$ 为 0000 时，$\overline{RBO}=0$，表明译码器处于灭零状态。在多位显示数字时，利用$\overline{RBO}$输出的信号可以将整数前部（将高位的$\overline{RBO}$与相邻低位的$\overline{RBI}$相连）和小数尾部（将低位的$\overline{RBO}$与相邻高位的$\overline{RBI}$相连）多余的 0 灭掉，以便读取结果。

由于 74LS48 的内部已设 2kΩ 左右的限流电阻，所以在与共阴极数码管配合使用时，数码管的阴极端可以直接接地。如果还需要减小 LED 的电流，则必须在 74LS48 的各输出端均串联一个限流电阻。对于共阴极接法的数码管，还可以采用 CD4511 等 7 段锁存译码驱动器。

对于共阳极接法的数码管，可以采用共阳字形译码器，如 74LS47 等。在相同的输入条件下，其输出电平与 74LS48 相反，但在共阳极数码管上显示的结果一致。

8.5.3 加法器及其应用

数字系统的基本任务之一是进行算术运算。在系统中加、减、乘、除均可利用加法来实现，所以加法器便成为数字系统中最基本的运算单元。加法器按功能可分为半加器和全加器。

1. 半加器

能够完成两个 1 位二进制数 A 和 B 相加的组合逻辑电路称为半加器。半加器是只考虑两个加数本身，而不考虑来自低位进位的逻辑电路。根据两个 1 位的进制数 A 和 B 相加的运算规律可得半加器的真值表，见表 8-19。表中的 A 和 B 分别表示两个加数，S 表示本位的和输出，C 表示向相邻高位的进位输出。由真值表可得半加和 S、进位 C 的表达式分别为

$$S=\overline{A}B+A\overline{B}=A\oplus B$$

$$C=AB$$

表 8-19 半加器的真值表

输入		输出	
A	B	S	C
0	0	0	0
0	1	1	0
1	0	1	0
1	1	0	1

半加器的逻辑符号如图 8-27 所示。

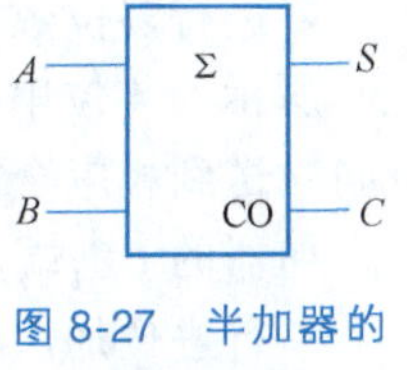

图 8-27 半加器的逻辑符号

2. 全加器

在多位数加法运算时，除最低位外，其他各位都需要考虑低位送来的进位。这时要用到全加器。所谓全加，是指两个多位二进制数相加时，第 i 位加数 A_i、加数 B_i 以及来自相邻低位的进位 C_{i-1} 三者相加，其结果得到本位的和 S_i 及向相邻高位的进位 C_i。其真值表见表 8-20。

表 8-20 全加器的真值表

输入			输出	
A_i	B_i	C_{i-1}	S_i	C_i
0	0	0	0	0
0	0	1	1	0
0	1	0	1	0
0	1	1	0	1
1	0	0	1	0
1	0	1	0	1
1	1	0	0	1
1	1	1	1	1

由真值表可得本位和 S_i和进位 C_i的表达式分别为

$$S_i=\overline{A_i}\cdot\overline{B_i}C_{i-1}+\overline{A_i}B_i\overline{C_{i-1}}+A_i\overline{B_i}\cdot\overline{C_{i-1}}+A_iB_iC_{i-1}=(A_i\oplus B_i)\overline{C_{i-1}}+\overline{A_i\oplus B_i}C_{i-1}$$
$$=A_i\oplus B_i\oplus C_{i-1}$$
$$C_i=\overline{A_i}B_iC_{i-1}+A_i\overline{B_i}C_{i-1}+A_iB_i\overline{C_{i-1}}+A_iB_iC_{i-1}$$
$$=(A_i\oplus B_i)C_{i-1}+A_iB_i$$

全加器的逻辑符号如图 8-28 所示。

3. 集成全加器 74LS183

集成全加器 74LS183 为两个独立的全加器组合，其引脚排列图和逻辑符号如图 8-29 所示。$1A_i$、$1B_i$，$2A_i$、$2B_i$为运算数输入端；$1C_{i-1}$、$2C_{i-1}$为进位输入端；$1C_i$、$2C_i$为进位输出端；$1S_i$、$2S_i$为和输出端。

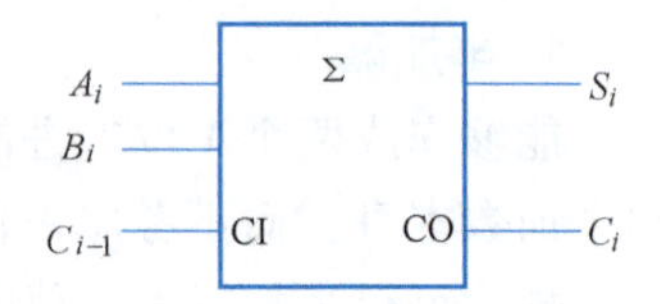

图 8-28 全加器的逻辑符号

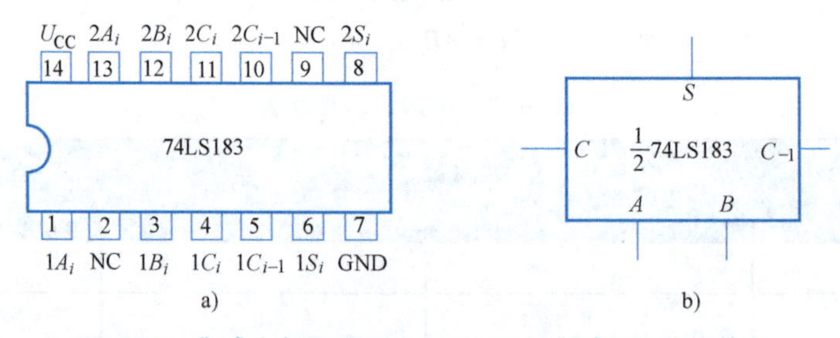

图 8-29 集成全加器 74LS183 的引脚排列图和逻辑符号

a）引脚排列图 b）逻辑符号

4. 多位数加法器

要进行多位数相加，最简单的方法是将多个全加器进行级联，称为串行进位加法器。图 8-30 所示为 4 位串行进位加法器，从图中可见，两个 4 位数 $A_3A_2A_1A_0$和 $B_3B_2B_1B_0$相加，各位同时送到相应全加器的输入端，进位数串行传送。全加器的个数等于相加数的位数。最低位全加器的 C_{i-1}端应接 0。

串行进位加法器的优点是电路比较简单。缺点是速度比较慢，因为进位信号是串行传递，图 8-30 中最后一位的进位输出 C_3要经过 4 位全加器传递之后才能形成。如果位数增加，

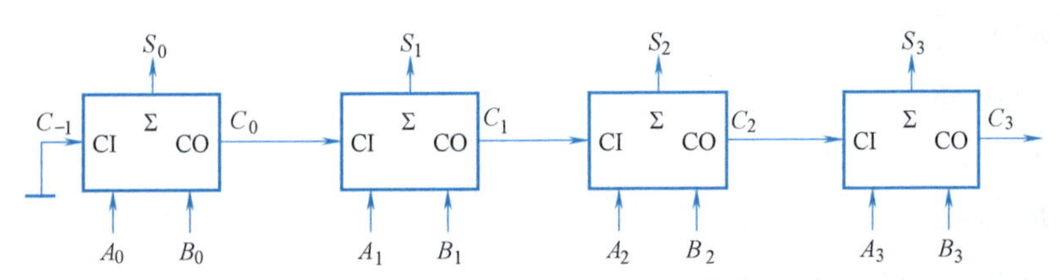

图 8-30　用全加器构成 4 位串行进位加法器

传输延迟时间将更长，工作速度更慢。为了提高速度，人们又设计了一种多位数快速进位（又称超前进位）的加法器。

技能训练——中规模组合逻辑器件的功能及其应用测试

1. 译码器的功能和应用测试

1）译码器 74LS138 的功能测试。

2）将译码器 74LS138 扩展成 4 线-16 线译码器，连接所设计的电路并进行测试。

2. 加法器的功能和应用测试

1）全加器 74LS183 的功能测试。

2）用全加器 74LS183 构成 4 位加法器，连接所设计的电路并进行测试。

【思考题】

1. 二进制编码器、二-十进制编码器的输入信号的个数与输出变量的位数之间的关系如何？

2. 如何进行优先编码器的扩展？

3. 译码器 74LS138 进行扩展时，使能端 E_1、$\overline{E_{2A}}$、$\overline{E_{2B}}$如何连接？译码器 74LS48 的$\overline{LT}$、$\overline{RBI}$和$\overline{BI}/\overline{RBO}$的功能是什么？

4. 什么是半加器？什么是全加器？

5. 串行进位加法器有何特点？

习　　题

1. 将十进制数 3、6、8、12 和 36 分别转换为二进制数。

2. 将二进制数 $(1001)_2$和 $(011010)_2$分别转换成十进制数。

3. 已知 A、B、C 为输入变量，Y 为输出变量，其真值表见表 8-21，试写出对应的逻辑表达式。

表 8-21　题 3 表

A	B	C	Y	A	B	C	Y
0	0	0	0	1	0	0	1
0	0	1	1	1	0	1	0
0	1	0	1	1	1	0	0
0	1	1	0	1	1	1	1

4. 用公式化简下列逻辑函数。

（1）$Y=A\overline{B}+B+\overline{A}B$

（2） $Y=\overline{A}B\,\overline{C}+A+\overline{B}+C$

（3） $Y=A\,\overline{B}CD+ABD+A\,\overline{C}D$

（4） $Y=A\,\overline{C}+ABC+AC\,\overline{D}+CD$

（5） $Y=AB+\overline{A}C+BC$

（6） $Y=AD+A\,\overline{D}+\overline{A}B+\overline{A}C+BFE+CEFG$

5. 已知与门的输入 A、B 波形如图 8-31 所示，画出其输出波形。

6. 已知或门的输入 A、B 波形如图 8-32 所示，画出其输出波形。

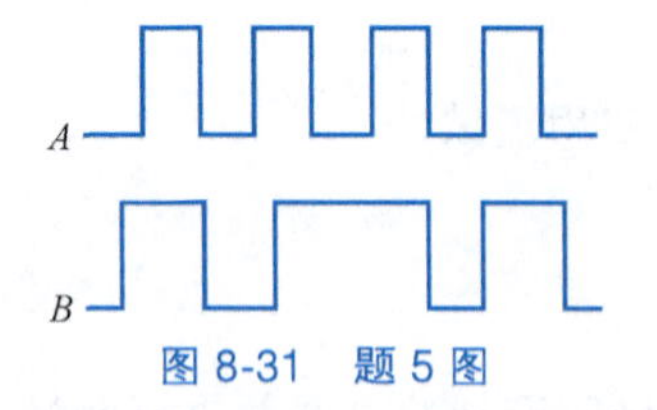

图 8-31　题 5 图

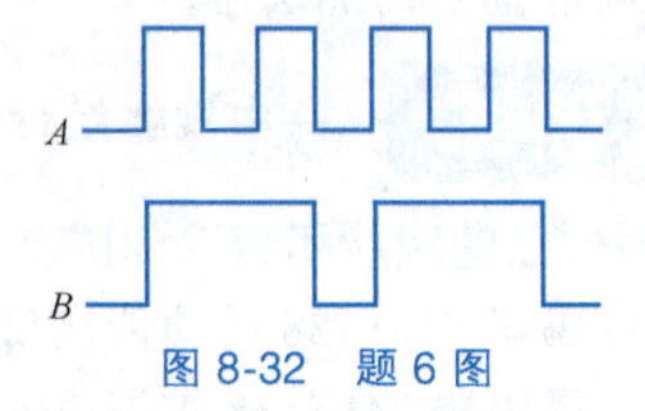

图 8-32　题 6 图

7. 与非门、或非门的输入 A、B 波形如图 8-33 所示，试分别画出与非门、或非门的输出波形。

8. 图 8-34 所示为一种“与或非”门的逻辑电路，试根据逻辑电路写出它的逻辑表达式。

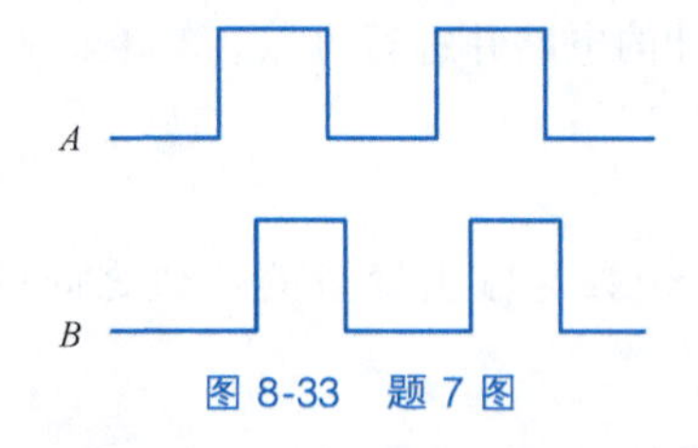

图 8-33　题 7 图

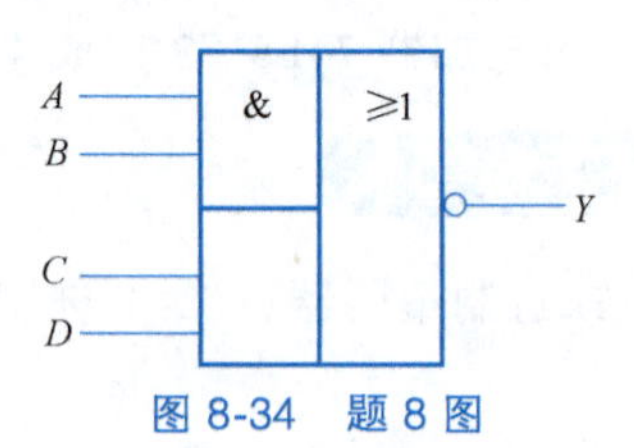

图 8-34　题 8 图

9. 图 8-35 中，哪个电路是正确的？写出其逻辑表达式。

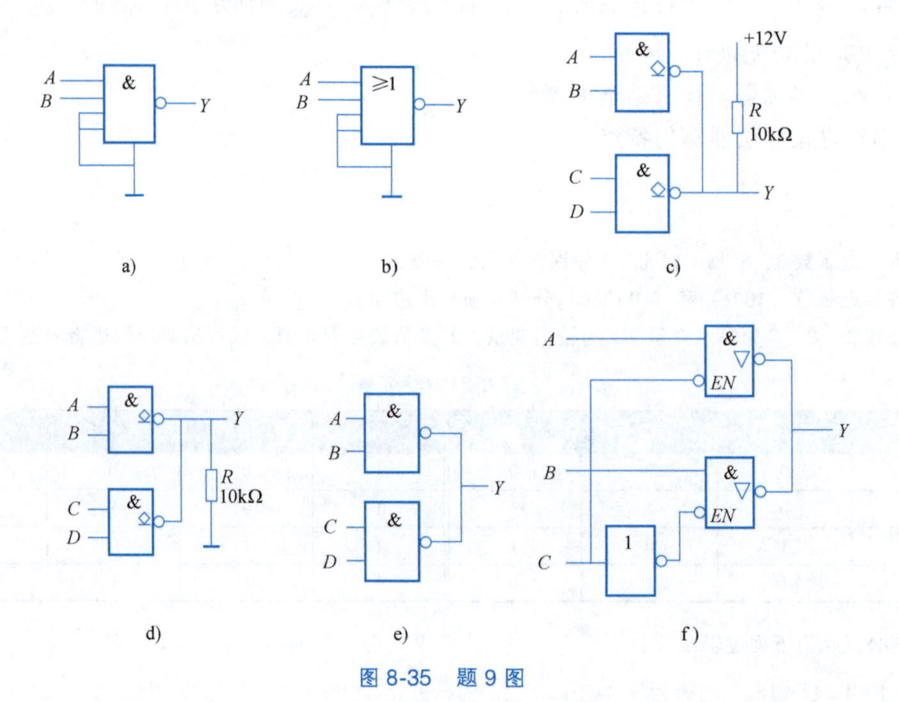

图 8-35　题 9 图

10. 试按图 8-36 所示电路的对应逻辑关系，写出各图多余输入端的处理方法。

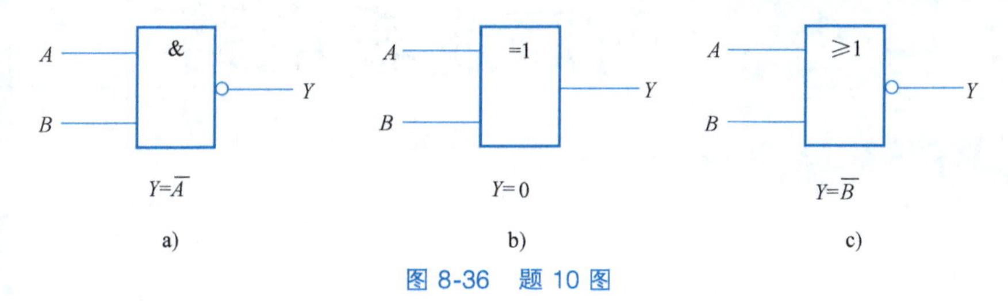

图 8-36 题 10 图

11. 试分析图 8-37 所示各组合逻辑电路的逻辑功能。

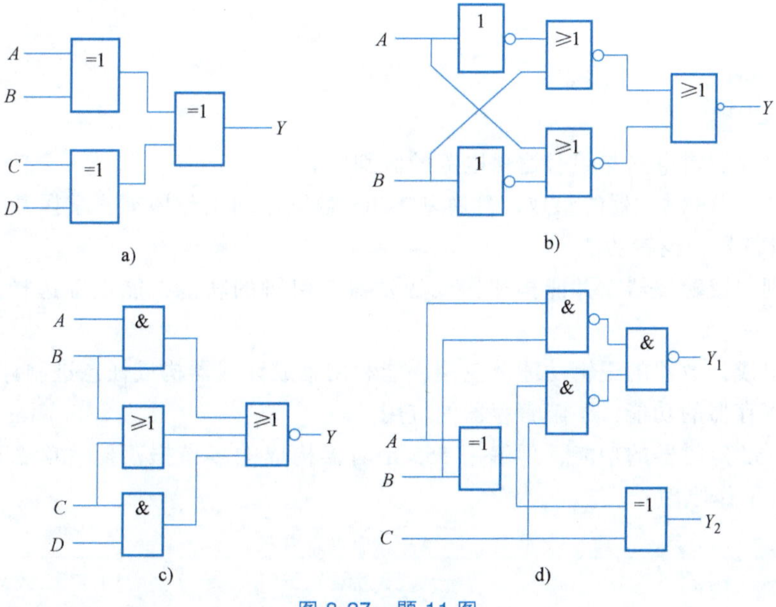

图 8-37 题 11 图

12. 采用与非门设计下列逻辑电路：(1) 三变量非一致电路；(2) 四变量多数表决电路。

13. 写出半减器和全减器的功能真值表和逻辑表达式。

第9章 CHAPTER 9 时序逻辑电路

学习目标

1. 了解时序逻辑电路与组合逻辑电路的区别。

2. 熟悉基本 RS 触发器的组成，理解基本 RS 触发器的工作原理，掌握基本 RS、JK、D 触发器的逻辑符号和逻辑功能。

3. 能识别集成触发器，并能描述集成触发器各引脚的功能，能正确选择、使用、测试集成触发器。

4. 掌握集成计数器的逻辑功能及应用，能利用集成计数器构成任意进制计数器。

5. 掌握寄存器的功能，了解寄存器的应用。

6. 掌握 555 定时器的功能，理解用 555 定时器构成的多谐振荡器、单稳态触发器和施密特触发器的工作原理。

9.1 集成触发器

在数字电路中，将能够存储一位二进制信息的逻辑电路称为触发器（filp-flop 简写为 FF），它具有记忆功能，是构成时序逻辑电路的基本逻辑单元。

触发器按逻辑功能分为 RS 触发器、D 触发器、JK 触发器和 T 触发器等，按结构分为主从型触发器、维持阻塞型触发器和边沿型触发器等，按有无统一动作的时间节拍分为基本触发器和时钟触发器。

9.1.1 RS 触发器

1. 基本 RS 触发器

（1）基本 RS 触发器的组成　基本 RS 触发器是一种最简单的触发器，是构成各种触发器的基础。它由两个与非门（也可用或非门构成）的输入和输出交叉连接而成，如图 9-1a 所示，图 9-1b 所示为它的逻辑符号。它有两个输入端$\overline{R_d}$和$\overline{S_d}$。$\overline{R_d}$为复位端，即当$\overline{R_d}$有效时，Q 变为 0，故也称为置“0”端；$\overline{S_d}$为置位端，当$\overline{S_d}$有效时，Q 变为 1，也称为置“1”端。

两个互补输出端 Q 和 $\overline{Q}$：当 $Q=1$ 时，$\overline{Q}=0$；当 $Q=0$ 时，$\overline{Q}=1$。

（2）基本 RS 触发器的功能分析　在触发器中，把 Q^n 称为触发器的原状态（现态、初态），即触发信号输入前的状态；把 Q^{n+1} 称为触发器的新状态（次态），即触发信号输入后的状态。其功能可采用功能真值表（或称为特性表）、特性方程式、状态图以及波形图（或称时序图）来描述。

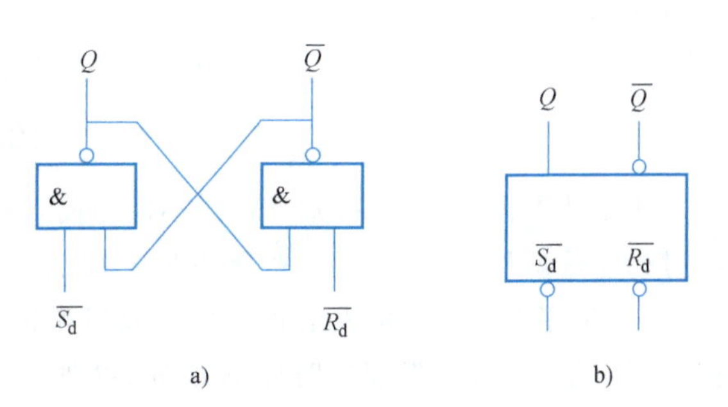

图 9-1　基本 RS 触发器的逻辑图和逻辑符号

a）逻辑图　b）逻辑符号

1）功能真值表：以表格的形式反映触发器的新状态 Q^{n+1}、原状态 Q^n 及输入信号之间关系的一种真值表，也称为状态转换真值表或特性表。

分析图 9-1a 所示的基本 RS 触发器可知：当$\overline{R_d}=0$，$\overline{S_d}=1$ 时，无论 Q^n 为何种状态，$Q^{n+1}=0$。当$\overline{R_d}=1$，$\overline{S_d}=0$ 时，无论 Q^n 为何种状态，$Q^{n+1}=1$。当$\overline{R_d}=1$，$\overline{S_d}=1$ 时，触发器保持原有的状态不变。即原来的状态被触发器存储起来，体现了触发器的记忆功能。

当$\overline{R_d}=0$、$\overline{S_d}=0$ 时，两个与非门的输出 Q^{n+1}与$\overline{Q^{n+1}}$全为 1，则破坏了触发器两输出端的互补关系。另外，当输入的低电平信号同时撤销时，两个与非门的输入端全为“1”，两个与非门均有变“0”的趋势，但究竟哪个先变为“0”，取决于两个与非门的开关速度，这就形成了“竞争”。因此，由于门电路的传输延迟时间 t_{pd}的随机性和离散性，致使触发器的最终状态难以预定，所以称为不定状态，在正常工作时，应当避免这种情况出现。基本 RS 触发器的功能真值表见表 9-1。

表 9-1　基本 RS 触发器的功能真值表

输　入		输　出		功　能
$\overline{R_d}$	$\overline{S_d}$	Q^n	Q^{n+1}	
0	1	0	0	置 0
		1	0	
1	0	0	1	置 1
		1	1	
1	1	0	0	保持
		1	1	
0	0	0	×	不定
		1	×	

由表 9-1 可知：基本 RS 触发器具有置“0”、置“1”功能。$\overline{R_d}$、$\overline{S_d}$均在低电平有效，可使触发器的输出状态转换为相应的 0 或 1。在图 9-1b 所示的逻辑符号中，$\overline{R_d}$、$\overline{S_d}$文字符号上的“非号”和输入端上的“小圆圈”均表示这种触发器的触发信号是低电平有效。

2）特性方程。表示触发器的次态 Q^{n+1}与输入及现态 Q^n 之间关系的逻辑表达式，称为触发器的特性方程。基本 RS 触发器的特性方程为

$$\left.\begin{array}{l}Q^{n+1}=S_{\mathrm{d}}+\overline{R_{\mathrm{d}}}Q^{n}\\ \overline{S_{\mathrm{d}}}+\overline{R_{\mathrm{d}}}=1\text{（约束条件）}\end{array}\right\} \qquad (9\text{-}1)$$

从特性方程（9-1）可知，Q^{n+1}不仅与输入触发信号$\overline{R_d}$、$\overline{S_d}$的组合状态有关，而且与前一时刻的输出状态 Q^n 有关，故触发器具有记忆功能。

3）时序图。反映触发器输入信号取值和状态之间对应关系的图形称为时序图，也称为波形图。基本 RS 触发器的时序图如图 9-2 所示，画图时应根据功能表来确定各个时间段 Q 与 $\overline{Q}$ 的状态。

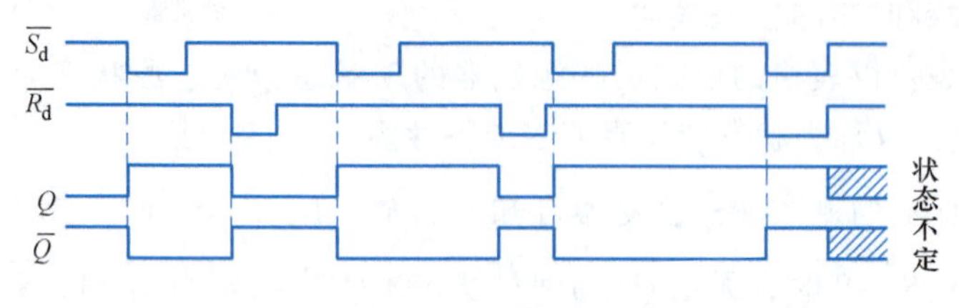

图 9-2　基本 RS 触发器的时序图

综上所述，基本 RS 触发器具有如下特点：它具有两个稳定状态，分别为 1 和 0，称为双稳态触发器。如果没有外加触发信号作用，它将保持原有状态不变，触发器具有记忆功能。在外加触发信号作用下，触发器输出状态才可能发生变化，输出状态直接受输入信号的控制，也称其为直接复位-置位触发器。当$\overline{R_d}$、$\overline{S_d}$端输入均为低电平时，输出状态不定，即 $\overline{R_d}=\overline{S_d}=0$，$Q=\overline{Q}=1$，违反了互补关系。当$\overline{R_d}$和$\overline{S_d}$从 00 变为 11 时，$Q(\overline{Q})=1(0)$、$Q(\overline{Q})=0(1)$ 状态不能确定，如图 9-2 所示。

由与非门构成的基本 RS 触发器的功能简化见表 9-2。

表 9-2　基本 RS 触发器简化的功能真值表

$\overline{R_d}$	$\overline{S_d}$	Q^{n+1}	功能
0	1	0	置 0
1	0	1	置 1
1	1	Q^n	保持
0	0	×	不定

在数字电路中，凡是根据输入信号 R、S 情况的不同，具有置 0、置 1 和保持功能的触发器，都称为 RS 触发器。常用的集成 RS 触发器芯片有 74LS279 和 CC4044，它们的引脚排列图如图 9-3 所示。

2. 钟控 RS 触发器

当一个逻辑电路中有多个触发器时，为了使各触发器的输出状态只在规定的时刻发生变化，特引入时钟脉冲信号 CP 作为触发器的触发控制信号。具有时钟脉冲控制端的 RS 触发器称为钟控 RS 触发器，也称为同步 RS 触发器。

（1）钟控 RS 触发器的组成　钟控 RS 触发器的逻辑图和符号如图 9-4 所示。

图 9-4 中，$\overline{R_d}$、$\overline{S_d}$是直接置 0 端、置 1 端（不受 CP 脉冲的限制，也称为异步置位端和

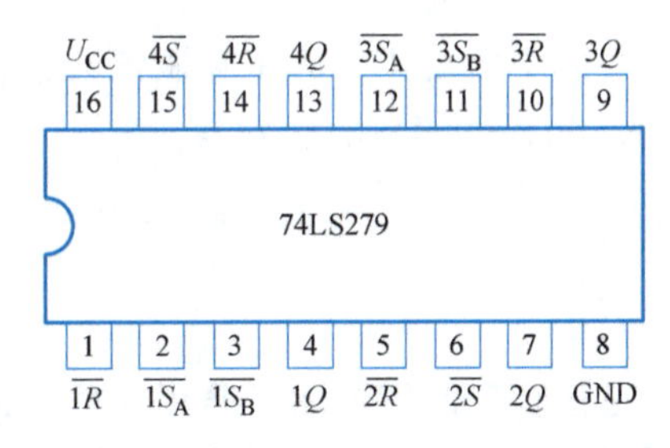

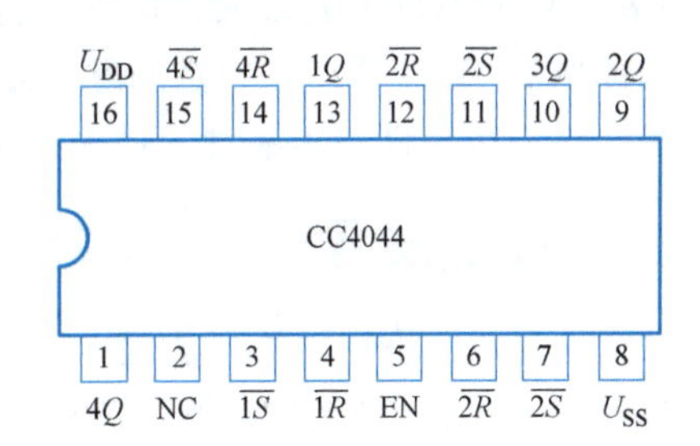

图 9-3 集成 RS 触发器的引脚排列图

异步复位端)，用来设置触发器的初始状态。

(2) 钟控 RS 触发器的功能分析

当 $CP=0$，$R'=S'=1$ 时，Q 和 $\overline{Q}$ 保持不变。

当 $CP=1$，$R'=\overline{R\cdot CP}=\overline{R}$，$S'=\overline{S\cdot CP}=\overline{S}$ 时，代入基本 RS 触发器的特性方程得

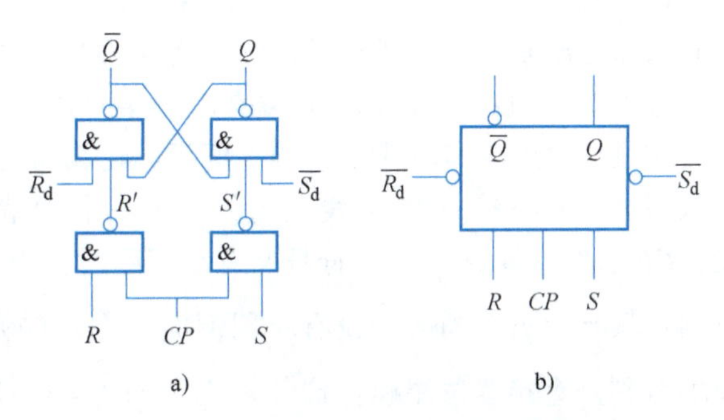

图 9-4 钟控 RS 触发器逻辑图和符号

a) 逻辑图 b) 逻辑符号

$$\left.\begin{aligned}&Q^{n+1}=S+\overline{R}Q^n\\&SR=1\,(\text{约束条件})\end{aligned}\right\}\qquad(9\text{-}2)$$

由基本 RS 触发器的功能表可得钟控 RS 触发器的功能真值表，见表 9-3，时序图如图 9-4所示。

表 9-3 钟控 RS 触发器的功能真值表

CP	R	S	Q^{n+1}	功能
0	×	×	Q^n	保持
1	0	0	Q^n	保持
1	0	1	1	置 1
1	1	0	0	置 0
1	1	1	×	不定

当钟控 RS 触发器的 CP 脉冲、R、S 均为高电平有效时，触发器状态改变。与基本 RS 触发器相比，钟控 RS 触发器增加了时间控制，但其输出的不定状态直接影响触发器的工作质量。

(3) 钟控 RS 触发器的空翻问题　时序逻辑电路增加时钟脉冲的目的是统一电路动作的节拍。对触发器而言，在一个时钟脉冲作用下，要求触发器的状态只能翻转一次。而钟控 RS 触发器在一个时钟脉冲作用下（即 $CP=1$ 期间），如果 R、S 端输入信号多次发生变化，可能引起输出端 Q 状态翻转两次或两次以上，时钟失去控制作用，这种现象称为空翻。要避免空翻现象，要求在时钟脉冲作用期间，不允许输入信号（R、S）发生变化；另外，必

须要求 CP 的脉冲宽度不能太大，显然，这种要求是较为苛刻的。

由于钟控 RS 触发器存在空翻问题，限制了其在实际中的使用。为了克服该现象，人们对触发器电路进行了进一步改进，进而产生了主从型、边沿型等各类触发器。

9.1.2 JK 触发器

1. JK 触发器的逻辑符号和功能

边沿触发方式的主从型 JK 触发器是目前功能最完善，且使用灵活、通用性较强的一种能够抑制空翻现象的触发器。由于边沿触发器采用边沿触发，其输出状态是根据 CP 脉冲触发边沿到来时刻输入信号的状态来决定的，只要求在时钟脉冲的触发边沿前后的几个门延迟时间内保持激励信号不变即可，所以这种触发器的抗干扰能力较强。

边沿型 JK 触发器内部结构复杂，学生只需掌握其触发特点和功能，会灵活应用即可。

JK 触发器的逻辑符号如图 9-5 所示。逻辑符号中 CP 是时钟脉冲输入端，用来控制触发器状态改变的时刻。CP 引线上端的“∧”符号表示边沿触发，无“∧”符号表示电平触发；CP 引线端既有“∧”符号又有小圆圈时，表示触发器状态变化发生在脉冲下降沿到来时刻；只有“∧”符号而没有小圆圈时，表示触发器状态变化发生在脉冲上升沿时刻。$\overline{S_d}$ 和 $\overline{R_d}$ 分别是直接置位端和直接复位端，当 $\overline{S_d}=0$ 时，触发器被置位为 1 状态；当 $\overline{R_d}=0$ 时，触发器复位为 0 状态；它们不受时钟脉冲 CP 的控制，主要用于触发器工作前或工作过程中强制置位和复位，不用时让它们处于 1 状态（高电平或悬空）。Q 和 $\overline{Q}$ 是两个互补输出端。J、K 是两个输入端。下降沿触发的 JK 触发器的功能真值表见表 9-4。

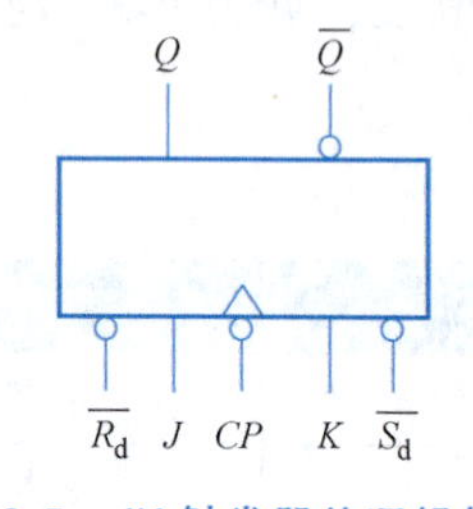

图 9-5 JK 触发器的逻辑符号

表 9-4 下降沿触发的 JK 触发器的功能真值表

CP	J	K	Q^{n+1}	功能
×	×	×	Q^n	保持
↓	0	0	原状态	保持
↓	0	1	0	置 0
↓	1	0	1	置 1
↓	1	1	$\overline{Q}$	翻转

JK 触发器的特性方程为

$$Q^{n+1}=J\overline{Q^n}+\overline{K}Q^n \tag{9-3}$$

当输入信号 J、K 波形如图 9-6 所示时，触发器的输出波形（设触发器的初态均为 0）如图 9-6 所示。因边沿型触发器为下降沿触发方式，仅在 CP 脉冲负跳变时接收控制端输入信号并改变触发器输出状态。

2. 集成 JK 触发器

实际应用中大多采用集成 JK 触发器。常用的集成芯片型号有 74LS112（下降边沿触发的双 JK 触发器）、CC4027（上升沿触发的双 JK 触发器）等。74LS112 双 JK 触发器每芯片包含两个具有复位、置位端的下降沿触发的 JK 触发器，通常用于缓冲触发器、计数器和移位寄存器电路中。74LS112 的引脚排列图如图 9-7 所示。

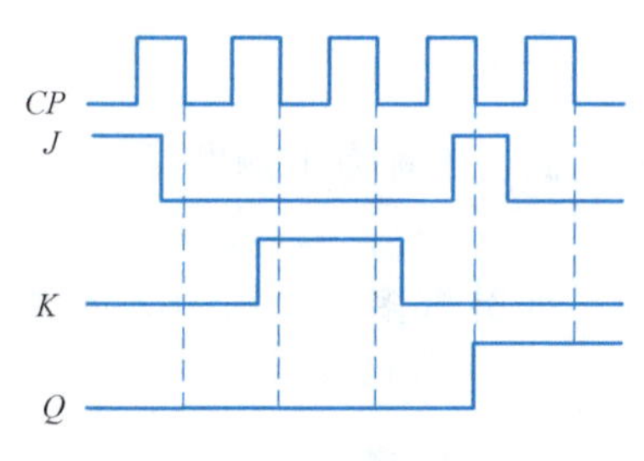

图 9-6 边沿型 JK 触发器的波形图

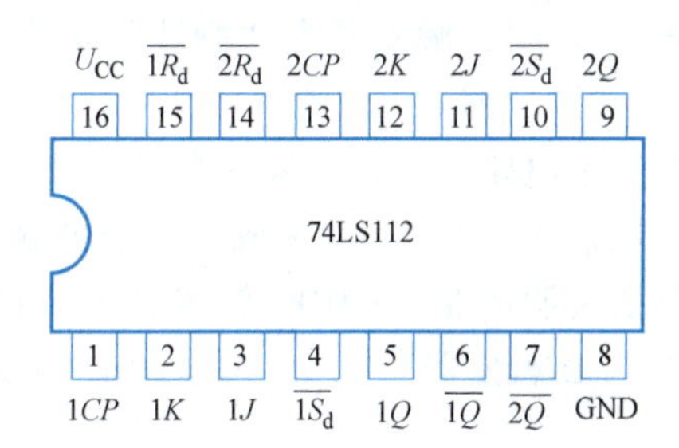

图 9-7 集成触发器 74LS112 的引脚排列图

9.1.3 D 触发器

1. D 触发器的逻辑符号和功能

维持阻塞型 D 触发器是只有一个输入端的边沿触发方式的触发器，其次态只取决于时钟脉冲触发边沿到来前控制信号 D 端的状态。

D 触发器的逻辑符号如图 9-8 所示，其功能表见表 9-5。

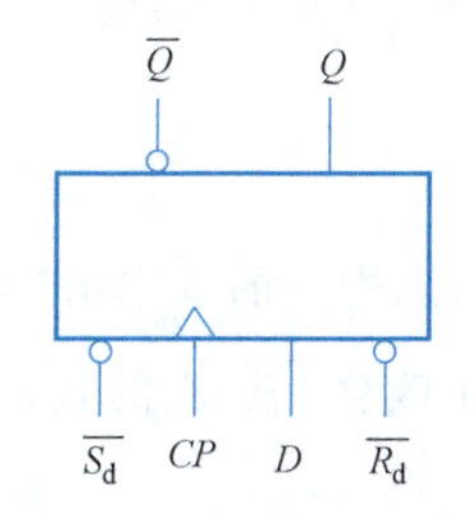
图 9-8 D 触发器的逻辑符号

表 9-5 上升沿触发的 D 触发器的功能真值表

CP	D	Q^{n+1}	功能
×	×	Q^n	保持
↑	0	0	置 0
↑	1	1	置 1

D 触发器的特性方程为

$$Q^{n+1}=D^n \tag{9-4}$$

当输入信号 D 波形如图 9-9 所示时，触发器的输出波形（设触发器的初态均为 1 态）如图 9-9 所示。

2. 集成 D 触发器

国产的 D 触发器主要是维持阻塞型，是在时钟脉冲的上升沿触发的。常用的集成 D 触发器型号有 74LS74（带预置和清除端双 D 触发器）、74LS75（四 D 触发器）等。74LS74 的引脚排列图如图 9-10 所示。

$\overline{S_d}$和$\overline{R_d}$分别是直接置位端和直接复位端，不用时应让它们处于 1 状态（高电平或悬空）。Q 和 $\overline{Q}$ 是两个互补输出端，D 是输入端。CP 是时钟脉冲输入端，用来控制触发器状态改变的时刻。GND 端是电源地端，U_{CC}端是电源正极端，接+5V 电压。

9.1.4 其他类型的触发器

1. T 触发器

在数字电路中，凡在 CP 时钟脉冲控制下，根据输入信号的取值不同，只具有“保持”和“翻转”功能的电路称为 T 触发器。显然，把一个 JK 触发器的 J 和 K 连接在一起即可构成一个 T 触发器。当 $T=0$ 时，相当于 $J=K=0$，触发器为“保持”功能状态；当 $T=1$ 时，

相当于 $J=K=1$，触发器为“翻转”功能状态。

2. T′触发器

在数字电路中，凡每来一个时钟脉冲就翻转一次的电路，都称为T′触发器。显然，当T触发器恒输入“1”时就构成了一个T′触发器。

需要说明的是，CMOS触发器与TTL触发器一样，种类繁多，常用的集成触发器有74HC74（D触发器）和CC4027（JK触发器）等。

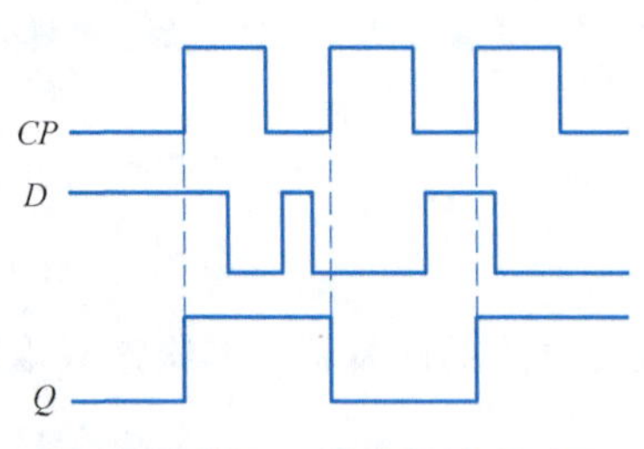

图 9-9　边沿D触发器的波形图

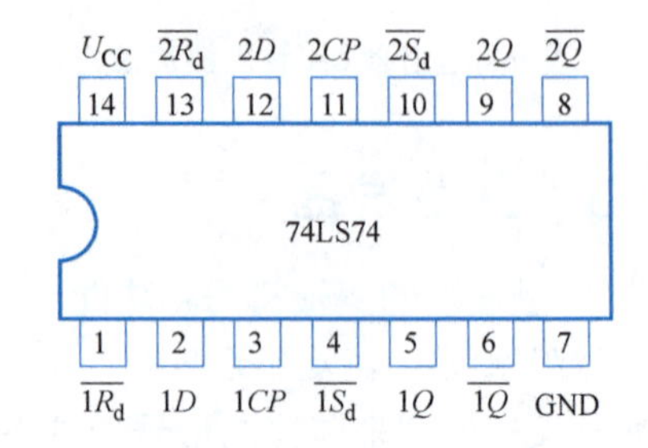

图 9-10　集成触发器74LS74的引脚排列图

技能训练——触发器功能的测试

1. 基本RS触发器功能的测试

在实验线路板上连接图9-1所示的用与非门（可选用74LS00）构成的基本RS触发器。$\overline{R_d}$、$\overline{S_d}$端接逻辑开关置数开关，Q、$\overline{Q}$端接发光二极管。按表9-1改变$\overline{R_d}$、$\overline{S_d}$的状态，观察Q、$\overline{Q}$的状态是否与表9-1中的结果一致。

2. JK触发器功能的测试

（1）测试$\overline{R_d}$、$\overline{S_d}$的复位、置位功能　选取74LS112中的一只JK触发器，$\overline{R_d}$、$\overline{S_d}$、J、K端接置数开关输出插口，CP端接单次脉冲源，Q、$\overline{Q}$端接至逻辑电平显示器的输入插口。要求改变$\overline{R_d}$、$\overline{S_d}$（J、K和CP处于任意状态），并在$\overline{R_d}=0$、$\overline{S_d}=1$或$\overline{R_d}=1$、$\overline{S_d}=0$作用期间任意改变J、K及CP的状态，观察Q、$\overline{Q}$状态，将结果填入表9-6中。

（2）测试JK触发器的逻辑功能　按表9-6的要求改变J、K、CP端的状态，观察Q、$\overline{Q}$的状态变化，将结果填入表9-6中。

表 9-6　JK触发器功能测试

$\overline{R_d}$	$\overline{S_d}$	J	K	CP	Q^{n+1}	
					$Q^n=0$	$Q^n=1$
0	1	×	×	×		
1	0	×	×	×		
1	1	0	0	↓		
1	1	0	1	↓		
1	1	1	0	↓		
1	1	1	1	↓		

3. D 触发器功能的测试

（1）测试$\overline{R_d}$、$\overline{S_d}$的复位、置位功能　选取 74LS74 中的一只 D 触发器，$\overline{R_d}$、$\overline{S_d}$、D 端接置数开关输出插口，CP 端接单次脉冲源，Q、$\overline{Q}$ 端接至逻辑电平显示输入插口。要求改变$\overline{R_d}$、$\overline{S_d}$（D、CP 处于任意状态），并在$\overline{R_d}=0$、$\overline{S_d}=1$ 或$\overline{R_d}=1$、$\overline{S_d}=0$ 作用期间任意改变 D 及 CP 的状态，观察 Q、$\overline{Q}$ 状态，将结果填入表 9-7 中。

（2）测试 D 触发器的逻辑功能　按表 9-7 的要求改变 D、CP 端状态，观察 Q、$\overline{Q}$ 状态变化，将结果填入表 9-7 中。

表 9-7　D 触发器功能测试

$\overline{R_d}$	$\overline{S_d}$	D	CP	Q^{n+1}	
				$Q^n=0$	$Q^n=1$
0	1	×	×		
1	0	×	×		
1	1	0	↑		
1	1	1	↑		

【思考题】

1. 试述基本 RS、JK、D 触发器的逻辑功能。
2. 什么是触发器的“空翻”现象？“空翻”和“不定”状态有什么区别？
3. JK 触发器、D 触发器各有几种功能？分别写出它们的特性方程和功能真值表。
4. 试说明如何根据逻辑符号来判别触发器的触发方式。

9.2 集成计数器

计数器是用来实现累计电路输入 CP 脉冲个数功能的时序电路。在计数功能的基础上，计数器还可以实现计时、定时、分频和自动控制等功能，应用十分广泛。

计数器的种类很多，按计数脉冲的输入方式的不同可分为同步计数器和异步计数器；按计数规律的不同可分为加法计数器、减法计数器和可逆计数器；按计数的进位制可分为二进制计数器（$N=2^n$）和非二进制计数器（$N\neq2^n$），其中，N 代表计数器的进制数，n 代表计数器中触发器的个数。计数器中的“数”是用触发器的状态组合表示的。在计数脉冲（一般采用时钟脉冲 CP）作用下，使用一组触发器的状态逐个转换成不同的状态组合，以此表示数的增加或减少，以达到计数目的。

9.2.1 集成同步计数器

1. 集成同步计数器 74LS161 的认识

74LS160～74LS163 是一组可预置数的集成同步计数器，在计数脉冲的上升沿作用下进行加法计数，它们的引脚排列图完全相同。

74LS161 和 74LS163 是 4 位同步二进制加法计数器，所不同的是在清零方式上，74LS161 是异步清零，74LS163 是同步清零。74LS160 和 74LS162 是十进制加法计数器，也在清零方式上有所不同，74LS160 是异步清零，74LS162 是同步清零。

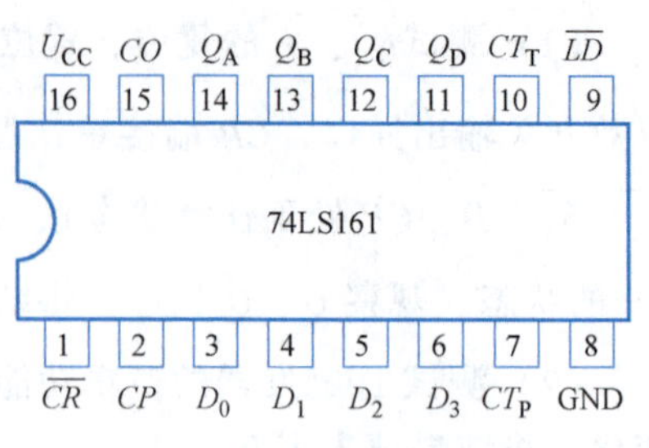

图 9-11　集成同步计数器 74LS161 的引脚排列图

74LS161 是 4 位同步二进制加法集成计数器，其引脚排列如图 9-11 所示。其中，$\overline{CR}$端为低电平有效的异步清零端（即复位端），CP 端为计数时钟脉冲输入端，D_3、D_2、D_1、D_0端为并行数据输入端，CT_P、CT_T端为使能端，$\overline{LD}$端为低电平有效的同步并行预置数控制端，Q_D、Q_C、Q_B、Q_A端为计数器的状态输出端。其功能真值表见表 9-8。

表 9-8　74LS161 功能真值表

$\overline{CR}$	$\overline{LD}$	CT_T	CT_P	CP	D_3	D_2	D_1	D_0	Q_D^{n+1}	Q_C^{n+1}	Q_B^{n+1}	Q_A^{n+1}
0	×	×	×	×	×	×	×	×	0	0	0	0
1	0	×	×	↑	d_3	d_2	d_1	d_0	d_3	d_2	d_1	d_0
1	1	1	1	↑	×	×	×	×	计数			
1	1	0	×	×	×	×	×	×	保持			
1	1	×	0	×	×	×	×	×	保持			

注：$CO=CT_T \cdot Q_D^n Q_C^n Q_B^n Q_A^n$。

由功能真值表可看出，74LS161 集成芯片的控制输入端与电路功能之间的关系如下：

1）当复位端$\overline{CR}=0$ 时，数据输出 $Q_D Q_C Q_B Q_A=0000$，实现“异步清零”（又称复位）功能。

2）当$\overline{CR}=1$，$\overline{LD}=0$，并且在时钟脉冲上升沿到来时，数据输出 $Q_D Q_C Q_B Q_A=D_3 D_2 D_1 D_0$，实现“同步预置数”功能。

3）当$\overline{CR}=\overline{LD}=1$ 且 $CT_P \cdot CT_T=0$ 时，数据输出 $Q_D Q_C Q_B Q_A$ 的状态保持不变，实现“保持”功能。

4）当$\overline{CR}=\overline{LD}=CT_P=CT_T=1$ 时，在时钟脉冲作用下，计数器加法计数，实现“计数”功能。

5）进位输出 $CO=CT_T \cdot Q_D^n Q_C^n Q_B^n Q_A^n$，说明仅当 $CT_T=1$ 且 $Q_D Q_C Q_B Q_A=1111$ 时，$CO=1$。

2. 集成同步计数器 74LS161 的应用

利用集成同步计数器 74LS161 可以构成任意（N）进制计数器，通常采用以下一些方法。

（1）反馈清零法　反馈清零法（又叫反馈归零法）是利用 74LS161 芯片的复位端和门电路，跳越 $M-N$ 个状态，从而获得 N 进制计数器。这是一种经常使用的将模为 M 的计数器构成模为 N 的计数器的方法。

清零法的基本原理是：设原有的计数器为 M 进制的，为了获得任意（N）进制（$2\leqslant N\leqslant M$），从全零初始状态开始计数，在第 N 个脉冲作用时，将第 N 个状态 S_N 中所有输出状态为 1 的触发器的输出端通过一个与非门译码后，立即产生一个反馈脉冲来控制其直接复位端，迫使计数器清零（复位），即强制回到 0 状态。这样就使 M 进制计数器在顺序计数过程中跨越了 $M-N$ 个状态，获得了有效状态为 0~（$N-1$）的 N 进制计数器。

具体方法是：将任意进制计数器的模 N 转换为 4 位二进制代码 S_N。将 S_N 中为"1"的对应 74LS161 输出端接到与非门的输入端，与非门的输出端接到集成芯片 74LS161 的复位端。

例 9-1 用 74LS161 芯片，采用清零法构成十进制计数器。

解 令$\overline{LD}=CT_P=CT_T=$"1"，使 74LS161 处于加法计数工作模式。

把 $N=10$ 转换为 4 位二进制代码 1010，将 74LS161 的 Q_D 和 Q_B 端接到与非门的输入端，与非门的输出接至 74LS161 的复位端，即可构成十进制计数器，如图 9-12a 所示。

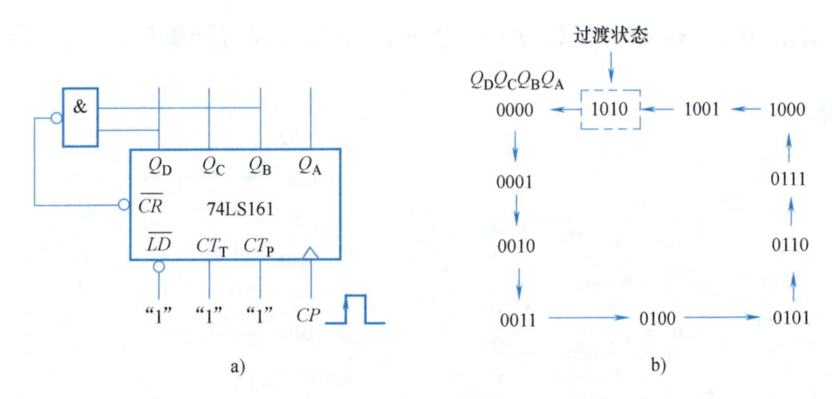

图 9-12 用 74LS161 采用反馈清零法构成十进制计数器

a）连接图 b）计数过程（即状态图）

由图 9-12a 可知：当 $Q_DQ_CQ_BQ_A=0000\sim1001$ 时，Q_D 和 Q_B 至少有一个为 0，所以$\overline{CR}=\overline{Q_DQ_B}=1$，计数器进行加法计数。当第 10 个 CP 脉冲输入时，$Q_DQ_CQ_BQ_A=1010$，与非门的输出为"0"，即$\overline{CR}=$"0"，使计数器复位清零，即 $Q_DQ_CQ_BQ_A=0000$。此时与非门的输出变为"1"，即$\overline{CR}=$"1"时，计数器又开始重新计数。

因为这种构成任意（N）进制计数器的方法简单易行，所以应用广泛，但是它存在两个问题：一是有过渡状态，在图 9-12b 所示的十进制计数器中输出 1010 就是过渡状态，其出现时间很短暂，并且是非常必要的，否则就不可能将计数器复位；二是清零方式复位的可靠性问题，因为信号在通过门电路或触发器时会有时间延迟，使计数器不能可靠清零。为了提高复位的可靠性，可以在图 9-12 中利用一个基本 RS 触发器，把反馈复位脉冲锁存起来，保证复位脉冲有足够的作用时间，直到下一个计数脉冲到来时才将复位信号撤销，并重新开始计数。具体做法请参阅其他文献。

（2）反馈预置位法 反馈预置位法（又叫反馈预置数法）是利用集成计数器的 74LS161 的预置数控制端$\overline{LD}$和预置数输入端 $D_3D_2D_1D_0$ 来获得任意进制计数器的一种方法。这种方法不存在过渡状态。反馈预置位法又分为置全 0 法、置最小值法和置最大值法。本节只讨论置全0法。

置全0法或称为置0复位法。利用同步预置数控制端$\overline{LD}$和预置数输入端，并使$D_3D_2D_1D_0=0000$。

例 9-2 用74LS161，采用置全0法构成七进制计数器。

解 令$\overline{CR}=CT_P=CT_T=$“1”，使74LS161处于加法计数工作模式，再令预置数输入端$D_3D_2D_1D_0=0000$（即预置数“0”），以此为初态进行计数，从“0”到“6”共有7种状态，“6”对应的二进制代码为0110，把74LS161的Q_C、Q_B端接到与非门的输入端，与非门的输出接至74LS161的预置数控制端$\overline{LD}$，即构成了七进制计数器，如图9-13a所示。

由图9-13a可知：当$Q_DQ_CQ_BQ_A=0000\sim0101$时，$Q_C$和$Q_B$至少有一个为0，所以$\overline{LD}=\overline{Q_CQ_B}=1$，计数器进行加法计数。当第6个$CP$脉冲输入时，$Q_DQ_CQ_BQ_A=0110$，与非门的输出为“0”，即$\overline{LD}=$“0”，当下一个$CP$脉冲上升沿到来时，计数器进行同步预置数，使$Q_DQ_CQ_BQ_A=D_3D_2D_1D_0=0000$，随即$\overline{LD}=\overline{Q_CQ_B}=1$，计数器又开始重新计数，计数过程如图9-13b所示。

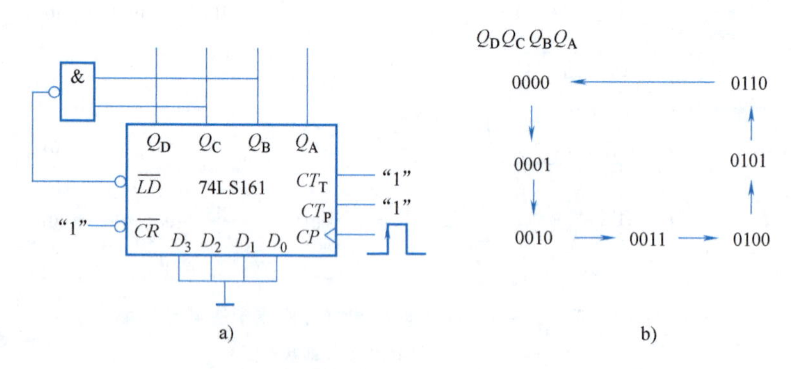

图9-13 用74LS161采用反馈预置数法构成七进制计数器

a）连接图 b）计数过程（即状态图）

（3）级联法 用一片74LS161可构成从二进制到十六进制之间任意进制的计数器。利用两片74LS161，就可构成从十七进制到二百五十六进制之间任意进制的计数器。依次类推，可根据计数需要选取芯片数量。

当计数器容量需要采用两块或更多的同步集成计数器芯片时，则需要采用级联法，具体方法是：将低位芯片的进位输出端CO端和高位芯片的计数控制端CT_T或CT_P直接连接，外部计数脉冲同时从每片芯片的CP端输入，再根据要求选取上述3种实现任意进制的方法之一，完成对应电路。

例 9-3 用74LS161芯片构成二十四进制计数器。

解 因$16<N=24<256$，所以构成二十四进制计数器需要两片74LS161。将每块芯片的计数时钟CP输入端均接同一个CP信号，利用芯片的计数控制端CT_P、CT_T和进位输出端CO，采用直接清零法实现二十四进制计数，即将低位芯片的CO与高位芯片的CT_P相连，将$24\div16=1\cdots\cdots8$，把商作为高位输出，余数作为低位输出，对应产生的清零信号同时送到每块芯片的复位端$\overline{CR}$，如图9-14所示。

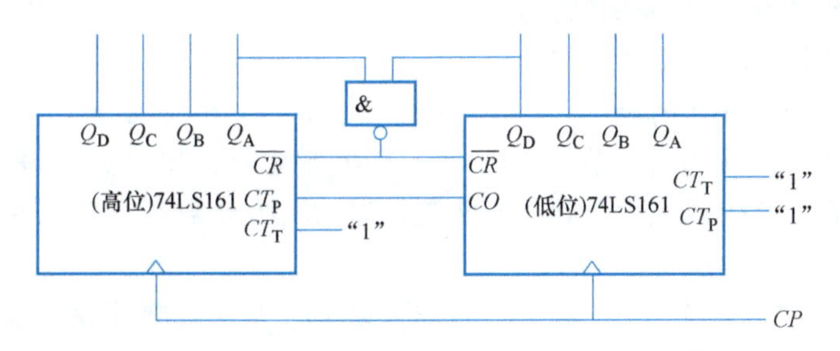

图 9-14 用 74LS161 芯片构成二十四进制计数器

9.2.2 集成异步计数器

常见的集成异步计数器芯片型号有 74LS191、74LS196、74LS290 和 74LS293 等几种，它们的功能和应用方法基本相同，区别在于其具体的引脚排列顺序不同和具体参数存在差异。本节以集成异步计数器 74LS290 为例介绍引脚排列图、功能和典型应用。

1. 集成异步计数器 74LS290

集成异步计数器 74LS290 的引脚排列图如图 9-15 所示。其中，$S_{9(1)}$、$S_{9(2)}$ 端为置“9”端，$R_{0(1)}$、$R_{0(2)}$ 端为置“0”端；CP_0、CP_1 端为计数时钟输入端，Q_D、Q_C、Q_B、Q_A 为计数器输出端，NC 表示空脚。其功能真值表见表 9-9。

由功能真值表可看出，74LS290 集成芯片的控制输入端与电路功能之间的关系如下：

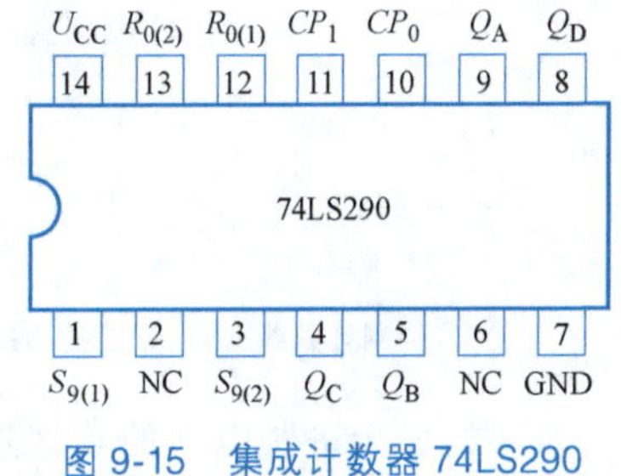

图 9-15 集成计数器 74LS290 的引脚排列图

(1) 置“9”功能　当 $S_{9(1)}=S_{9(2)}=1$ 时，不论其他输入端状态如何，计数器输出 $Q_DQ_CQ_BQ_A=1001$，而 $(1001)_2=(9)_{10}$，故又称为异步置数功能。

(2) 置“0”功能　当 $S_{9(1)}$ 和 $S_{9(2)}$ 不全为 1，并且 $R_{0(1)}=R_{0(2)}=1$ 时，不论其他输入端状态如何，计数器输出 $Q_DQ_CQ_BQ_A=0000$，故置“0”功能又称为异步清零功能或复位功能。

(3) 计数功能　当 $S_{9(1)}$ 和 $S_{9(2)}$ 不全为 1，并且 $R_{0(1)}$ 和 $R_{0(2)}$ 也不全为 1，输入计数脉冲 CP 时，进行计数。

表 9-9 74LS290 的功能真值表

$S_{9(1)}$	$S_{9(2)}$	$R_{0(1)}$	$R_{0(2)}$	CP_0	CP_1	Q_D	Q_C	Q_B	Q_A
1	1	×	×	×	×	1	0	0	1
0	×	1	1	×	×	0	0	0	0
×	0	1	1	×	×	0	0	0	0
$S_{9(1)}\cdot S_{9(2)}=0$ $R_{0(1)}\cdot R_{0(2)}=0$				CP	0	二进制			
				0	CP	五进制			
				CP	Q_A	8421 十进制			
				Q_D	CP	5421 十进制			

2. 集成异步计数器 74LS290 的应用

（1）构成十进制以内的任意计数器

二进制计数器：CP 由 CP_0 端输入，Q_A 端输出，如图 9-16a 所示。

五进制计数器：CP 由 CP_1 端输入，Q_D、Q_C、Q_B 端输出，如图 9-16b 所示。

十进制计数器（8421 码）：Q_A 和 CP_1 相连，以 CP_0 为计数脉冲输入端，Q_D、Q_C、Q_B、Q_A 端输出，如图 9-16c 所示。

十进制计数器（5421 码）：Q_D 和 CP_0 相连，以 CP_1 为计数脉冲输入端，Q_D、Q_C、Q_B、Q_A 端输出，如图 9-16d 所示。

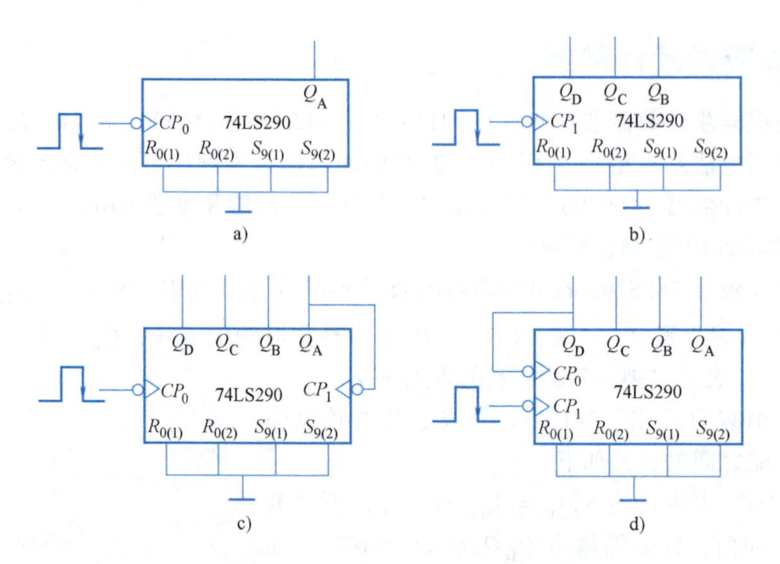

图 9-16 用 74LS290 构成二进制、五进制和十进制计数器

a）二进制计数器 b）五进制计数器 c）十进制（8421 码）计数器 d）十进制（5421 码）计数器

若要构成十进制以内的其他进制计数器，可以采用反馈清零法来实现。例如，用反馈清零法构成六进制计数器的连接图如图 9-17 所示。反馈清零法是利用芯片的置“0”端和与门，将 N 值所对应的二进制代码中等于“1”的输出反馈到置“0”端 $R_{0(1)}$ 和 $R_{0(2)}$ 来实现 N 进制计数器的，其计数过程中也会出现过渡状态。

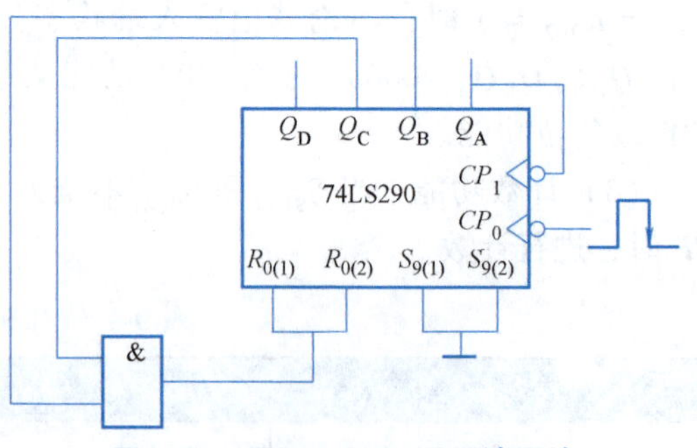

图 9-17 用 74LS290 采用清零法构成的六进制计数器

（2）构成多位任意进制计数器 构成计数器的进制数与需要使用芯片的片数相适应。例如，用 74LS290 芯片构成八十四进制计数器，$N=84$，就需要两片 74LS290。先将每块 74LS290 均连接成 8421 码十进制计数器，再决定哪块芯片计高位（十位）$(8)_{10}=(1000)_{8421}$，哪块芯片计低位（个位）$(4)_{10}=(0100)_{8421}$。将低位的芯片输出端 Q_D 和高位芯片输入端 CP_0 相连，采用直接清零法实现八十四进制计数器。需要注意的是，其中与门的输出要同时送到每块芯片的置“0”端 $R_{0(1)}$、$R_{0(2)}$，连接图如图 9-18 所示。

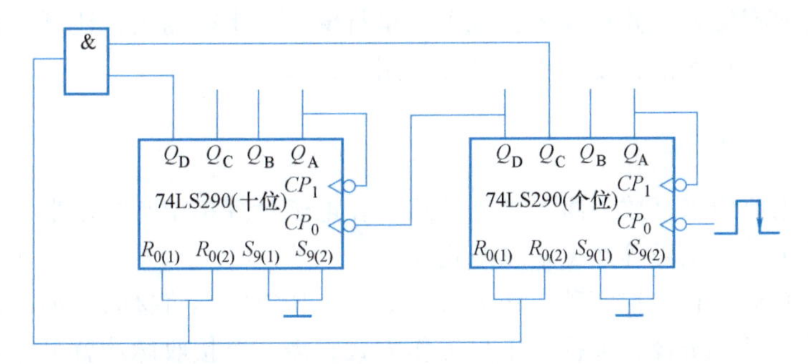

图 9-18 用两片 74LS290 构成 8421BCD 码八十四进制计数器

技能训练——集成计数器功能及应用电路的测试

1. 集成同步计数器 74LS161 功能及应用电路的测试

1）验证集成同步计数器 74LS161 的逻辑功能。

2）集成同步计数器 74LS161 的应用 用 74LS161 集成芯片，分别采用反馈清零法和反馈置全 0 法构成六进制计数器，画出连接图，并测试验证。

2. 集成异步计数器 74LS290 功能及应用电路的测试

1）集成异步计数器 74LS290 功能的测试 验证集成异步计数器 74LS290 的逻辑功能。

2）集成异步计数器 74LS290 的应用 用 74LS290 集成芯片，采用清零法构成七进制计数器，画出连接图，并测试验证。

【思考题】

1. 74LS161 的$\overline{CR}$与$\overline{LD}$有什么不同？

2. 用 74LS161 集成芯片，分别采用清零法、置全 0 法构成其他进制计数器，在方法上和计数过程有什么不同？

3. 用 74LS290 集成芯片、使用清零法构成的其他进制计数器与用 74LS161 芯片、使用清零法构成的其他进制计数器有什么不同？

9.3 寄存器

在计算机或其他数字系统中，经常要求将运算数据或指令代码暂时存放起来，能够暂存数码（或指令代码）的数字部件称为寄存器。寄存器是一种常见的时序逻辑电路，常用来暂时存放数据、指令等。对寄存器的基本要求是：数码存得进、存得住、取得出。寄存器的记忆单元是触发器，一个触发器能存储一位二进制代码，存放 n 位二进制代码的寄存器需要用 n 个触发器构成。

按照功能的不同，寄存器分为数据寄存器和移位寄存器两大类。数据寄存器只能并行送入数据，需要时也只能并行输出。移位寄存器中的数据可以在移位脉冲的作用下依次右移或左移，数据可以并行输入、并行输出，也可以串行输入、串行输出，还可以并行输入、串行输出，串行输入、并行输出，使用十分灵活，用途也很广。

9.3.1 数据寄存器

数据寄存器主要用来存放一组二进制信息，在电子计算机中常被用来存储原始数据、中间结果、最终结果及地址码等数据信息与指令。

数据寄存器有双拍和单拍两种工作方式。双拍工作方式是将接收数据的过程分为两步进行：第一步清零，第二步接收数据。单拍工作方式只需一个接收脉冲就可完成数据的接收。

1. 双拍式数据寄存器

用基本 RS 触发器构成的双拍式 3 位数据寄存器的电路如图 9-19 所示。

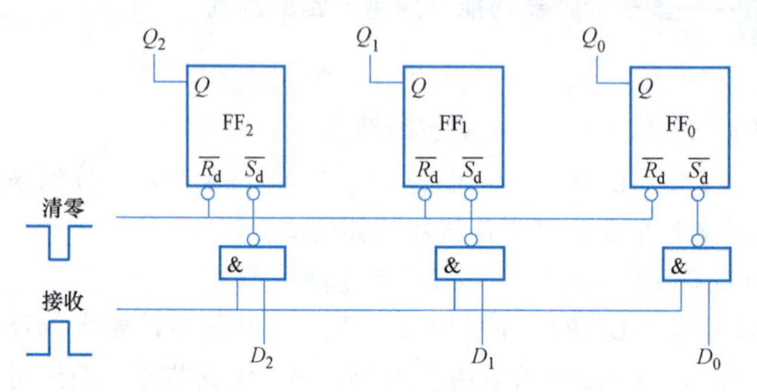

图 9-19 双拍式 3 位数据寄存器

这种数据寄存器在接收存放输入数据时，需要两拍才能完成：第一拍，在接收数码前，送入清零负脉冲至触发器的置零端$\overline{R_d}$端，使触发器输出为零，完成输出清零功能；第二拍，触发器清零之后，当接收脉冲为高电平“1”有效时，输入数码 D_2、D_1、D_0，经与非门送至对应触发器而寄存下来，在第二拍完成接收数码任务。

双拍式数据寄存器工作时每次接收数据都必须依次给出清零、接收两个脉冲。如果在接收寄存数码前不清零，就会出现接收存放数码错误。这种数据寄存器不仅操作不便，而且限制了工作速度。因此，集成数据寄存器几乎都是采用单拍工作方式的。

2. 单拍式数据寄存器

由于数据寄存器是将输入代码存放在数据寄存器中的，所以要求数据寄存器所存的代码一定要与输入代码相同，常用 D 触发器构成单拍式数据寄存器。单拍式 4 位二进制数据寄存器的电路组成如图 9-20 所示。

这种数据寄存器接收寄存数码只需一拍即可，无须先进行清零。当接收脉冲 *CP* 有效

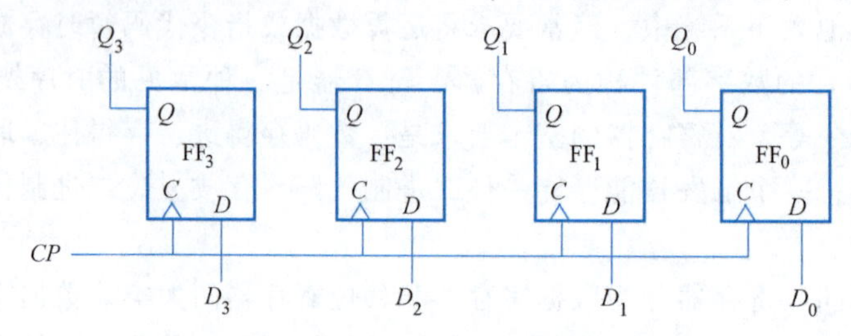

图 9-20 单拍式 4 位二进制数据寄存器

时，输入数码 D_3、D_2、D_1、D_0直接存入触发器中，故称为单拍式数据寄存器。

3. 集成数据寄存器

集成数据寄存器 74LS374 的引脚排列图如图 9-21 所示。$D_0 \sim D_7$为数据输入端，$Q_0 \sim Q_7$为数据输出端，$\overline{E}$ 为三态允许控制端。其内部有 8 个 D 触发器，是用 CP 上升沿触发实现并行输入、并行输出的数据寄存器。

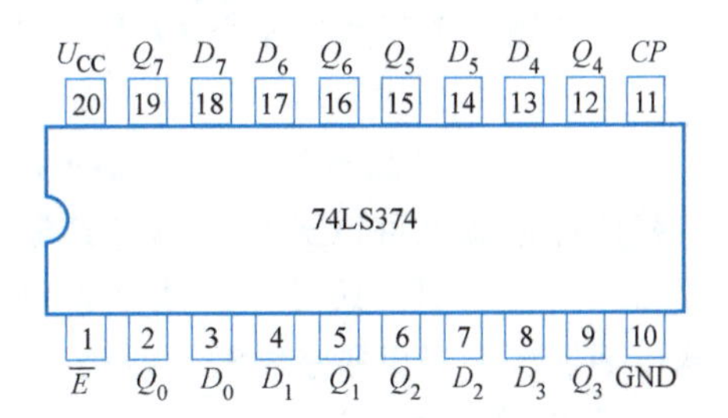

图 9-21 数据寄存器 74LS374 的引脚排列图

74LS374 的特点是：三态输出，具有 CP 缓冲门（提高了抗干扰能力），不需要清零（单拍工作方式）。

9.3.2 移位寄存器

移位寄存器除了接收、存储和输出数据以外，同时还能将其中寄存的数据按一定方向进行移动。移位寄存器有单向移位和双向移位之分。

1. 单向移位寄存器

单向移位寄存器只能将寄存的数据在相邻位之间单方向移动。按移动方向分为左移移位寄存器和右移移位寄存器两种类型。用 D 触发器构成的 4 位单向右移移位寄存器如图 9-22 所示。

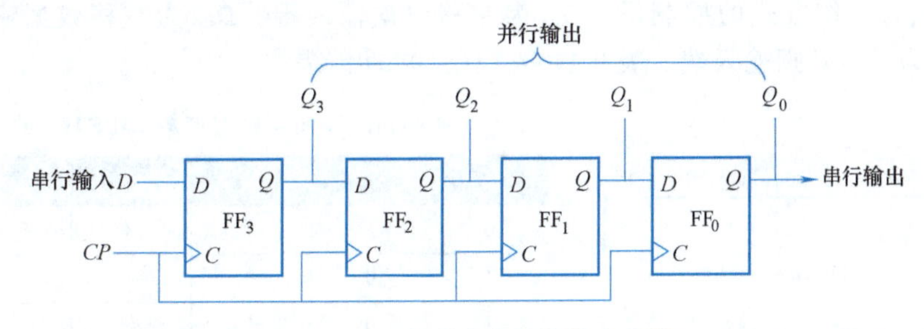

图 9-22 4 位单向右移移位寄存器

假定电路初态为零，输入数据 D 在第一、二、三、四个 CP 脉冲时依次为 1、0、1、1，根据状态方程可得到对应的电路输出 Q_3、Q_2、Q_1和 Q_0的变化情况，见表 9-10。

表 9-10 右移移位寄存器输出变化

CP	输入数据 D	右移移位寄存器输出变化			
		Q_3	Q_2	Q_1	Q_0
0	0	0	0	0	0
1	1	1	0	0	0
2	0	0	1	0	0
3	1	1	0	1	0
4	1	1	1	0	1

从表 9-10 和图 9-23 可知：在右移移位寄存器电路中，随着 CP 脉冲的递增，触发器输入端依次输入数据 D，称为串行输入，每输入一个 CP 脉冲，数据就向右移动一位。输出有

两种方式：数据从最右端 Q_0 依次输出，称为串行输出；由 $Q_3Q_2Q_1Q_0$ 端同时输出，称为并行输出。串行输出需要经过 8 个 CP 脉冲才能将输入的 4 个数据全部输出，而并行输出只需 4 个 CP 脉冲。

根据表 9-10 可画出时序图，如图 9-23 所示。

移位寄存器也可以进行左移，其原理和右移寄存器无本质区别，只是在连线上将每个触发器的输出端依次接到相邻左侧触发器的 D 端。

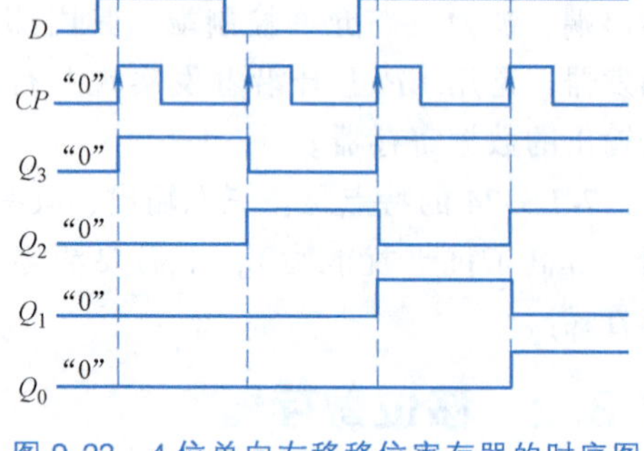

图 9-23　4 位单向右移移位寄存器的时序图

2. 双向移位寄存器

若将右移移位寄存器和左移移位寄存器组合在一起，在控制电路的作用下，就构成双向移位寄存器。下面以集成双向移位寄存器 74LS194 为例介绍双向移位寄存器及其应用。

（1）集成移位寄存器 74LS194　集成移位寄存器从结构上可分为 TTL 型和 CMOS 型，按寄存数据位数可分为 4 位、8 位、16 位等，按移位方向可分为单向和双向两种。

74LS194 是典型的 4 位 TTL 型集成双向移位寄存器，具有双向移位、并行输入、保持数据和清除数据等功能。其引脚排列图如图 9-24 所示。其中，$\overline{CR}$ 端为异步清零端，优先级别最高；S_1、S_0 为工作方式的控制端；D_{SL} 为左移数据输入端；D_{SR} 为右移数据输入端；D_0、D_1、D_2、D_3 为并行数据输入端。表 9-11 是 74LS194 功能表。

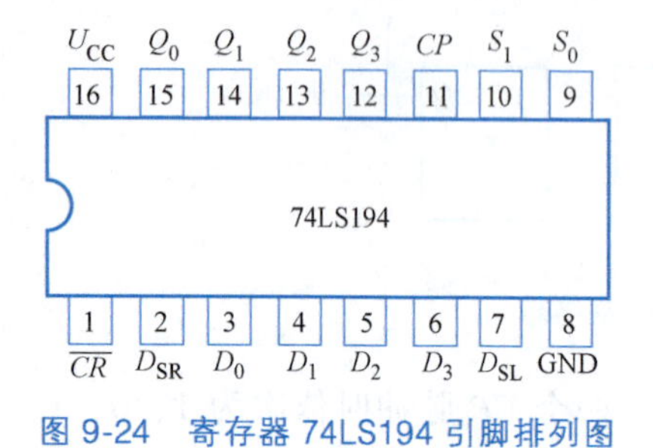

图 9-24　寄存器 74LS194 引脚排列图

表 9-11　双向移位寄存器 74LS194 的功能表

$\overline{CR}$	S_1	S_0	CP	功能
0	×	×	×	清零
1	0	0	×	保持
1	0	1	↑	右移
1	1	0	↑	左移
1	1	1	↑	并行输入

（2）集成移位寄存器 74LS194 的应用　移位寄存器应用很广，可构成移位寄存器型计数器、顺序脉冲发生器、串行累加器及数据转换器等。此外，移位寄存器在分频、序列信号发生、数据检测以及模-数转换等领域中也获得了应用。

例如，利用 74LS194 可实现数据传送方式的串-并行转换，如图 9-25 所示，可以将串行输入转换为并行输出。

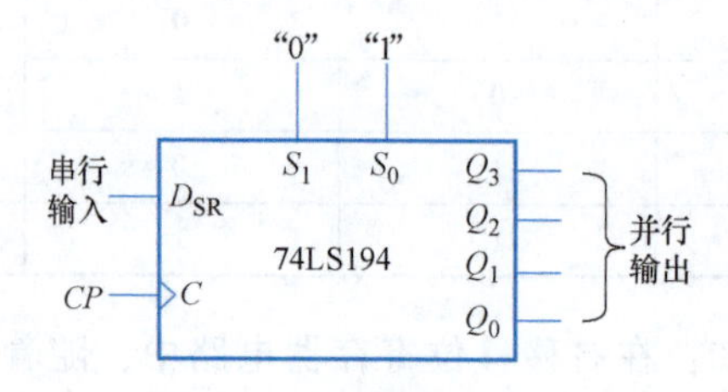

图 9-25　利用 74LS194 实现数据传送串-并行转换

技能训练——寄存器的功能及应用电路的测试

1. 数据寄存器的功能测试

用两块 D 触发器 74LS74，构成 4 位数据寄存器，画出电路图，并测试验证其功能。

2. 集成移位寄存器功能及应用电路的测试

1）验证集成寄存器 74LS194 的逻辑功能。

2）用 74LS194 实现将数据串行输入-并行输出电路并进行功能测试。

【思考题】

1. 某 4 位并行数据寄存器当前的输出状态为 0000，输入端状态为 0101，当 CP 时钟脉冲信号的有效边沿到来后，其输出状态是否变化？如果变化，其输出状态是什么？

2. 某 4 位并行数据寄存器当前的输出状态为 1111，输入端状态为 0110，当复位信号作用后，其输出状态是什么？

3. 试用 JK 触发器构成一个 4 位左移的移位寄存器。

4. 数据寄存器和移位寄存器有什么区别？

5. 分别简述什么是寄存器的并行输入、串行输入、并行输出、串行输出。

9.4 集成 555 定时器

集成 555 定时器是一种将模拟和数字逻辑功能结合在一起的中规模集成电路，只要在外部配上适当的电阻、电容，就可以方便地构成脉冲产生、整形和变换电路，如单稳态触发器、多谐振荡器及施密特触发器等。由于它的性能优良，使用灵活方便，因而在波形的产生与变换、测量与控制、定时、仿声、电子乐器及防盗报警等方面得到了广泛的应用。

9.4.1 集成 555 定时器的分类与功能

1. 集成 555 定时器的分类

集成 555 定时器按照内部元件可划分为双极型和单极型两种。双极型内部采用的是晶体管，单极型内部采用的则是场效应管。集成 555 定时器按单片电路中包含定时器的个数可划分为单时基定时器和双时基定时器。常用的单时基定时器有双极型定时器 5G555 和单极型定时器 CC7555，双时基定时器有双极型定时器 5G556 和单极型定时器 CC7556。下面以 5G555 单时基定时器为例，介绍 555 定时器的功能及应用。

2. 集成 555 定时器的功能

集成 555 定时器 5G555 的引脚排列图如图 9-26 所示。其中，1 脚 GND 为接地端；8 脚 U_{CC} 为电源端；2 脚 $\overline{TR}$ 为置位控制输入端（触发输入端）；6 脚 TH 为复位控制输入端（门限输入端）；5 脚 CO 为外加控制电压端，通过其输入不

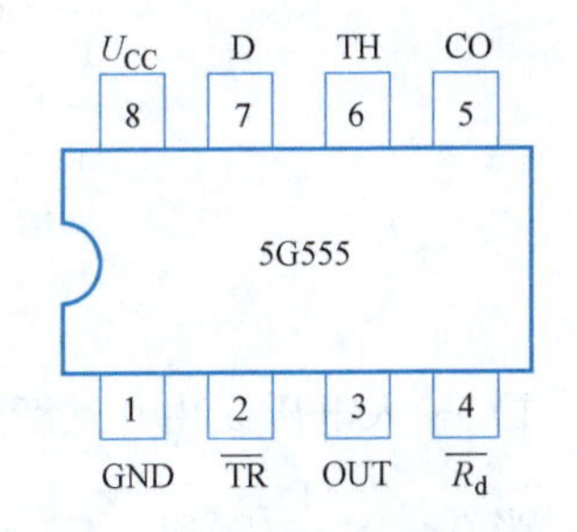

图 9-26 5G555 引脚排列图

同的电压来改变内部比较器的基准电压，不用时要经 0.01μF 的电容器接地；4 脚$\overline{R_d}$为直接复位端（低电平有效）；7 脚 D 为放电端（与内部放电晶体管的集电极相连）；3 脚 OUT 为电压输出端。当 CO 端不接控制电压时，5G555 定时器的功能真值表见表 9-12。

表 9-12　5G555 定时器的功能真值表

$\overline{R_d}$	U_{TH}	U_{TR}	u_O	放电管
0	×	×	0	导通
1	$>\frac{2}{3}U_{CC}$	$>\frac{1}{3}U_{CC}$	0	导通
1	$<\frac{2}{3}U_{CC}$	$>\frac{1}{3}U_{CC}$	保持原态不变	原态
1	$<\frac{2}{3}U_{CC}$	$<\frac{1}{3}U_{CC}$	1	截止

当控制端（CO 端）外接控制电压 U_S、复位端$\overline{R_d}$接高电平时，功能如下：

1）当 $U_{TH}>U_S$ 且 $U_{TR}>\frac{1}{2}U_S$ 时，$u_O=0$，放电管导通。

2）当 $U_{TH}<U_S$ 且 $U_{TR}>\frac{1}{2}U_S$ 时，u_O和放电管的状态不变。

3）当 $U_{TH}<U_S$ 且 $U_{TR}<\frac{1}{2}U_S$ 时，$u_O=1$，放电管截止。

9.4.2　集成 555 定时器的应用

1. 用 555 定时器构成施密特触发器

（1）电路的组成和工作原理　把 555 定时器的 TH 端与$\overline{TR}$端连接在一起作为信号输入端，便构成了施密特触发器，如图 9-27a 所示。设输入信号 u_I为图 9-27b 所示的三角波，电路的工作原理如下。

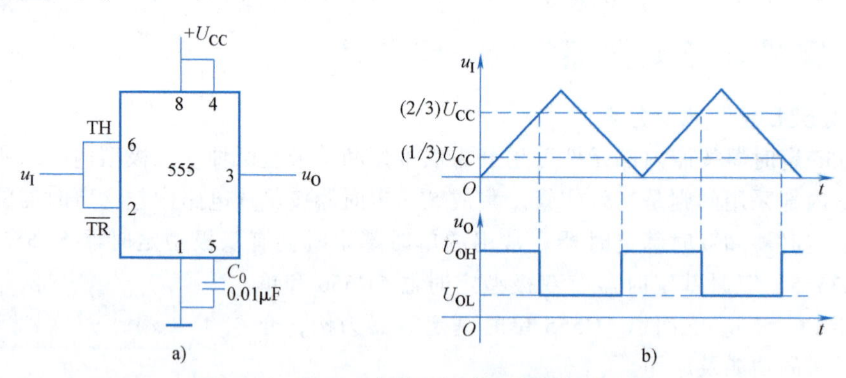

图 9-27　用 555 定时器组成的施密特触发器

a）电路图　b）工作波形图

1）输入电压 u_I由 0 逐渐升高的工作过程。

当 $0<u_I\leqslant\frac{1}{3}U_{CC}$时，$U_{TH}=U_{TR}<\frac{1}{3}U_{CC}$，由表 9-12 可知，$u_O=1$（高电平 U_{OH}）。

当$\frac{1}{3}U_{CC}<u_I<\frac{2}{3}U_{CC}$时，$\frac{1}{3}U_{CC}<U_{TH}=U_{TR}<\frac{2}{3}U_{CC}$，则$u_O$保持原态“1”不变（即$u_O=U_{OH}$）。

当$u_I \geqslant \frac{2}{3}U_{CC}$时，$U_{TH}=U_{TR}\geqslant \frac{2}{3}U_{CC}$，则$u_O$由“1”状态变为“0”状态（即$u_O=U_{OL}$）。

由此可知，输出电压u_O由U_{OH}变化到U_{OL}，发生在$U_I=\frac{2}{3}U_{CC}$时，因此，其正向阈值电压$U_{T+}=\frac{2}{3}U_{CC}$。

2）输入电压u_I从高于$\frac{2}{3}U_{CC}$开始下降的工作过程。

当$\frac{1}{3}U_{CC}<u_I<\frac{2}{3}U_{CC}$时，$\frac{1}{3}U_{CC}<U_{TH}=U_{TR}<\frac{2}{3}U_{CC}$，则$u_O$保持原态“0”不变（即$u_O=U_{OL}$）。

当$u_I \leqslant \frac{1}{3}U_{CC}$时，$U_{TH}=U_{TR}\leqslant \frac{1}{3}U_{CC}$，则$u_O$由“0”状态变为“1”状态（$u_O=U_{OH}$）。

由此可知，输出电压u_O由U_{OL}变化到U_{OH}，发生在$U_I=\frac{1}{3}U_{CC}$时，因此，其负向阈值电压$U_{T-}=\frac{1}{3}U_{CC}$。

由此可得该施密特触发器的回差电压为

$$\Delta U_T=U_{T+}-U_{T-}=\frac{1}{3}U_{CC} \tag{9-5}$$

根据以上分析，在施密特触发器输入图 9-27b 所示的波形时，可得输出波形如图 9-27b 所示。

如果在定时器的控制端（CO 端）外接控制直流电压U_{CO}，则$U_{T+}=U_{CO}$，$U_{T-}=\frac{1}{2}U_{CO}$，回差电压$\Delta U_T=U_{T+}-U_{T-}=\frac{1}{2}U_{CO}$。可见，只要改变$U_{CO}$的值，就能调节回差电压的大小。

（2）施密特触发器的应用

1）波形变换。如图 9-27 所示，可将三角波变换为矩形波。

2）脉冲鉴幅。如将一系列幅度各异的脉冲加到施密特触发器的输入端时，只有那些幅度大于U_{T+}的脉冲才会产生输出信号，如图 9-28 所示。因此，施密特触发器能将幅度大于U_{T+}的脉冲选出，具有脉冲鉴幅的能力。

3）脉冲整形。脉冲信号在传输过程中，如果受到干扰，其波形会产生变形，这时可利用施密特触发器进行整形，将不规则的波形变为规则的矩形波，如图 9-29 所示。

2. 用 555 定时器构成单稳态触发器

（1）电路的组成及工作原理　用集成 555 定时器构成的单稳态触发器如图 9-30a 所示。输入负触发脉冲加在低电平触发端（$\overline{TR}$端）。R、C 是外接的定时元件。该电路用于输入脉冲的下降沿触发。电路的工作原理如下。

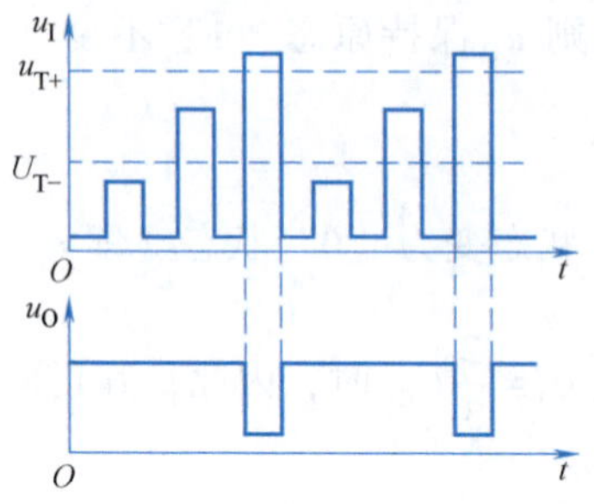

图 9-28　利用施密特触发器进行脉冲鉴幅

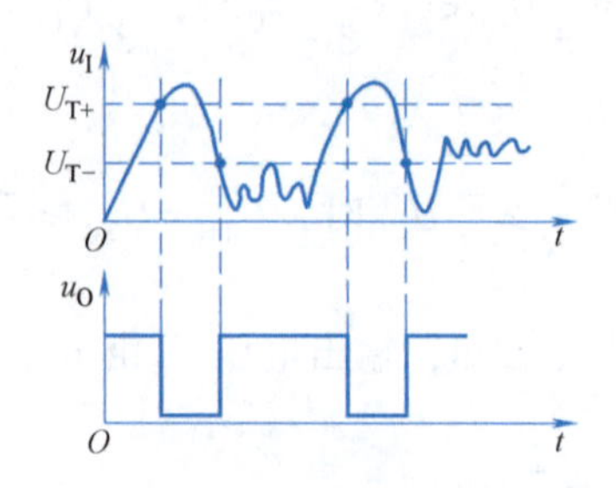

图 9-29　利用施密特触发器进行脉冲整形

设在接通电源瞬间 $u_O=0$。输入触发信号（低电平有效）尚未加入时，u_I为高电平，即 $u_{TR}=u_I>\frac{1}{3}U_{CC}$，而 u_{TH}的大小由 u_C来决定，若 $u_C=0$（即电容器未充电），则 $u_{TH}=u_C<\frac{2}{3}U_{CC}$，则电路处于保持状态。若 $u_C\neq0$（假设 $u_C>\frac{2}{3}U_{CC}$），则电路输出 u_O为低电平，放电管处于导通状态，电容 C 通过放电管放电，直到 $u_C=0$，故 $u_C>\frac{2}{3}U_{CC}$，不能维持而降至 0，电路也处于保持状态，电路输出 u_O仍然为低电平。因为该状态只要输入触发信号未加入，输出为 0 的状态一直可保持，故称为稳定状态。

当输入触发脉冲（窄脉冲）加入后，$u_{TR}=u_I<\frac{1}{3}U_{CC}$，因为此时 $u_{TH}=u_C=0<\frac{2}{3}U_{CC}$，输出 u_O为高电平，此时，5G555 定时器的内部放电管截止，电容器 C 充电，其充电回路为 $U_{CC}\rightarrow R\rightarrow C\rightarrow$地，充电时间常数为 $\tau=RC$。电路的这种状态称为暂稳态。当 u_C上升至$>\frac{2}{3}U_{CC}$时，u_I已回到高电平，故 $u_{TR}=u_I>\frac{1}{3}U_{CC}$，则输出 u_O回到低电平，放电管导通，电容器 C 经放电管放电。由于放电回路等效电阻很小，放电极快，故电路经短暂的恢复过程后，暂稳态结束，电路自动进入稳态。工作波形如图 9-30b 所示。

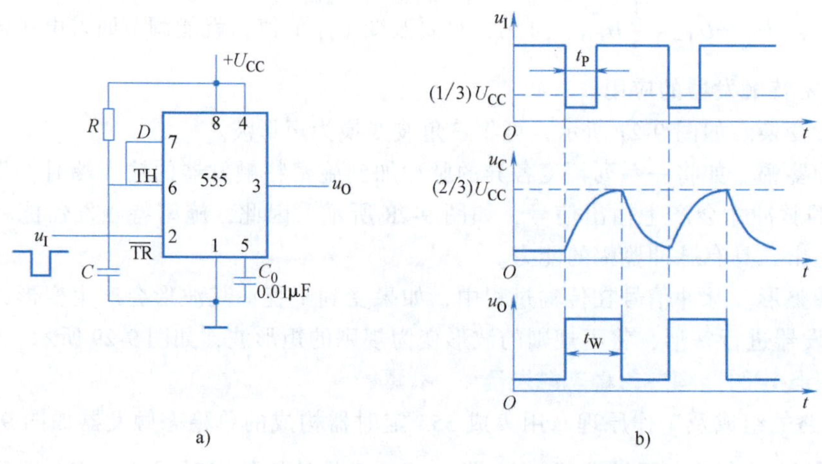

图 9-30　用集成 555 定时器构成的单稳态触发器

a）电路图　b）工作波形

暂稳态持续的时间又称输出脉冲宽度，用t_W表示，经分析得

$$t_W \approx 1.1\,RC \tag{9-6}$$

R的取值范围为数百欧到数千欧，电容的取值范围为数百皮法到数百微法，t_W对应范围为数百微秒到数分钟。

由此可见，单稳态触发器的输出脉冲宽度即暂稳态时间与电源电压大小、输入脉冲宽度（不得大于输出脉宽）无关，仅由电路自身的R、C决定。

（2）单稳态触发器的应用

1）脉冲波形的整形。利用单稳态触发器可产生一定宽度的脉冲，把过窄或过宽的脉冲整形为固定宽度的脉冲。

2）脉冲延迟。脉冲延迟电路一般要用两个单稳态触发器完成，假设第一个、第二个单稳态触发器的输出脉冲宽度分别为t_{W1}、t_{W2}，则输入u_I的脉冲经第一个单稳态触发器延迟了t_{W1}，输出脉宽为t_{W2}，即输出脉冲宽度是由第二个单稳态触发器的脉冲宽度t_{W2}决定的。

3）定时。由于单稳态触发器能产生一定宽度t_W的矩形脉冲，若利用此脉冲去控制其他电路，可使其在t_W时间内动作（或不动作），因此，单稳态触发器有定时作用，可用于定时电路。

3. 用555定时器构成的多谐振荡器

多谐振荡器的功能是产生一定频率和一定幅度的矩形波信号。其输出状态不断在“1”和“0”之间变换，所以它又称为无稳态电路。

如图9-31a所示，R_1、R_2和C为外接的定时元件。电路的工作原理如下。

假设接通电源之前，电容器的电压为零（即$u_C=0$）。接通电源后，因电容两端电压不能突变，则有$u_{TH}=u_{TR}=0<\frac{1}{3}U_{CC}$，$u_O$为高电平，内部放电管截止，则电源对电容$C$充电，充电回路为$U_{CC}\to R_1\to R_2\to C\to$地，充电时间常数$\tau_1=(R_1+R_2)C$，电路处于第一暂稳态。随电容器$C$充电，电容器$C$两端电压$u_C$逐渐升高，当$u_C>\frac{2}{3}U_{CC}$，即$u_{TH}=u_{TR}>\frac{2}{3}U_{CC}$时，$u_O$为低电平。此时，放电管由截止转为导通，电容器$C$放电，放电回路为$C\to R_2\to$放电管$\to$地，放电时间常数$\tau_2=R_2C$，电路处于第二暂稳态。$C$放电至$u_C<\frac{1}{3}U_{CC}$后，电路又翻转到第一暂稳态，电容$C$放电结束，再进行充电，并重复以上过程。工作波形如图9-31b所示。

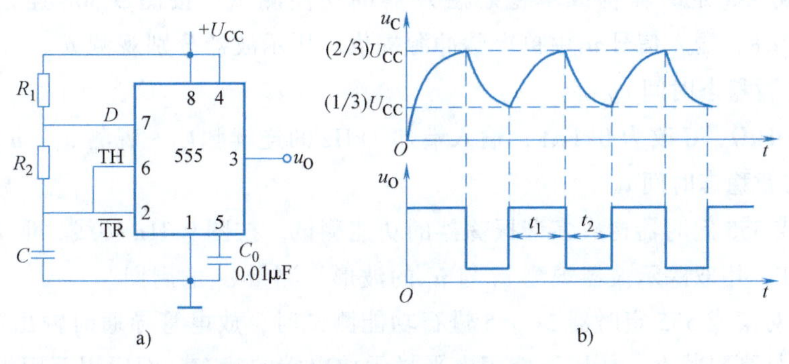

图9-31 用555定时器构成的多谐振荡器

a）电路图 b）工作波形图

振荡周期 $T=t_1+t_2$。t_1为充电时间（电容两端电压从$\frac{1}{3}U_{CC}$上升到$\frac{2}{3}U_{CC}$所需时间），$t_1 \approx 0.7(R_1+R_2)C$；$t_2$为放电时间（即电容两端电压从$\frac{2}{3}U_{CC}$下降到$\frac{1}{3}U_{CC}$所需时间），$t_2 \approx 0.7R_2C$，则振荡周期为

$$T=t_1+t_2 \approx 0.7(R_1+2R_2)C \tag{9-7}$$

技能训练——集成 555 定时器功能及应用电路的测试

1. 集成 555 定时器 5G555 功能的测试

1）按图 9-32 接线，将$\overline{R_d}$端接逻辑电平开关，输出端 u_O接 LED 逻辑电平显示器。

2）按表 9-12 测试 5G555 定时器的功能；用万用表测出 TH 和$\overline{TR}$端的转换电压，并与理论值$\frac{2}{3}U_{CC}$和$\frac{1}{3}U_{CC}$进行比较，观察是否一致。

2. 集成 555 定时器应用电路的功能测试

1）用集成 555 定时器构成施密特触发器的功能测试。按图 9-33 接线，输入信号由信号发生器提供，预先调好 u_I的频率为 1kHz，接通电源，逐渐加大 u_I的幅度，观测输出波形，测绘电压传输特性，计算回差电压 ΔU_T。

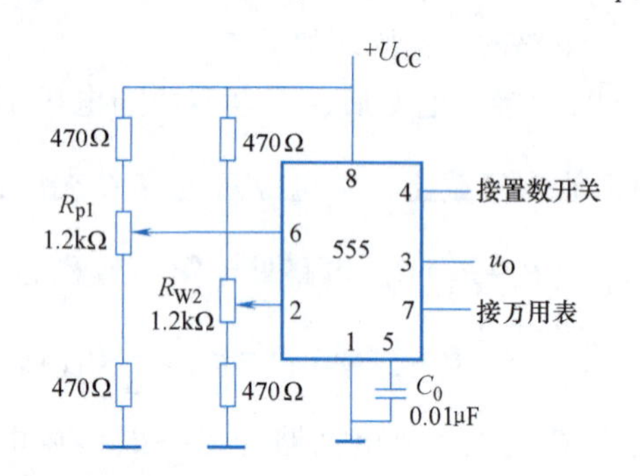

图 9-32　集成 555 定时器功能测试电路

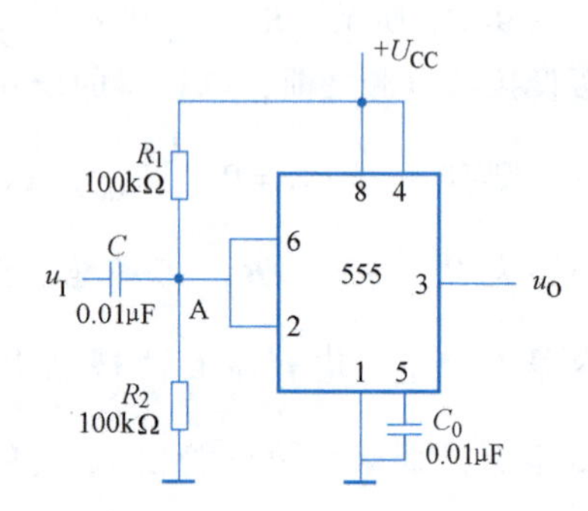

图 9-33　集成 555 定时器构成施密特触发器电路

2）用集成 555 定时器构成单稳态触发器的功能测试。按图 9-30a 连接线路，取 $R=100\text{k}\Omega$，$C=47\mu\text{F}$，输入信号 u_I由单次脉冲源提供，用示波器分别观测 u_I、u_C、u_O波形，测量 u_O的幅度与暂稳态时间 t_W。

将 R 改为 1kΩ，C 改为 0.1μF，输入端加 1kHz 的连续脉冲，观测 u_I、u_C、u_O波形，测量 u_O的幅度与暂稳态时间 t_W。

3）用集成 555 定时器构成多谐振荡器的功能测试。按图 9-31a 接线，取 $R_1=R_2=10\text{k}\Omega$，$C=C_0=0.01\mu\text{F}$。用双踪示波器观测 u_C与 u_O的波形，测量 u_O的周期。

注意：在对集成 555 定时器 5G555 进行功能测试时，放电管导通时输出状态是低电平，放电管截止时是高阻状态。所以不能用电平显示放电端的状态，而要用万用表的电压档来判断其状态。

【思考题】

1. 如何用集成555定时器构成施密特触发器、单稳态触发器和多谐振荡器？
2. 什么是施密触发器的回差特性？如何计算回差电压？
3. 施密特触发器和单稳态触发器有哪些应用？如何理解这些应用？

习　题

1. 分析图9-34所示的RS触发器的功能，并根据输入端 R、S 的波形画出 Q 和 $\overline{Q}$ 的波形。

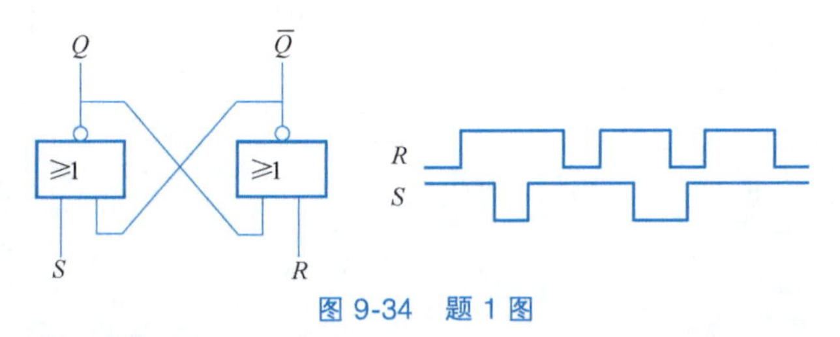

图9-34　题1图

2. 下降沿触发的主从型JK触发器的输入 CP、J 和 K 的波形如图9-35所示。试画出 Q 端的波形（设触发器初态 $Q=0$）。

3. 上升沿触发的D触发器的输入 CP 和 D 波形如图9-36所示。试画出 Q 端的波形（设触发器初态 $Q=1$）。

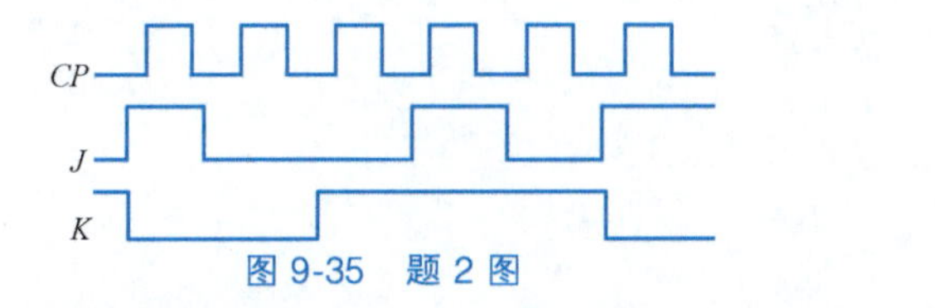

图9-35　题2图

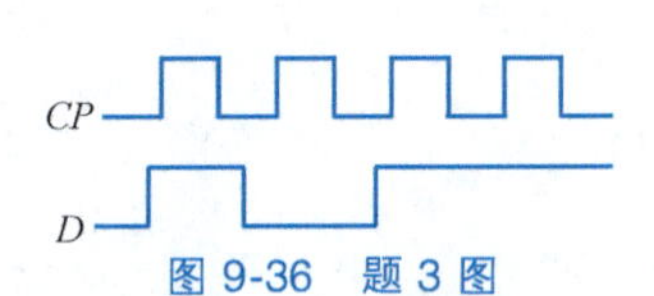

图9-36　题3图

4. 试用集成计数器74LS161，采用反馈清零法，分别构成7进制和12进制加法计数器。
5. 试用集成计数器74LS161，采用置全0法，分别构成7进制和12进制计数器。
6. 试用集成计数器74LS161，采用级联法，构成一个二百五十六进制（即8位二进制）计数器。
7. 试用两片74LS290构成一个6进制计数电路。
8. 试用两片74LS290构成一个88进制计数电路。
9. 由集成555定时器构成的施密特触发器电路如图9-37所示。（1）在图9-37a中，当 $U_{CC}=15V$ 时，求 U_{T+}，U_{T-} 及 ΔU_T。（2）在图9-37b中，当 $U_{CC}=15V$ 时，$U_s=5V$，求 U_{T+}，U_{T-} 及 ΔU_T。
10. 已知施密特触发器的输入波形如图9-38所示。其中 $U_{Imax}=20V$，电源电压 $U_{CC}=18V$，定时器控制

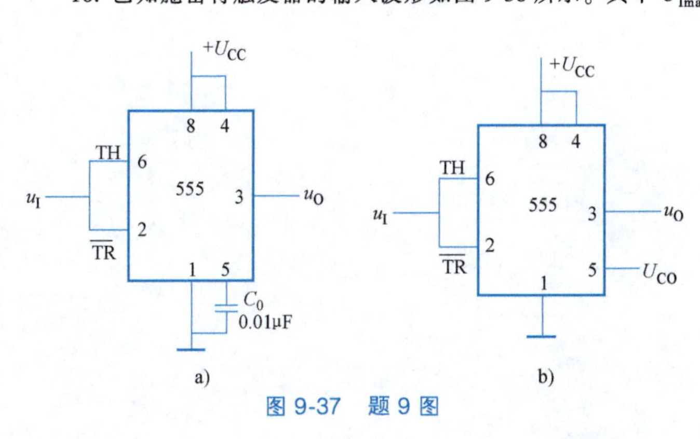

图9-37　题9图

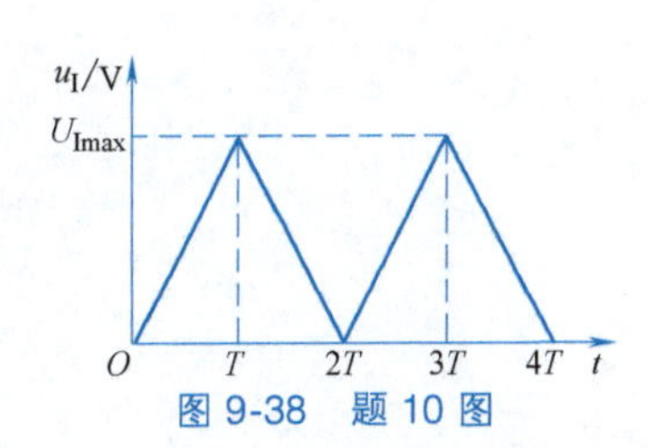

图9-38　题10图

端（CO 端）通过电容接地，试画出施密特触发器对应的输出波形；如果定时器控制端（CO 端）外接控制电压 $U_s = 16V$，试画出施密特触发器对应的输出波。

11. 在由集成 555 定时器构成的单稳态触发器电路中，已知：R 为 20kΩ，C 为 0.5μF。试计算此触发器的暂稳态持续时间。

12. 在图 9-39 所示的电路中，已知：$R_1 = 1k\Omega$，$R_2 = 8.2k\Omega$，$C = 0.4\mu F$，试求振荡周期 T。

13. 图 9-40 所示的电路是由 555 定时器构成的门铃电路，试分析其工作原理。

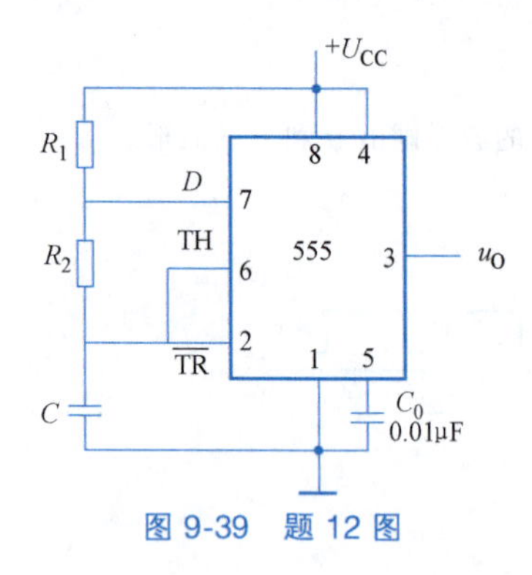

图 9-39　题 12 图

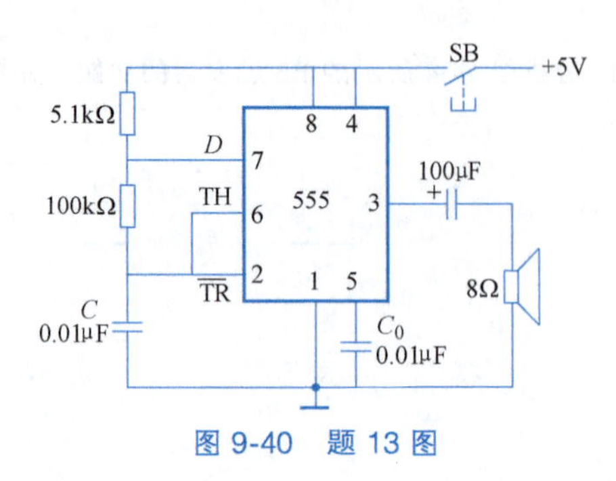

图 9-40　题 13 图

部分习题参考答案

第 1 章

1. 1.5V，1Ω
2. 900kW·h
3. a）90V，b）100V，c）5Ω，d）100Ω
4. 60Ω，120Ω
5. 6Ω，2.1Ω，$R/6$
6. 0V
7. −30V，10V
9. $U=2\text{V}$，$I=2.5\text{A}$
11. $I_1=0.5\text{A}$，$I_2=1\text{A}$，$I_3=1.5\text{A}$
12. 5A
13. 5A，100W
14. 2A
15. −1A

第 2 章

1. 1.256×10^6rad/s，200kHz，85A，60A，$\frac{\pi}{3}$
2. （1）100A，$-\frac{\pi}{4}$；（2）70.7A；（3）100A
3. （1）$\frac{3\pi}{4}$；（2）$t=0.005\text{s}$ 时，e_1的相位为 π，e_2的相位为$\frac{\pi}{4}$
4. 4A
5. 220V
6. $u=10\sin\left(314t+\frac{\pi}{6}\right)\text{V}$
7. 10A，$5\sqrt{2}$A，0A

8. （1）0.9A；（2）242Ω；（3）0.5A，60W

9. $i=0.64\sin\left(314t+\frac{\pi}{2}\right)$ A，约为 100W

10. （1）$I=1.5$A，$U=195$V；（2）$P=0$，$Q=292.5$var

11. 11Ω，$10\sqrt{2}\sin(314t-90°)$A，0，1100var

12. 10^3Ω，$100\sqrt{2}\sin(100t-30°)$V，0，10var

13. $44\sqrt{2}\sin314t$ A

14. $i=4.4\sqrt{2}\sin(314t+36.9°)$A，$u_R=176\sqrt{2}\sin(314t+36.9°)$V，
$u_L=272.18\sqrt{2}\sin(314t+126.9°)$V，$u_C=140.13\sqrt{2}\sin(314t+53.1°)$V，$P=774.4$W，$Q=580.6$var，$S=968$V·A

15. （1）$11\angle30°$A；（2）$176\angle30°$V，$176\angle120°$V，$44\angle-60°$V；（3）略；（4）1936W，1452var，2420V·A，0.8

16. $I=14.5$A，$I_1=22$A，$I_C=11.6$A，$\cos\varphi_1=0.6$，$\cos\varphi=0.91$，$P\approx2904$W，$Q\approx1320$var，$S\approx3190$V·A，$\cos\varphi=0.91$

17. $C=7.9$ μF，$I=0.2$A

18. （1）0.36A；（2）$C=2.5$ μF

19. $u_{VW}=380\sqrt{2}\sin(\omega t-150°)$V，$u_{WU}=380\sqrt{2}\sin(\omega t+90°)$V，$u_U=220\sqrt{2}\sin(\omega t-60°)$V，$u_V=220\sqrt{2}\sin(\omega t-180°)$V，$u_W=220\sqrt{2}\sin(\omega t+60°)$V

20. 星形联结，9A，0

21. （1）44A；（2）0.6；（3）17.424kW

22. （1）380V，3.8A，6.6A；（2）0.8；（3）3475.19W

第3章

1. （1）$k=2$；（2）$N_1=700$ 匝

2. $I_{1N}=6.8$A，$I_{2N}=13.6$A，若 $I_2=13$A，则 $I_1=6.5$A

3. 180 匝，0.455A

4. $k=7.5$

5. 150 匝

6. $U_{2L}=110$V，$I_{1L}=I_{1P}=50$A

7. （1）288.68A，458.23A；（2）5.77kV 288.68A；6.3kV 264.57A

第4章

1. （1）120°；（2）1000r/min；（3）$s_N=5\%$，$s_0=0.3\%$

2. 0.06，3 对

3. 1492.5~1440r/min

4. （1）能采用Y-△降压起动；（2）$I_{stY}=\frac{1}{3}I_{st\triangle}$，$T_{stY}=\frac{1}{3}T_{st\triangle}$；

（3）当负载为额定值的 1/2 时，不能在Y联结下起动，当负载为额定值的 1/3 时，能在

丫联结下起动。

5. 负载阻转矩为额定值的 80%时，能起动；负载阻转矩为额定值的 100%（即满载）时，不能起动。

6. n_1 = 1000r/min，s_N = 0.03，I_N = 24.6A，T_N = 108.3N · m，P_{1N} = 12.64kW，T_m = 216.6N · m，T_{st} = 216.6N · m，I_{st} = 159.9A

7. （1）I_{st} = 53.3A，T_{st} = 72.7N · m；（2）负载为额定转矩的 50%时，能起动；为 70%时，不能起动

第 5 章

2. a）截止，10V；b）导通，5.3V；c）导通，-3.7V；d）导通，0.7V

4. （1）9V，0.9A；（2）31.11V，0.99A

5. 2CZ54C，20V，1000μF/50V

6. 2CZ53C，500μF/50V

第 6 章

5. （1）225kΩ；（2）150kΩ

6. （3）-156，-95；（4）-62

7. （1）40μA，2mA，4V；（3）-104，1kΩ，2kΩ；（4）-52

8. （1）38μA，3.8mA，8V；（3）-9，2.8kΩ，1kΩ

9. （1）30μA，3mA，6V；（3）0.99，67.6kΩ，21Ω

10. 33kΩ

11. （1）20μA，1mA，7.6V；30μA，1.5mA，6V；（3）1974，1.6kΩ，4kΩ

13. -3

14. 4V

15. 5.4V

16. -240mV

17. 28mV，-2

18. $u_o = 10u_{i1} - 12u_{i2} - 6u_{i3}$

第 7 章

1. a）16V；b）10.7V

2. $0.52\text{k}\Omega < R < 0.8\text{k}\Omega$

3. （1）6.5~11.4V；（2）24V、8.3V、6.3V、6V、8.6V

4. （1）CW7812；（2）CW78M06；（3）CW79L15

第 8 章

1. $(11)_2$，$(110)_2$，$(1000)_2$ $(1100)_2$，$(100100)_2$

2. 9，26

3. $Y = \overline{A} \cdot \overline{B}C + \overline{A}B\overline{C} + A\overline{B} \cdot \overline{C} + ABC$

4. （1）$A+B$；（2）1；（3）AD；（4）A；（5）$Y=AB+\overline{A}C$；（6）$A+B+C$

9. a）错误；b）正确，$Y=\overline{A+B}$；c）正确，$Y=\overline{AB}\cdot\overline{CD}$；d）错误；e）错误；f）正确，$C=0$ 时，$Y=\overline{A}$；$C=1$ 时，$Y=\overline{B}$

10. a）$A=B$；b）$A=B$；c）$A=0$ 或 $A=B$

11. a）$Y=(A\oplus B)\oplus(C\oplus D)$，奇偶校验；b）$Y=\overline{A}\cdot\overline{B}+AB$，同或；c）$Y=\overline{B+C}$，或非；d）$Y_1=AB+AC+BC$，$Y_2=A\oplus B\oplus C$，全加功能

12. （1）$Y=\overline{\overline{\overline{\overline{A}C}}\cdot\overline{\overline{BC}}\cdot\overline{\overline{AB}}}$；（2）$Y=ABC+ABD+ACD+BCD$

13. 半减器的差 $D=A\overline{B}+\overline{A}B$，借位 $J=\overline{A}B$；全减器的差 $D_i=A_i\oplus B_i\oplus J_{i-1}$，借位 $J_i=\overline{A_i}J_{i-1}+B_iJ_{i-1}+\overline{A_i}B_i$

第9章

9. （1）10V，5V，5V；（2）5V，2.5V，2.5V

12. 4.872×10^{-3}s

参考文献

[1] 曾令琴，申伟. 电工电子技术 [M]. 4版. 北京：人民邮电出版社，2016.

[2] 辛健，陈修佳. 电工电子技术 [M]. 北京：清华大学出版社，2012.

[3] 刘文革. 实用电工电子技术基础 [M]. 北京：中国铁道出版社，2010.

[4] 寇戈，蒋立平. 模拟电路与数字电路 [M]. 3版. 北京：电子工业出版社，2015.

[5] 宁慧英. 数字电子技术与应用项目教程 [M]. 北京：机械工业出版社，2015.

[6] 王殿宾. 电工技术 [M]. 北京：机械工业出版社，2012.

[7] 史芸，翟明戈. 电工电子技术 [M]. 北京：北京理工大学出版社，2017.

[8] 程勇. 电工技术 [M]. 北京：北京邮电大学出版社，2013.

参考文献